A. JOLY

ÉLÉMENTS

DE

CHIMIE

LIBRAIRIE HACHETTE ET Cie

ÉLÉMENTS

DE CHIMIE

OUVRAGES DU MÊME AUTEUR

Cours élémentaire de Chimie (notation atomique).

Chimie générale. — Métalloïdes, à l'usage des candidats aux baccalauréats classiques et moderne, aux écoles Polytechnique et Centrale et à l'Institut agronomique, 4ᵉ édition, revue par M. LESPIEAU, docteur ès sciences, chargé de conférences à l'École normale supérieure. Un volume in-16, broché. . . . . . . 5 fr.

Métaux. — Chimie organique, à l'usage des candidats aux baccalauréats classiques et moderne, 4ᵉ édition, revue par M. LESPIEAU. Un vol. in-16, broché. . . . . 5 fr.

Manipulations chimiques, 2ᵉ édition revue. Un vol. in-16, broché. Prix . . . . 2 fr. 50
  Le cartonnage toile de chaque volume se paie en plus.. . . . 50 c.

Précis de Chimie (notation atomique), à l'usage de l'Enseignement secondaire moderne, de l'Enseignement des jeunes filles, des Écoles normales primaires, des Écoles d'agriculture et de l'Enseignement primaire supérieur, 6ᵉ édition revue. Un volume in-16, cartonnage toile. . . . . 3 fr.

45322. — Imprimerie LAHURE, 9, rue de Fleurus, à Paris.

ÉLÉMENTS
DE CHIMIE

(NOTATION ATOMIQUE)

RÉDIGÉS CONFORMÉMENT AUX PROGRAMMES OFFICIELS

A L'USAGE

DE LA CLASSE DE PHILOSOPHIE
DU BACCALAURÉAT CLASSIQUE
ET DE LA CLASSE DE TROISIÈME MODERNE

PAR

A. JOLY

Ancien professeur adjoint à la Faculté des sciences de Paris
Ancien maître de conférences à l'École normale supérieure

SEPTIÈME ÉDITION REVUE

PARIS

LIBRAIRIE HACHETTE ET Cie

79, BOULEVARD SAINT-GERMAIN, 79

—

1902

AVERTISSEMENT

DE LA SEPTIÈME ÉDITION

Ces éléments de chimie ont été rédigés aussi simplement que possible en se conformant aux indications des programmes officiels pour la classe de Philosophie et, par conséquent, pour le baccalauréat classique correspondant (2e partie, 1re série).

Comme le programme de Chimie de la classe de Philosophie ne diffère pas essentiellement de celui de la classe de Troisième moderne, ce volume pourra servir également aux élèves qui suivent cet enseignement.

Nous avons cru devoir ajouter au texte primitif des deux premières éditions quelques compléments, imprimés en petit texte, que les élèves de la classe de Philosophie pourront négliger. Ils feront bien de laisser aussi de côté, dans une première étude, la plus grande partie des Chapitres IV et V, qui renferment quelques développements théoriques indispensables à ceux qui voudront poursuivre ultérieurement l'étude de la chimie.

Janvier 1902.

A. L.

ÉLÉMENTS
DE CHIMIE

GÉNÉRALITÉS

CHAPITRE I

NOTIONS GÉNÉRALES SUR LA COMBINAISON CHIMIQUE.

1. Phénomènes physiques. — Une barre de fer que l'on soumet à l'action de la chaleur se dilate : sa longueur, son volume augmentent. Si on la laisse revenir à sa température initiale, elle reprend ses premières dimensions. Le phénomène que nous venons d'observer est un *phénomène physiqu*.

Lorsqu'on chauffe un morceau de soufre, il se dilate aussi tout d'abord, puis, à une température déterminée, il change d'état, il devient liquide; à une température plus élevée encore, il se vaporise. La glace fond lorsque la température ambiante s'élève, l'eau de fusion chauffée prend l'état gazeux. Inversement, la vapeur d'eau, la vapeur de soufre refroidies se condensent, prennent l'état liquide, puis se solidifient, si l'on abaisse suffisamment la température. Ces *changements d'état* sont encore des *phénomènes physiques*; la matière qui a subi ces transformations temporaires n'a été nullement altérée. Si nous prenons soin de ne point perdre de matière, le poids sera resté invariable.

2. Phénomènes chimiques. — 1° Les propriétés physiques de l'eau nous sont bien connues; on a déterminé avec le plus grand soin ses densités à l'état liquide, à l'état solide, à l'état gazeux; ses tensions maxima aux diverses températures, ses points de fusion et d'ébullition, les chaleurs de fusion et de vaporisation, etc. Bornée là, l'étude de l'eau serait incomplète; l'action exercée sur l'eau par un courant électrique va nous apprendre quelque chose de plus.

Cette expérience se fait commodément à l'aide d'un petit appareil nommé voltamètre et qui se compose d'un vase de verre (fig. 1) dont le fond est traversé par deux fils ou lames de platine que l'on relie aux deux pôles de la pile. On place dans ce verre

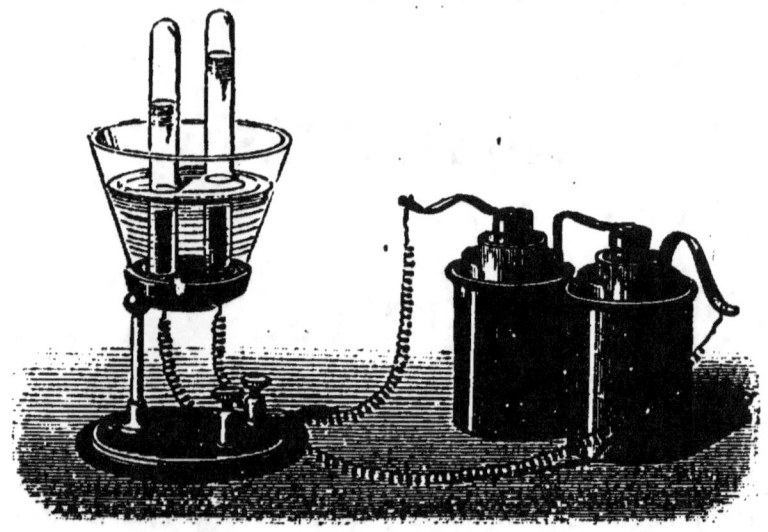

Fig. 1.

de l'eau acidulée par l'acide sulfurique et l'on place au-dessus de chaque fil de platine deux petites éprouvettes graduées pleines d'eau. Dès qu'on ferme le circuit, des bulles de gaz se dégagent sur les deux fils de platine et sont recueillies dans les éprouvettes.

Le volume du gaz contenu dans l'éprouvette qui surmonte le fil de platine relié au pôle négatif de la pile est, à chaque instant, supérieur au volume gazeux contenu dans l'autre éprouvette, et si, après avoir laissé l'appareil fonctionner pendant quelque temps, on mesure ces deux volumes gazeux à la même pression, on trouve que le volume du gaz qui surmonte l'électrode négative est double du volume de l'autre gaz.

Ces deux gaz peuvent être distingués facilement l'un de l'autre.

Le gaz qui se dégage au pôle négatif est inflammable; il brûle avec une flamme pâle; nous l'appellerons *hydrogène*.

Celui que l'on recueille au pôle positif n'est pas inflammable;

mais, lorsqu'on introduit dans une atmosphère de ce gaz une allumette presque éteinte, elle se rallume et brûle avec un grand éclat; ce gaz est l'*oxygène*.

Nous venons de réaliser ainsi l'*analyse* de l'eau.

2° Enflammons un jet d'*hydrogène*, desséché avec soin, à l'extrémité d'un tube effilé relié à un appareil producteur de ce gaz (fig. 2), et recouvrons la flamme d'une grande cloche en

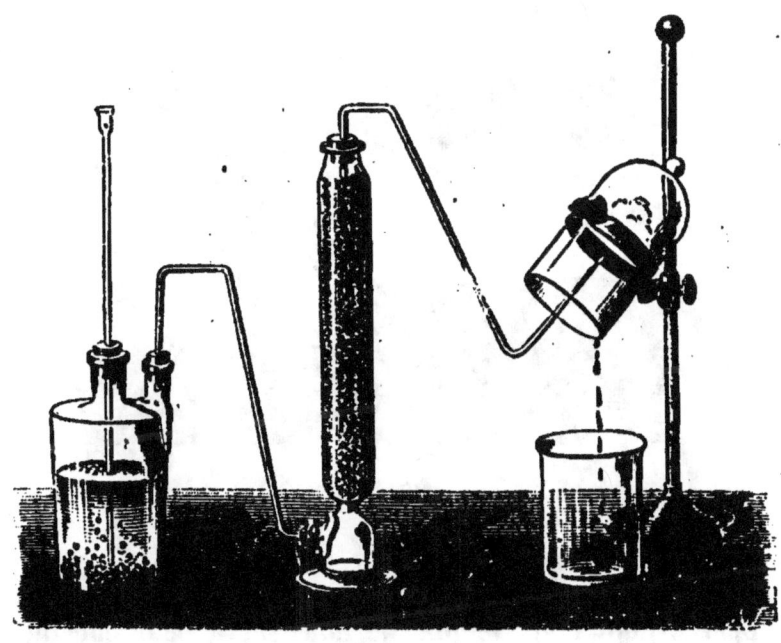

Fig. 2.

verre; les parois froides de cette cloche se tapissent de fines gouttelettes d'eau, qui bientôt ruissellent et que l'on peut recueillir. Nous verrons, en étudiant l'air atmosphérique, qu'il renferme de l'oxygène, et nous conclurons de cette expérience que l'hydrogène, en brûlant, s'est *combiné* avec l'oxygène de l'air pour former de l'eau. Nous avons effectué la *synthèse qualitative* de l'eau, et cette synthèse nous prouve que l'eau est *uniquement* composée d'oxygène et d'hydrogène, ce qui ne ressortait pas de l'analyse par le courant électrique.

On détermine le rapport exact des volumes d'hydrogène et d'oxygène qui se combinent en opérant de la manière suivante. Un tube de verre à parois épaisses, fermé à sa partie supérieure et qui porte des divisions d'égal volume, est rempli de mercure (fig. 3). On y introduit un volume quelconque d'oxygène et un volume double d'hydrogène, et, à l'aide de deux fils de platine qui traversent les parois supérieures de l'éprouvette et dont les extrémités internes sont peu distantes l'une de l'autre, on fait passer une étincelle électrique. Une détonation se produit, de l'eau se condense sur les parois supérieures du tube, et le mercure s'élève jusqu'au sommet.

Deux volumes d'hydrogène et un volume d'oxygène se sont

Fig. 3.

combinés pour former de l'eau, et cette expérience ne peut plus laisser aucun doute.

L'appareil dont nous venons de nous servir pour effectuer la *synthèse quantitative* de l'eau est un *eudiomètre à mercure*.

La vapeur d'eau produite dans l'expérience précédente s'est condensée; mais si l'eudiomètre avait été porté lui-même à une température supérieure à 100°, l'eau aurait conservé l'état gazeux et l'on aurait pu mesurer son volume. On réussit à observer le volume de la vapeur d'eau produite en enveloppant l'eudiomètre d'un tube plus large dans lequel on fait circuler la vapeur d'un liquide bouillant à une température supérieure à 100°. En mesurant le volume de l'hydrogène, de l'oxygène et de la vapeur d'eau produite dans les mêmes conditions de température et de pression, on verrait que ces volumes sont entre eux comme les nombres

$$2 \quad 1 \quad 2.$$

Les volumes de ces gaz, et par conséquent les poids qui entrent en réaction, ne sont donc pas arbitraires.

Remarquons de plus que la combinaison de l'oxygène et de

l'hydrogène est accompagnée d'un dégagement de chaleur. Il a suffi d'approcher un corps incandescent du jet d'hydrogène pour l'enflammer et la réaction a continué d'elle-même, avec flamme. Dans cette flamme, des fils de cuivre et même de platine fondent facilement, accusant ainsi la température élevée à laquelle les deux gaz sont portés au moment de leur combinaison.

Il a suffi d'une seule étincelle électrique pour déterminer la combinaison explosive des deux gaz, hydrogène et oxygène, dans l'eudiomètre.

3° Un fil de fer porté à une température élevée en l'un de ses points, et introduit dans un flacon rempli de ce gaz *oxygène* que nous avons obtenu en électrolysant l'eau, brûle avec un vif éclat (fig. 4). Le fer se transforme en une matière toute différente d'aspect et qui se maintient, lorsqu'on soustrait le métal à l'action de l'oxygène, avec la couleur, l'éclat que nous lui avons vu prendre tout d'abord. Le fer a disparu, une autre matière a pris naissance qu'il n'est pas possible de confondre avec lui, et cette fois c'est une transformation *per-manente* qui s'est effectuée. En même temps que le poids du corps a *augmenté*, l'oxygène contenu dans le flacon a disparu; c'est là un *phénomène chimique*.

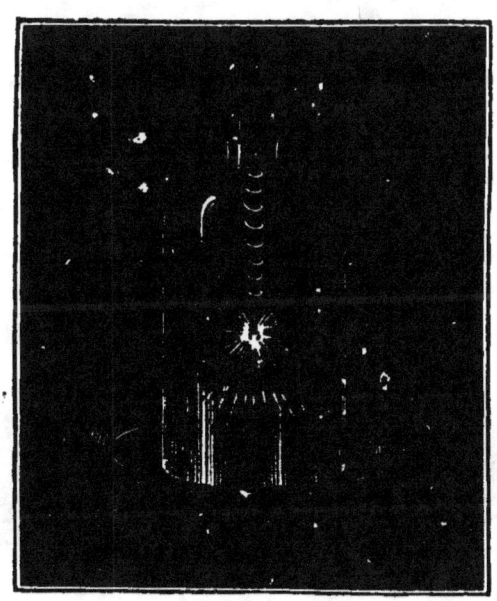

Fig. 4.

Nous disons que le fer et l'oxygène se sont *combinés*, et la matière résultant de la transformation du fer est une *combinaison* du fer et d'oxygène, un oxyde de fer.

4° Introduisons cet oxyde de fer dans un petit tube effilé en pointe à l'une de ses extrémités et dans lequel nous pourrons faire arriver (fig. 5) un courant d'hydrogène. Après avoir fait passer ce gaz pendant un certain temps pour expulser l'air des tubes, chauffons l'oxyde de fer : nous verrons celui-ci changer de couleur et reprendre les propriétés physiques du fer. L'oxyde de fer a perdu de son poids, mais le poids du fer recueilli est égal au poids du fil de fer que nous avions brûlé dans l'oxygène. Dans les circonstances où nous nous sommes placés, la combinaison du fer avec l'oxygène a été détruite, le fer a été régénéré et l'oxygène qu'il avait fixé a formé de l'eau.

Tandis que dans l'expérience précédente, où le fer avait fixé de l'oxygène, nous avions effectué une *synthèse*, ici, en détruisant la combinaison première, en décomposant l'oxyde de fer, nous avons fait l'opération inverse, une *analyse*.

5° Des copeaux minces de cuivre, tels que ceux que l'on obtient en rabotant une planche de cuivre, perdent leur éclat lorsqu'on

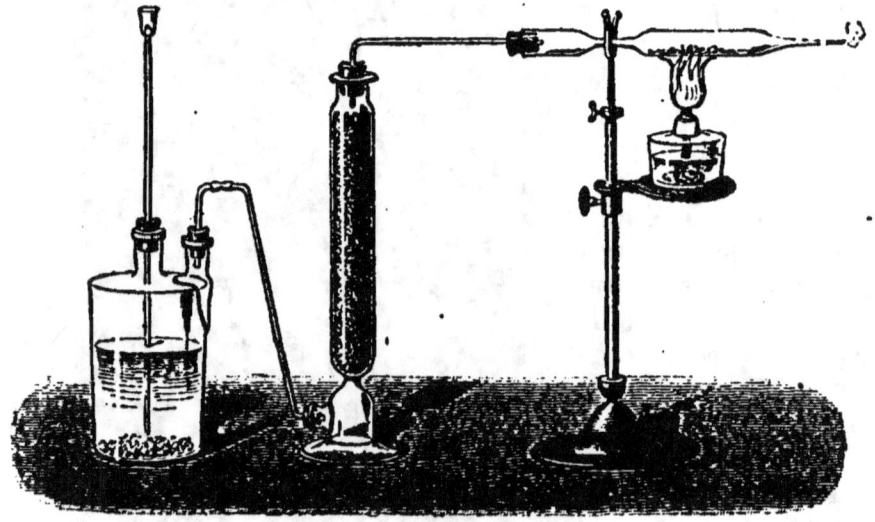

Fig. 5.

les chauffe au rouge au contact de l'air; ils se recouvrent d'un enduit noir pulvérulent, que l'on peut détacher par le frottement. Le poids du cuivre a augmenté; la matière noire ainsi obtenue est une combinaison de cuivre et d'oxygène. Cet oxygène, le cuivre l'a pris à l'air atmosphérique qui en contient; nous avons fait la *synthèse* de l'oxyde de cuivre.

6° Chauffé dans un courant de gaz hydrogène, dans le même appareil qui nous a servi à décomposer l'oxyde de fer, l'oxyde de cuivre perd sa couleur noire et reprend la couleur, l'éclat et les propriétés du métal.

Une pesée montre immédiatement que le poids a diminué et nous retrouvons exactement le poids primitif des copeaux de cuivre. Ici encore nous avons fait une *analyse*; on dit que le gaz hydrogène a réduit l'oxyde de cuivre.

Si nous avons examiné attentivement ce qui s'est passé lors de la réduction de l'oxyde de cuivre par l'hydrogène, nous avons vu la masse devenir incandescente en l'un de ses points. A ce moment, nous avons pu éloigner la source extérieure de chaleur, et la réaction a continué d'elle-même, l'incandescence se propageant lentement d'un point à l'autre de la masse. Un dégagement de chaleur accompagne donc la réduction de l'oxyde.

Ce n'est pas tout encore. A l'extrémité effilée du tube il se dégage des vapeurs qu'il est facile de condenser sur un corps froid. Des gouttes d'eau ruissellent. Comme on a pris soin de dessécher les substances réagissantes, cette eau a dû prendre naissance dans la réaction, c'est-à-dire dans l'union ou *combinaison* de l'hydrogène avec l'oxygène qui avait été primitivement fixé sur le cuivre.

Combinaison, *décomposition*, sont des phénomènes chimiques; c'est l'étude de ces transformations de la matière qui fait l'objet de la *Chimie*.

5. Mélange et combinaison. — Nous pouvons triturer dans un mortier du fer et du soufre très divisés, et obtenir ainsi une poudre dans laquelle il sera impossible, au premier aspect, de distinguer les deux substances. Mais si nous l'examinons au microscope, nous pourrons trouver un grossissement tel que les particules des deux corps nous apparaissent avec leur couleur et leur éclat particuliers; nous pourrons, en promenant un barreau aimanté dans cette poudre, enlever tout le fer et laisser le soufre. Nous aurons fait un *mélange*, et dans ce mélange le soufre et le fer pourront entrer en telle proportion qu'il nous conviendra.

Nous pouvons de même mélanger du soufre et du cuivre en poudre fine, en toutes proportions. Mais chauffons ce mélange dans un ballon (fig. 6). Le soufre fond, se volatilise; le cuivre est porté à l'incandescence et une matière nouvelle prend naissance qui n'a plus aucune des propriétés physiques du cuivre et du soufre. Une action mécanique ne suffira plus pour séparer les deux corps; nous avons préparé ici un corps *composé* de soufre et de cuivre, et l'union de ces deux corps est une *combinaison*.

Ainsi, tandis que, dans un mélange, les corps conservent leurs propriétés physiques individuelles, il résulte de la combinaison un corps doué de nouvelles propriétés physiques, parfaitement homogène.

Le mélange de deux corps se fait sans dégagement de chaleur; la combinaison du soufre et du cuivre dans l'expérience précédente, de l'hydrogène et de l'oxygène lorsque nous avons formé de l'eau, a été accompagnée d'un dégagement de chaleur.

Enfin, nous avons pu mélanger le soufre et le cuivre en toutes

proportions; mais si, lorsque nous avons chauffé le mélange, et
que nous avons ainsi déterminé la combinaison, nous avons mis
en présence 16 grammes de soufre et plus de 63 gr. 5 de cuivre,
un excès de cuivre reste mélangé au composé de soufre et de

Fig. 6.

cuivre, excès de métal qu'il sera toujours facile de distinguer.

Résumons donc les enseignements que nous venons de tirer
de quelques expériences simples; nous disons :

Toute *réaction chimique* est caractérisée par :

1° *Un changement dans les propriétés des corps réagissants;*

2° *Une relation numérique entre leurs poids;*

3° *Un phénomène thermique susceptible de mesure.*

CHAPITRE II

CHANGEMENTS D'ÉTAT PHYSIQUE. — CRISTALLISATION.
NOTIONS DE CRISTALLOGRAPHIE.

L'étude des propriétés physiques et des changements d'état physique qu'une matière est susceptible d'éprouver doit précéder l'étude de ses transformations chimiques. On décrit tout d'abord celles de ces propriétés qui frappent immédiatement les sens, telles que la couleur, la saveur, l'odeur (*propriétés organoleptiques*); puis l'état physique sous lequel une substance peut être observée, dans les conditions ordinaires de température et de pression.

Enfin, les circonstances dans lesquelles un corps change d'état doivent être soigneusement notées.

4. Fusion, solidification. — La température à laquelle un corps solide passe à l'état liquide, sa *température de fusion*, est une caractéristique de cette substance. Inversement, lorsqu'on refroidit un liquide, il peut se faire qu'il se solidifie lorsque l'on atteint la température de fusion. Mais il arrive fréquemment que l'on peut refroidir un corps au-dessous de sa température de fusion sans que la solidification ait lieu; on dit qu'il y a *surfusion*. La surfusion cesse en général lorsqu'on exerce une action mécanique, un frottement sur les parois du vase, et la solidification se produira toujours au contact d'une parcelle de la matière solide. On peut donc dire que la *température de fusion d'un corps est la plus haute température à laquelle ce corps puisse exister à l'état solide*. Au-dessus de cette température l'état liquide est seul possible; au-dessous, le corps peut exister soit à l'état liquide, soit à l'état solide.

La température de fusion d'un corps dépend de la pression extérieure; mais nous n'avons à nous préoccuper ici que des phénomènes physiques qui ont lieu sous la pression atmosphérique. Les variations de cette pression sont trop faibles pour que la température de fusion en soit influencée.

5. Vaporisation. — A toute température un liquide émet des vapeurs. On appelle *tension maxima* d'une vapeur à une température donnée la *tension qu'exerce cette vapeur lorsqu'elle se trouve en présence d'un excès du liquide générateur.* Lorsque cette tension devient égale à celle qui s'exerce à la surface du liquide, la vaporisation se produit dans toute la masse : il y a *ébullition*. La température d'ébullition d'un liquide sous une pression déterminée est telle, que la tension maxima du liquide est égale à cette pression. On appelle *température normale d'ébullition* ou *point d'ébullition* d'un liquide la température à laquelle la tension maxima de ce liquide est de 760 millimètres.

Lorsqu'on refroidit une vapeur saturante, elle se condense partiellement; une vapeur non saturante devient saturante, c'est-à-dire qu'il y a liquéfaction, lorsque l'on abaisse la température ou lorsque l'on élève la pression.

Remarquons que la présence d'une atmosphère gazeuse interne est nécessaire pour qu'il y ait vaporisation dans toute la masse, c'est-à-dire ébullition. Si cette atmosphère interne fait défaut, l'ébullition peut être retardée. Nous dirons donc que *la température d'ébullition normale d'un liquide est la température minima à laquelle le corps puisse exister à l'état de vapeur saturée, sous la pression normale.* Au-dessus de cette température, l'état liquide et l'état gazeux sont possibles; l'état liquide est nécessaire, au-dessous.

6. Liquéfaction des gaz. Température critique. Pression critique. — Un certain nombre de substances sont gazeuses dans les conditions habituelles de température et de pression. Il suffit le plus souvent d'une légère compression ou d'un faible abaissement de température pour les liquéfier. Cependant l'oxygène, l'hydrogène, l'azote, le bioxyde d'azote, l'oxyde de carbone, le méthane et l'acétylène ont résisté, jusqu'en 1877, à toutes les tentatives faites pour obtenir leur changement d'état; on les désignait sous le nom de *gaz permanents*.

Un physicien anglais, Andrews, a précisé les conditions dans lesquelles il fallait se placer pour liquéfier un gaz. Il existe pour toute matière gazeuse une *température* au-dessus de laquelle la liquéfaction ne peut avoir lieu, au-dessous de laquelle le changement d'état est possible : c'est la *température* ou *point critique* la tension maxima à cette température est la *pression critique*

Les expériences d'Andrews ont établi nettement que la compression seule est impuissante à liquéfier un gaz si on ne le maintient pas en même temps au-dessous d'une température caractéristique de ce gaz; si l'oxygène, l'hydrogène, l'azote n'avaient pas été liquéfiés, cela tenait à ce que les températures critiques de ces gaz étaient inférieures aux températures les plus basses auxquelles on savait alors les maintenir en les comprimant; c'est ce que l'expérience a vérifié depuis.

M. Cailletet a montré le premier, en 1877, que les gaz dits *permanents* étaient susceptibles de changer d'état. Il les comprimait dans l'appareil que représente la figure 7. Une pompe aspirante

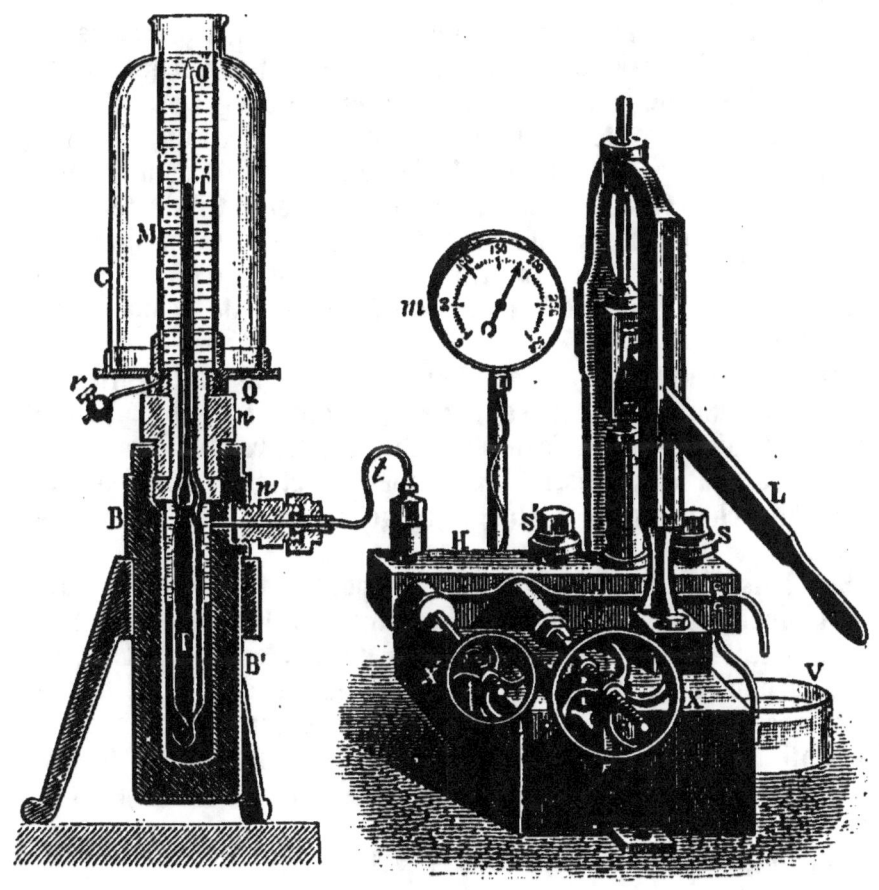

Fig. 7.

et foulante permet d'injecter de l'eau à la surface du mercure contenu dans un bloc cylindrique en acier. Dans ce mercure plonge un tube de verre TT' à parois résistantes formé d'une partie cylindrique plus large soudée à un tube capillaire fermé à sa partie supérieure et contenant le gaz à étudier. Ce tube est solidement maintenu par un écrou en bronze n à la partie supérieure du bloc d'acier. Lorsque l'on injecte de l'eau, le mercure comprimé s'élève dans le tube, réduit le volume occupé par le gaz, et l'on peut observer son changement d'état à des pressions indiquées par un manomètre métallique.

On facilite en général la liquéfaction en entourant le tube de glace ou d'un mélange réfrigérant; dans quelques cas même il est *nécessaire* de le faire, afin d'amener le gaz au-dessous de son point critique.

Même en comprimant les gaz dits *permanents* aux pressions les plus élevées, M. Cailletet n'a pas observé leur changement d'état; cela tient à ce que la température critique de ces gaz est de beaucoup inférieure à celles qu'il est possible d'atteindre avec les réfrigérants usuels (— 230° pour l'hydrogène, — 146° pour l'azote, — 118° pour l'oxygène). Aussi l'habile physicien a-t-il dû recourir à un artifice pour abaisser la température au-dessous du point critique. Lorsque l'on comprime un gaz, et qu'on le *détend* brusquement, il se produit un abaissement de température considérable.

En détendant brusquement l'oxygène, l'azote ou l'hydrogène fortement comprimés et refroidis, M. Cailletet a observé qu'il se produisait, suivant l'axe du tube capillaire, un brouillard très ténu qui disparaissait rapidement. C'était là l'indice certain d'un changement d'état, liquéfaction ou peut-être solidification.

En abaissant suffisamment leur température, on a pu aujourd'hui liquéfier tous les gaz. Dans l'appareil de M. Linde, un jeu de pompes fait circuler le gaz à liquéfier (air, oxygène) dans un long serpentin entouré de ouate où ce gaz se détend de 200 à 16 atmosphères. Sous l'action de cette détente continue, le serpentin se refroidit très énergiquement et une partie du gaz se liquéfie à 16 atmosphères dans un récipient d'où on peut le soutirer.

L'air liquide ainsi obtenu est à — 190°.

7. Dissolution. — La liquéfaction d'un corps solide peut être obtenue par voie de *dissolution*. L'eau des sources ou des rivières abandonne en s'évaporant des dépôts solides des matières qu'elle tenait en dissolution. En général le poids d'une matière solide dissoute dans l'unité de poids d'un liquide s'élève lorsque la température croît.

Lorsque, à une température donnée, on a maintenu pendant quelque temps un liquide en présence d'un grand excès d'un corps solide, et que le poids de la matière dissoute est resté invariable, on dit que la solution est *saturée*.

Lorsqu'on évapore le liquide ou lorsque la température s'abaisse, la solution saturée doit laisser déposer à l'état solide une partie de la matière qu'elle renfermait. Il peut cependant ne pas en être ainsi; le liquide reste *sursaturé*. La sursaturation cesse et le solide se dépose lorsqu'on introduit dans le liquide une trace de la matière solide. C'est là un phénomène analogue au phénomène de la surfusion.

Dissolution des gaz. Coefficient de solubilité. — Les gaz se dissolvent également dans les liquides. L'eau qui est restée exposée au contact de l'air laisse dégager, lorsqu'on la chauffe, ou lorsqu'on la maintient dans le vide, des bulles d'oxygène, d'azote de gaz carbonique. L'eau de Seltz est une dissolution de gaz carbonique faite sous pression.

1re LOI. — *A une température donnée, le volume d'un gaz dissous dans l'unité de volume d'un liquide, mesuré sous la pression qu'exerce le gaz à la surface du liquide après la dissolution et à la température 0°, est une constante. Cette constante est le coefficient de solubilité du gaz à la température de l'expérience.*

Ainsi, à 0°, 1 litre d'eau dissout 1^{lit},8 d'acide carbonique sous la pression normale d'une atmosphère; sous la pression de 2, 3,... atm., le volume de gaz dissous, mesuré sous la pression de 2, 3,... atm., sera encore 1^{lit},8. Ramenés à la pression normale, les volumes de gaz dissous seront donc, en appliquant la loi de Mariotte,

$$2 \times 1^{\text{lit}},8, \quad 3 \times 1^{\text{lit}},8.....$$

Le coefficient de solubilité décroît en général lorsque la température s'élève.

2e LOI. — *Lorsqu'un mélange gazeux est en contact avec un liquide, chacun des gaz se dissout comme s'il était seul.*

Nous trouverons une vérification de cette loi en étudiant la composition des gaz dissous dans l'eau qui est restée en contact avec l'atmosphère.

8. Cristallisation. — Un corps qui se solidifie lentement affecte le plus souvent la forme de polyèdres : on dit qu'il *cristallise*. On appelle *cristaux* (fig. 9) les solides géométriques. Les flocons de neige sont formés par l'enchevêtrement de petits cristaux de glace; les arborescences qui se forment sur les vitres d'un appartement, en hiver, accusent la cristallisation de la glace.

1° *Cristallisation par fusion.* — Pour faire cristalliser un corps, on le fond et on laisse refroidir lentement le liquide. Lorsqu'une partie de la matière est solidifiée, on verse le liquide restant, et les cristaux sont mis à nu. C'est par fusion que nous ferons cristalliser le soufre.

2° *Cristallisation par sublimation.* — Quelques substances passent directement de l'état solide à l'état de vapeur; on dit qu'elles *se subliment*. Inversement, si les vapeurs de ces substances arrivent au contact d'un corps froid, la substance se dépose en cristaux. Ainsi, nous ferons cristalliser l'iode en chauffant quelques fragments de cette substance déposée au fond d'un ballon; celui-ci se remplit de vapeurs violettes, et de petits cristaux noirs, très brillants, vont se déposer sur les parois froides du col. Ici, le refroidissement est brusque : aussi les cristaux sont-ils fort petits.

Abandonnons au contraire de l'iode dans un flacon bouché à

Fig. 9.

l'émeri, nous verrons, avec le temps, de gros cristaux se déposer sur les parois du vase. Obéissant aux variations de la température ambiante, l'iode se sublime, se condense, se sublime de nouveau et, les cristaux déjà formés attirant pour ainsi dire la matière solide, ceux-ci grossissent lentement.

On emploie quelquefois, pour faire cristalliser une substance par sublimation, la disposition suivante : La substance est placée dans une capsule en terre que l'on surmonte d'un cône en carton (fig. 10). On chauffe lentement la capsule sur un bain de sable et les vapeurs se condensent sur les parois du cône. On obtiendra ainsi de magnifiques cristaux d'un hydrocarbure solide, la naphtaline.

3° *Cristallisation par dissolution.* — L'évaporation d'un dissolvant entraîne le dépôt d'une partie de la matière dissoute. L'eau de la mer ou des sources salines, évaporée lentement, laisse déposer du sel marin. L'eau dissolvant un grand nombre de sels, nous nous servirons fréquemment de cette méthode pour les faire cristalliser. On peut laisser le liquide s'évaporer lentement à l'air, à la température ordinaire; mais on peut aussi activer l'évaporation en chauffant le liquide ou en le maintenant dans le vide, sous une cloche renfermant des matières avides d'eau, telles que la chaux ou l'acide sulfurique.

Si le liquide dissout des poids de la matière solide qui vont en croissant lorsque la température s'élève, il suffit d'abandonner la solution à un refroidissement lent pour obtenir un dépôt de matière cristallisée. Le nitre ou salpêtre, par exemple, est beaucoup plus soluble à chaud qu'à froid; une solution de ce sel saturée à l'ébullition

Fig. 10

abandonne par le refroidissement de beaux cristaux de cette substance que l'on met à nu en décantant l'excès de liquide (fig. 11).

9. Applications. — Dans l'industrie et dans les laboratoires on fait cristalliser les corps pour les purifier. Ainsi le sel qui se dépose dans les marais salants entraîne avec lui des matières terreuses et des sels étrangers. Si on le dissout

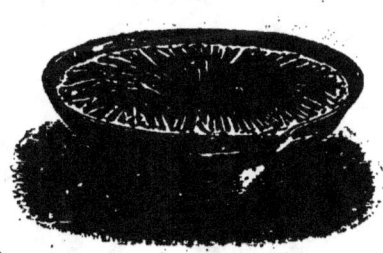

Fig. 11.

dans l'eau de nouveau et qu'on évapore la dissolution, le sel se déposera lorsque le liquide sera saturé, et les impuretés resteront dans le liquide, dans l'*eau mère*. Il est le plus souvent nécessaire de réitérer les dissolutions et cristallisations, car les cristaux, en se déposant, peuvent entraîner une petite quantité d'eau mère qui reste interposée entre les lamelles cristallines. La quantité des matières impures entraînées ira ainsi en diminuant chaque fois, surtout si l'on a soin d'agiter le liquide au moment où la cristallisation se produit pour éviter la formation de cristaux volumineux.

NOTIONS DE CRISTALLOGRAPHIE.

Une même substance, en se solidifiant, dans des circonstances identiques, affecte les mêmes formes géométriques. L'étude de ces formes géométriques ou *cristaux* est donc importante, puisqu'elle servira à caractériser la substance au même titre que sa couleur, sa solubilité, sa densité, son point de fusion ou d'ébullition.

Un cristal est toujours un polyèdre convexe. Les angles rentrants que l'on observe quelquefois tiennent à la pénétration régulière (*macle*) ou au groupement accidentel de plusieurs individus cristallins.

10. **1re Loi.** — *La forme d'un cristal est déterminée non par la position absolue des faces qui la limitent, mais par les angles dièdres qu'elles forment entre elles.* (Romé de l'Isle.)

Nous disons qu'un cristal est un octaèdre régulier, non pas quand il présente la forme du solide régulier des géomètres (polyèdre dont les faces sont huit triangles équilatéraux), mais quand il est limité par huit plans parallèles deux à deux faisant entre eux des angles de 109° 28′ 16″ (fig. 12).

De même un solide présentant simplement la forme d'un prisme droit à base rectangle pourra être regardé indifféremment comme un prisme droit à base rectangle, un prisme droit à base carrée

Fig. 12.

ou un cube, et il faudra recourir à d'autres propriétés physiques pour voir si les faces sont identiques entre elles (cube), si deux plans parallèles sont différents des quatre autres (prisme à base carrée) ou s'il y a trois couples de faces différentes (prisme à base rectangle).

11. **2e Loi (loi des caractéristiques entières).** — *Si, dans un cristal, on prend pour axes les intersections de trois faces non pa-*

rallèles à une même droite, en appelant a, b, c les longueurs interceptées sur les axes à partir du sommet par une quatrième face arbitrairement choisie, une face quelconque du cristal coupera les axes à des distances du sommet proportionnelles à ma, nb, pc, m, n, p étant des nombres entiers généralement simples. (Haüy.)

Si OX, OY, OZ sont les axes, ABC la face choisie comme fondamentale (fig. 13), en portant sur les axes des longueurs égales OA, AA¹, A¹A²....; OB, BB¹, B¹B²... ; OC, CC¹, C¹C², etc., toute face du cristal sera parallèle à un des plans qui passeront par trois des points d'intersection ainsi déterminés. Les plans pourront être parallèles à un axe.

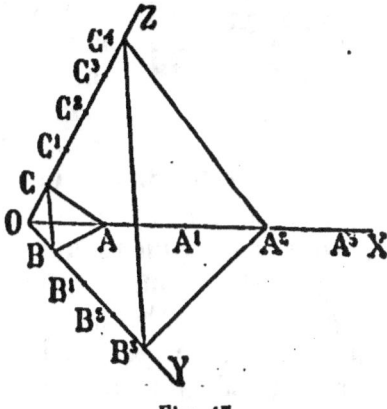

Les longueurs *a*, *b*, *c* limitent ce qu'on appelle la *forme primitive*. C'est donc un parallélépipède.

Une face quelconque interceptant à partir du sommet des longueurs proportionnelles à *ma*, *nb*, *pc* sera simplement désignée par les lettres *m*, *n*, *p*, qui seront dites les *caractéristiques* de la face, (*mnp*) étant son *symbole*.

Fig. 13.

Haüy a donné de cette loi une interprétation un peu hypothétique, mais très ingénieuse. Admettons qu'un cristal soit formé par un empilement de petits parallélépipèdes égaux entre eux et semblables à la forme primitive; nous pouvons les enlever à partir d'un sommet de manière que les solides restants aient tous leur sommet en saillie dans un même plan (fig. 14); l'espèce d'escalier ainsi formé se confondra avec un plan si nous supposons les solides suffisamment petits. Nous aurons ainsi engendré, avec ce que Haüy appelle la *molécule intégrante*, la *face fondamentale*; les longueurs interceptées sont proportionnelles aux dimensions de la forme primitive, et les caractéristiques de la face seront 1, 1, 1. Pour engendrer une autre face quelconque, il suffit de considérer un nouveau parallélépipède contenant respectivement sur chacune de ses arêtes *m*, *n* et *p* molécules intégrantes : ce sera la *molécule soustractive*. En opérant avec elle comme on l'a fait tout à l'heure avec la molécule intégrante pour

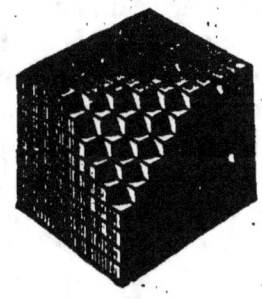

Fig. 14.

produire la fac· fondamentale, on produira évidemment une face interceptant des longueurs proportionnelles à *ma*, *nb*, *pc*; ses caractéristiques seront *m*, *n*, *p* (fig. 15).

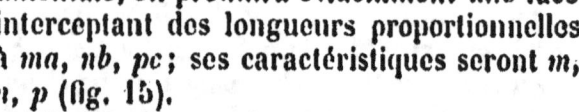
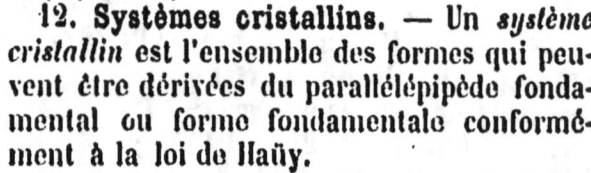

12. Systèmes cristallins. — Un *système cristallin* est l'ensemble des formes qui peuvent être dérivées du parallélépipède fondamental ou forme fondamentale conformément à la loi de Haüy.

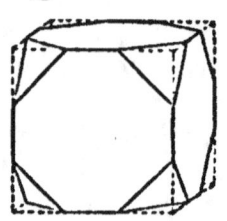

Fig. 15.

Prenons un exemple. Un cube a huit angles solides égaux; coupons un de ces angles par un plan également incliné sur les faces adjacentes et interceptant par conséquent sur les trois arêtes qui aboutissent au même sommet trois longueurs égales. Les autres angles solides porteront la même modification et à la place des huit sommets se

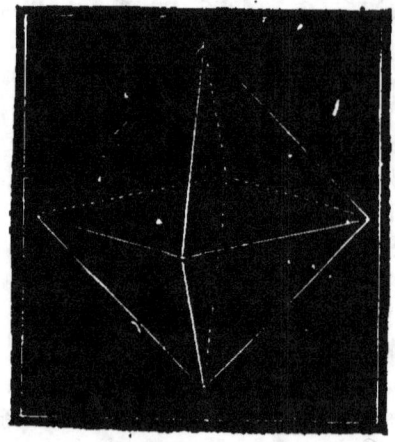

Fig. 16.

Fig. 17.

seront développées huit facettes triangulaires. Nous obtiendrons ainsi un solide (cubo-octaèdre) dérivé du cube (fig. 16). Que ces facettes se développent et fassent disparaître les faces du cube, nous obtiendrons un nouveau solide

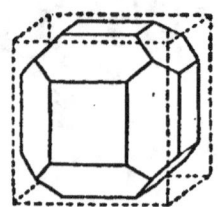

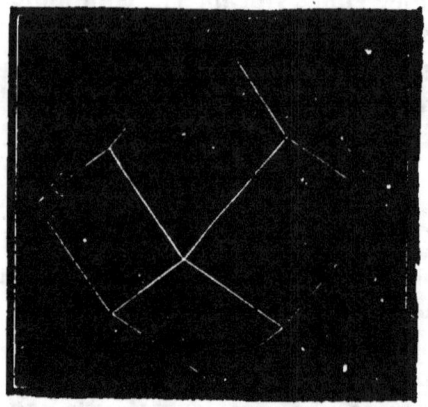

Fig. 18.

Fig. 19.

formé de huit faces triangulaires, un *octaèdre régulier* (fig. 17).

Les douze arêtes du cube sont égales. Qu'un plan *également incliné sur les deux faces adjacentes* vienne tronquer une de ces arêtes, une modification identique devra affecter toutes les autres (fig. 18). Si ces facettes se développent et font disparaître les faces du solide primitif, il en résultera un nouveau solide géométrique formé de douze faces rhombes, le *dodécaèdre rhomboïdal* (fig. 19).

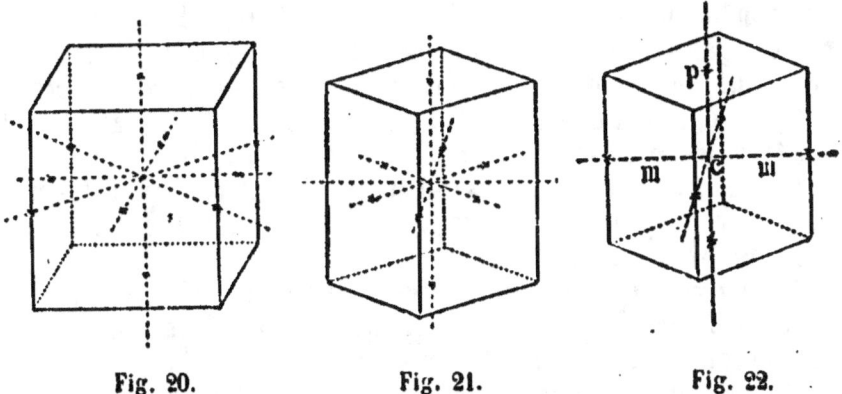

Fig. 20.   Fig. 21.   Fig. 22.

L'octaèdre régulier, le dodécaèdre rhomboïdal sont des formes du système cubique.

Toutes les formes qui pourront ainsi être dérivées du cube formeront le *système cubique*.

On distingue sept systèmes cristallins, qui sont :

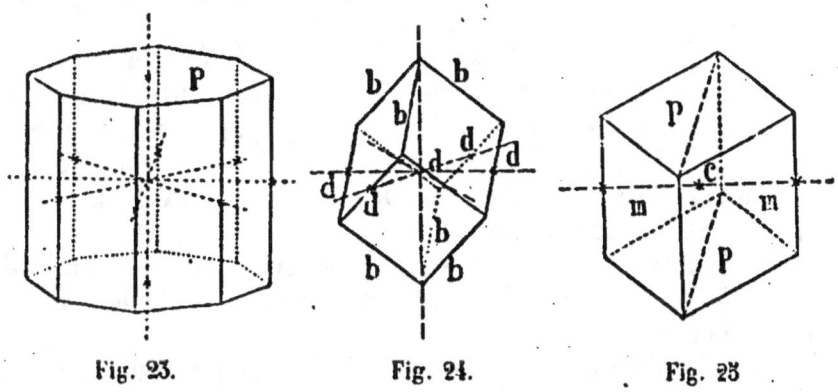

Fig. 23.   Fig. 24.   Fig. 25.

1° *Le système cubique* (type : cube, fig. 20); 3 axes rectangulaires égaux ;

2° *Le système du prisme droit à base carrée* ou *système quadratique*; 3 axes rectangulaires, dont 2 sont égaux (fig. 21);

3° *Le système du prisme droit à base rhombe* ou *système orthorhombique*; 3 axes rectangulaires inégaux (fig. 22);

4° *Le système du prisme hexagonal régulier* (fig. 23); 4 axes dont 1 est rectangulaire au plan des 5 autres, qui sont égaux entre eux et inclinés de 60°;

5° Le *système rhomboédrique*. — Le rhomboèdre est un solide dont toutes les faces sont des losanges ou rhombes (fig. 24); on peut prendre comme axes les arêtes du parallélépipède qui sont toutes égales et également inclinées les unes sur les autres. Dans un rhomboèdre deux des angles solides sont formés de trois faces planes égales; on prend généralement comme axes : 1° la droite qui joint les sommets de ces angles solides (*axe principal*); 2° 3 axes égaux inclinés de 60 degrés situés dans un plan perpendiculaire au premier axe, passant par le centre du rhomboèdre et par les milieux des arêtes qui n'aboutissent pas aux extrémités de l'axe principal. Les axes sont alors les mêmes que dans le système du prisme hexagonal:

6° Le *système du prisme rhomboïdal oblique* ou *système clinorhombique* (fig. 25); 1 axe est oblique au plan des 2 autres, qui sont perpendiculaires entre eux et inégaux;

7° Le *système du prisme oblique à base de parallélogramme* ou *système triclinique* (fig. 26); 3 axes obliques et inégaux; la forme primitive est le parallélépipède le plus général.

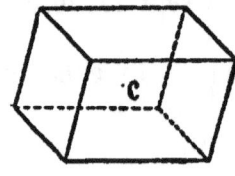

Fig. 26.

13. 3° **Loi** (loi de symétrie). — *Les différentes faces dont l'ensemble constitue une forme coexistent en général dans un même cristal*[1].

Ainsi les 8 faces de l'octaèdre régulier, les 12 faces du dodécaèdre rhomboïdal se rencontreront en général dans le même cristal du système cubique. Les 4 arêtes latérales d'un prisme droit à base carrée porteront des modifications identiques, distinctes des modifications qui pourront affecter les 8 arêtes des deux bases.

Les cristaux qui obéissent à la loi de symétrie sont dits *holoèdres*; la figure 27 représente la combinaison du cube avec les formes holoèdres.

Mais la loi de symétrie présente, en apparence tout au moins, une exception remarquable : les cristaux de certaines substances ne possèdent que la moitié des faces prévues par l'étude géométrique du réseau : on les appelle *hémièdres*.

---

1. Cette loi d'observation, due à Haüy, est énoncée le plus souvent de la manière suivante : *Dans un cristal, les éléments semblables sont également modifiés.* Il est clair que les deux énoncés reviennent au même, ces modifications semblables sur les éléments semblables, arêtes ou angles polyèdres, étant précisément les plans fournis par les éléments de symétrie du système.

Par exemple, 4 des 8 facettes caractéristiques de l'octaèdre régulier peuvent disparaître; les faces qui subsistent ne rencontrent qu'une seule fois les arêtes du cube; à chaque face

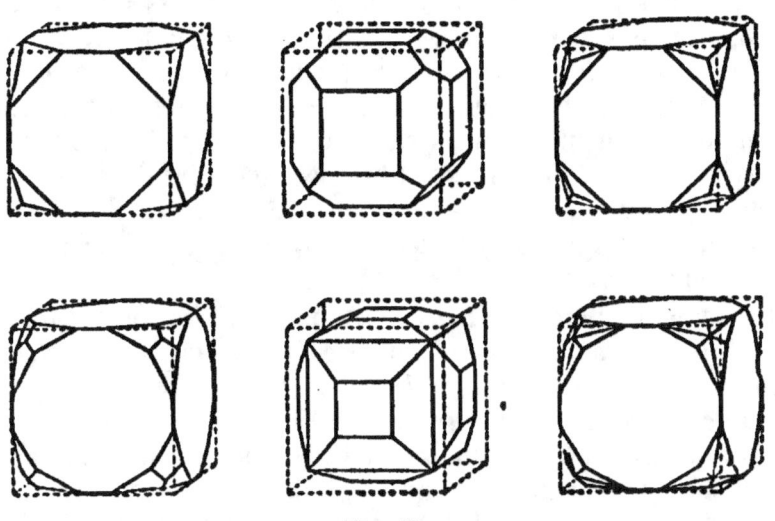

Fig. 27.

manque sa parallèle; on a un tétraèdre. La figure 28 représente les formes hémiédiques du système cubique.

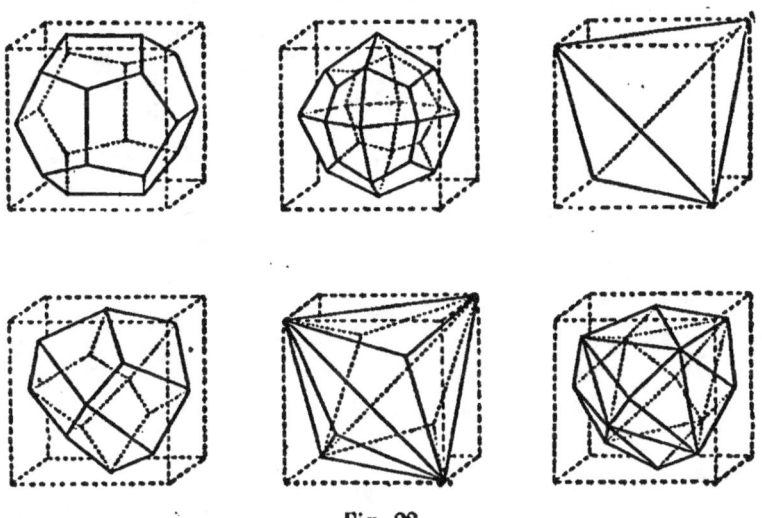

Fig. 28.

14. Dimorphisme. — Polymorphisme.

Un corps cristallise en général sous des formes qui peuvent être dérivées d'une même forme fondamentale. Ainsi le diamant se rencontre dans la nature cristallisé en *octaèdres réguliers*, en *dodécaèdres rhom-*

boïdaux, ou sous d'autres formes plus compliquées, mais qui peuvent toutes être dérivées du cube. Mais il n'en est pas toujours ainsi. Nous rencontrerons quelques substances qui, lorsque la cristallisation a lieu dans des circonstances dissemblables, par exemple à des températures différentes, cristallisent sous des formes *incompatibles*, c'est-à-dire qui ne peuvent être rapportées à une même forme fondamentale, que ces formes fondamentales appartiennent à un même système ou à des systèmes différents. Lorsque les cristaux de ces substances dérivent de deux formes fondamentales, on dit qu'elles sont *dimorphes*. Ex. : soufre, silice. Si le nombre des formes est supérieur à 2, les substances seront polymorphes.

15. Isomorphisme. — Deux substances sont *isomorphes* lorsque, *cristallisant sous des formes appartenant à un même système, et avec des angles très voisins, elles sont susceptibles de se remplacer en toute proportion dans un même cristal.* Les cristaux naturels offrent de fréquents exemples de corps qui, cristallisant séparément sous des formes presque identiques, se trouvent mélangés dans un même cristal en proportions quelconques.

CHAPITRE III

LOIS DES COMBINAISONS EN POIDS ET EN VOLUMES. NOMENCLATURE.

LOIS DES COMBINAISONS EN POIDS,

16. Loi des poids (LAVOISIER [1]). — *Le poids d'un composé est égal à la somme des poids des composants.* — C'est en pesant les corps en réaction et le composé formé que Lavoisier fut conduit à formuler cette loi fondamentale. Dans toute réaction, le poids des matières réagissantes est toujours égal au poids des corps résultants; il n'y a ni destruction, ni création de matière, nous n'étudions jamais que des transformations. Lorsque du charbon brûle dans l'oxygène, le carbone semble disparaître, mais le poids du gaz carbonique produit est égal au poids du carbone et de l'oxygène qui se sont combinés.

Nous pourrons, en établissant qu'il y a égalité entre les poids des substances qui ont réagi et les poids des substances produites, former une équation, qui nous permettra de calculer le poids de l'une d'elles, connaissant toutes les autres.

17. Loi des proportions définies (PROUST [2]). — *Pour former un même composé défini par l'ensemble de ses propriétés physiques et chimiques, deux corps s'unissent toujours dans des proportions invariables.*

Pour former l'eau, nous avons vu qu'un poids d'hydrogène égal à 1 s'unissait à un poids d'oxygène égal à 8. Quel que soit le poids d'hydrogène mis en expérience, le poids d'oxygène qui s'y combinera pour former l'eau sera toujours 8 fois plus grand.

18. Loi des proportions multiples (DALTON [3]). — *Lorsque deux*

---

1. Lavoisier naquit à Paris le 16 août 1743. Condamné comme fermier général par le tribunal révolutionnaire, il périt sur l'échafaud, le 8 mai 1794.

2. Né à Angers en 1755, mort en 1826.

3. Chimiste et physicien anglais, né en 1766, mort en 1814.

corps forment plusieurs composés, les poids de l'un d'eux qui s'unissent à un poids invariable de l'autre sont entre eux dans des rapports simples.

Ainsi l'hydrogène et l'oxygène forment deux composés. Si, pour former l'eau, 1 d'hydrogène s'unit à 8 d'oxygène, pour former l'eau oxygénée que nous étudierons ultérieurement, 1 d'hydrogène s'unit à 2×8 d'oxygène.

L'oxygène et l'azote forment 6 composés, dans lesquels :

14 d'azote s'unissent à	8	d'oxygène.
14 — —	2×8	—
14 — —	3×8	—
14 — —	4×8	—
14 — —	5×8	—
14 — —	6×8	—

Le manganèse et l'oxygène donnent plusieurs composés dans lesquels :

27,5 de manganèse s'unissent à	8	d'oxygène.
27,5 — —	$\frac{1}{3} \times 8$	—
27,5 — —	$\frac{2}{3} \times 8$	—
27,5 — —	2×8	—
27,5 — —	3×8	—
27,5 — —	$\frac{7}{2} \times 8$	—

19. Loi des nombres proportionnels. — *Si a et b sont les poids de deux corps simples ou composés A et B qui s'unissent séparément à un même poids c d'un troisième C, toutes les combinaisons de A et de B s'effectueront entre des multiples entiers simples de a et de b.*

Toutes ces combinaisons de *a* et de *b* seront de la forme

$$ma + nb,$$

m et n étant des nombres entiers.

Ainsi l'expérience montre que

1 d'hydrogène s'unit à	8	d'oxygène,
— —	2×8	—
— —	35,5	de chlore.

Les combinaisons du chlore et de l'oxygène renferment en effet :

35,5 de chlore et	8	d'oxygène.
—	3×8	—
—	4×8	—

De même

14 d'azote s'unissent à	3×1	d'hydrogène.
—	8	d'oxygène.
—	2×8	—
—	$3 \times 35,5$	de chlore.

Les nombres 1, 35,5, 14 représentant les poids d'hydrogène, de chlore, d'azote, capables de s'unir à un même poids d'un même corps, sont appelés les nombres proportionnels de ces corps simples. Si deux corps ne formaient qu'un seul composé, la détermination des nombres proportionnels ne présenterait aucune difficulté ; ce serait purement une question d'analyse : il suffirait, par exemple, de chercher quels sont les poids des divers métalloïdes ou métaux susceptibles de se combiner à un même poids 8 d'oxygène. On aurait là un *système de nombres proportionnels rapporté à 8 d'oxygène*, ou, ce qui revient au même, *rapporté à 1 d'hydrogène*. Mais la multiplicité des combinaisons que deux corps simples peuvent présenter fait que le nombre des systèmes des nombres proportionnels que l'on peut établir est infini.

Ainsi :

1° On peut prendre comme terme de comparaison C, tel ou tel corps simple.

2° On peut donner au nombre proportionnel de ce corps simple C, une valeur arbitraire, 1 ou 100 par exemple.

3° Parmi les poids des corps A et B qui, séparément, s'unissent au poids c, on peut choisir celui que l'on convient de prendre comme nombre proportionnel.

De là une indétermination que l'on fera cesser, en assujettissant ces nombres proportionnels à satisfaire à certaines conditions. Ces conditions ont varié avec le temps et les progrès de la science. Dans le système des *poids atomiques*, aujourd'hui généralement adopté, on prend l'hydrogène comme terme de comparaison et l'on représente par 1 son poids proportionnel ou poids atomique. Nous dirons ultérieurement quelles sont les conventions qui ont été adoptées pour édifier le système des poids atomiques.

LOI DES COMBINAISONS GAZEUSES OU LOI DE GAY-LUSSAC.

20. Les poids de deux substances qui se combinent ne sont pas nécessairement entre eux dans un rapport simple. Ainsi, 1 gramme d'hydrogène se combine avec 35gr,5 de chlore pour former un gaz, l'acide chlorhydrique ; 27gr,5 de manganèse se combinent à 8 grammes ou un multiple de 8 grammes d'oxygène pour donner divers composés oxygénés.

D'autre part, en étudiant la composition de l'eau, on a établi que 2 volumes d'hydrogène se combinent avec 1 volume d'oxygène pour donner 2 volumes de vapeur d'eau. Les analyses du protoxyde et du bioxyde d'azote montrent que 2 vol. d'azote s'unissent avec 1 vol. d'oxygène pour donner 2 vol. du premier gaz; et que 1 vol. d'azote s'unit à 1 vol. d'oxygène pour former 2 vol. de bioxyde. De même, l'ammoniaque résulte de la combinaison de 1 vol. d'azote et de 5 vol. d'hydrogène condensés en 2 vol.

Gay-Lussac, après avoir analysé un nombre considérable de gaz résultant de la combinaison d'éléments volatils, a rapproché ces faits les uns des autres, et a été conduit à formuler une des plus belles lois de la chimie, la *loi des combinaisons gazeuses*, que l'on désigne aussi sous le nom de *loi de Gay-Lussac*.

21. Loi des volumes. — *Les volumes de deux gaz qui s'unissent pour former un composé gazeux sont entre eux dans un rapport simple, et le volume du composé est dans un rapport simple avec les volumes des composants.*

Le gaz chlorhydrique, qui résulte de la combinaison en poids de 1 d'hydrogène et de 55,5 de chlore, est formé de volumes égaux de gaz chlore et d'hydrogène, et le volume du composé est égal à la somme des volumes des composants. Nous verrons, en poursuivant l'étude des principaux métalloïdes susceptibles de prendre l'état gazeux, que cette loi de Gay-Lussac ne souffre aucune exception, et, si nous considérons les rapports de volumes que nous rencontrerons le plus fréquemment, nous pourrons dire que, en général,

$$1 \text{ volume} + 1 \text{ volume} = 2 \text{ volumes}$$
$$1 \text{ volume} + 2 \text{ volumes} = 2 \text{ volumes,}$$
$$1 \text{ volume} + 3 \text{ volumes} = 2 \text{ volumes.}$$

En intercalant dans un même circuit (fig. 20) trois voltamètres renfermant le 1er une dissolution d'acide chlorhydrique, le 2e de l'eau acidulée par l'acide sulfurique, le 5e une dissolution d'ammoniaque, on observe que pour un volume d'hydrogène égal à l'unité, dégagé au pôle négatif de chacun d'eux, les volumes de chlore, d'oxygène et d'azote, recueillis aux pôles positifs, sont

$$1, \quad \frac{1}{2}, \quad \frac{1}{5}.$$

REMARQUE. — Dans le premier cas, l'union des deux gaz s'est aite sans condensation; dans le second cas, la condensation est e 1/5 du volume des composants; dans le troisième cas, cette condensation est de moitié. Et nous ferons les remarques suivantes, qui serviront de corollaires à la loi énoncée ci-dessus :

Le volume d'un composé est au plus égal à la somme des volumes des composants; il y a en général contraction.

Si les composants sont des corps simples, on remarque encore :

Lorsque la combinaison de deux gaz s'effectue à volumes égaux,

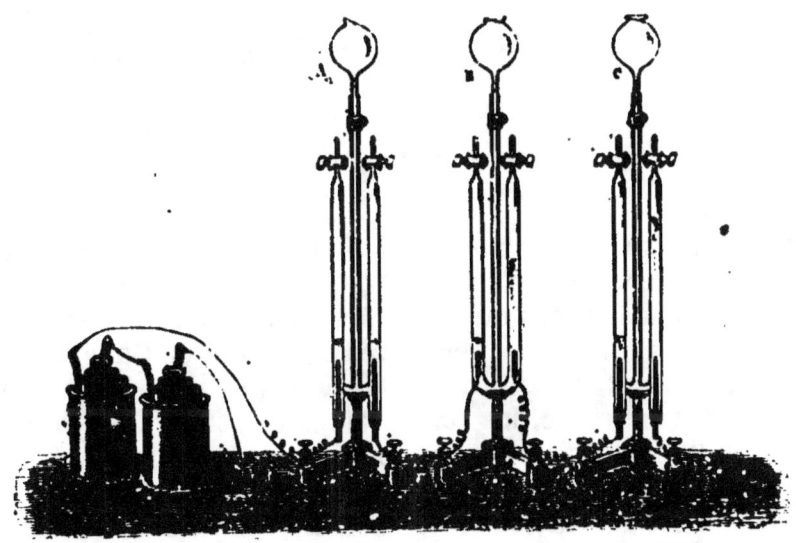

Fig. 29.

le volume du composé est égal, en général, à la somme des volumes des composants.

Ainsi :

1 vol. chlore + 1 vol. hydrogène = 2 vol. acide chlorhydrique;
1 vol. azote + 1 vol. oxygène = 2 vol. bioxyde d'azote.

Il n'en serait plus ainsi si les composants étaient eux-mêmes des corps composés :

2 vol. ox. de carb. + 2 vol. chlore = 2 vol. oxychlorure de carbone.

Si la combinaison a lieu à volumes inégaux, le volume du composé est inférieur à la somme des volumes des composants; il y a contraction. La contraction est en général de 1/3 lorsque les gaz se combinent dans le rapport de 1 à 2 :

1 vol. oxygène + 2 vol. hydrogène = 2 vol. vapeur d'eau;
1 vol. oxygène + 2 vol. azote = 2 vol. protoxyde d'azote;

elle est de moitié si les gaz se combinent dans le rapport de 1 à 3 :

1 vol. azote + 3 vol. hydrogène = 2 vol. ammoniaque.

Cependant dans l'hydrogène phosphoré gazeux on a :

$$\frac{1}{2} \text{ vol. phosphore} + 3 \text{ vol. hydrogène} = 2 \text{ vol.}$$

NOTIONS DE NOMENCLATURE.

22. Historique. — Le nombre des corps simples que nous connaissons actuellement n'est pas très étendu; il n'en est pas de même des combinaisons qu'ils peuvent former deux à deux, trois à trois, etc., et si aucune règle précise ne présidait à leur dénomination, il serait impossible de s'y reconnaître. Dans les dernières années du xviiie siècle, les corps composés portaient encore des noms qui ne rappelaient en rien leur origine et souvent même en portaient plusieurs.

A l'instigation de Guyton de Morvau, les savants les plus illustres, Lavoisier, Fourcroy, Berthollet, établirent les bases d'une classification systématique, que Lavoisier publia en 1787.

23. Corps simples. — Aucune règle fixe n'a présidé au choix du nom d'un corps simple. On a conservé le plus souvent le nom sous lequel il était anciennement connu : or, argent, mercure. Les corps plus récemment découverts sont désignés par des noms rappelant ou leur propriété chimique essentielle ou celle de leurs propriétés physiques qui a plus spécialement fixé l'attention. Tels sont les mots hydrogène (*udor*, eau, et *gennao*, j'engendre), oxygène (*oxus*, acide, et *gennao*, j'engendre), azote (*a*, privatif, et *zoè*, vie). Le nom du gaz chlore est tiré de sa couleur (*chloros*, verdâtre); brome veut dire mauvaise odeur (*bromos*, fétidité); la vapeur de l'iode est violette (*iodès*, violet), etc.

On distingue les corps simples en *métalloïdes* et en *métaux*.

Les *métaux* sont doués d'un éclat que l'on désigne sous le nom d'éclat métallique; ils sont bons conducteurs de la chaleur et de l'électricité. Le fer, le cuivre sont des métaux. Les métaux sont en général solides; on n'en connaît qu'un liquide, le mercure.

Les *métalloïdes* n'ont pas l'éclat métallique, leur couleur est terne en général; ils sont mauvais conducteurs de la chaleur et de l'électricité. Quelques-uns sont solides, comme le soufre; d'autres liquides, comme le brome; d'autres enfin sont gazeux, comme l'oxygène et l'azote.

Mais c'est par un caractère tiré de la nature de leurs combinaisons oxygénées et hydrogénées que l'on peut distinguer plus nettement les métalloïdes des métaux.

En s'unissant à l'oxygène les métalloïdes donnent des anhydrides acides; leurs composés hydrogénés sont gazeux.

Les métaux donnent des oxydes basiques; ils peuvent former aussi des anhydrides acides; ils n'ont pas de composés hydrogénés, ou ceux qu'ils forment sont solides et instables.

La distinction entre métalloïdes et métaux est d'ailleurs tout artificielle. En passant des métalloïdes les mieux caractérisés à des corps franchement métalliques, comme le cuivre et le fer, nous trouvons des corps simples que l'on pourrait classer aussi bien parmi les métalloïdes que parmi les métaux.

Le tableau suivant renferme les noms des corps simples actuellement connus[1]. A côté de chacun de ces noms se trouve un *symbole* et une *valeur numérique*.

Le *symbole*, abréviation du nom, est formé de la première lettre de ce nom ou des deux premières lorsque plusieurs noms de corps simples commencent par la même lettre.

La *valeur numérique* est celle du nombre proportionnel que l'on a choisi comme *poids atomique*.

MÉTALLOIDES.

$H = 1$

Fluor.	F	19,00	Azote.	Az.	14,00
Chlore.	Cl.	35,5	Phosphore.	P.	31,00
Brome.	Br.	80,00	Arsenic.	As.	75,00
Iode.	I.	127,00	Antimoine[2].	Sb.	120,00
Oxygène.	O	16,00	Carbone.	C.	12.00
Soufre.	S	32,00	Silicium.	Si.	28,00
Sélénium.	Se.	79.00			
Tellure.	Te.	128	Bore.	B.	11,00

1. Un certain nombre d'éléments jusqu'ici encore mal définis ne sont pas mentionnés dans ce tableau.

2. Sb, de *stibium*, nom sous lequel on a aussi désigné l'antimoine.

MÉTAUX.

Lithium	Li	7,01	Tantale	Ta	182,0
Sodium[1]	Na	22,99	Vanadium	Va	51,1
Potassium[2]	K	39,03			
Rubidium	Rb	85,2	Titane	Ti	48,0
Cæsium	Cs	132,7	Germanium	Gr	72,3
Thallium	Tl	203,7	Zirconium	Zr	90,4
			Étain	Sn	117,4
Calcium	Ca	39,91	Thorium	Th	231,96
Strontium	Sr	87,3	Bismuth	Bi	207,5
Baryum	Ba	136,8			
			Cérium	Ce	141
Glucinium	Gl	9,08	Lanthane	La	138,5
Magnésium	Mg	23,96	Didyme	Di	145
Zinc	Zn	64,9	Yttrium	Y	89,7
Cadmium	Cd	111,8	Erbium	Er	166,0
Aluminium	Al	27,04	Ytterbium	Yb	172,6
Gallium	Ga	69,9			
Indium	In	113,40	Cuivre	Cu	63,18
			Plomb	Pb	206,4
Chrome	Cr	52,0			
Manganèse	Mn	54,8	Argent	Ag	107,67
Fer	Fe	55,9	Mercure[3]	Hg	199,8
Nickel	Ni	58,6			
Cobalt	Co	58,7	Or	Au	196,2
Uranium	U	239,8			
			Ruthénium	Ru	101,5
			Rhodium	Rh	103,2
Molybdène	Mo	95,9	Palladium	Pd	106,3
Tungstène	Tu	183,6	Osmium	Os	190
			Iridium	Ir	192
Niobium	Nb	93,7	Platine	Pt	194

24. Corps composés. — Fonctions chimiques. — On dit que des corps ont même *fonction chimique* lorsqu'ils jouissent d'un ensemble de propriétés communes qui servent de caractéristiques à la fonction.

Distinguons tout d'abord les fonctions *acide, base, sel.*

25. Acides. Sels. — Mettons dans un verre des morceaux de zinc et de l'eau, il ne se passera rien de particulier ; ajoutons de l'acide sulfurique, il va se former de petites bulles d'hydrogène qui monteront à travers le liquide en même temps que le métal semblera se dissoudre ; ce n'est toutefois pas une véritable dissolution, car en chauffant suffisamment on pourra chasser toute

1. Le symbole Na vient de *natrium,* dérivé de *natro,* nom sous lequel les anciens désignaient le carbonate de sodium.

2. K est la première lettre du mot *kalium,* dérivé de l'arabe, *al kali,* la potasse.

3. Hg, de *hydrargyrum,* vif argent.

l'eau mise au début et on ne trouvera plus alors qu'un seul corps solide, blanc, constituant une espèce chimique bien différente de celles introduites et qu'on appelle le sulfate de zinc. L'hydrogène ne peut provenir que de la décomposition de l'acide, car le zinc est un corps simple.

Quant au sulfate, d'après ce que nous savons de sa formation, il renferme ce que renfermait l'acide sulfurique moins de l'hydrogène, plus du zinc.

Nous savons de même, par des procédés plus ou moins directs, obtenir de nombreux corps dont la composition diffère de celle de l'acide sulfurique uniquement par ce fait qu'ils renferment un métal en plus et de l'hydrogène en moins.

Cette propriété de l'acide sulfurique nous la prendrons pour définir la fonction acide *dans son sens le plus général* en disant :

On appelle acide tout corps renfermant de l'hydrogène remplaçable par des métaux. Les produits obtenus après le remplacement sont nommés Sels.

Ainsi le sulfate de zinc est le sel de zinc de l'acide sulfurique.

Un acide est dit *monobasique* quand son hydrogène remplaçable par un métal ne peut se remplacer partiellement. C'est le cas des acides azotique AzO^3H ou chlorhydrique HCl. Si cet hydrogène peut se remplacer par moitié, l'acide est bibasique : ainsi l'acide sulfurique SO^4H^2 est bibasique, il fournit en effet deux sels de sodium SO^4HNa et SO^4Na^2. L'acide phosphorique PO^4H^3 dont l'hydrogène est remplaçable par tiers par un métal est tribasique. Un acide peut d'ailleurs renfermer à la fois de l'hydrogène remplaçable et de l'hydrogène non remplaçable par un métal.

Les acides ne renfermant pas d'oxygène sont en général des composés binaires. Pour les nommer on dit *Acide*, puis on ajoute le nom du corps combiné à l'hydrogène suivi du suffixe *hydrique*. Pour les acides oxygénés, généralement ternaires, on ne nomme pas l'oxygène mais on met *ique* au lieu de hydrique. S'il y a deux acides provenant de l'union du même corps avec l'oxygène et l'hydrogène celui qui renferme le moins d'oxygène pour cent prend la terminaison *eux* au lieu de ique. Enfin les préfixes *hypo* d'une part, *per* ou *hyper* de l'autre, servent à indiquer une diminution ou une augmentation d'oxygène.

Pour nommer un sel on prend le nom de l'acide d'où il dérive. On supprime le mot acide, on remplace les terminaisons hydrique par *ure*, ique par *ate*, eux par *ite*, on ajoute la préposition *de*, puis le nom du métal. Ces conventions sont résumées dans le tableau suivant :

NOMENCLATURE DES ACIDES ET DES SELS.

Non oxygénés { Acides : Acide — hydrique,
              { Sels :   — ure de *métal*.

Oxygénés { Les plus   { Acide : Acide — ique,
           oxygénés.   { Sel :   — ate de *métal*,
           Les moins   { Acide : Acide — eux,
           oxygénés.   { Sel :   — ite de *métal*.

EXEMPLES :

ACIDES.		SELS.	
HCl	*Acide* chlor*hydrique*.	Na Cl	Chlorure de sodium.
Cl OH	*Acide hypochloreux*.	ClO Na	*Hypochlorite* de sodium.
Cl O^3 H	*Acide chlorique*.	Cl O^{3}Na	*Chlorate* de sodium.
ClO^4 H	*Acide perchlorique*.	ClO^{4}Na	*Perchlorate* de sodium.

REMARQUE. — Un acide polybasique peut donner plusieurs sels avec un même métal ; le sel obtenu en remplaçant tout l'hydrogène remplaçable par un métal est dit *neutre*. SO^4Na^2 est le sulfate neutre de sodium ; SO^4NaH est un sulfate acide, il renferme en effet de l'hydrogène remplaçable par un métal.

26. Bases. — Mettons l'eau HOH en présence d'un métal, le sodium ; une vive réaction a lieu, il se dégage de l'hydrogène et il se forme un nouveau corps, la soude Na OH. Cette soude c'est de l'eau dont l'hydrogène a été remplacé en partie par un métal. Étant donnée la définition des acides que nous avons adoptée, on peut dire que l'eau est un acide vis-à-vis du sodium. Il en est de même vis-à-vis d'un très grand nombre de métaux ; c'est de plus un acide bibasique : le magnésium en poudre réagissant sur l'eau tiède ne remplace que la moitié de l'hydrogène de l'eau ; à la température du rouge il déplace la totalité. L'eau fournit donc deux espèces de sels : les sels acides composés ternaires appelés hydrates et les sels neutres composés binaires appelés oxydes. L'usage est de ne pas leur conserver le nom de sels. On appelle les premiers des *bases* et les seconds des *oxydes basiques* ou *bases anhydres*.

NOMS DE QUELQUES BASES USUELLES.

KOH	Hydrate de	potassium	ou	Potasse.
Na OH	—	sodium	ou	Soude.
Ca O^{2}H^2	—	calcium	ou	Chaux éteinte.
Ca O	Oxyde de	calcium	ou	Chaux vive.
Mg O	—	magnésium	ou	Magnésie.

27. Restriction de la fonction acide. — La fonction acide, caractérisée, comme nous l'avons fait, par une seule propriété, comprend des corps d'allures souvent très différentes; aussi on la restreint généralement en convenant de n'appeler réellement acides que les corps, qui, en présence d'une base, s'emparent du métal en cédant de l'hydrogène, c'est-à-dire que nous exigerons qu'*un acide en réagissant sur une base donne un de ses sels et de l'eau.*

C'est ainsi par exemple que l'acide chlorhydrique en présence de la soude fournit de l'eau et du chlorure de sodium, ce qu'on écrit

$$HCl+NaOH=NaCl+HOH[1].$$

Action des réactifs colorés. — La plupart des acides en solution aqueuse font rougir la teinture bleue de tournesol; beaucoup font virer au rose la solution jaune d'héliantine. Dans les mêmes conditions les bases ramènent ces matières colorantes à leur couleur primitive. Quant aux sels proprement dits, leur action sur les réactifs colorés ne présente rien de général. On peut seulement remarquer que beaucoup de sels neutres sont sans action sur le tournesol. Quand on veut spécifier cette propriété on dit qu'ils sont neutres au tournesol (592).

28. Alliages, amalgames. — On appelle alliages les combinaisons et les mélanges des combinaisons des métaux entre eux. Ils ont souvent des noms industriels : bronze, laiton. Si l'un des métaux est le mercure, on dit amalgame. Ex. : l'amalgame de sodium, combinaison de mercure et de sodium.

29. Composés binaires ne rentrant pas dans les catégories précédentes. — S'ils ne sont pas oxygénés, on nomme l'un des deux corps, on lui ajoute la terminaison *ure*, la préposition *de* et le nom du deuxième corps[2].

Celui des deux corps qui prend la terminaison *ure* est celui

---

1. Une permutation entre l'hydrogène d'un acide et le métal d'un sel est fréquente. C'est ainsi que la plupart des acides étudiés dans ce traité peuvent s'obtenir par l'action de l'acide sulfurique sur un de leurs sels. L'acide sulfurique cède de l'hydrogène en échange du métal; on exprime quelquefois ce fait en disant que l'acide sulfurique a chassé l'autre acide de son sel. On voit que nous n'appelons réellement acides que ceux capables de chasser l'eau de ses sels au moins partiellement. En chimie organique on restreint encore davantage la fonction acide.

2. C'est cette règle qu'on applique quand on nomme les sels non oxygénés.

qui précède l'autre dans le tableau suivant lu horizontalement :

F	Cl	Br	I
O	S	Se	Te
Az	P	As	Sb
C	Si		
B			
H	Métaux,		

EXEMPLE :   ICl est le chlorure d'iode.

Lorsque deux corps forment plusieurs combinaisons on se sert pour les distinguer des préfixes *proto, bi, sesqui, tri*, etc.

EXEMPLE : PCl^3 Trichlorure de phosphore.
                PCl^5 Pentachlorure de phosphore.

Combinaisons oxygénées. — On les appelle oxyde de... et on ajoute le nom du deuxième corps. On utilise les mêmes préfixes que ci-dessus.

EXEMPLE :   CO   Oxyde de carbone.
                Mn^2O^3 Sesquioxyde de manganèse.

Anhydrides d'acides. — Certains oxydes s'unissant à l'eau donnent des acides; en réagissant sur les bases ils donnent des sels de ces acides. On les appelle comme les acides en ajoutant *anhydre* ou en remplaçant acide par *anhydride*.

L'anhydride sulfurique SO^3 se combine vivement à l'eau en donnant l'acide sulfurique SO^4H^2.

Anhydrides basiques. — Ce sont les bases anhydres. Plusieurs d'entre elles, au contact de l'eau, s'y combinent en fournissant des hydrates. On leur applique la nomenclature générale des oxydes.

CaO, oxyde de calcium, au contact de l'eau se transforme en CaO^2H^2, hydrate de calcium. On fait souvent usage des terminaisons *eux* et *ique*. Ainsi il existe deux oxydes basiques de fer. On les appelle :

FeO   protoxyde de fer ou oxyde ferreux,
Fe^2O^3 sesquioxyde de fer ou oxyde ferrique.

CHAPITRE IV

30. Poids moléculaires. — On définit le *poids moléculaire* d'un corps simple ou composé susceptible de prendre l'état gazeux *le poids de cet élément qui occupe à l'état de vapeur un volume égal à celui d'un poids d'hydrogène égal à 2.*

Soit D la densité d'un gaz ou d'une vapeur, δ la densité de l'hydrogène; puisque, dans des conditions identiques de température et de pression, les poids de volumes égaux de deux gaz sont proportionnels à leurs densités, on aura, pour définir le poids moléculaire, la relation

$$\frac{P}{2} = \frac{D}{\delta} \quad \text{ou} \quad P = 2\frac{D}{\delta}.$$

Or

$$\frac{2}{\delta} = \frac{2}{0,0695} = 28,9.$$

Le *poids moléculaire* d'un gaz s'obtiendra donc *en multipliant la densité expérimentale par le facteur constant* 28,9. Nous pouvons dresser ainsi un tableau des poids moléculaires de tous les corps simples ou composés susceptibles de prendre l'état gazeux :

	D	P
Hydrogène	0,0695	2
Chlore	2,44	71
Brome	5,51	160
Iode	8,72	251
Oxygène	1,105	32
Soufre	2,22	64
Azote	0,972	28
Phosphore	4,32	124
Mercure	6,97	200
Gaz carbonique.	1,529	44
Oxyde de carbone	0,967	28
Gaz sulfureux	2,22	64
Gaz ammoniac	0,596	17

Remarquons que $\dfrac{D}{\delta}$ est la densité du gaz prise par rapport à l'hydrogène; on peut donc dire que *le poids moléculaire d'un gaz simple ou composé est représenté par le double de sa densité prise par rapport à l'hydrogène.*

31. Poids atomiques. — Soit P le poids moléculaire d'un gaz simple, P_1, P_2, P_3..., les poids moléculaires de ses combinaisons volatiles. Analysons ces dernières et calculons *le plus petit poids p du corps simple qui entre dans ces combinaisons.* Nous disons que *p* est le poids atomique de l'élément.

Prenons comme exemple l'oxygène :

Poids moléculaire.		Composition.	
Oxygène.	32	»	
Eau.	18	Hydrogène.	2
		Oxygène.	16
Anhydride sulfureux. . . .	64	Soufre.	52
		Oxygène	16×2
Oxyde azoteux.	44	Azote	14×2
		Oxygène.	16
Oxyde azotique	30	Azote	14
		Oxygène.	16
Anhydride carbonique. . .	44	Carbone	12
		Oxygène.	16×2

En se bornant à ces exemples simples, on voit que 16 est le plus petit poids d'oxygène qui puisse entrer dans la composition du poids moléculaire d'un composé volatil oxygéné. Quelque complexe que soit la composition de la substance, on verrait qu'elle ne renferme jamais moins de 16 d'oxygène. Par définition, 16 sera le *poids atomique* de l'oxygène ; ce sera la valeur numérique du symbole O.

Soit encore le chlore :

Poids moléculaire.		Composition.	
Chlore	71	»	
Acide chlorhydrique.	36,5	Hydrogène. . . .	1
		Chlore.	35,5
Anhydride hypochloreux . . .	87	Oxygène	16
		Chlore	$35,5 \times 2$
Chlorure d'arsenic.	181,5	Arsenic	75
		Chlore.	$35,5 \times 3$
Chlorure de silicium.	170,0	Silicium	28
		Chlore.	$35,5 \times 4$

Le plus petit poids de chlore qui entre en combinaison est 35,5 : 35,5 est le *poids atomique* du chlore : Cl = 35,5.

32. Il n'est pas nécessaire, pour déterminer le poids atomique d'un élément, que cet élément soit volatil ; il suffit que quelques-unes de ses combinaisons soient volatiles.

L'ensemble des poids atomiques ainsi fixés pour les corps simples forme un système de nombres proportionnels, désigné sous le nom de *système des poids atomiques* : c'est le tableau qui a été donné plus haut (25).

Prenons comme exemple le carbone, élément fixe, dont on n'a pu déterminer la densité de vapeur et par conséquent le poids moléculaire.

Le nombre des combinaisons volatiles dans lesquelles entre cet élément est immense ; l'analyse des poids moléculaires de ces combinaisons montre que le plus petit poids de carbone qui entre dans leur composition est 12 ; 12 est dit le *poids atomique du carbone* : $C = 12$.

Voici les poids atomiques des quelques corps simples qui figurent dans les tableaux précédents.

$H = 1$	$O = 16$	$As = 75$
$Cl = 35,5$	$S = 32$	$C = 12$
$Br = 80$	$Az = 14$	$Si = 24$
$I = 127$	$P = 31$	$Hg = 200$

Il résulte de la loi de Gay-Lussac que ces poids atomiques forment un système de nombres proportionnels.

33. Formules moléculaires. — Les poids atomiques une fois choisis, les poids moléculaires des corps se représenteront par des symboles ou *formules* qui en donneront immédiatement la composition en poids.

On verra facilement que les formules moléculaires des corps qui figurent dans les tableaux précédents sont les suivantes :

Hydrogène.	H^2	$= 2$	Gaz sulfureux.	SO^2	$= 64$
Chlore.	Cl^2	$= 71$	Gaz ammoniac.	$Az H^3$	$= 17$
Brome.	Br^2	$= 160$	Phosphure d'hydrog.	PH^3	$= 34$
Iode.	I^2	$= 254$	Eau	$H^2 O$	$= 18$
Oxygène.	O^2	$= 32$	Acide chlorhydrique.	HCl	$= 36,5$
Soufre.	S^2	$= 64$	Oxyde azoteux	$Az^2 O$	$= 44$
Azote.	Az^2	$= 78$	Oxyde azotique.	AzO	$= 30$
Phosphore.	P^4	$= 124$	Chlorure mercuri-		
Mercure.	Hg	$= 200$	que.	$Hg Cl$	$= 271$
Gaz carbonique.	CO^2	$= 44$	Chlorure d'arsenic.	$As Cl^3$	$= 181,5$
Oxyde de carbone.	CO	$= 28$	Chlorure de silicium.	$Si Cl^4$	$= 170$

34. Unité chimique de volume. — Nous appellerons *molécule-gramme* d'un corps une masse de ce corps représentée en grammes par son poids moléculaire.

D'après leur définition, les molécules-grammes des divers corps volatils occupent toutes le même volume que 2ᵉʳ d'hydrogène dans les mêmes conditions de température et de pression. Le plus habituellement, on suppose que les gaz sont mesurés 0°, sous la pression d'une atmosphère.

Le volume commun de toutes les molécules-grammes s'obtient alors en divisant 2 par le poids normal du litre d'hydrogène, on trouve ainsi

$$\frac{2}{0,0694 \times 1,293} = 22^{l},30$$

Ainsi, toutes les molécules-grammes occupent 22ˡ,30 dans les conditions normales.

Si nous prenons comme *unité chimique de volume* le volume occupé par 1ᵉʳ d'hydrogène, c'est-à-dire 11ˡ,15, nous dirons que *le poids moléculaire P d'un gaz simple ou composé représente le poids de 2 volumes.*

35. Atomicité. — D'après la définition même, la valeur de p, pour un corps simple, est au plus égale à P; c'est dans le cas le plus général un sous-multiple de P.

Posons

$$P = Kp.$$

Le facteur K, qui est nécessairement un nombre entier, définit l'*atomicité* de l'élément.

On a K = 2 pour la plupart des éléments,
      K = 1 — le mercure, le zinc, le cadmium,
      K = 4 — le phosphore, l'arsenic, l'antimoine.

Les poids moléculaires seront donc représentés en fonctions des poids atomiques par les symboles suivants :

Eléments monoatomiques.	{	Mercure.	Hg
		Zinc	Zn
		Cadmium	Cd ;
Eléments tétratomiques.	{	Phosphore	P^4
		Arsenic.	As^4 ;
Eléments diatomiques.	{	Hydrogène	H^2
		Oxygène	O^2
		Soufre	S^2
		Chlore.	Cl^2.

36. Historique. — On peut se figurer un gaz parfait (défini par les lois de Mariotte et de Gay-Lussac), ou tout au moins un gaz placé dans des conditions telles de température et de pression que sa loi de compressibilité et son coefficient de dilatation satisfassent à ces lois, comme formé de particules *physiques* appelées *molécules*. Nous pourrons interpréter la loi de Gay-Lussac en disant :

Volumes égaux de gaz ou de vapeurs renferment le même nombre de molécules.

C'est la loi annoncée par Avogadro en 1813; laissée dans l'oubli, elle a été formulée deux ans après par Ampère[1].

Les poids de ces molécules seront donc proportionnels aux poids de volumes égaux, et par suite aux densités ; de là la relation

$$\frac{P}{\pi} = \frac{D}{\delta},$$

P et π représentant les poids des molécules ou *poids moléculaires* des deux gaz, D la densité d'un gaz et δ celle de l'hydrogène.

La combinaison du chlore et de l'hydrogène s'effectue à volumes égaux et sans condensation ; nous aurions donc :

1 mol. chlore + 1 mol. hydrogène = 2 mol. acide chlorhydrique.

Mais chacune de ces molécules d'acide chlorhydrique devrait être formée de

$$\frac{1}{2} \text{ mol. chlore} + \frac{1}{2} \text{ mol. hydrogène.}$$

Si, par définition, *la molécule est la plus petite quantité de matière qui existe à l'état de liberté*, nous sommes conduits, pour éviter ce fractionnement, à dire :

Chaque *molécule* de chlore, chaque molécule d'hydrogène est formée de 2 *atomes*.

---

1. L'hypothèse qui consiste à considérer les corps comme formés de particules insécables ou atomes est fort ancienne; elle a été formulée par les philosophes grecs. Mais il faut arriver jusqu'à Dalton (1804) pour voir la *théorie atomistique* formulée avec quelque précision et déduite de l'expérience. Le fait que les corps s'unissent en proportions multiples a conduit Dalton à envisager les corps composés comme formés d'*atomes* et à appeler *poids atomiques* les nombres proportionnels des corps simples.

La distinction entre *molécules* et *atomes* tire son origine de l'étude des combinaisons gazeuses et des lois d'Avogadro et d'Ampère.

Si nous représentons par les symboles H et Cl les poids des atomes d'hydrogène et de chlore, la réaction entre 1 molécule de chlore et 1 molécule d'hydrogène se formulera :

$$H.H + Cl.Cl = H.Cl + H.Cl;$$

2 vol.   2 vol.   2 vol.   2 vol.

2 atomes d'hydrogène, formant 1 molécule de ce gaz, réagissent sur 2 atomes de chlore, soit 1 molécule, pour former 2 molécules d'acide chlorhydrique, dont chacune est formée de 1 atome d'hydrogène et de 1 atome de chlore. La molécule d'acide chlorhydrique ne diffère de la molécule d'hydrogène ou de la molécule de chlore qu'en ce qu'elle est composée de 1 atome d'hydrogène et de 1 atome de chlore.

De même nous écrirons

$$2[H.H] + O.O = H^2O + H^2O.$$

Ici, 1 molécule d'eau est formée de 2 atomes d'hydrogène unis à 1 atome d'oxygène.

Ces réactions sont dès lors des *réactions de substitution* : dans le premier cas, le chlore et l'hydrogène se sont substitués atome à atome ; dans le second cas, 1 atome d'oxygène a remplacé 2 atomes d'hydrogène.

Si nous posons $H = 1$, le poids moléculaire de l'hydrogène sera 2 ; c'est la valeur adoptée plus haut pour le nombre π.

En prenant comme unité le volume occupé par un poids d'hydrogène égal à 1, on peut dire que *le poids moléculaire d'un corps simple ou composé gazeux est le poids de 2 volumes.*

Le rapport entre le poids moléculaire de l'hydrogène, du chlore ou de l'oxygène et le poids atomique de ces éléments est 2 ; c'est le nombre d'atomes contenus dans une molécule, l'*atomicité de la molécule*. Mais ce rapport pourrait être égal à 4 (phosphore, arsenic) ou à 1 (mercure, zinc, cadmium); 2 est par conséquent la plus petite valeur que nous puissions attribuer au nombre K, si nous voulons que le rapport du poids moléculaire au poids atomique soit représenté par un nombre entier.

CHALEURS SPÉCIFIQUES.

37. Loi des chaleurs spécifiques. — Les éléments dont les poids atomiques p ont été fixés par la densité de vapeur de leurs composés sont relativement peu nombreux. Prenons, parmi ces éléments, ceux dont la chaleur spécifique à l'*état solide* c est connue et formons le produit pc ; nous verrons que ce nombre est voisin de 6 :

	p	c	pc
Antimoine	120	0,0523	6,1
Arsenic	75	0,0830	6,2
Bismuth	207,5	0,0305	6,3
Brome (solide)	79,8	0,0843	6,7
Étain	118	0,0548	6,5
Fer	55,9	0,1138	6,4
Iode	127	0,0541	6,8
Mercure	200	0,0319	6,4
Phosphore	31	0,189	5,9
Silicium	28	0,202	5,7
Soufre	32	0,1776	5,8
Zinc	65	0,0955	6,2

Tandis que le poids atomique a varié de 28 à 210, c'est-à-dire de 1 à 7,5, le produit *pc* est compris entre 5,7 et 6,8, soit entre 1 et 1,19. Et encore doit-on remarquer que les corps pour lesquels la valeur de ce produit s'écarte le plus du nombre moyen 6,4 sont des métalloïdes, tels que le phosphore, le silicium, le soufre, tous mal définis par leurs propriétés physiques.

On est conduit à énoncer la loi suivante :

Le produit du poids atomique d'un corps simple solide par sa chaleur spécifique est un nombre constant.

La constante

$$pc = a$$

est dite la *chaleur atomique* : ce serait la chaleur spécifique d'un corps solide dont le poids atomique serait égal à l'unité.

On peut dire encore :

Les atomes de tous les corps simples solides ont même capacité calorifique.

En effet, si *p* est le poids atomique ou le poids d'un atome, *pc* est la quantité de chaleur qu'il faut fournir à cet atome pour élever sa température de 1°.

Cette loi a été énoncée par Dulong et Petit en 1819.

38. Application à la définition des poids atomiques. — Le poids atomique d'un élément ne peut être rigoureusement défini que si l'on peut l'engager dans une combinaison volatile dont on puisse déterminer la densité de vapeur et par suite le poids moléculaire.

Étendant la loi précédente aux éléments dont les poids atomiques ne peuvent être déterminés à l'aide des densités de vapeurs, nous *conviendrons de prendre comme poids atomique d'un élément celui de ses nombres proportionnels qui, multiplié par la chaleur spécifique à l'état solide, donne un nombre voisin de 6,4.*

Par exemple, le lithium et en général les métaux alcalins, l'argent, le platine, n'ont pas d'éléments volatils ; nous aurons :

	p	*c*	*pc*
Argent	108	0,057	6,1
Cuivre	62,2	0,0952	6,1
Lithium	7,0	0,9108	6,6
Platine	191,0	0,0324	6,3
Potassium	39,0	0,1659	6,7
Sodium	23	0,2934	6,7

ISOMORPHISME.

39. Loi de Mitscherlich. — Rappelons que l'on appelle *corps isomorphes* ceux qui, *cristallisant dans un même système, sous des formes dérivant d'une même forme fondamentale, sont susceptibles de se remplacer en toutes proportions dans un même cristal.*

Mitscherlich, à qui l'on doit la découverte de l'isomorphisme en 1819, a remarqué que les *corps isomorphes avaient même constitution chimique* ; c'est la *loi de Mitscherlich* ou *loi de l'isomorphisme.*

Il est facile de vérifier en effet que des corps composés, dont la constitution chimique et par conséquent les formules ont été établies en adoptant les poids atomiques de leurs éléments constitutifs définis par les considérations précédentes, satisfont à la loi de Mitscherlich.

Pour les valeurs P = 31, As = 75, les formules des phosphates et des arséniates isomorphes seront identiques ; par exemple, pour les sels de sodium et d'ammonium les plus communs :

$$PO^4 H Na^2 + 12 H^2 O \qquad\qquad PO^4 H (AzH^4)^2.$$
$$As O^4 H Na^2 + 12 H^2 O \qquad\qquad As O^4 H (Az H^4)^2.$$

Les anhydrides arsénieux et antimonieux *isodimorphes* seront formulés (As = 75, Sb = 120) :

$$As^2 O^3 \qquad\qquad Sb^2 O^3$$

Le sulfate d'argent est isomorphe du séléniate :

$$SO^4 Ag^2 \qquad\qquad Se O^4 Ag^2.$$

On pourrait multiplier ces exemples.

40. Application à la définition des poids atomiques. — Inversement, il est naturel de représenter par des formules analogues les corps qui sont susceptibles de se remplacer isomorphiquement.

Prenons quelques exemples :

Le poids atomique du fer peut être regardé comme défini par la densité de vapeur de ses composés volatils ($Fe^2 Cl^6$, $Fe^2 Br^6$) et par sa chaleur spécifique ; il en est de même du chrome.

Or l'aluminium n'est pas volatil et ses combinaisons volatiles ont des densités de vapeur variables, en général, avec la température. On est conduit à donner à l'alumine la formule $Al^2 O^3$, ce qui définit la valeur numérique du symbole Al. parce que l'alumine est isomorphe.

$$\text{Sesquioxyde de fer} \qquad Fe^2 O^3$$
$$\text{—}\qquad \text{de chrome} \qquad Cr^2 O^3$$

Cette formule se trouve en outre justifiée par l'isomorphisme des aluns :

$$(SO^4)^3 M^2 + SO^4 M'^2 + 24 H^2 O,$$

dans lequel M peut être remplacé indifféremment par Fe, Cr, Al, et M' par un métal alcalin.

Les métaux alcalino-terreux sont mal connus à l'état de liberté ; leurs combinaisons ne sont pas volatiles ; la densité de vapeur et la chaleur spécifique ne peuvent guider dans le choix de leurs poids atomiques.

Or, sous la forme *rhomboédrique* (spath d'Islande), le carbonate de calcium est isomorphe de

$$CO^3 Fe \qquad \text{carbonate ferreux,}$$
$$CO^3 Zn \qquad \text{— de zinc,}$$
$$CO^3 Mg \qquad \text{— de magnésium ;}$$

on lui attribuera donc la formule

$$CO^3 Ca.$$

On aura de même pour le manganèse, dont le sel est isomorphe des précédents,

$$CO^3 Mn.$$

Sous sa forme *aragonitique*, le carbonate de calcium est isomorphe des carbonates de plomb, de baryum et de strontium, dont les formules devront alors être écrites

$$CO^3 Pb, \qquad CO^3 Ba, \qquad CO^3 Sr.$$

VALENCE DES ÉLÉMENTS. — CLASSIFICATION

41. Valence des métalloïdes. — En analysant les combinaisons gazeuses que les métalloïdes forment avec l'hydrogène, on trouve qu'il est possible de les partager en un certain nombre de groupes tels que dans chacun d'eux il existe *un rapport constant entre le volume du composé et le volume de l'hydrogène qui entre dans la combinaison.*

$$\text{LE RAPPORT EST DE 2 A 1} \begin{cases} \textit{Fluor,} \\ \textit{Chlore,} \\ \textit{Brome,} \\ \textit{Iode.} \end{cases}$$

$$\text{LE RAPPORT EST DE 2 A 2} \begin{cases} \textit{Oxygène,} \\ \textit{Soufre,} \\ \textit{Sélénium,} \\ \textit{Tellure.} \end{cases}$$

$$\text{LE RAPPORT EST DE 2 A 3} \begin{cases} \textit{Azote,} \\ \textit{Phosphore,} \\ \textit{Arsenic,} \\ \textit{Antimoine.} \end{cases}$$

$$\text{LE RAPPORT EST DE 2 A 4} \begin{cases} \textit{Carbone,} \\ \textit{Silicium.} \end{cases}$$

Si M est le poids atomique de l'un quelconque de ces éléments, les poids moléculaires des composés hydrogénés sont, pour les divers groupes, représentés par les formules

$$MH, \quad MH^2, \quad MH^3, \quad MH^4.$$

Ces symboles expriment que 1 atome d'un métalloïde du

1° groupe s'unit à 1 atome d'hydrogène
2° — — à 2 atomes —
3° — — à 3 atomes — —
4° — — à 4 atomes —

Examinons en particulier les molécules d'hydrogène, de chlore et d'acide chlorhydrique

$$H^2, \quad Cl^2, \quad ClH.$$

La réaction

$$Cl^2 + H^2 = ClH + ClH$$

exprime que 1 atome de chlore, dans chaque molécule d'acide chlorhydrique, s'est substitué à 1 atome d'hydrogène; 1 atome de chlore vaut 1 atome d'hydrogène, il a la même *capacité de combinaison* ou la même *valence* que l'hydrogène : on dit qu'il est *monovalent* par rapport à l'hydrogène.

De même, dans 1 molécule d'eau, 1 atome d'oxygène a pris la place de 2 atomes d'hydrogène;

$$O^2 + H^2 . H^2 = OH^2 + OH^2;$$

l'oxygène sera dit un élément *divalent* vis-à-vis de l'hydrogène.

Dans 1 molécule de gaz ammoniac, 1 atome d'azote remplace 3 atomes d'hydrogène :

$$Az^2 + H^3 . H^3 . H^2 = AzH^3 + AzH^3;$$

l'azote est *trivalent*.

Le carbone dans le protocarbure d'hydrogène ou méthane s'est substitué à 4 atomes d'hydrogène; il est *tétravalent* :

$$C^2 + H^2 . H^2 . H^2 . H^2 = CH^4 + Ch^4.$$

Symboliquement, on exprimera, dans les combinaisons de 2 éléments, leur atomicité ou valence par un nombre de traits égal au nombre des *valences échangées* :

$$Cl-H, \quad O=H^2, \quad Az\equiv H^3, \quad C\equiv H^4$$

$$Cl-H \quad H-O-H \quad Az \quad H-C-H$$

Lorsque l'on veut exprimer la valence d'un atome pris isolément, on ajoute à son symbole 1, 2, 3 ou 4 accents :

$$Cl', \quad O'', \quad Az''', \quad C''''.$$

42. Valence des métaux. — Comme les métalloïdes, les métaux peuvent être classés en quatre groupes contenant des éléments de même valence; mais les combinaisons hydrogénées des métaux étant, en général, mal définies, tandis que les combinaisons chlorées sont mieux étudiées et que leur volatilité a permis d'en déterminer les formules moléculaires, c'est le chlore monovalent qui sert de terme de comparaison.

En classant ainsi les métaux par valences, on remarque que la plupart des métaux sont *divalents* :

Métaux alcalino-terreux :

$$Ca'' \quad Sr'' \quad Ba'' \quad Pb'';$$

Métaux magnésiens :

$$Mg'' \quad Zn'' \quad Fe'' \quad Mn'', \text{ etc.}$$

Sont *monovalents*, les métaux alcalins et l'argent :

$$K' \quad Na' \quad Ag'.$$

Sont *trivalents*, le bismuth et l'or :

$$Bi''' \quad Au'''.$$

L'étain Sn'''' et le platine Pt'''' sont *tétravalents* comme le carbone. Si

$$M', \quad M'', \quad M''', \quad M''''$$

sont les symboles de métaux de valence 1, 2, 3 ou 4, les

formules moléculaires des chlorures qui servent de définition à la valence seront

$$M'Cl \qquad M''Cl^2 \qquad M'''Cl^3 \qquad M''''Cl^4.$$

Lorsque le métal a plusieurs oxydes salifiables et par suite plusieurs groupes de sels, la valence du métal est particulière à chacun d'eux.

Ainsi, dans les sels *ferreux*

$$FeO, \qquad FeCl^2, \qquad SO^4Fe,$$

il faut admettre que Fe est divalent; tandis que, dans les sels *ferriques*

$$Fe^2O^3, \qquad Fe^2Cl^6, \qquad (SO^4)^3, \qquad Fe^2,$$

le *groupement* Fe² doit être regardé comme hexavalent.

43. Classification des métalloïdes. — Lorsqu'on étudie les métalloïdes groupés par atomicités, on constate qu'il existe de nombreuses analogies, en particulier des relations d'isomorphisme, entre les composés correspondants des métalloïdes d'une même famille; ces groupes constituent des *Familles natu-relles*.

Le *bore* n'a pas trouvé de place dans les 4 groupes précédents; il n'a pas de composé hydrogéné nettement défini; mais si l'on analyse son chlorure, qui est volatil, on trouve que 2 volumes de vapeur contiennent 3 volumes de chlore. Si nous remarquons, d'autre part, que le chlore peut remplacer dans un grand nombre de combinaisons l'hydrogène volume à volume, nous serions amenés à rapprocher le bore des métalloïdes de la 3ᵉ famille. Mais ce rapprochement est impossible : les composés du bore n'ont aucune analogie avec les composés de l'azote, du phosphore ou de l'arsenic.

Nous placerons le bore dans une 5ᵉ famille, dont il sera, momentanément du moins, le seul représentant métalloïdique.

Dans chacune de ces familles, disposons les métalloïdes par ordre croissant du poids atomique; nous aurons le tableau suivant :

I		II		III		IV		V	
F	19	O	16	Az	14	C	12	B	11
Cl	35,5	S	32	C	31	Si	28		
Br	80	Se	79	As	75				
I	127	Te	126	Sb	120				

La classification des métalloïdes[1] est donc une classification fondée sur la *valence* de ces éléments par rapport à l'hydrogène.

44. Radicaux. — Dans un grand nombre de réactions où l'eau intervient, on remarque que tout se passe comme si, des 2 atomes d'hydrogène unis à l'atome d'oxygène, l'un restait uni à l'oxygène formant un groupe non saturé, un reste auquel on donne le nom de *radical, l'oxhydryle*, fonctionnant comme un élément monovalent, se transportant de toutes pièces d'une molécule à l'autre. Prenons comme exemple les réactions exercées par l'eau sur des chlorures de métalloïdes, par exemple, le trichlorure PCl^3 et l'oxychlorure de phosphore $POCl^3$:

$$POCl^3 + 3H^2O = 3HCl + PO.O^3H^3.$$
$$PCl^3 + 3H^2O = 3HCl + PO^3H^3.$$

On remarque que les 3 atomes de chlore ont été remplacés par O^3H^3 ou $(OH)^3$. Si l'on écrit la formule de l'eau :

$$H - (OH)$$

et si on la compare à celle de l'acide chlorhydrique

$$H - Cl,$$

on voit que le groupement OH joue le même rôle que l'atome de chlore monovalent, dont il a pris la place :

$$\begin{array}{ll} PCl^3 & P(OH)^3 \\ POCl^3 & PO(OH)^3. \end{array}$$

Le groupement (OH) incomplètement saturé, puisque l'une des deux valences de l'hydrogène est restée libre, n'existe pas seul ; mais le groupement de 2 oxhydryles forme 1 molécule d'eau oxygénée :

$$H^2O^2 = OH - OH.$$

De même, dans l'oxychlorure de soufre SO^2Cl^2, les atomes de chlore peuvent être remplacés, lorsque le corps réagit sur l'eau, par 2 oxhydryles donnant l'acide sulfurique

$$SO^2(OH)^2.$$

En comparant les deux formules

$$SO^2Cl^2 \quad \text{et} \quad SO^2(OH)^2,$$

nous voyons en outre que le groupement SO^2 est resté intact ; c'est un nouveau radical, le *sulfuryle*, divalent.

L'étude des acides du soufre montre qu'il y a lieu d'admettre un autre radical, le *thionyle* SO, également divalent ; dans ce radical le soufre fonctionne comme élément tétravalent ;

$$\textit{Acide sulfureux} \qquad SO(OH)^2.$$

[1]. La classification des métalloïdes actuellement adoptée est presque identique à celle qui avait été proposée par Dumas en 1850. Elle en diffère uniquement en ce que le bore avait été classé à côté du carbone et du silicium, dans la 4e famille.

L'azote trivalent et l'oxygène divalent forment des radicaux monovalents :

$$(AzO)' \qquad nitrosyle$$
$$(AzO^2)' \qquad azotyle.$$

De l'azote trivalent et de l'hydrogène dérivent les radicaux

$$(AzH^2)' \qquad (AzH)''.$$

Le phosphore est pentavalent dans

$$(PO)''' \qquad phosphoryle.$$

Le carbone tétravalent se prête mieux encore que les autres éléments à la constitution de radicaux :

$$(CH^3)' \quad méthyle \qquad (CO)'' \quad carbonyle.$$
$$(CH^2)''$$
$$(CH)'''$$
$$(CAz)'.$$

En général, ces groupements dans lesquels toutes les valences des éléments ne sont pas saturées n'existent pas à l'état de liberté.

Ainsi, nous ne connaissons que les composés du *méthyle* :

$$CH^3 - H \qquad hydrure\ de\ méthyle\ ou\ méthane$$
$$CH^3 - Cl \qquad chlorure\ de\ méthyle$$
$$CH^3 - OH \qquad alcool\ méthylique$$
$$CH^3 - CH^3 \qquad éthane.$$

Deux groupes CH^2 divalents échangent deux valences et forment le carbure

$$CH^2 = CH^2 \qquad éthylène;$$

deux groupes CH donnent

$$CH \equiv CH \qquad acétylène;$$

de même :

$$CAz - CAz \qquad cyanogène$$
$$CAz - H \qquad acide\ cyanhydrique.$$

Remarque. — La valence d'un radical formé de deux éléments est égale à la différence des valences de ces deux éléments.

45. Variabilité de la valence. — Un même élément peut former avec l'hydrogène ou avec le chlore plusieurs composés. On doit donc se demander ce que devient alors la définition de la valence de l'élément.

Ainsi le phosphore forme avec le chlore deux composés :

$$PCl^3 \quad et \quad PCl^5.$$

Si le composé le plus hydrogéné est PH^3 définissant le phosphore comme un élément *trivalent par rapport à l'hydrogène*, le pentachlorure PCl^5 le définit comme un élément *pentavalent vis-à-vis du chlore* ; il serait également penta-valent dans l'acide phosphorique :

$$O = P \equiv (O H)^3.$$

L'azote trivalent dans les combinaisons

$$Az H^3 \quad \text{et} \quad Az Cl^3$$

devient pentavalent dans le chlorhydrate d'ammoniaque $Az H^4 Cl$.

On doit admettre que la valence d'un atome n'est pas une propriété absolue de cet atome, mais qu'elle dépend des atomes avec lesquels il s'unit ; c'est ainsi qu'elle n'est pas la même vis-à-vis de l'hydrogène ou vis-à-vis du chlore. En général la valence ne change pas de parité.

46. **Fonctions chimiques.** — Les notions de valence des atomes et des radicaux nous permettent maintenant de préciser synthétiquement ce que l'on entend par fonction chimique et de compléter les notions de nomenclature précédemment données.

Chlorures. — Si R est un élément d'atomicité *n*, la fonction chlorure sera définie par le symbole

$$R Cl^n,$$

qui sert également à définir la valence de l'atome, c'est-à-dire la valeur de *n*.

L'hydrogène et les métaux monovalents (potassium, sodium, argent) forment des protochlorures :

$$H Cl \quad \quad K Cl \quad \quad Ag Cl.$$

La plupart des métaux et les métalloïdes divalents formeront des bichlo-rures :

$$Ca Cl^2 \quad \quad Fe Cl^2.$$

Avec l'azote, le phosphore, l'arsenic, l'or, le bismuth, en a des trichlorures :

$$P Cl^3 \quad As Cl^3 \quad Bi Cl^3 \quad Au Cl^3 ;$$

avec le carbone et l'étain, des tétrachlorures :

$$C Cl^4 \quad Sn Cl^4.$$

Pentachlorures :

$$P Cl^5. \quad Sb Cl^5.$$

Deux molécules de chlorure ferreux $Fe Cl^2$ fixent deux atomes de chlore et forment le chlorure ferrique $Fe^2 Cl^6$; dans ce composé, on peut dire que le fer, divalent le plus habituellement, joue le rôle d'élément *tétravalent* et écrire :

$$Cl^3 Fe - Fe Cl^3.$$

De même :

$$Al^2 Cl^6 \quad \quad Cr^2 Cl^6$$

chlorure d'aluminium, chlorure chromique.

JOLY. — Éléments de Chimie. 4

Si l'on compare la formule Fe^2Cl^6 à la formule $FeCl^2$ du chlorure inférieur, on voit que, pour un même poids de fer, les poids de chlore sont entre eux comme 3 et 2 ; de là le nom de *sesquichlorures* sous lequel on désigne souvent les chlorures du type M^2Cl^6.

Oxydes et anhydrides. — Les protoxydes des métaux monovalents contiendront 1 atome d'oxygène divalent uni à 2 atomes de métal :

$$K^2O \qquad Na^2O \qquad Ag^2O;$$

leur formule est comparable à celle de l'eau H^2O dans laquelle chaque atome d'hydrogène a été remplacé par 1 atome du métal monovalent.

Les protoxydes des métaux divalents contiendront 1 atome de métal et 1 atome d'oxygène :

$$CaO \qquad MgO \qquad FeO.$$

Bioxydes :

$$BaO^2 \qquad MnO^2 \qquad PbO^2.$$

Sesquioxydes :

$$Al^2O^3 \qquad Mn^2O^3 \qquad Fe^2O^3.$$

Il existe aussi des trioxydes, des tétroxydes, des pentoxydes.

Pour les métalloïdes, les composés oxygénés sont ou des oxydes neutres ou des anhydrides. La nomenclature manque d'ailleurs de précision ; le plus souvent, pour les oxydes neutres, on a conservé les noms anciens ; pour les anhydrides, le nom est déterminé par celui de l'acide et la formule dérive de celle de l'acide par perte d'une ou plusieurs molécules d'eau. Prenons comme exemple les composés oxygénés de l'azote :

Protoxyde ou oxyde azoteux.	Az^2O
Bioxyde ou acide azotique	AzO
Anhydride azoteux	Az^2O^3
Peroxyde d'azote	AzO^2
Anhydride azotique.	Az^2O^5

Hydrates. — Les *hydrates* dérivent immédiatement des chlorures par la substitution de l'oxhydryle OH à un nombre égal d'atomes de chlore. La formule typique est

$$R(OH)^x$$

1° Parmi les hydrates qui sont solubles dans l'eau, il en est dont les dissolutions se comportent vis-à-vis des réactifs colorés comme la potasse ou la soude (24) ; ce sont les *hydrates basiques* ou *bases*. Dans la formule générale, R est alors un élément :

K.OH	Hydrate de potassium (potasse)
Ca(OH)²	—	calcium
Mn)OH)².	—	manganèse.

3° Si les hydrates solubles se comportent comme l'acide sulfurique ou l'acide azotique vis-à-vis des réactifs colorés, ce sont des acides; R est alors un radical oxygéné :

$$Az\,O^2,OH \quad \ldots \ldots \ldots \ldots \quad \text{Acide azotique}$$
$$SO^2(OH)^2 \quad \ldots \ldots \ldots \quad - \text{ sulfurique}$$
$$Mn\,O^2(OH)^2 \quad \ldots \ldots \ldots \quad - \text{ manganique}$$
$$Mn\,O^3(OH) \quad \ldots \ldots \ldots \quad - \text{ permanganique.}$$

Tous ces acides peuvent être considérés comme des anhydrides partiels de *l'hydrate normal*, c'est-à-dire de l'hydrate qui correspond au chlorure le plus chloruré.

Ainsi, au pentachlorure de phosphore PCl^5 ne correspond pas l'acide $P(OH)^5$, mais l'acide $PO(OH)^3$ qui en diffère par la perte de H^2O. L'acide carbonique est

$$CO(OH)^2 \text{ et non } C(OH)^4.$$

Sels. — Les sels dérivent des acides par la substitution du métal à l'hydrogène des oxhydryles : 1 atome d'hydrogène étant remplacé par 1 atome d'un métal monovalent, 2 atomes d'hydrogène par 1 atome d'un métal divalent, etc.

La substitution inverse permet de passer des sels aux acides; l'hydrogène qui, entrant dans la composition d'un acide, joue le rôle d'un métal, est dit *hydrogène basique.*

L'acide est *monobasique* lorsque sa formule moléculaire ne contient qu'un atome d'hydrogène susceptible d'être remplacé par 1 atome d'un élément monovalent, en un mot lorsqu'elle ne contient qu'un *oxhydryle.*

$$Az\,O^2(OH) + KOH = Az\,O^2(OK + H^2O.$$

Si $n = 2$, l'acide est bibasique :

$$SO^2(OH)^2 + 2KOH = SO^2(OK)^2 + H^2O.$$
$$SO^2(OH)^2 + KOH = SO^2(OH)(OK) + H^2O.$$

Pour $n = 3$, l'acide est tribasique :

$$PO(OH)^3 + 3KOH = PO(OK)^3 + 3H^2O.$$
$$PO(OH)^3 + 2KOH = PO(OH)(OK)^2 + 2H^2O.$$
$$PO(OH) + KOH = PO(OH)^2(OK) + H^2O.$$

L'expérience montre en effet qu'il y a trois sels de potassium contenant, pour le même poids de phosphore, 1, 2, 3 atomes de métal.

En un mot, la *basicité* d'un acide, la valence de n dans le symbole $R(OH)^n$, est déterminée par le nombre des sels formés avec un même métal.

Soit, par exemple, l'*acide phosphoreux* PO^3H^3; l'expérience montre qu'il ne peut former que deux sels avec un même métal monovalent, le sodium par exemple :

$$PO^3HNa^2.$$
$$PO^3H^2Na.$$

D'autre part, dans le sel $PO^3H^2Na^2$, l'hydrogène peut être remplacé par un *radical monovalent* R ; on doit donc écrire l'acide

$$PO.H.(OH)^2.$$

Inversement, nous passerons d'un sel à l'acide qui lui donne naissance en remplaçant un atome d'un métal monovalent par l'hydrogène.

Ainsi les carbonates de potassium sont

$$CO(OK)^2.$$
$$CO(OH)(OK).$$

Nous disons, bien qu'il n'ait pu être isolé, que l'acide carbonique est

$$CO(OH)^2;$$

c'est un acide hypothétique dont nous ne connaissons que l'anhydride ou gaz carbonique :

$$CO(OH)^2 - H^2O = CO^2.$$

47. Classification des éléments — Une classification des métaux qui serait fondée uniquement sur la valence, comme il a été fait pour les métalloïdes, serait insuffisante. Remarquons en effet que les métaux sont beaucoup plus nombreux que les métalloïdes et que leur partage en 4 familles laisserait dans chacune d'elles un trop grand nombre d'éléments pour que la comparaison de leurs propriétés fût possible.

La distinction qui a été faite entre métalloïdes et métaux est d'ailleurs arbitraire.

Quelques métaux viennent nettement se placer dans l'une ou l'autre des quatre familles principales des métalloïdes, le bismuth après l'antimoine, l'étain après le silicium; les métaux alcalins (sodium, potassium...), les métaux alcalino-terreux sont reliés entre eux par des relations d'isomorphisme tout aussi nettes que celles que l'on observe entre les métalloïdes d'une même famille et forment deux familles distinctes d'éléments monovalents et divalents.

Il est évident qu'une classification générale des éléments s'impose.

Le tableau qui résume la classification des métalloïdes (43) montre immédiatement que les poids atomiques des éléments ne sont pas distribués d'une façon arbitraire.

Les poids atomiques des éléments qui sont en tête des familles vont en décroissant régulièrement de 19 à 11; dans une même colonne verticale, les poids atomiques croissent de telle sorte, que les différences successives se retrouvent avec la même valeur numérique dans les trois familles principales. Nous retrouvons ces mêmes intervalles dans les deux familles des métaux alcalins et alcalino-terreux :

Na	23	Mg	24
K	39	Ca	40
Rb	85	Sr	87,5
Cs	133	Ba	136,8

Un chimiste russe, Mendéléef, en 1869, a montré que les valences des éléments, dont les poids atomiques étaient rangés par valeur croissante, se reproduisaient périodiquement et que les propriétés physiques de ces éléments étaient une fonction périodique des poids atomiques.

Rangeons, en effet, sur une même ligne, tous les éléments par ordre croissant du poids atomique ; nous trouvons :

Li'	Gl"	B'''	C''''	Az'''	O''	Fl'
7	9,1	11	12	14	16	19

puis écrivons à la suite :

Na'	Mg"	Al'''	Si''''	P'''	S''	Cl'
23	24	27	28	31	32	35,5

Au-dessous de chaque élément de cette seconde série, écrivons la densité à l'état solide et le *volume spécifique* V, c'est-à-dire le quotient du poids atomique par la densité, $\frac{p}{d}$:

d	0,97	1,74	2,56	2,49	2,3	2,04	1,38
V	23,7	13,8	10,6	11,2	13,5	15,7	25,6

On voit que la densité croît tout d'abord, pour décroître ensuite ; c'est évidemment l'inverse pour le volume atomique.

Le nombre des atomes d'oxygène contenus dans les composés oxygénés les plus caractéristiques de chacun d'eux croît d'une façon régulière :

$$Na^2O \quad MgO \quad Al^2O^3 \quad SiO^4 \quad P^2O^5 \quad SO^3 \quad Cl^2O^7$$

ou encore, puisqu'il s'agit simplement de rapports,

$$Na^4O \quad Mg^2O^2 \quad Al^2O^3 \quad Si^2O^4 \quad P^2O^5 \quad S^2O^6 \quad Cl^2O^7$$

Le tableau suivant, qui résume la classification périodique de Mendéléef, a été dressé en distribuant les éléments par poids atomiques croissants en sept colonnes verticales, correspondant aux valences 1, 2, 3, 4, 3, 2, 1. Mais tous les éléments ne nous sont pas connus ; lorsque, dans la distribution des corps simples, un élément de valence correspondant à la colonne dans laquelle il devrait prendre place fait défaut, on laisse une *lacune*. Quelques éléments de *valence paire* forment des groupes compacts, dans lesquels les poids atomiques ne subissent que de très faibles variations : tels sont les groupes des métaux du fer et des métaux du platine ; on les a disposés dans une huitième colonne.

L'existence des *lacunes*, loin d'infirmer les principes sur lesquels nous nous appuyons pour établir le tableau, en est au contraire une confirmation.

Ainsi, entre le gallium (Ga = 69,9) et l'arsenic (As = 74,9) existait, il y a quelques années, une lacune ; la différence 74,9 — 69,9 = 5,0 était supérieure à celle que l'on observait entre deux éléments consécutifs des autres séries horizontales voisines. La lacune a été comblée par la découverte du germanium, qui, par son atomicité, la valeur de son poids atomique, est venu se placer entre le gallium et l'arsenic. Le gallium lui-même, découvert en 1875 par Lecoq de Boisbaudran, était venu nettement se placer dans la même colonne verticale que l'aluminium ; son oxyde est un sesquioxyde et, comme l'aluminium, il forme un alun.

Enfin, on a été conduit à reprendre la détermination des poids atomiques de quelques éléments qui paraissaient en contradiction avec la place que l'on était conduit à leur attribuer. Ainsi le poids atomique de l'osmium était, d'après Berzélius, égal à 198, supérieur aux poids atomiques de l'iridium et du platine ; des déterminations plus précises ont abaissé le poids atomique à 190.

Au lieu de distribuer les poids atomiques par lignes horizontales, il est plus naturel de les disposer suivant des lignes inclinées, telles que, si on enroule le

H=1	I	II	III	IV	III	II	I	II		
	Li 7,01	Gl 9,08	B 10,9	C 11,97	Az 14,01	O 15,88	Fl 19			
	Na 22,99	Mg 23,94	Al 27,04	Si 28	P 30,96	S 31,98	Cl 35,37			
	K 39,03	Ca 39,91	Sc 43,97	Ti 48	V 51,1	Cr 52,45	Mn 54,8			
	Cu 03,18	Zn 64,88	Ga 69,9	Ge 72,32	As 75	Se 78,87	Br 79,76	Fe 55,88	Ni 58,56	Co 58,74
	Rb 85,2	Sr 87,3	Y 89,0	Zr 90,4	Nb 93,7	Mo 93,9	—			
	Ag 107,66	Cd 111,7	In 113,4	Sn 117,35	Sb 119,6	Te 126,3	J 126,54	Ru 101,5	Rh 103,2	Pd 106,5
	Cs 132,7	Ba 136,86	La 138,5	Ce 141,2	Di 145	—	—			
	—	—	Yb 172,6	—	Ta 182	Tu 183,6	—	Os 190	Ir 192	Pt 194
	Au 196,2	Hg 199,8	Tl 203,7	Pb 206,59	Bi 207,5	—	—			
				Th 231,96		U 239,8				

tableau sur un cylindre, les éléments se trouvent disposés, en une série continue sur une hélice [1].

Remarquons que, dans une même colonne verticale, les éléments se trouvent groupés d'après leurs analogies chimiques. Les familles de Dumas se retrouvent intégralement et la classification des métalloïdes, telle qu'elle avait été instituée en 1830, ne forme plus dès lors qu'un lambeau compact de la classification générale des éléments.

[1]. Bien antérieurement aux travaux de Mendéléef, un ingénieur français, de Chancourtois, avait proposé de distribuer les éléments sur une hélice. Mais à cette époque les théories existantes se prêtaient mal à une classification de ce genre, cette tentative tomba dans l'oubli.

CHAPITRE V

PHÉNOMÈNES CALORIFIQUES QUI ACCOMPAGNENT LES REACTIONS CHIMIQUES. — THERMOCHIMIE. — DISSOCIATION.

CALORIMÉTRIE.

48. Unités. — La chaleur mise en jeu dans une réaction, quels que soient les poids des corps réagissants, est ramenée par le calcul à ce qu'elle eût été si l'on avait fait intervenir les poids moléculaires.

Ceux-ci étant évalués en *grammes*, la chaleur dégagée ou absorbée est naturellement évaluée en *calories-grammes* ou *petites calories*. Mais, comme les nombres ainsi obtenus sont le plus souvent représentés par des nombres de 4 ou 5 chiffres et que les derniers chiffres significatifs ne peuvent être déterminés exactement, on convient d'évaluer la chaleur dégagée en *calories-kilogrammes* ou *grandes calories*; ce qui revient à prendre comme unité la quantité de chaleur nécessaire pour élever de 1 degré la température de 1 kilogramme d'eau.

49. Méthodes calorimétriques. — Nous distinguerons deux cas :

1° *Réactions par voie humide.* — L'appareil le plus simple et en même temps le plus précis est le calorimètre de M. Berthelot. Il se compose d'un vase cylindrique en platine très mince A (fig. 30) qui constitue le calorimètre proprement dit; sa capacité varie de 600 centimètres cubes à 2 litres. Il repose par trois pointes de liège, corps peu conducteur de la chaleur, au centre d'un vase cylindrique en laiton argenté intérieurement E, placé lui-même dans une double enceinte métallique remplie d'eau. Enfin, un feutre très épais protège la dernière enveloppe contre les gains ou les pertes de chaleur dus au contact de l'air extérieur.

Les thermomètres calorimétriques à longue tige ne comprennent pas plus d'une dizaine de degrés; chaque degré est divisé en 50 parties et les traits sont assez distants pour qu'on puisse partager leur intervalle en 4 parties égales, ce qui permet d'évaluer $\frac{1}{200}$ de degré.

Prenons comme exemple de la détermination faite avec ce calorimètre, la neutralisation d'un acide dissous par une base dissoute.

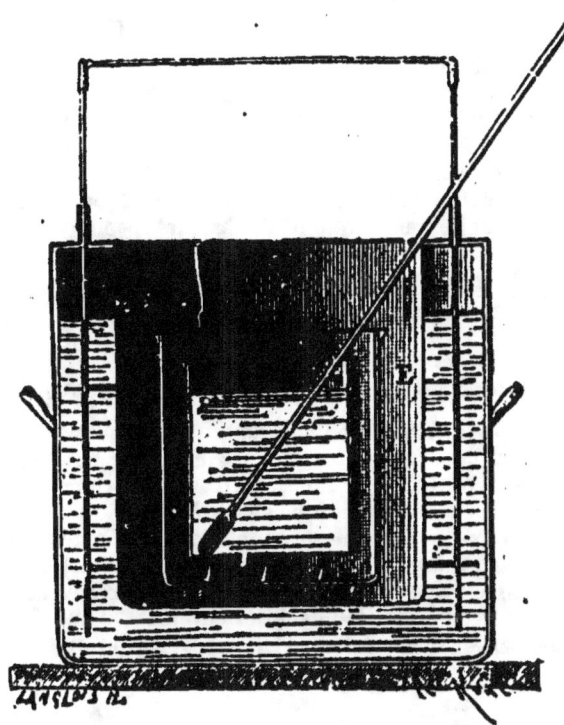

Fig. 30.

On verse dans le calorimètre de platine un des liquides réagissants, l'acide par exemple (1 molécule dans 2 litres d'eau); soit t sa température.

On place, d'autre part, dans une fiole en verre, disposée au centre d'une enceinte en laiton poli, argentée intérieurement (fig. 31), la seconde dissolution réagissante, une base, par exemple la soude (1 molécule dans 2 litres); un thermomètre en donne exactement la température t'.

On mélange rapidement les deux liquides dans le vase de platine; la température du mélange s'élève et atteint, au bout de 1 minute au plus, une valeur maxima T.

Soient p et p' les poids des deux liquides, c et c' leurs chaleurs spécifiques, C la chaleur spécifique du liquide résultant et P l'équivalent en eau du calorimètre. Si les liquides se mélangeaient sans réaction chimique, la température t'' du mélange s'obtiendrait en exprimant que la quantité de chaleur perdue par l'un a été gagnée par l'autre :

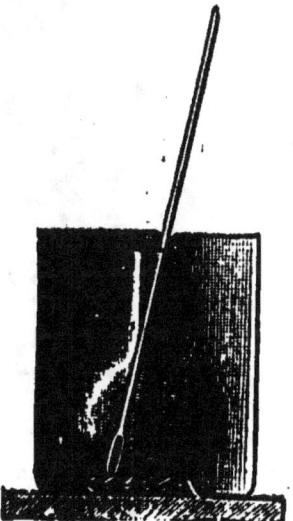

$$pc(t''-t) + P(t''-t) = p'c'(t'-t''),$$

d'où

$$t'' = \frac{(P + pc)\, t + p'c't'}{P + pc + p'c'}.$$

Fig. 31.

La réaction chimique a donc élevé la température du produit final de $T-t$

degrés, et si Q est la chaleur dégagée par la réaction, nous devons écrire que cette quantité de chaleur a été employée à élever de T—t'' degrés un poids $p + p'$ du liquide et un poids d'eau P :

$$Q = (p + p')C(T — t'') + P(T — t'').$$

Si les poids sont évalués en grammes, Q sera le nombre de calories nécessaires pour élever de Q degrés un poids d'eau égal à 1 gramme.

Remarque. — Lorsqu'on effectue la réaction entre des acides et des bases étendues d'eau (1 mol. = 2 litres par exemple), il n'est pas nécessaire de connaître les poids des deux liquides réagissants et leur chaleur spécifique.

Remarquons en effet que les densités des solutions aqueuses étendues sont un peu supérieures à l'unité, tandis que leurs chaleurs spécifiques sont un peu inférieures à 1.

Le poids de 100 centimètres cubes d'une solution étendue de soude sera par exemple 102^{gr},3; la chaleur spécifique es' 0,970; on aura donc

$$pc = 99,2,$$

nombre qui ne diffère de celui qui représente le volume que de 0,8 ou de $\frac{1}{50}$ environ. Cette approximation, bien suffisante dans la plupart des cas, fait que l'on peut avantageusement substituer au produit pc le nombre qui représente le volume évalué en centimètres cubes. En d'autres termes, cela revient à supposer la densité et la chaleur spécifique égales à l'unité.

2° *Combustions vives*. — Pour mesurer la chaleur dégagée dans une réaction par voie sèche, par exemple la combustion d'un corps solide ou gazeux dans l'oxygène, le mieux est de se servir de la *bombe calorimétrique* de M. Berthelot.

C'est un réservoir en acier doublé intérieurement d'une feuille de platine (fig. 32), fermé par un couvercle à vis, et portant un ajutage qui peut être

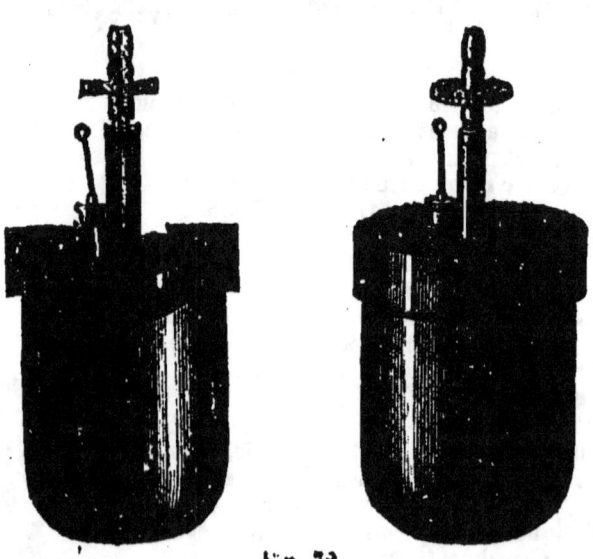

Fig. 32.

fermé lui-même par un robinet à vis. S'agit-il de brûler un gaz, un carbure d'hydrogène par exemple, après avoir fait le vide dans la bombe, on y introduit le carbure mélangé avec le volume d'oxygène strictement nécessaire pour que la combustion soit complète. A l'aide d'un fil de platine, soigneusement isolé, qui traverse la paroi et vient se terminer à une faible distance de la surface interne, on fait éclater une étincelle électrique. La bombe étant plongée tout entière dans l'eau du calorimètre, la chaleur dégagée est employée à élever la température des parois de la bombe, dont l'équivalent en eau est connu, du calorimètre, de l'eau qu'il contient et du thermomètre.

Les produits de la réaction sont du gaz carbonique et de l'eau qui se condense à l'état liquide.

Si la matière à brûler est solide (un carbure d'hydrogène solide ou du carbone), on la place dans une petite capsule de platine suspendue par un fil métallique et, à l'aide d'un fil métallique très fin que l'on fait rougir par le passage du courant, on détermine son inflammation. Il est nécessaire, pour que la combustion d'un corps solide soit complète, de remplir la bombe avec un excès d'oxygène comprimé à la pression de 25 atmosphères.

50. Équations thermiques. — Les tableaux que l'on trouvera à la fin de ce volume renferment les principales données numériques qui permettront de calculer des réactions plus complexes. Soit Q la quantité de chaleur dégagée par *l'union des poids moléculaires A et B de deux corps simples*, on écrira

$$A + B = AB \qquad + Q.$$

Inversement, la décomposition du corps AB sera accompagnée d'une absorption de chaleur égale à — Q :

$$AB = A + B \qquad - Q.$$

Exemple : *La réaction est la combinaison de l'hydrogène et du chlore :*

$$H^2 + Cl^2 = 2HCl \qquad + 41^c,0.$$

Pour simplifier, on peut supposer que la réaction s'effectue entre les atomes :

$$H + Cl = HCl \qquad + 22^c,0.$$

Le dégagement de chaleur résultant d'une réaction plus complexe s'obtient en faisant la somme des quantités de chaleur dégagées par les combinaisons et en retranchant la somme des quantités de chaleur absorbées par les décompositions. Supposons qu'un corps C, en réagissant sur un corps AB, mette en liberté le corps B et s'unisse à A :

$$AB + C = AC + B.$$

Si la formation du corps AB dégage + Q, celle de AC dégage + Q'; la réaction totale sera accompagnée d'un phénomène thermique égal à + Q' — Q.

Exemple : *Action du chlore gazeux sur le gaz bromhydrique :*

$$Cl^2 + 2HBr = 2HCl + Br^2 \qquad + 17^c,0.$$

Le phénomène thermique résultant est la différence :

$$2(H + Cl) - 2(H + Br) = 44,0 - 27,0 = 17c,0.$$

REMARQUE. — La chaleur dégagée dans une réaction dépend de l'état physique des corps réagissants ; il est indispensable de spécifier cet état physique. Dans l'exemple précédent, le nombre 27,0 se rapporte à la réaction

$$H^2 + Br^2 \text{gaz.} = 2 H Br \text{gaz.} \qquad + 27^c,0.$$

Si le brome était liquide, il faudrait retrancher $8^c,0$, chaleur de condensation d'une molécule de brome gazeux :

$$H^2 + Br^2 \text{liq.} = 2 H Br \text{gaz.} \qquad + 19^c,0.$$

On peut supposer que, la réaction s'effectuant en présence de l'eau, le produit de la réaction est dissous :

$$H^2 + Br^2 \text{gaz.} = 2 H Br \text{diss.} \qquad + 67^c,0,$$

la différence $67 - 27 = 40$ représentant la chaleur de dissolution de 2 molécules d'acide bromhydrique.

NOTIONS DE THERMOCHIMIE.

51. Principe du travail maximum. — *Tout changement chimique accompli sans l'intervention d'une énergie étrangère tend vers la production du corps ou du système de corps qui dégage le plus de chaleur* (BERTHELOT).

L'examen des circonstances dans lesquelles s'effectuent les réactions chimiques va nous permettre de préciser ce que l'on entend par *énergie étrangère.*

Réactions exothermiques. — Il suffit quelquefois, mais rarement, pour obtenir la combinaison de deux corps, de les mettre en présence. Ainsi, dans un flacon rempli de chlore, versons de l'arsenic en poudre fine. La combinaison est immédiate ; chaque parcelle d'arsenic qui pénètre dans le flacon *brûle,* c'est-à-dire que sa combinaison avec le gaz chlore est accompagnée d'un dégagement de chaleur et de lumière.

Le chlore que l'on introduit dans un flacon rempli de gaz bromhydrique ou de gaz iodhydrique, déplace immédiatement le brome ou l'iode.

Mais il ne suffit pas d'introduire dans une éprouvette un mélange de 2 volumes d'hydrogène et de 1 volume d'oxygène pour obtenir de l'eau. La combinaison ne s'effectue que si l'on porte le mélange à 400° environ ou si l'on y fait éclater une étincelle électrique. Nous verrons que le plus souvent, en effet, il est nécessaire de *déterminer* la combinaison par une élévation de température des corps réagissants; une étincelle électrique n'agit d'ailleurs que par la température élevée de la décharge électrique. Un mélange de volumes égaux de chlore et d'hydrogène peut être conservé à l'obscurité sans qu'il y ait réaction; mais, sous l'action des rayons solaires, la combinaison est tellement brusque, que le mélange gazeux fait explosion et que le flacon vole en éclats.

Toutes ces réactions sont accompagnées d'un dégagement de chaleur (*réactions exothermiques*). *Elles se sont effectuées sans aucune intervention d'énergie étrangère; il a suffi de déterminer la réaction par une action mécanique, si petite qu'elle fût, pour qu'elle se poursuivît d'elle-même et devînt complète.*

Ici, le principe du dégagement de chaleur maximum est immédiatement applicable. Ainsi, des deux réactions

$$Cl^2 + 2H\,Br = 2H\,Cl + Br^2\,gaz. \qquad + 17^c,0,$$
$$Br^2\,gaz. + 2H\,Cl = 2H\,Br + Cl^2 \qquad - 17^c,0,$$

c'est la première qui a lieu nécessairement.

Si la réaction se fait peu à peu, le dégagement de chaleur se communiquant aux corps environnants se diffuse et n'est accompagné d'aucun phénomène lumineux; mais si la combinaison est *instantanée*, ce dégagement de chaleur pourra porter à l'incandescence les corps réagissants : c'est ce que nous avons observé en chauffant du cuivre dans la vapeur de soufre ou en allumant un jet d'hydrogène dans l'air. Dans le premier cas, le phénomène est comparable à une *oxydation lente;* dans le second cas, à une *oxydation* ou *combustion vive*. Les *oxydations* ou combinaisons d'un corps avec l'oxygène ne sont en effet que des *réactions directes* et le mot de *combustion* pourrait être appliqué à toutes les réactions qui s'accomplissent avec dégagement de chaleur.

Quelques corps composés se détruisent avec dégagement de chaleur; ce sont encore des réactions exothermiques : c'est le cas des composés oxygénés de l'azote ou du chlore. Leur décomposition s'observera exactement dans les mêmes circonstances où nous avons observé tout à l'heure des réactions de combinaison. Il suffit, pour qu'elles se produisent, de les *déterminer* par une élévation de température, une étincelle électrique, une action mécanique.

Les réactions inverses (décomposition de l'eau, combinaison de l'azote et de l'oxygène) ne pourront se produire que si l'on fournit au corps composé dans le premier cas, aux corps réagissants dans le second, de la chaleur. Ce sont des réactions *endothermiques*.

Certains corps, comme l'anhydride hypochloreux, se détruisent brusquement avec dégagement de chaleur lorsqu'on porte au rouge un des points de leur masse, ou lorsqu'on les choque brusquement.

La réaction exothermique

$$Cl^2O = Cl^2 + O \qquad + 15^c,2$$

a lieu sans l'intervention d'une énergie étrangère, tandis que la réaction

$$Cl^2 + O = Cl^2O \qquad - 15^c,2$$

ne peut être obtenue directement.

Réactions endothermiques. — Les réactions inverses des réactions exothermiques sont nécessairement *endothermiques*. Elles ne peuvent être réalisées que si l'on fournit aux corps simples ou composés qui interviennent dans la réaction, de la chaleur, sous quelque forme que ce soit.

Ainsi l'on a

$$2H^2 + O^2 = 2H^2O\,liq. \qquad + 2 \times 69^c.$$

On ne peut décomposer l'eau qu'à condition de fournir à 1 molécule d'eau 69 calories. L'expérience montre qu'on peut en effet décomposer l'eau soit par la chaleur, soit par l'énergie électrique (*électrolyse*). Ces réactions sont presque toujours limitées par la réaction inverse; elles ne s'accomplissent qu'à la condition de fournir, *pendant toute la durée de l'opération*, soit l'énergie calorifique, soit l'énergie électrique.

L'énergie étrangère peut être fournie par une autre réaction simultanée dégageant de la chaleur. Ainsi on observe directement :

$$2Cl^2 + Hg\,O\,sol. = Hg\,Cl^2\,sol. + Cl^2O\,gaz. \qquad + 16^c,6.$$

On a d'autre part

$$Hg + Cl^2 = Hg\,Cl^2\,sol. \qquad 62^c,8$$
$$Hg + O = Hg\,O\,sol. \qquad 51^c,0.$$

On calcule de là

$$Cl^2 + O = 16,6 - (62,8 - 51,0) = - 15^c,2.$$

La chaleur nécessaire à la formation du composé Cl^2O (*anhydride hypochloreux*) a été empruntée à l'excès de la chaleur de formation du chlorure mercurique sur la chaleur de formation de l'oxyde. La réaction totale, qui est exothermique, a bien lieu en effet sans l'intervention d'une énergie étrangère.

Le principe du travail maximum nous permet de dire si une réaction produite sans l'intervention d'une énergie étrangère est *possible*; mais il ne dit pas qu'elle aura lieu *nécessairement*. Nous ne pouvons connaître *a priori* les conditions dans lesquelles nous devons nous placer pour qu'une réaction ait lieu; l'expérience seule peut nous le dire, et nous apprendre aussi quelles sont les conditions de stabilité des corps réagissants ou des produits de la réaction.

Nous lisons par exemple (Tableau III) :

$$Az^2 + 3H^2 = 2AzH^3 \quad + 24^c,4.$$

La formation de l'ammoniaque à partir des éléments est exothermique. Cependant il ne suffit pas de mélanger les deux gaz, ou de *déterminer* la combinaison en portant un point de leur masse à l'incandescence, en faisant éclater *une* étincelle électrique; on observe seulement la formation de traces d'ammoniaque lorsqu'on fait éclater une suite d'étincelles électriques dans le mélange des deux gaz. L'expérience nous montre, au contraire, que le gaz ammoniac est décomposé par la chaleur rouge ou par une suite d'étincelles électriques, et que des deux réactions inverses, la réaction la plus facile à réaliser est une réaction *endothermique*.

La réaction

$$2HCl + O = H^2O \text{ gaz} + Cl^2 \quad + 14^c,2,$$

facile à calculer quand on connaît

$$H^2 + Cl^2 = 2HCl \quad + 44,0$$
$$H^2 + O = H^2O \text{ gaz} \quad + 58,2,$$

semblerait indiquer, si l'on appliquait brutalement le principe du travail maximum, que l'oxygène doit déplacer le chlore de l'acide chlorhydrique et que la réaction

$$Cl^2 + H^2O \text{ gaz} = 2HCl + O \quad - 14^c,2$$

est impossible.

Et cependant les deux réactions sont possibles dans les mêmes conditions de température.

Au rouge vif, en effet, l'eau est dissociée; le foyer de chaleur fournit l'énergie nécessaire à la réaction :

$$H^2O\,gaz = H^2 + O \qquad -58^c,2.$$

C'est alors l'hydrogène libre qui s'unit au chlore. Mais comme la décomposition de l'eau est incomplète, limitée par la réaction inverse, la réaction elle-même est incomplète.

52. REMARQUES. — 1° Nous disons qu'une réaction est exothermique ou endothermique, et non qu'un composé est exothermique ou endothermique. Ainsi, on peut supposer que l'eau oxygénée est formée à partir de l'eau et de l'oxygène :

$$H^2O\,liq. + O = H^2O^2\,liq. \qquad -21^c,6.$$

Si le même corps était formé à partir de l'hydrogène et de l'oxygène, on aurait

$$H^2 + O^2 = H^2O^2\,liq. \qquad +47^c,4.$$

Dire que l'eau oxygénée est un *composé endothermique*, n'a aucun sens si on ne précise pas les éléments de sa formation, ce qui revient à indiquer la réaction elle-même.

2° Les expressions de réactions *directes* ou *indirectes* n'ont aucune signification précise.

Une réaction est directe lorsqu'elle a lieu entre les éléments, qu'elle soit exothermique ou endothermique, qu'il suffise de l'amorcer ou qu'il soit nécessaire de faire intervenir une énergie étrangère.

DISSOCIATION.

53. **Définition.** — Lorsqu'on effectue, en vase clos, la décomposition d'un corps par la chaleur, il peut se faire, si l'un des produits au moins de la réaction est gazeux, que la décomposition soit limitée, à une température donnée, par la réaction inverse.

Cette décomposition limitée est une *dissociation*.

C'est H. Sainte-Claire Deville[1] qui a le premier attiré l'attention sur ces décompositions limitées et en a fait ressortir toute l'importance. H. Debray[2], en étudiant surtout quelques cas

1. Né à Saint-Thomas des Antilles en 1818; mort en 1881. Professeur à la Faculté des Sciences de Paris, maître de Conférences à l'École normale supérieure.
2. Né à Amiens en 1827, mort en 1888. Élève et collaborateur de H. Sainte-Claire Deville, comme lui professeur à la Faculté des Sciences de Paris et maître de Conférences à l'École normale.

simples, tels que ceux de la décomposition limitée d'un corps solide formé de l'union d'un solide et d'un gaz, a mis nettement en évidence les lois du phénomène et rattaché plus étroitement les réactions chimiques aux changements d'état physiques. Deux cas sont à distinguer :

1° *Systèmes hétérogènes* : Le corps composé est solide et l'un des produits au moins de sa décomposition par la chaleur est gazeux.

2° *Systèmes homogènes* : Le corps composé et les produits de sa décomposition sont tous gazeux.

54. Systèmes hétérogènes. — Le cas le plus simple est celui d'un corps solide dont un seul des produits de décomposition est gazeux. C'est le seul cas que nous examinerons.

1° *Carbonate de calcium* : A une température comprise entre 800 et 1000°, la chaux pure et anhydre fixe le gaz carbonique avec dégagement de chaleur; inversement, dans ces mêmes limites de température, le carbonate de calcium se décompose en chaux solide et gaz carbonique. Dans les mêmes limites de température les deux réactions inverses sont donc possibles et nous écrirons symboliquement :

$$CO^3Ca \rightleftarrows CaO + CO^2.$$

Maintenons du carbonate de calcium à une température constante T, dans un espace vide d'air communiquant avec une pompe à mercure et avec un manomètre[1].

Fig. 33.

1. On obtient facilement des températures constantes pendant toute la durée d'une expérience, quelque prolongée qu'elle soit, en s'appuyant sur la loi de l'ébullition : *Pendant toute la durée de l'ébullition, la pression restant invariable, la température de la vapeur reste constante.* En faisant varier la nature du liquide, on fera varier la température. Dans le cas particulier des températures comprises entre 300° et 1000°, on se sert de bouteilles en fer forgé (fig. 33) dont le couvercle porte un tube incliné de bas en haut dans lequel la vapeur se condense de telle sorte que le liquide retombe constamment dans la chaudière. On fera bouillir dans cet appareil du mercure (350°), du soufre (440°), du cadmium (830°). L'ébullition du zinc (950°) doit être effectuée dans un appareil analogue en terre, car le fer serait attaqué par le zinc et percé rapidement.

Si la température T est comprise entre 800° et 1000°, on voit lentement la pression s'élever et atteindre une valeur qui reste constante pendant tout le temps que la température T demeure invariable (85 mm. à 830°, 520 mm. à 960°). Lorsque la température s'élève, la pression croît; celle-ci diminue lorsque la température s'abaisse; et si on laisse l'appareil revenir lentement à la température ambiante, le gaz carbonique est absorbé complètement et le vide se rétablit dans le tube.

Maintenons le carbonate de calcium à une température fixe T, laissons la pression F du gaz carbonique s'établir dans le tube, puis extrayons le gaz avec une pompe à mercure. Une nouvelle décomposition du carbonate de calcium aura lieu, accusée par la tension que prend le gaz carbonique, tension qui devient bientôt égale à F. Nous pourrons faire le vide de nouveau, laisser l'équilibre de pression s'établir et répéter ces mêmes opérations tant que le tube contiendra du carbonate de calcium non décomposé.

Supposons que nous ayons expulsé, à l'aide de la pompe à mercure, la totalité du gaz carbonique que peut dégager le carbonate de calcium, le tube ne renfermera plus que de la chaux pure. A ce moment, la température étant toujours maintenue égale à T, introduisons du gaz carbonique sous une pression supérieure à F; nous verrons peu à peu cette pression diminuer et demeurer fixe, égale à F.

En un mot, le carbonate de calcium chauffé en vase clos, à une température invariable T, dégage du gaz carbonique dont la tension prend une valeur F indépendante de l'espace qui lui est offert, indépendante des proportions de chaux et de carbonate de calcium non décomposé qui sont en présence.

Tout se passe comme si nous avions maintenu un liquide dans le vide à une température constante. Si le liquide est en excès, quelle qu'en soit d'ailleurs la quantité, on sait qu'il s'établit bientôt une *tension maxima*, indépendante de l'espace occupé par la vapeur, qui croît lorsque la température s'élève, décroît lorsqu'elle s'abaisse, qui est, en un mot, fonction de la température seule.

Dans le cas du carbonate de calcium, maintenu à la température T, le gaz carbonique s'est comporté comme une vapeur saturante, et la tension F qu'il prend à cette température est une *tension maxima*; on l'appelle *tension de dissociation* du carbonate de calcium à la température T.

Il sera dès lors facile de comprendre ce qui se passe dans les circonstances suivantes :

Un cristal de spath d'Islande, bien limpide, reste inaltéré lors-

qu'on le chauffe à 960°, dans un courant de gaz carbonique qui
se dégage librement dans l'atmosphère, c'est-à-dire dont la tension ne peut être inférieure à 760 mm. environ. A la température
de 960°, la tension de dissociation du carbonate de calcium est
en effet de 520 mm.

Le même cristal perd sa transparence et se transforme intégralement en chaux lorsqu'on le maintient à une température supérieure à 400° dans un courant d'un gaz sec autre que le gaz carbonique. Quelque faible en effet que soit la tension de dissociation,
le courant de gaz *inerte* enlève le gaz carbonique au fur et à mesure
de sa mise en liberté et la décomposition ne peut être limitée.

55. Systèmes homogènes. — Les lois ne sont plus aussi
simples lorsqu'il s'agit de systèmes homogènes. Nous nous borne-
rons à constater, par quelques expériences qualitatives, que des
réactions inverses sont possibles dans les mêmes conditions de
température.

1° *Vapeur d'eau.* — On fond le platine dans la flamme d'un
chalumeau oxhydrique dont la température est nécessairement
supérieure à la température de fusion du métal (1775°). Or, l'eau
est le produit de cette réaction, et il semble naturel d'admettre
que l'eau formée à cette température ne puisse se décomposer à
une température plus basse. Il n'en est rien cependant, et
H. Sainte-Claire Deville a mis en évidence la décomposition limitée
de l'eau à une température inférieure à 1500°.

Dans l'espace annulaire compris entre un tube de porcelaine
vernissé et un tube de plus petit diamètre en porcelaine poreuse,
disposé suivant l'axe du premier, on fait passer un courant de gaz
carbonique; dans le tube poreux on dirige un courant de vapeur
d'eau (fig. 34). L'ensemble des deux tubes étant porté à une
température voisine de la température de ramollissement de la
porcelaine, 1500° environ, on recueille à la sortie des deux tubes
un mélange d'hydrogène, d'oxygène et d'acide carbonique. Nous
devons admettre que l'eau a été décomposée aux points les plus
chauds, mais l'hydrogène mis en liberté dans l'intérieur du tube
poreux a traversé les parois de celui-ci plus rapidement que
l'oxygène, en même temps que de l'acide carbonique y péné-
trait (59). L'hydrogène et l'oxygène restants, dilués dans un excès
de gaz carbonique, entraînés par le courant gazeux dans les parties plus froides, s'y sont recombinés partiellement; à la sortie
de ce tube, le gaz doit être plus riche en oxygène que ne le serait
le mélange gazeux résultant de la décomposition de l'eau (2 vol.
d'hydrogène pour 1 d'oxygène). Après avoir absorbé le gaz carbonique par la potasse, le mélange est explosif. Dans cette expérience,

le tube poreux intérieur a agi vis-à-vis de l'hydrogène comme un filtre, soustrayant celui-ci à une recombinaison ultérieure.

Ce qui prouve que cette explication est plausible, c'est que si l'on supprime le tube poreux intérieur, quelque élevée que soit la température du tube de porcelaine, quelque rapide que soit le

Fig. 31.

courant de vapeur d'eau, on ne recueille à la sortie du tube aucune trace de gaz. La vapeur d'eau décomposée dans les parties les plus chaudes s'est reconstituée au fur et à mesure que les gaz s'en écartaient.

Cependant, si l'on dirige un courant de vapeur d'eau entraîné par un *courant rapide* de gaz carbonique dans un tube en porcelaine vernissée, garni intérieurement de fragments de porcelaine, de façon à multiplier les surfaces de contact de la vapeur avec la paroi chauffée, le gaz carbonique se trouve à la sortie mélangé d'hydrogène et d'oxygène, les volumes de ces deux derniers gaz étant sensiblement dans le rapport de 2 à 1. Le gaz carbonique en diluant le mélange de ces deux gaz a été un obstacle à leur combinaison par abaissement progressif de température. On sait en effet qu'un mélange de 2 volumes d'hydrogène et de 1 volume d'oxygène n'est plus combustible lorsqu'on le dilue dans une proportion convenablement choisie d'un gaz étranger.

Ces expériences établissent nettement la dissociation de la vapeur d'eau; elles montrent en outre que la proportion de vapeur d'eau décomposée croît avec la température; mais elles ne nous donnent pas les lois du phénomène.

On constaterait de même que, aux températures les plus éle-vées que l'on puisse réaliser dans les laboratoires, des gaz réputés très stables, comme le gaz carbonique, le gaz sulfureux, l'acide chlorhydrique, l'oxyde de carbone, sont dissociés.

Le gaz carbonique se dissocie en oxyde de carbone et oxygène :

$$CO_2 \rightleftarrows CO + O;$$

le gaz sulfureux, en anhydride sulfurique et oxygène :

$$3SO_2 \rightleftarrows 2SO_3 + S;$$

l'acide chlorhydrique, en chlore et hydrogène :

$$HCl \rightleftarrows H + Cl;$$

enfin, l'oxyde de carbone, en acide carbonique et carbone amorphe :

$$2CO \rightleftarrows CO_2 + C.$$

Pour mettre en évidence la dissociation du gaz sulfureux, de l'acide chlorhydrique ou de l'oxyde de carbone, on emploie le dispositif suivant, dû à Sainte-Claire Deville (*tube chaud et froid*) :

Dans l'axe d'un tube en porcelaine vernissée est disposé un tube de plus petit diamètre en laiton argenté parcouru par un courant rapide d'eau froide. Le gaz à dissocier circule dans l'es-pace annulaire, et les produits de la réaction, s'ils sont solides, se déposent sur les parois du tube froid et sont ainsi soustraits à toute réaction ultérieure. Si la dissociation est celle de l'acide chlorhydrique, le chlore réagit sur une légère couche de mercure déposée sur l'argent, et forme du chlorure mercureux, facile à reconnaître.

MÉTALLOÏDES

CHAPITRE VI

HYDROGÈNE, H = 1.

Poids moléculaire : H² = 2.

56. État naturel. — L'hydrogène[1] entre pour $\frac{1}{9}$ dans la composition de l'eau; uni au carbone, à l'oxygène, à l'azote, il forme les matières organiques.

57. Circonstances de formation. — Préparation. — C'est de l'eau, des acides étendus ou des hydracides qu'on retire l'hydrogène. Les réactions qui permettent d'isoler ce gaz sont fort nombreuses; un petit nombre cependant de ces réactions peuvent être employées avec avantage.

1° *Décomposition de la vapeur d'eau par le fer.* — Quelques métaux, comme le potassium et le sodium, décomposent l'eau liquide, à la température ordinaire; mais ces métaux sont d'un prix élevé et d'un maniement peu commode (76).

On peut s'adresser pour préparer l'hydrogène à la décomposition de la vapeur d'eau par un métal commun, tel que le fer, porté au rouge sombre.

Introduisons dans un tube de porcelaine ou de grès *vernissé* intérieurement un paquet de fils de fer et portons ce tube au rouge sombre à l'aide d'un fourneau à réverbère ou d'une grille

---

1. De *udor*, eau, et *gennao*, j'engendre. Connu des anciens chimistes sous le nom d'air inflammable, il a été étudié et distingué nettement des autres gaz connus par Cavendish, en 1767.

à gaz (fig. 35). Puis dirigeons sur le métal de la vapeur d'eau que nous obtenons en faisant bouillir ce liquide contenu dans une petite cornue de verre. Par un tube de dégagement adapté à

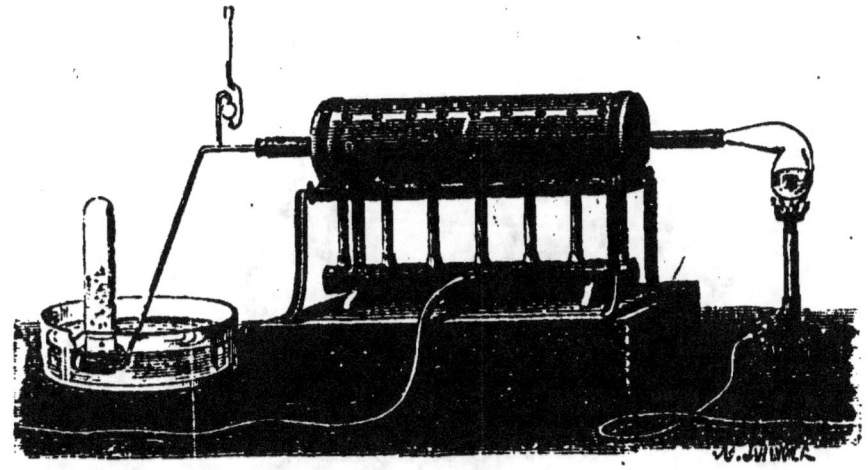

Fig. 35.

l'autre extrémité du tube, nous recueillons de l'hydrogène dans des éprouvettes remplies d'eau.

Le métal que l'on retire du tube, après le refroidissement, a perdu son éclat; il est recouvert d'une couche d'un brun presque noir, terne; en pliant les fils de fer, il s'en détache un composé oxygéné connu sous le nom d'*oxyde salin* ou *oxyde de fer magnétique*; il a en effet la composition de la pierre d'aimant naturelle Fe^3O^4.

On formulera donc la réaction :

$$3 Fe + 4 H^2O = Fe^3O^4 + 4 H^2.$$

2° *Par le zinc ou le fer et l'acide sulfurique étendu, ou les hydracides.* — Un procédé de préparation beaucoup plus simple est fondé sur la décomposition de l'acide sulfurique étendu ou des hydracides par le zinc ou le fer à la température ordinaire.

On introduit dans un flacon, qui porte une tubulure latérale, du zinc en grenaille ou en lamelles, et par un tube à entonnoir qui pénètre par le goulot du flacon et plonge jusqu'au fond on verse par petites portions de l'acide sulfurique *étendu de cinq à six fois son volume d'eau* (fig. 36). Par un tube deux fois recourbé adapté à la tubulure latérale et qui plonge dans une terrine remplie d'eau, on recueille l'hydrogène.

Au lieu d'acide sulfurique on peut verser dans le flacon de l'acide chlorhydrique étendu de son volume d'eau.

Qu'il s'agisse d'acide sulfurique étendu ou d'acide chlorhydrique,

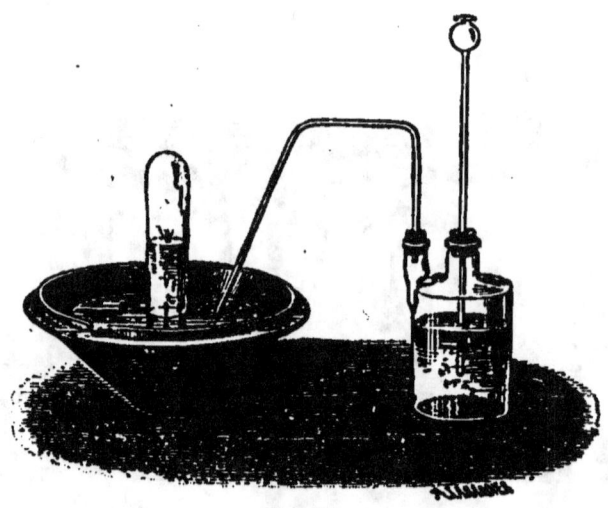

Fig. 36.

le mécanisme de la réaction est identique : le métal s'est substitué à l'hydrogène pour former du sulfate de zinc et du chlorure de zinc :

$$SO^4H^2 + Zn = SO^4Zn + H^2,$$
$$2HCl + Zn = ZnCl^2 + H^2.$$

Le fer se comporterait comme le zinc [1].

Il est avantageux d'avoir à sa disposition un appareil qui permette d'obtenir de l'hydrogène à volonté, sans qu'il soit nécessaire de l'installer chaque fois. La disposition suivante, due à H. Sainte-Claire Deville, est fréquemment adoptée (fig. 57).

Deux flacons de 8 à 10 litres de capacité, munis d'une tubulure à leur partie inférieure, sont reliés par un gros tube en caoutchouc fixé à ces tubulures. L'un renferme une couche de fragments de verre qui s'élève un peu au-dessus de la tubulure; on achève de le remplir avec du zinc en grenaille; le goulot de ce

1. Ces réactions sont accompagnées d'un dégagement de chaleur considérable :

38°   dans le cas du zinc et de l'acide sulfurique dilué
33°,4   dans le cas du zinc et de l'acide chlorhydrique dilué,

Aussi faut-il que les acides soient convenablement étendus et ne doit-on les ajouter que par portions successives au fur et à mesure des besoins de la réaction, afin que les vases de verre ne soient pas brisés.

Le zinc et le fer ne sont pas attaqués *à froid* par l'acide sulfurique concentré.

flacon est fermé par un robinet. L'autre flacon est rempli d'acide chlorhydrique étendu (qui attaquait le caoutchouc). Si l'on ouvre le robinet, l'acide chlorhydrique tend à s'élever au même niveau dans les deux vases, chasse l'air devant lui, et lorsque l'acide arrive au contact du zinc, l'hydrogène se dégage. Si l'on ferme le robinet, l'hydrogène qui continue de se produire refoule le liquide dans le second flacon, et lorsque le liquide est descendu au niveau de la couche de verre, la réaction s'arrête, et le flacon reste

Fig. 37.

rempli de gaz. Si l'on ouvre de nouveau le robinet, ce gaz est chassé par la pression du liquide et l'attaque du métal se produit de nouveau. L'appareil est donc toujours prêt à servir, et pour obtenir un dégagement de gaz, il suffit d'ouvrir le robinet; on règle d'ailleurs la vitesse d'écoulement en ouvrant plus ou moins le robinet, et la pression en élevant le flacon rempli d'acide à un niveau supérieur à l'autre.

58. Préparation industrielle. — Pour la préparation en grand de l'hydrogène, on emploie soit la décomposition de la vapeur d'eau par le fer au rouge, soit la décomposition par le fer de l'acide sulfurique étendu.

Dans ces derniers temps, on a préconisé l'électrolyse d'une dissolution alcaline. L'emploi d'un alcali pour rendre l'eau conductrice présente cet avantage que les électrodes n'ont pas besoin d'être en platine, comme pour l'électrolyse de l'eau acidulée par l'acide sulfurique; les électrodes sont en fer, et les deux gaz, hydrogène et oxygène, peuvent être recueillis séparément. L'électrolyse ainsi pratiquée serait plus économique que les procédés de préparation purement chimiques.

59. Propriétés physiques. — L'hydrogène, lorsqu'il est pur[1], est un gaz incolore, inodore et sans saveur. C'est le plus léger de tous les gaz connus ; il pèse 14 fois et demie moins que l'air sous le même volume, et dans les mêmes conditions de température et de pression. *La densité d'un gaz étant le rapport du poids d'un*

Fig. 58.

certain volume de ce gaz au poids d'un égal volume d'air, dans les mêmes conditions de température et de pression, la densité de l'hydrogène sera $\frac{1}{14,5} = 0,0695$. On met en évidence l'extrême légèreté de l'hydrogène par les expériences suivantes :

Une éprouvette remplie d'hydrogène peut être tenue verticale-

1. L'hydrogène préparé avec le zinc impur du commerce ou avec le fer est toujours doué d'une odeur désagréable, qu'il doit à la présence de composés que nous apprendrons à connaître. Lorsqu'on veut préparer du gaz pur, on ne peut songer à employer du zinc pur, qui ne serait pas attaqué par l'acide sulfurique. Le gaz préparé avec du zinc ordinaire sera dirigé dans un tube en verre peu fusible, renfermant de la tournure de cuivre et chauffé au rouge sombre ; il abandonnera en passant sur le cuivre toutes ses impuretés. C'est là le procédé de purification le plus simple.

ment, sans que ce gaz s'échappe, pourvu que l'ouverture soit tournée vers le bas. Mais si l'on retourne une éprouvette en dirigeant l'ouverture en haut, l'hydrogène, plus léger que l'air, s'élève, et l'éprouvette n'en renferme bientôt plus.

Si l'on plonge dans l'eau de savon l'extrémité d'un tube par lequel se dégage de l'hydrogène, les bulles se forment et s'élèvent dans l'atmosphère (fig. 58).

L'hydrogène traverse les corps poreux.

Un tube en terre poreuse (vase de pile) est fermé par un bou-

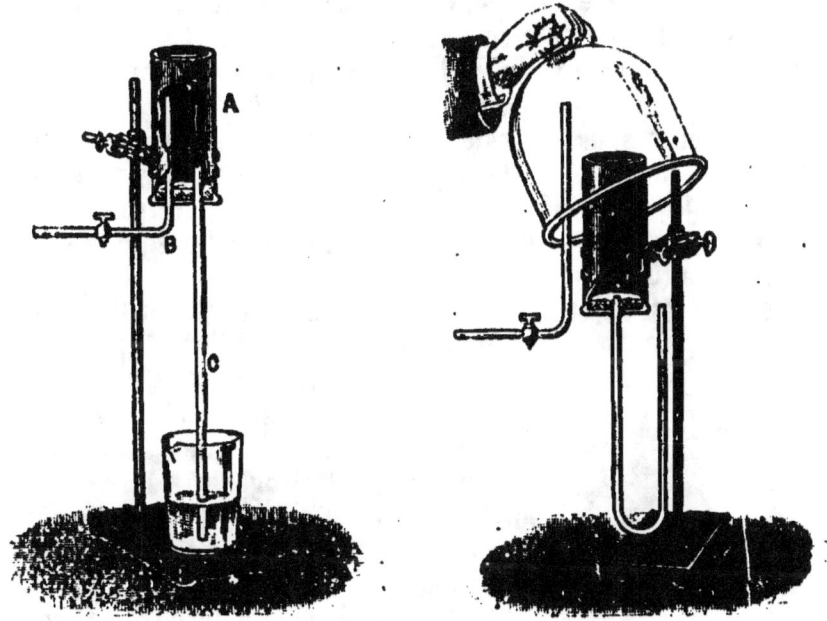

Fig. 39.　　　　　　Fig. 40.

chon en caoutchouc (fig. 39). Par un tube B, on fait arriver un courant d'hydrogène qui chasse l'air et s'échappe par le tube vertical C à travers un liquide coloré. Lorsque l'appareil est rempli d'hydrogène, on interrompt l'arrivée du gaz et l'on voit immédiatement le liquide monter dans le tube vertical, montrant ainsi que la pression a diminué à l'intérieur du vase poreux. L'hydrogène s'est échappé de ce vase plus rapidement que l'air n'est rentré : de là un vide partiel.

L'expérience suivante est l'inverse de celle-ci. Au bouchon du vase poreux A (fig. 40) on adapte un tube recourbé renfermant un liquide coloré qui s'élève au même niveau dans les deux branches lorsque la pression de l'air contenu dans le vase poreux est égale à la pression atmosphérique. On recouvre le vase poreux

d'une cloche dans laquelle, par le tube B, on fait arriver un ccu-
rant d'hydrogène. On voit immédiatement le liquide baisser du
côté du vase et s'élever de l'autre, accusant une augmentation
de pression à l'intérieur du vase poreux. L'hydrogène a pénétré
à l'intérieur de celui-ci plus rapidement que l'air n'en est sorti.

Il faudra donc éviter l'emploi de vases poreux, de tubes en terre
non vernissée, que l'hydrogène traverserait. Ce gaz traverse également les métaux chauffés au rouge (tube de fer ou de platine),
et les enveloppes de caoutchouc.

L'hydrogène est très peu soluble dans l'eau qui n'en dissout
que 0,019 de son volume environ.

M. Cailletet a montré, en 1877, que l'hydrogène pouvait être
liquéfié (6); c'est, de tous les corps simples, celui qu'il est le plus
difficile d'obtenir sous la forme liquide. Il faut abaisser la température au-dessous de — 230° (*température critique* de l'hydrogène).
C'est en utilisant la détente du gaz fortement refroidi que
M. Dewar, en 1898, a réussi à obtenir l'hydrogène liquide sous
forme statique (6).

60. Propriétés chimiques. — L'hydrogène est combustible; et

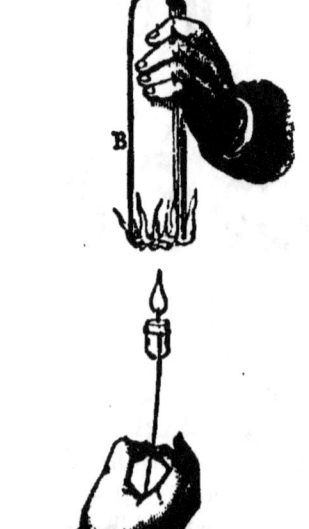

nous avons vu que, si l'on dispose au-
dessus de la flamme un corps froid, des
gouttelettes d'eau se condensent (2).
Nous en avons conclu que, dans cette
combustion, l'hydrogène s'était combiné à l'oxygène contenu dans l'air et
que l'eau était le résultat de cette combinaison.

De l'ouverture d'une éprouvette remplie d'hydrogène et tenue verticalement,
l'orifice en bas, approchons une bougie
adaptée à l'extrémité d'un fil de fer
(fig. 41); l'hydrogène prend feu et brûle
lentement à l'orifice du tube, c'est-à-
dire au contact de l'air, avec une flamme
peu éclairante. Introduisons la bougie
dans l'éprouvette, elle s'éteint, et cette
expérience montre que si l'hydrogène
est combustible, il n'entretient pas la
combustion de la bougie.

Fig. 41.

Les expériences de mesure, analyses
et synthèse de l'eau (74), établiront que
la réaction s'effectue entre 2 vol. d'hydrogène et 1 vol. d'oxygène
ou, si l'on transforme les volumes en poids, entre 2 grammes

d'hydrogène et 16 grammes d'oxygène. Cette réaction se formulera :

$$H^2 + O = H^2O.$$

Au tube de dégagement d'un appareil producteur d'hydrogène substituons un tube vertical effilé à sa partie supérieure (fig. 42).

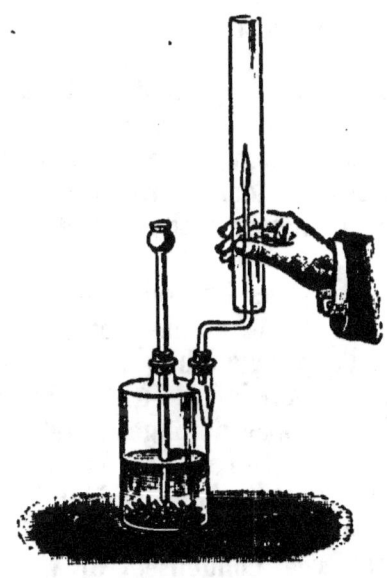

Fig. 42.

L'hydrogène s'enflamme à l'approche d'un corps incandescent et brûle avec une flamme pâle, peu éclairante, mais très chaude (*lampe philosophique*). Un fil fin de platine que l'on introduit dans cette flamme fond en quelques instants. L'introduction du corps solide dans la flamme a eu pour premier effet de lui communiquer un très vif éclat ; d'une façon générale, la flamme de l'hydrogène brûlant dans l'air ne deviendra lumineuse que si l'on y plonge un corps solide qui porté à une température élevée rayonne et devient source de lumière (273).

La combinaison de 2 grammes d'hydrogène avec 16 grammes d'oxygène s'effectue en effet avec un dégagement de chaleur considérable. Si la réaction (*réaction exothermique*) a lieu au sein d'un calorimètre (49) sur les parois relativement froides duquel la vapeur d'eau formée se condense à l'état liquide, l'expérience montre que la chaleur dégagée est de 69 Calories, c'est-à-dire qu'elle serait capable de porter, de 0° à 1°, 69 kilogrammes d'eau ou, de 0° à 100°, 690 grammes d'eau[1]. On formulera la réaction

$$H^2 + O + H^2O \text{ liq.} \quad + 69^c.$$

Si l'eau produite était recueillie à l'état de vapeur, il faudrait retrancher la quantité de chaleur absorbée par 18 grammes d'eau pour se transformer en vapeur, et l'on aurait :

$$H^2 + O = H^2O \text{ gaz} \quad + 58^c,2.$$

Il ne faut approcher un corps incandescent de l'orifice d'un tube par lequel l'hydrogène se dégage que lorsque l'appareil a fonctionné pendant quelque temps, de façon que l'air ait été chassé par un dégagement abondant d'hydrogène. Sans cette précaution, une explosion violente se produirait et le flacon volerait en éclats.

Si l'on introduit en effet dans un petit flacon un mélange de 2 volumes d'hydrogène et de 1 volume d'oxygène, une violente détonation se produit à l'approche d'une flamme. Pour préserver la main qui tient le flacon, dans le cas où il viendrait à se briser, il faut avoir soin de l'envelopper de linges mouillés. Au contact du corps incandescent l'hydrogène et l'oxygène se sont combinés, avec un dégagement de chaleur considérable; la vapeur d'eau produite s'est tout d'abord dilatée, a refoulé l'air à l'orifice du flacon, puis cette vapeur s'est condensée, un vide s'est produit et l'air est brusquement rentré. C'est à cette expansion et à cette condensation brusques, qui se sont succédé à un très court intervalle de temps, qu'est dû le bruit qui accompagne la combinaison.

La réaction

$$H^2 + O = H^2O$$

est le type des *réactions explosives*.

Lorsqu'on entoure la flamme de l'hydrogène d'un large tube de verre de 1 mètre à 1ᵐ,50 de longueur, on observe que le tuyau rend un son grave ou aigu suivant son diamètre (*harmonica chimique*); on peut se rendre compte de ce fait en admettant que le courant d'air ascendant soulève la flamme et qu'une petite quantité d'hydrogène, s'échappant par l'ouverture effilée du tube, forme avec l'air un

---

1. Nous rappelons que l'*unité de chaleur* employée en Thermochimie est la *grande calorie* ou *Calorie*, c'est-à-dire la quantité de chaleur nécessaire pour élever de 1° la température de 1 *kilogramme* d'eau, les poids atomiques ou les poids moléculaires des corps réagissants étant évalués en *grammes*.

mélange détonant; ces petites détonations, se succèdent à des intervalles de temps très rapprochés, produisent un son que le tuyau renforce. La colonne d'air vibre, et la flamme, comme il est facile de le constater, est elle-même en vibration. C'est l'expérience de l'*harmonica chimique*.

La combinaison de l'hydrogène et de l'oxygène a lieu également sous l'influence d'une étincelle électrique. C'est ainsi que l'on peut enflammer le mélange des deux gaz dans les eudiomètres (2). On peut obtenir encore la combinaison des deux gaz par un procédé différent.

Dans une éprouvette remplie d'un mélange de 2 volumes d'hydrogène et de 1 volume d'oxygène, on introduit un morceau de platine poreux (*mousse* ou *éponge de platine*). Au bout de quelques instants le métal rougit et la détonation a lieu. Ce phénomène, singulier en apparence, peut s'expliquer ainsi : la mousse de platine jouit de la propriété de condenser les gaz; dans le cas actuel, elle condense l'hydrogène, et cette condensation est accompagnée d'un dégagement de chaleur suffisant pour porter le métal au rouge; ce dernier agit alors comme corps incandescent, comme le ferait l'étincelle ou une flamme, pour déterminer la combinaison des deux gaz.

61. Propriétés réductrices de l'hydrogène. — Un certain nombre de composés des métaux et de l'oxygène (oxydes métalliques) cèdent l'oxygène à l'hydrogène lorsqu'on les chauffe dans un courant de ce gaz.

Dans un tube en verre effilé à son extrémité, et renfermant de l'oxyde de cuivre, dirigeons un courant d'hydrogène (fig. 43). Lorsque l'air aura été chassé, chauffons l'oxyde, nous verrons au bout de quelques instants de la vapeur d'eau se dégager à l'extrémité du tube, la matière devenir incandescente, et l'oxyde de cuivre qui était noir se transformer en une matière rouge, qui est du cuivre métallique. C'est en s'appuyant sur cette propriété de l'hydrogène que l'on fera la synthèse de l'eau en poids (73). Cette transformation d'un oxyde en métal est une *réduction*, et l'hydrogène est dit un agent *réducteur*.

62. Applications. — L'hydrogène est un *réducteur* très fréquemment employé dans les laboratoires. Comme il est 14,5 fois plus léger que l'air, on l'a employé à gonfler les aérostats. Mais il traverse les enveloppes avec trop de facilité, et les ballons se dégonflent rapidement. On lui substitue presque généralement le gaz de l'éclairage, plus lourd il est vrai, mais d'un maniement plus commode.

Industriellement, on utilise l'énorme quantité de chaleur

dégagée par la combustion d'un mélange de 2 volumes d'hydrogène et de 1 volume d'oxygène pour fondre le platine, souder les

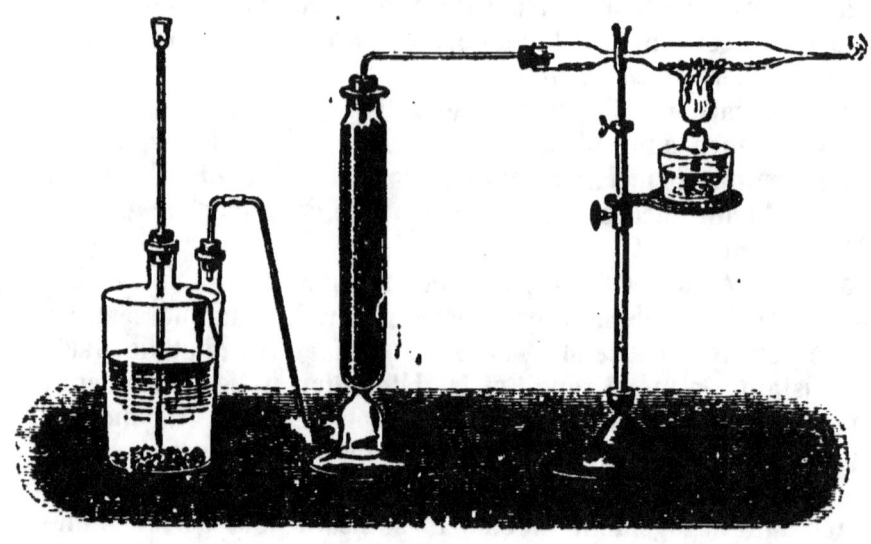

Fig. 43.

métaux précieux peu fusibles. On se sert à cet effet du chalumeau.

Le chalumeau oxhydrique (fig. 44) se compose de deux tubes

Fig. 44.

concentriques : l'un amène l'oxygène; dans l'espace annulaire
arrive l'hydrogène. Pour éviter tout danger d'explosion, les gaz
ne se mélangent que vers l'orifice, à quelques centimètres de
celui-ci. Le bout du chalumeau est en platine.

CHAPITRE VII

OXYGÈNE. — EAU.

OXYGÈNE $O = 10$.

Poids moléculaire : $O^2 = 32$.

L'oxygène entre pour les $\frac{8}{9}$ dans la composition de l'eau, mélangé à l'azote, il forme l'air atmosphérique. Combiné avec un grand nombre d'autres corps, il entre dans la composition de l'écorce terrestre. Aussi est-ce, de tous les corps connus, le plus abondant.

L'oxygène a été découvert presque simultanément, en 1774, par Scheele[1] en Suède et par Priestley[2] en Angleterre. Mais c'est à Lavoisier que l'on doit l'étude de ses principales propriétés.

65. Circonstances de formation. Préparation. — Les réactions qui dégagent de l'oxygène sont très nombreuses.

Certains oxydes métalliques perdent, lorsqu'on les calcine, la totalité de l'oxygène uni au métal : tels sont les oxydes des métaux précieux, l'*oxyde de mercure* en particulier. D'autres ne cèdent qu'une partie de l'oxygène : tel est le *bioxyde de manganèse*. Des sels oxygénés, tels que les *chlorates*, dégagent également de l'oxygène par la calcination.

Un autre groupe de réactions est fondé sur la décomposition de certains oxydes métalliques en contact avec l'acide sulfurique. Ex. : *acide sulfurique et bioxyde de manganèse.*

1° *Calcination de l'oxyde de mercure.* — On chauffe l'oxyde de

---

1. Scheele, né à Stralsund (Poméranie suédoise), le 9 décembre 1742, mort en 1786.

2. Priestley, chimiste anglais, né en 1733, mort en 1804. Il créa les méthodes que nous employons aujourd'hui pour recueillir les gaz et en découvrit un grand nombre.

Joly. — Élém. de Chimie.   G

mercure dans une petite cornue en verre (fig. 45), dont le col porte un tube de dégagement qui se rend dans une cuve à eau. L'air de la cornue, dilaté par la chaleur, se dégage tout d'abord; puis la matière noircit, des gouttelettes de mercure se déposent

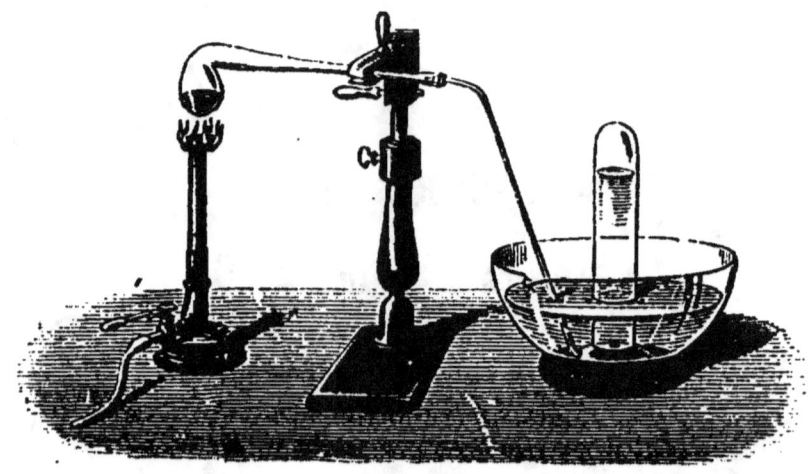

Fig. 45.

sur les parois froides de la cornue et l'on recueille l'oxygène dans des éprouvettes remplies d'eau :

$$HgO = Hg + O.$$

Ce procédé de préparation, trop coûteux, n'est plus employé aujourd'hui; il n'a qu'un intérêt historique.

2° *Calcination du bioxyde de manganèse.* — On introduit dans une cornue en grès une matière noire, d'apparence terreuse, que l'on trouve toute formée dans la nature et qui est connue sous le nom de *bioxyde de manganèse.* La cornue en grès est placée dans un fourneau en terre surmonté d'un dôme, dit *fourneau à réverbère* (fig. 46), dans lequel on porte du charbon de bois à l'incandescence, de façon à chauffer la cornue au rouge vif. On adapte au col de la cornue, au moyen d'un bouchon, un tube de verre recourbé dont l'extrémité plonge dans l'eau. Laissant perdre les premières bulles de gaz qui se dégagent, et qui sont formées par de l'air dilaté par la chaleur, on recueille dans des éprouvettes remplies d'eau et renversées sur la cuve, au-dessus de l'orifice du tube de dégagement, un gaz qui est de l'oxygène.

Il reste dans la cornue une matière brune dont le poids est inférieur au poids de la matière introduite et sur laquelle la chaleur n'a plus d'action : c'est l'*oxyde salin de manganèse*, dit aussi *oxyde brun de manganèse* Mn³O⁴; la réaction se formulera donc

$$3MnO^2 = Mn^3O^4 + O^2.$$

Le gaz ainsi préparé contient toujours un peu de gaz carbonique et d'azote; la présence du gaz carbonique se reconnaît en faisant

Fig. 46.

barboter le gaz dans de l'eau de chaux qui est troublée par la précipitation du carbonate de calcium insoluble; on se débarrasserait de cette impureté en faisant passer le gaz, au sortir de la cornue, dans un flacon laveur renfermant une dissolution de potasse. Le gaz carbonique provient de la décomposition par la chaleur du carbonate de calcium qui accompagne fréquemment dans ses gisements le bioxyde de manganèse. Quant à l'azote, il résulte de la décomposition par la chaleur d'azotates métalliques qui accompagnent également le bioxyde; on ne connaît aucun absorbant de ce gaz.

1 kilogramme de bioxyde de manganèse pur dégagerait 85 litres d'oxygène.

5° *Décomposition par la chaleur du chlorate de potassium.* — On introduit le chlorate de potassium dans une petite cornue en verre peu fusible, au col de laquelle on adapte un tube de dégagement. Lorsqu'on chauffe la cornue, le sel fond en un liquide incolore, limpide comme de l'eau, puis, la température s'élevant, des bulles de gaz se dégagent, une sorte d'ébullition se produit, et l'on recueille dans des éprouvettes, sur la cuve à eau, du gaz oxygène.

Si la décomposition du chlorate de potassium était complète, il resterait un résidu de chlorure de potassium :

$$CIO^3K = KCl + 3O.$$

Une molécule de chlorate, évaluée en grammes (122^{gr},5), dégagerait ainsi $3 \times 11^l,16$ d'oxygène; soit, pour 1 kilogramme, 270 litres environ.

En réalité, on ne pousse pas jusqu'au bout la décomposition. En même temps que l'oxygène se dégage, une partie de celui-ci se porte sur le chlorate non décomposé et forme du perchlorate CIO^4K :

$$2CIO^3K = KCl + CIO^4K + O^2.$$

Or ce perchlorate est moins fusible que le chlorate et il ne se décompose qu'à une température plus élevée. On arrête généralement l'opération au moment où la masse fondue, très fluide au début, s'épaissit; pour achever la décomposition, il faudrait élever la température, ce qui, étant donnée la fusibilité des cornues de verre, présenterait quelque danger.

On facilite la décomposition du chlorate de potassium en le mélangeant avec un poids égal d'*oxyde brun de manganèse*. La totalité de l'oxygène se sépare avant que le chlorate de potassium soit fondu, et le dégagement se fait régulièrement; quant à l'*oxyde brun de manganèse*, il ne subit aucune altération.

C'est cette réaction que l'on applique dans les laboratoires, où l'on tient à avoir en réserve de grandes quantités d'oxygène.

L'opération s'exécute alors dans une cornue en fonte formée de deux parties (fig. 47), l'une cylindrique, l'autre en forme de dôme, qui porte le tube de dégagement et qui repose dans une rigole pratiquée à la partie supérieure du cylindre. Après avoir introduit le mélange, on lute les deux pièces avec du plâtre et l'on règle le feu d'après la rapidité plus ou moins grande des bulles de gaz qui traversent une dissolution alcaline placée dans un flacon F.

On recueille l'oxygène dans des gazomètres, vastes réservoirs cylindriques remplis d'eau dans lesquels on fait arriver l'oxygène par un tube A, en même temps qu'on fait écouler l'eau par un robinet inférieur. Lorsque le gazomètre est rempli d'oxygène et

qu'on veut déterminer l'écoulement du gaz, on ouvre le robinet C
et l'on fait arriver l'eau d'un réservoir R au fond du gazomètre

Fig. 47.

par le tube D. On établit ainsi une pression mesurée par un
manomètre.

64. Préparation industrielle de l'oxygène. — Pour préparer industriellement
l'oxygène, on a songé à le retirer de l'air, qui en contient 1/5 de son volume;
mais comme l'azote ne peut être absorbé directement, on engage l'oxygène
dans une combinaison capable d'abandonner ensuite cet oxygène, par une réaction simple.

Le procédé Boussingault consiste essentiellement à chauffer de la baryte
caustique, vers 600°, dans un courant d'air; la baryte Ba O se change ainsi en

bioxyde Ba O². Cnauffé vers 800°, le bioxyde abandonne l'oxygène fixé, et la baryte est de nouveau capable de fixer de l'oxygène.

Pour que cette réaction soit pratique, il est indispensable que l'air soit dépouillé soigneusement d'*acide carbonique* et de *vapeur d'eau*; le carbonate et l'hydrate de baryum sont, en effet, indécomposables par la chaleur, et l'hydrate, à une température élevée, se fritte, s'agglomère, s'opposant à une nouvelle absorption d'oxygène. On évite d'ailleurs de porter le bioxyde de baryum à une température trop élevée, en facilitant, par un vide partiel, le dégagement de l'oxygène (procédé Brin frères).

65. Propriétés physiques. — L'oxygène est un gaz incolore, inodore, sans saveur; sa densité est 1,105 (*poids moléculaire* : 32). Le poids de 1 litre d'air à 0° et sous la pression de 760 millimètres de mercure étant 1ᵍʳ,293, le poids de 1 litre d'oxygène sera

$$1^{gr},293 \times 1,105 = 1^{gr},429.$$

L'oxygène est très peu soluble dans l'eau, qui n'en dissout que 0,041 de son volume à 0°.

Ce n'est que dans ces dernières années que l'oxygène a pu être liquéfié en un liquide incolore dont la densité est un peu inférieure à celle de l'eau; la température critique est — 118°. L'oxygène liquéfié bout à — 181°,4 (Wroblewski).

66. Propriétés chimiques. — Une allumette ne présentant plus que quelques points en ignition se rallume et brûle avec éclat lorsqu'on l'introduit dans une éprouvette remplie d'oxygène. C'est là en effet une propriété caractéristique de ce gaz que les corps y brûlent avec beaucoup plus d'éclat que dans l'air.

Fig. 48.

Un morceau de charbon léger tel que du fusain, fixé à un fil de fer par une de ses extrémités et allumé à l'autre, brûle avec éclat lorsqu'on l'introduit dans un flacon rempli d'oxygène, en formant un gaz doué de propriétés caractéristiques, le *gaz carbonique*.

Dans une coupelle en terre supportée par un fil de fer fixé à un large bouchon de liège (fig. 48), on place un morceau de soufre, que l'on enflamme à l'aide d'un bec de gaz. On introduit la coupelle dans un flacon d'oxygène, et le soufre brûle avec une belle flamme bleue.

L'oxygène se trouve bientôt remplacé par un gaz d'une odeur désagréable, qui provoque la toux ; il rougit la teinture bleue de tournesol : c'est le *gaz sulfureux*.

Remplaçons le soufre par un fragment de phosphore que l'on enflamme ; ce corps brûle avec un très vif éclat, et l'atmosphère du flacon se remplit d'une sorte de fumée blanche qui se dépose sur les parois du vase. Ces fumées sont solubles dans l'eau, à laquelle elles communiquent la propriété de rougir la teinture bleue de tournesol. Il s'est formé de l'*anhydride phosphorique* et, au contact de l'eau, de l'*acide phosphorique*.

Un fil de magnésium que l'on enflamme en le plongeant par une extrémité dans une lampe à alcool, et que l'on introduit rapidement dans une atmosphère d'oxygène, brûle avec une lumière éblouissante. Le métal fixe l'oxygène, et donne une matière blanche, insoluble dans l'eau, la *magnésie* MgO.

Enfin rappelons qu'une spirale de fer préalablement portée au rouge à l'une de ses extrémités (fig. 49) brûle dans l'oxygène en donnant une matière solide brune, un *oxyde de fer* Fe^3O^4, identique à celui qui se forme lorsqu'on fait passer de la vapeur d'eau sur du fer chauffé au rouge. Cet oxyde de fer a la même composition que la pierre d'aimant naturelle : on l'appelle *oxyde magnétique de fer*.

Fig. 49.

OZONE.

67. Circonstances de formation. — Lorsqu'on fait éclater des étincelles électriques dans l'oxygène, on constate que le gaz prend une odeur particulière, en même temps qu'il acquiert la propriété d'oxyder, à la température ordinaire, des substances qu'il n'oxyde habituellement qu'à température élevée. Schœnbein, qui observa ces faits en 1840, attribua au corps ainsi produit par l'action des étincelles électriques sur l'oxygène le nom d'*ozone* (de *ozein*, avoir une odeur).

En transformant de l'oxygène pur en ozone, MM. Becquerel et Fremy ont établi que l'ozone n'était qu'une modification *allotropique* de l'oxygène.

On observe la transformation de l'oxygène en ozone par des actions électriques ou par réaction chimique.

. Les étincelles électriques éclatant dans un eudiomètre à mercure renfermant de l'oxygène déterminent la formation d'une petite quantité d'ozone, comme il est facile de le constater en faisant passer dans l'éprouvette une dissolution d'iodure de potassium amidonné (69). L'oxygène qui se dégage au pôle positif d'un voltamètre, lorsqu'on décompose l'eau par la pile, est ozonisé. Dans un grand nombre d'oxydations lentes, il se forme de petites quantités d'ozone. Ainsi on a constaté que l'air qui séjournait au contact du phosphore humide s'ozonisait. Ces phénomènes d'oxydation lente se produisent fréquemment dans la nature aux dépens des matières végétales; aussi trouverons-nous de l'ozone dans l'atmosphère. Mais la méthode que l'on doit employer pour se procurer de l'oxygène riche en ozone est la suivante :

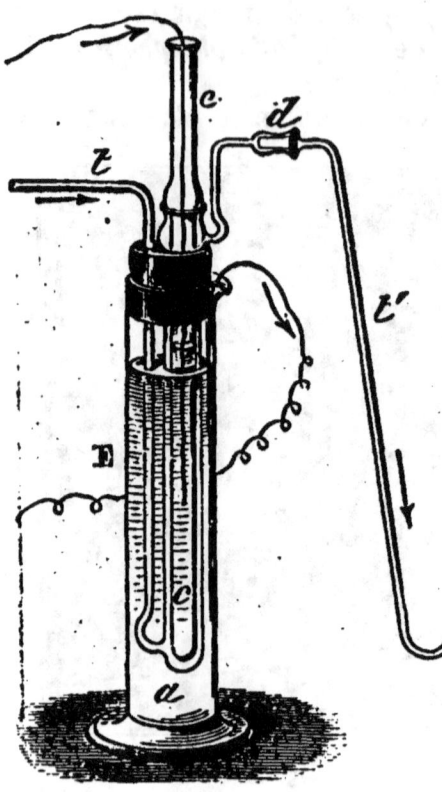

Fig. 50.

Dans l'espace annulaire (fig. 50) formé par deux tubes de verre concentriques soudés l'un à l'autre à leur partie supérieure, on fait circuler un courant lent d'oxygène. L'éprouvette intérieure *e* renferme de l'eau acidulée par de l'acide sulfurique, dans laquelle on fait plonger un fil de platine relié à l'un des pôles d'une bobine de Ruhmkorff. L'appareil plonge dans une éprouvette à pied E renfermant également de l'eau acidulée par de l'acide sulfurique, dans laquelle plonge un fil de platine communiquant avec l'autre pôle de la bobine d'induction.

Lorsqu'on met la bobine en activité, les deux couches d'acide sulfurique s'électrisent en signe contraire et ces deux électricités se recombinent lentement à travers les parois du verre et la mince couche d'oxygène qui les sépare. Cette recombinaison des deux électricités qui se fait sans étincelle et par conséquent sans élévation de température, mais qu'accuse une lueur continue dans l'obscurité, a reçu le nom d'*effluve*. L'appareil à effluves que nous venons de décrire a été imaginé par M. Berthelot.

L'oxygène qui a été soumis à l'action des effluves électriques est partiellement transformé en ozone. On peut le recueillir dans des éprouvettes ou de petits flacons bouchés à l'émeri, sur la cuve à eau.

68. **Propriétés physiques.** — La transformation de l'oxygène en ozone n'est jamais que partielle. Les appareils à effluves fournissent un gaz renfermant au plus, à la température ordinaire, de 0,10 à 0,15 d'ozone en poids. De très petites

quantités d'ozone suffisent pour communiquer à l'oxygène une odeur très vive.

L'ozone est un gaz bleu. Pour observer la couleur de ce gaz, il suffit de le faire arriver, au sortir de l'appareil à effluves, dans un tube de verre de 1 centimètre de diamètre et de 2 mètres de longueur, et de regarder, suivant l'axe de ce tube, une surface blanche éclairée par la lumière diffuse.

L'ozone a été liquéfié par MM. Hautefeuille et Chappuis, à — 110° environ et sous une pression de 125 atmosphères, en un liquide d'un beau bleu indigo.

La densité de l'ozone est les 3/2 de celle de l'oxygène, soit 1,658 environ. Ce nombre prouve que 3 volumes d'oxygène ont dû se condenser en 2 volumes d'ozone ; le poids moléculaire de l'ozone correspond dès lors au symbole O^3.

69. **Propriétés chimiques.** — L'ozone est détruit par une élévation de température qui ne dépasse pas 100° : sa destruction est *exothermique*. C'est un oxydant plus énergique que l'oxygène. Il oxyde à la température ordinaire le mercure, que l'oxygène n'oxyde que sous l'action de la chaleur, et l'argent, inoxydable par l'oxygène ordinaire à toutes les températures. L'ozone brûle les matières organiques : les tubes de caoutchouc, les bouchons de liège seraient rapidement détruits ; aussi doit-on en éviter l'emploi dans tout appareil où se produit de l'ozone.

En présence d'une trace d'ozone une dissolution d'iodure de potassium amidonné est immédiatement bleue. L'ozone déplace l'iode et forme avec le métal de la potasse ; l'iode libre colore en bleu l'amidon : c'est une de ses réactions caractéristiques :

$$2KI + O + H^2O = 2KOH + I.$$

Un papier imbibé d'une dissolution d'iodure de potassium amidonné bleuit au contact de l'ozone. Ce papier servira à accuser la présence de l'ozone dans l'atmosphère.

EAU, $H^2O = 18$.

70. **Propriétés physiques.** — L'eau, liquide dans les conditions ordinaires de température, est incolore sous une faible épaisseur, mais elle a une couleur verdâtre lorsqu'on l'observe en grande masse ; elle n'a ni odeur, ni saveur.

Lorsque la température s'élève de 0° à 4° centigrades, l'eau se contracte ; elle se dilate lorsqu'elle s'échauffe au-dessus de 4°. Le poids d'un centimètre cube d'eau ira donc en croissant de 0° à 4°, pour décroître ensuite : le poids d'un centimètre cube d'eau à la température de 4° a été choisi comme unité de poids : c'est le *gramme*.

Refroidie, l'eau se solidifie et forme la *glace*. Lorsque cette solidification se fait lentement, la glace affecte des formes géométriques. Ainsi, lorsque le froid est vif au dehors, l'eau qui se dépose sur les vitres des appartements se congèle et les recouvre d'élégantes arborisations (fig. 51). La neige examinée à la loupe nous offrira également une structure régulière (fig. 52).

La solidification de l'eau est accompagnée d'un accroissement de volume : 930 centimètres cubes d'eau à 4° donnent 1 décimètre cube de glace. Sous le même volume, la glace est donc plus légère

que l'eau; son poids spécifique, c'est-à-dire le poids d'un centimètre cube de glace, est 0,930. Elle flotte en effet à la surface de
l'eau.

L'augmentation de volume que subit l'eau en se solidifiant est

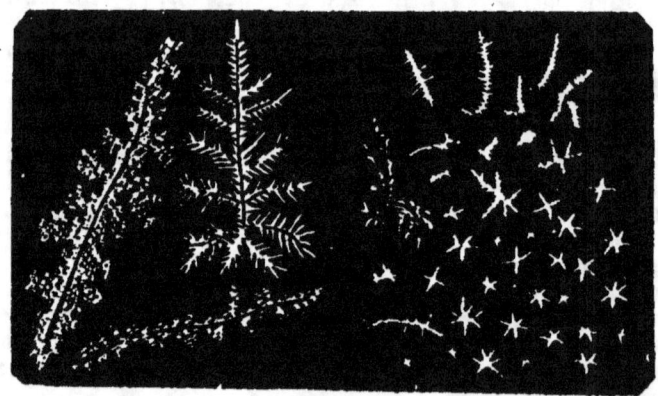

Fig. 51.

telle, que les vases qui la renferment se brisent. Un vase exactement rempli d'eau, un tube en fer forgé, fermé par un bouchon

Fig. 52.

à vis, par exemple, est enveloppé d'un mélange réfrigérant. Lorsque l'eau se solidifie, elle exerce en augmentant de volume une
telle pression sur les parois du vase, que celui-ci est rompu et la
glace sort par les crevasses et forme bourrelet. Un tuyau en plomb
qu'on laisse rempli d'eau pendant les froids rigoureux de l'hiver,
est infailliblement brisé au moment de la solidification de l'eau.

Pendant toute la durée de la fusion de la glace la température reste constante. Cette température a été choisie comme point fixe inférieur du thermomètre centigrade : c'est le 0° de l'échelle thermométrique. Mais si la fusion a toujours lieu à la même température, il n'en est pas de même de la solidification. L'eau peut être refroidie au-dessous de 0° sans se solidifier; on dit alors que l'eau est en *surfusion*. Mais la solidification aura toujours lieu au contact d'une parcelle de glace, et pourra se produire lorsqu'on agitera la masse liquide.

L'eau se réduit en vapeur à toutes les températures; on a appris à déterminer dans le *Cours de Physique* la tension maxima de la vapeur d'eau à une température donnée, c'est-à-dire la tension qu'exerce la vapeur d'eau, en présence d'un excès de son liquide, à cette température. Lorsque la tension maxima de la vapeur d'eau devient égale à la pression atmosphérique, le liquide peut entrer en ébullition.

La température d'ébullition de l'eau sous la pression de 760 millimètres a été choisie pour fixer le point fixe supérieur, le point 100 de l'échelle thermométrique centigrade.

La chaleur spécifique de l'eau a été prise comme unité : c'est la *calorie*. Pour fondre, 1 kilogramme de glace exige qu'on lui fournisse 80 calories environ; 80 est donc sa chaleur de fusion. La chaleur de vaporisation à 100°, c'est-à-dire la quantité de chaleur nécessaire pour transformer, sous la pression de 760 millimètres, 1 kilogramme d'eau en vapeur saturante, est de 537 calories.

La densité de la vapeur d'eau est 0,622 ou $\frac{5}{8}$: cela veut dire que, à une température donnée et sous la même pression, le poids d'un certain volume de vapeur d'eau est $\frac{5}{8}$ de celui d'un même volume d'air.

71. Propriétés dissolvantes de l'eau. — Lorsqu'on chauffe de l'eau qui a été exposée pendant quelque temps au contact de l'air, on voit se dégager de petites bulles gazeuses : c'est de l'air que l'eau tenait en dissolution qui se dégage. Nous verrons d'ailleurs que tous les gaz sont dissous par l'eau en quantité plus ou moins grande.

L'eau dissout également des corps solides. Du sel marin, du sucre, que l'on met au contact de l'eau, se liquéfient, et le mélange intime des deux liquides constitue la dissolution. Inversement, si l'eau s'évapore, les matières solides dissoutes se déposeront à l'état solide, et subsisteront seules, sans avoir subi d'altération, si l'évaporation de l'eau est complète.

Lorsqu'on évapore une eau de source ou de rivière, on voit se former au fond du vase un dépôt solide formé de toutes les substances que cette eau tenait en dissolution ; nous étudierons ces dépôts et nous apprendrons à les reconnaître. Cherchons pour le moment à nous procurer de l'eau pure sur laquelle pourra porter notre étude. On obtient cette eau pure par *distillation*.

Pour distiller de grandes quantités d'eau, on se sert d'un *alambic* en cuivre (fig. 53). L'eau est soumise à l'ébullition dans la chau-

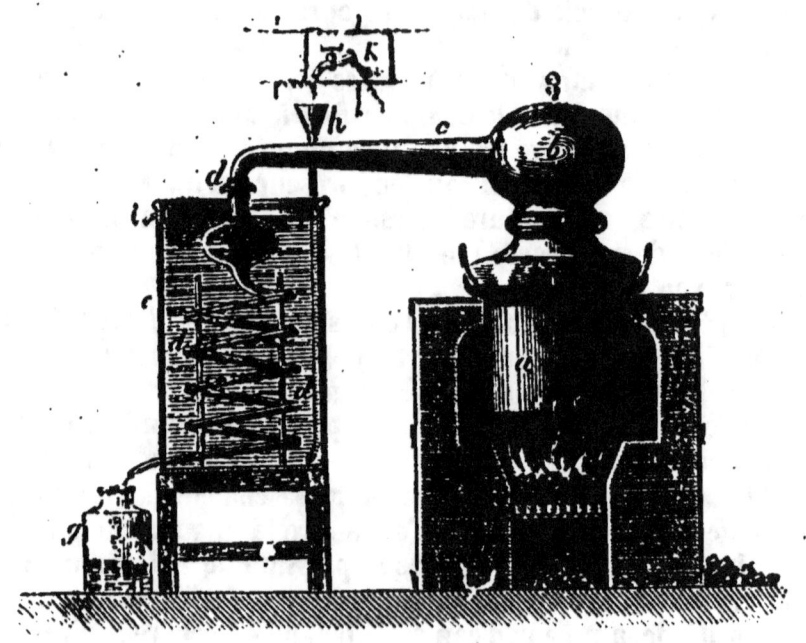

Fig. 53.

dière *a* ; les vapeurs se condensent dans le *col c* adapté au *chapiteau b* et dans un *serpentin dd* plongé dans l'eau d'un *réfrigérant c*. Cette eau, qui s'échauffe incessamment par la condensation de la vapeur, doit être constamment renouvelée. L'eau chaude, plus légère, se déverse à la partie supérieure par l'ajutage *i*, l'eau froide arrive au réfrigérant par le tube *h*. L'eau distillée est recueillie dans un flacon *g* à la sortie du serpentin.

Pour se procurer de petites quantités d'eau distillée, on peut se servir d'un appareil en verre (fig. 54) formé d'une cornue dont le col s'engage dans une allonge adaptée elle-même à l'une des tubulures d'un ballon plongé dans une terrine dont on renouvelle l'eau incessamment. L'intérieur de la cornue communique avec l'atmosphère par un tube fixé à la seconde tubulure du ballon. On fait bouillir l'eau doucement, de façon à éviter les projections du liquide sur les parois du col et de l'allonge.

72. Analyse de l'eau. — 1° *Par le voltamètre.* — Lorsqu'on fait passer un courant électrique dans de l'eau rendue conductrice par quelques gouttes d'acide sulfurique, on voit se dégager des bulles gazeuses sur les deux lames de platine qui servent d'électrodes.

Cette expérience se fait commodément à l'aide d'un petit appa-

Fig. 54.

reil nommé *voltamètre*, qui se compose essentiellement d'un vase de verre (fig. 55) dont le fond est traversé par deux fils ou lames de platine que l'on relie aux deux pôles de la pile. On place dans ce verre de l'eau acidulée par de l'acide sulfurique et l'on place au-dessus de chaque fil de platine deux petites éprouvettes graduées pleines d'eau. Dès qu'on ferme le circuit, les bulles de gaz se dégagent sur les deux fils de platine et sont recueillies dans les éprouvettes.

Le volume du gaz contenu dans l'éprouvette qui surmonte le fil de platine relié au pôle négatif de la pile est, à chaque instant, supérieur au volume gazeux contenu dans l'autre éprouvette, et si, après avoir laissé l'appareil fonctionner pendant quelque temps, on mesure ces deux volumes gazeux à la même pression, on trouve que le volume du gaz qui surmonte l'électrode négative est double du volume de l'autre gaz.

Ces deux gaz peuvent être distingués facilement l'un de l'autre.

Le gaz qui se dégage au pôle négatif est inflammable, il brûle avec une flamme pâle : c'est l'*hydrogène*.

Celui que l'on recueille au pôle positif n'est pas inflammable; mais lorsqu'on introduit dans une atmosphère de ce gaz une allumette presque éteinte, elle se rallume et brûle avec un grand éclat: ce gaz est l'*oxygène*.

2° *Décomposition de l'eau par le fer.* — La préparation de l'hy-

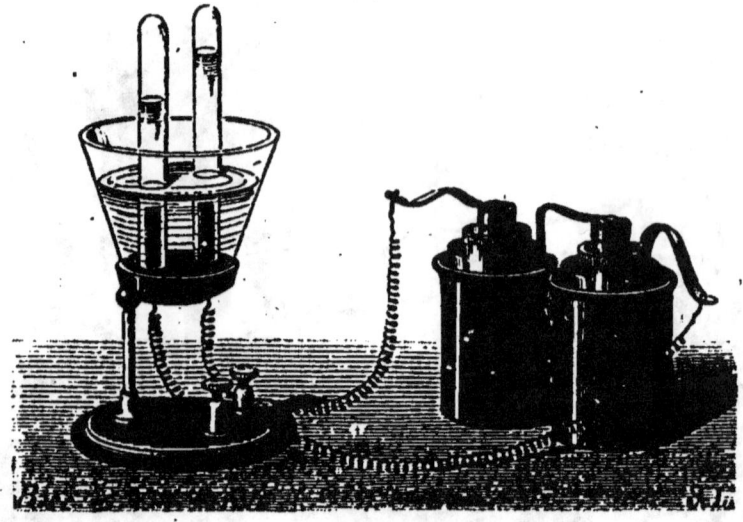

Fig. 55.

drogène par le fer et la vapeur d'eau (57) est une analyse qualitative.

Nous devons conclure en effet de cette expérience que la vapeur d'eau en passant sur le fer s'est scindée en ses deux éléments constitutifs : l'un, l'hydrogène, qui s'est dégagé; l'autre, l'oxygène, qui a été retenu par le fer.

73. Synthèse de l'eau. — L'expérience de Cavendish (2) est une synthèse qualitative de l'eau; mais elle ne suffit pas à démontrer que l'eau est uniquement formée d'hydrogène et d'oxygène.

Synthèse eudiométrique. — On détermine le rapport exact des volumes d'hydrogène et d'oxygène qui se combinent en opérant de la manière suivante : Un tube de verre à parois épaisses, fermé à sa partie supérieure et qui porte des divisions d'égal volume, est rempli de mercure (fig. 56). On y introduit un volume quelconque d'oxygène et un volume double d'hydrogène, et, à l'aide de deux fils de platine qui traversent les parois supérieures de l'éprouvette et dont les extrémités internes sont peu distantes l'une de l'autre, on fait passer une étincelle électrique. Une détonation se produit, de l'eau se condense sur les parois supérieures du tube, et le mercure s'élève jusqu'au sommet

Deux volumes d'hydrogène et un volume d'oxygène se sont *combinés* pour former de l'eau, et cette expérience ne peut plus laisser aucun doute.

L'appareil dont nous venons de nous servir pour effectuer la synthèse de l'eau est un *eudiomètre à mercure.*

La vapeur d'eau produite dans l'expérience précédente s'est con-

Fig. 56.

densée; mais, si l'eudiomètre avait été porté lui-même à une température supérieure à 100°, l'eau aurait conservé l'état gazeux, et l'on aurait pu mesurer son volume. On réussit à observer le volume de la vapeur d'eau produite en enveloppant l'eudiomètre d'un tube plus large dans lequel on fait circuler la vapeur d'un liquide bouillant à une température de 110° environ. Si l'on représente par 2 le volume occupé par l'hydrogène et par 1 le volume occupé par l'oxygène à cette température, et par conséquent par 3 le volume gazeux primitif, on observe qu'après le passage de l'étincelle ce volume se réduit à 2, tous ces volumes gazeux étant d'ailleurs mesurés à la même pression. Donc 2 volumes d'hydrogène et 1 volume d'oxygène donnent 2 volumes de vapeur d'eau.

En s'appuyant sur la loi des poids, il est facile d'ailleurs d'établir le mode de condensation. Écrivons en effet que le poids de 2 volumes d'hydrogène ajouté au poids de 1 volume d'oxygène forme 1 volume de vapeur d'eau :

$$x \cdot 0{,}0695 + 1 \cdot 1{,}105 = 2 \cdot 0{,}622.$$

Nous avons supprimé dans chacun des termes de cette équation un facteur a qui représente le poids de l'unité de volume d'air à t degrés et sous la pression H; t et H peuvent être quelconques.

En effectuant le calcul on trouve

$$x = 2.$$

Synthèse de l'eau en poids. — Dumas a déterminé en 1843 le rapport des poids d'hydrogène et d'oxygène qui s'unissent pour former l'eau.

Bien que l'appareil représenté par la figure 57 paraisse compliqué, la méthode est simple. Lorsqu'on chauffe du cuivre dans l'oxygène, il noircit et augmente de poids : inversement, si l'on chauffe cette matière noire (*oxyde de cuivre*) dans un courant d'hydrogène, il se forme de l'eau, et l'on retrouve du cuivre à la fin de l'expérience. On fait passer sur de l'oxyde de cuivre chauffé un courant de gaz hydrogène bien pur, on condense l'eau formée et on la pèse. Si l'on détermine, d'autre part, la perte de poids p qu'a éprouvée l'oxyde de cuivre, et qui représente le poids d'oxygène qui a concouru à former de l'eau, on obtient le poids d'hydrogène auquel il s'est combiné en retranchant du poids P de l'eau ce poids p d'oxygène.

L'appareil se compose essentiellement d'un ballon A qui porte deux tubulures latérales, et dans lequel on introduit un poids connu d'oxyde de cuivre bien sec. Par une de ces tubulures on fait arriver un courant d'hydrogène qui se dessèche et

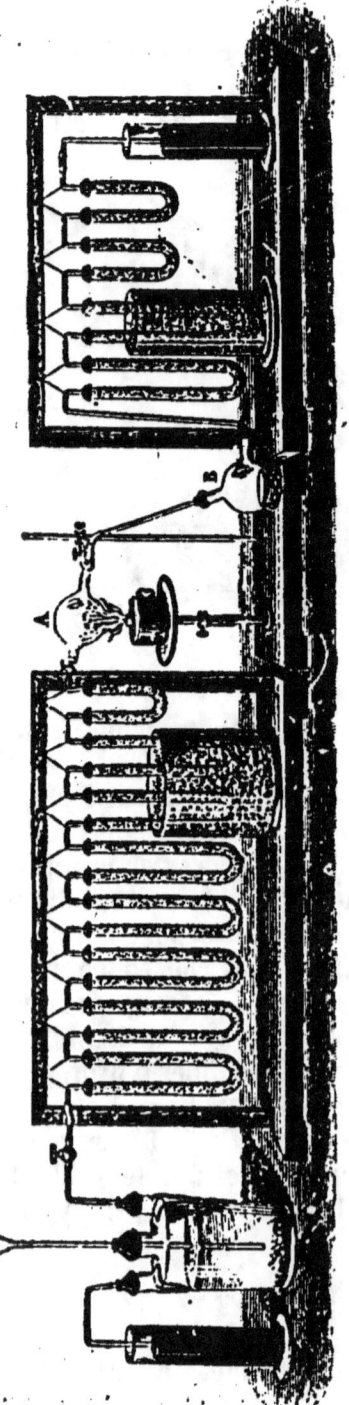

Fig. 57.

se purifie en traversant des tubes en forme d'U, renfermant des substances convenablement choisies[1]. Lorsque l'air a été chassé de l'appareil par un dégagement lent et prolongé d'hydrogène, on chauffe l'oxyde de cuivre avec une lampe à alcool, et la vapeur d'eau qui se produit vient se condenser dans un ballon B et dans une série de tubes renfermant des matières desséchantes, et dont on détermine l'augmentation de poids à la fin de l'expérience.

74. Composition de l'eau. Poids atomique de l'oxygène. — La synthèse eudiométrique a montré que 2 volumes d'hydrogène, en s'unissant à 1 volume d'oxygène, forment 2 volumes de vapeur ; il serait facile de déduire de là, connaissant les densités de l'hydrogène, de l'oxygène et de la vapeur d'eau, la composition en poids. Mais les expériences de Dumas donnent immédiatement la composition de l'eau en poids ; comme moyennes d'un grand nombre d'expériences, on a trouvé :

$$
\begin{array}{ll}
\text{Oxygène.} \dots \dots \dots & 88,89 \\
\text{Hydrogène.} \dots \dots \dots & 11,11 \\
\hline
& 100,00
\end{array}
$$

On passe de là facilement aux volumes : si a représente le poids de l'unité de volume d'air, on calcule :

Volume d'oxygène.	$\dfrac{88,89}{a \cdot 1,105}$	ou	1
Volume d'hydrogène	$\dfrac{11,11}{a \cdot 0,069}$	ou	2
Volume de vapeur d'eau. . .	$\dfrac{100,000}{a \cdot 0,622}$	ou	2

La formule H^2O représente cette composition.

Le poids atomique de l'oxygène étant défini *le poids de cet élément qui entre dans le poids moléculaire de la vapeur d'eau* (33), il suffit pour déterminer sa valeur numérique de calculer le poids d'oxygène qui s'unit à un poids d'hydrogène égal à 2 ($H = 1$) pour donner 17,96 de vapeur d'eau :

$$O = 15,96, \text{ ou sensiblement } O = 16.$$

[1]. Pour purifier l'hydrogène, Dumas faisait passer le gaz dans des tubes en U contenant de la pierre ponce imbibée, dans le premier tube d'une dissolution d'azotate de plomb destinée à retenir l'hydrogène sulfuré, dans le second, d'une dissolution de nitrate d'argent pour retenir l'hydrogène arsénié et l'hydrogène phosphoré, enfin dans le dernier d'une dissolution de potasse qui décompose l'hydrogène silicié. Le gaz était ensuite desséché par son passage sur de l'anhydride phosphorique ; les derniers tubes desséchants étaient plongés dans un mélange réfrigérant. Un petit tube à anhydride phosphorique devait conserver un poids invariable pendant la durée de l'expérience : c'était un *tube témoin*.

75. Historique. — Ce n'est que vers la fin du dix-huitième siècle que l'on établit que l'eau était un corps composé. Cavendish[1] avait observé que l'hydrogène brûlait à l'air et qu'il se condensait de l'eau sur un corps froid. Mais cette expérience fut tout d'abord mal interprétée, et c'est Lavoisier qui établit nettement que l'eau résultait de la combinaison de l'hydrogène et de l'oxygène. L'oxygène a été découvert en 1774; l'année suivante, Lavoisier établit que l'air renferme de l'oxygène et que lorsqu'un corps brûle au contact de l'air, c'est qu'il se combine avec l'oxygène. Il était à présumer que, dans l'expérience de Cavendish, l'hydrogène en brûlant se combinait avec l'oxygène de l'air et que l'eau résultait de l'union de ces deux gaz. C'est ce que Lavoisier et Laplace vérifièrent en 1783, en faisant brûler un jet d'hydrogène dans une atmosphère d'oxygène et condensant l'eau formée. Ils reconnurent ainsi que le poids de l'eau était égal à la somme des poids des deux gaz. En 1784, Lavoisier et Meunier décomposèrent l'eau en faisant passer sa vapeur sur du fer chauffé au rouge (57). Mais le rapport des poids d'hydrogène et d'oxygène qu'ils trouvèrent ainsi était inexact. Gay-Lussac[2] et Humboldt[3] fixèrent en 1805 la composition de l'eau en volume, par la méthode eudiométrique.

76. Propriétés chimiques. — La vapeur d'eau est, sous l'action de la chaleur, d'une très grande stabilité; on n'observe qu'une faible *dissociation* aux températures les plus élevées que puissent supporter les tubes de porcelaine (55).

C'est grâce à cette *dissociation* que le chlore décompose la vapeur d'eau au rouge, bien que la chaleur de formation de l'acide chlorhydrique soit inférieure à celle de la vapeur d'eau. Le carbone décompose également la vapeur d'eau, avec formation d'hydrogène, d'oxyde de carbone et d'anhydride carbonique.

Tous les métaux, sauf le cuivre, le plomb, le bismuth et les métaux précieux, argent, mercure, or et platine, décomposent l'eau à une température plus ou moins élevée. Quelques-uns (potassium, sodium) décomposent l'eau *liquide* à la température ordinaire en mettant l'hydrogène en liberté; le métal s'unit à l'oxygène et aux éléments de l'eau pour former une base alcaline, potasse ou soude :

$$K^2 + 2H^2O = 2KOH + H^2.$$

[1]. Cavendish, physicien anglais, né en 1731, mort en 1810.
[2]. Né en 1778 à Saint-Léonard, petite ville de l'ancien Limousin, et mort en 1850.
[3]. Alexandre de Humboldt, né à Berlin en 1769, mort en 1861.

On peut dire que le potassium, métal monovalent, a déplacé l'hydrogène de l'eau et l'a remplacé volume à volume.

Projetons, par exemple, un fragment de potassium sur de l'eau légèrement colorée par de la teinture rouge de tournesol (fig. 58). Le métal tournoie à la surface, et l'hydrogène qui se dégage, porté à une température élevée par la chaleur dégagée dans la réaction, brûle avec une flamme *violacée*[1] en s'unissant à l'oxygène de l'air. Pendant cette réaction, le potassium a été fondu et s'est déplacé à la surface du liquide à l'état sphéroïdal en se transformant peu à peu en potasse qui, elle aussi, fortement

Fig. 58.

chauffée, ne touche pas le liquide. Mais au moment où l'hydrogène cesse de se former, la potasse se refroidit, arrive au contact du liquide et s'y dissout brusquement avec le bruit d'un fer rouge que l'on plongerait dans l'eau, non sans projeter parfois des fragments de tous côtés; aussi doit-on effectuer cette réaction dans un vase profond, ou, si l'on opère dans un cristallisoir, recouvrir celui-ci d'une plaque de verre, percée d'un trou en son centre. La potasse dissoute a ramené au bleu le tournesol rougi.

Le sodium aussi décompose l'eau à froid; mais la chaleur dégagée dans la réaction est moindre et l'hydrogène ne s'enflamme pas. Pour obtenir l'inflammation de l'hydrogène, il faut empêcher le sodium de se déplacer à la surface de l'eau; c'est ce que l'on réalise, par exemple, en plaçant au fond d'un cristallisoir une couche d'eau très mince, à la surface du liquide une feuille de papier buvard et projetant le sodium sur celle-ci. L'hydrogène brûle avec une flamme *jaune*.

On met nettement en évidence la mise en liberté de l'hydrogène en faisant passer un fragment de potassium ou de sodium

1. Les vapeurs du potassium ou d'un composé volatil de ce métal colorent les flammes en *violet*; le sodium les colore en *jaune*.

dans une éprouvette remplie de mercure et renfermant, à sa partie supérieure, un peu d'eau débarrassée d'air par une ébul-

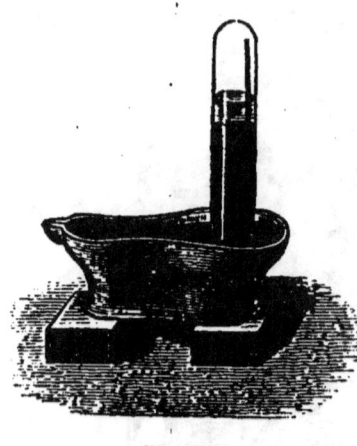

Fig. 59.

lition préalable (fig. 59). L'hydrogène déplace le mercure et on peut véri-fier ses propriétés.

Le magnésium, le manganèse, décomposent la *vapeur* d'eau vers 100°; le fer, le zinc ne décomposent plus l'eau qu'au rouge vif. Il est facile de s'assurer, en consultant le tableau des chaleurs de formation des composés oxygénés des métaux et de leurs hydrates (Tableau II) que la réaction est exothermique pour tous les métaux qui précèdent le fer. Pour le fer, elle est encore exo-thermique; elle est rendue plus fa-cile par la dissociation préalable de la vapeur d'eau; le fer s'unit alors à l'oxygène libre et l'hydrogène se dégage. Exemples :

$$Na + H^2O \text{ liq.} = NaO H \text{ diss.} + H \qquad (112^c,1 - 69^c),$$
$$3Fe + 4H^2O \text{ gaz.} = Fe^3O^4 + 4H^2 \qquad (268^c,0 - 232^c,8).$$

L'action exercée par l'eau sur les composés binaires et sur les sels sera examinée en détail ultérieurement. Remarquons cepen-dant, dès maintenant, que l'eau n'exerce pas seulement une action dissolvante sur ces composés, elle agit encore comme un agent chimique susceptible soit d'effectuer des phénomènes de double décomposition, soit d'entrer en combinaison pour former des *hydrates*.

Ainsi, tous les chlorures, bromures et iodures des métalloïdes sont décomposés par l'eau, avec formation d'acide chlorhydrique, d'acide bromhydrique ou d'acide iodhydrique et d'un composé oxygéné.

Exemples : Chlorures de phosphore, chlorure d'arsenic :

$$PCl^3 + 3H^2O = 3HCl + PO.H.(OH)^2,$$
$$PCl^5 + 4H^2O = 5HCl + PO.(OH)^3,$$
$$2AsCl^3 + 3H^2O = 6HCl + As^2O^3.$$

Avec les anhydrides, l'eau donne des acides :

$$P^2O^4 + 3H^2O = 2PO(OH)^3;$$

avec les oxydes métalliques, des hydrates métalliques :

$$Na^2O + H^2O = 2\,Na\,O\,H.$$

Dans toutes ces réactions, H^2O ou $H - OH$ se comporte comme une combinaison d'hydrogène avec le groupe *oxhydryle* monovalent OH, l'hydrogène étant remplaçable par un élément monovalent (Na,Cl.Br,....); 2,3 atomes d'hydrogène résultant de la décomposition de 2, 3 molécules d'eau peuvent être remplacés par un élément ou groupe d'éléments fonctionnant comme un radical divalent ou trivalent.

Avec les sels, l'eau peut former des composés (*hydrates salins*). Ainsi, lorsque certains sels cristallisent de leur dissolution aqueuse, il arrive fréquemment que l'eau entre dans la composition des cristaux. Cette eau est nécessaire à la constitution de l'édifice cristallin; elle est dite *eau de cristallisation*. Les cristaux de sulfate de sodium ont comme composition

$$SO^4Na^2 + 10\,H^2O.$$

Ce sel perd facilement son eau de cristallisation lorsqu'on l'expose à l'air libre ou lorsqu'on le chauffe. Les cristaux perdent leur transparence et se changent en une matière blanche, pulvérulente, amorphe; on dit qu'ils se sont *effleuris*.

77. Eaux potables. — Les eaux des sources, des rivières, des puits contiennent en dissolution des matières salines qu'elles ont empruntées aux terrains qu'elles traversent. On y trouve principalement des sels de calcium (carbonate et sulfate), des chlorures; elles contiennent en outre des matières organiques en dissolution et en suspension et des composés de l'azote (azotates, sels ammoniacaux) résultant soit de la décomposition des matières organiques, soit de leur oxydation.

Une eau qui tient en dissolution des sels de calcium précipite plus ou moins abondamment lorsqu'on ajoute une dissolution d'oxalate d'ammoniaque. Le précipité blanc cristallin d'oxalate de calcium est insoluble dans l'acide acétique, soluble dans l'acide chlorhydrique.

Le chlorure de baryum accusera la présence des sulfates, et le nitrate d'argent la présence des chlorures (336).

Une eau potable doit être fraîche, limpide, sans odeur, aérée, légère, imputrescible.

Elle est *limpide* lorsqu'elle ne contient que peu de matières solides en suspension, telles que l'argile. L'eau de la Seine, l'eau de la Marne par exemple sont troubles, les eaux de sources distribuées à Paris (Vanne, Dhuys) sont limpides.

Elle est *sans odeur et agréable au goût, imputrescible*, lorsqu'elle ne contient pas de matières organiques en putréfaction, ou susceptibles d'entrer en putréfaction.

L'eau est *légère* lorsque la proportion des matières solides qu'elle tient en dissolution ne dépasse pas une certaine limite au delà de laquelle elle serait d'une digestion difficile. On admet qu'une bonne eau potable doit contenir de 0^{gr},015 à 0^{gr},50 de matières minérales par litre, parmi lesquelles moins de 0^{gr},03 de sulfate de calcium.

Une eau potable doit en outre pouvoir être utilisée pour les usages domestiques (savonnage, cuisson des légumes) et pour cela il ne faut pas qu'elle contienne une trop forte proportion de sels calcaires et surtout de sulfate, comme les eaux des puits du bassin de Paris. Une eau riche en sels de calcium donne, lorsqu'on l'agite avec une dissolution alcoolique de savon, un précipité volumineux, des grumeaux de savon calcaire; on dit qu'elle est *dure*. On distingue d'ailleurs facilement la *dureté* due au carbonate de la dureté attribuable au sulfate; si l'on porte l'eau à l'ébullition, le gaz carbonique que l'eau tenait en dissolution se dégage, et le calcaire qui n'était maintenu en dissolution que par l'acide carbonique se dépose; l'eau se trouble et lorsqu'elle s'est éclaircie, elle ne donne plus avec le savon qu'un trouble peu important. Si la dureté est due à la présence du sulfate de calcium, celle-ci persiste après l'ébullition.

EAU OXYGÉNÉE, H^2O^2.

78. Préparation. — *Par le bioxyde de baryum et l'acide chlorhydrique* (procédé Thénard). Pour préparer l'eau oxygénée[1], on introduit dans un vase de verre, entouré de glace, de l'acide chlorhydrique étendu d'eau (200 grammes d'eau et 20 grammes environ d'acide chlorhydrique concentré); on pulvérise, d'autre part, 12 grammes de bioxyde de baryum dans un mortier de verre et l'on ajoute de l'eau de façon à faire une pâte que l'on verse peu à peu dans le liquide acide. Le bioxyde de baryum se dissout sans dégagement d'oxygène : il se forme de l'eau oxygénée et du chlorure de baryum qui restent dissous dans l'eau en excès :

$$Ba O^2 + 2HCl = BaCl^2 + H^2O^2.$$

On n'obtient ainsi que de l'eau oxygénée très étendue qui renferme du chlorure de baryum et un peu d'acide chlorhydrique.

Pour concentrer davantage la solution d'eau oxygénée, on ajoute goutte à goutte de l'acide sulfurique, qui forme un sulfate de baryum insoluble et régénère l'acide chlorhydrique :

$$BaCl^2 + SO^4H^2 = 2HCl + SO^4Ba.$$

On filtre pour séparer le sulfate de baryum et l'on verse dans le liquide une nouvelle quantité de bioxyde. Lorsqu'on a effectué ces opérations successives un certain nombre de fois et qu'on veut terminer la préparation, on ajoute dans le liquide qui renferme du chlorure de baryum une dissolution de sulfate d'argent qui précipite à la fois le baryum et le chlore.

$$BaCl^2 + SO^4Ag^2 = 2AgCl + SO^4Ba.$$

On filtre de nouveau.

Le bioxyde de baryum qui a été employé dans cette préparation contient des oxydes de fer et de manganèse, de l'alumine, de la silice. La présence des oxydes métalliques facilite la décomposition de l'eau oxygénée, et si l'on veut la concentrer davantage encore, il faut la purifier.

A cet effet on la rend légèrement alcaline à l'aide d'eau de baryte, qui précipite les oxydes étrangers; on laisse reposer et par une addition ménagée d'acide sulfurique on précipite l'excès de baryte jusqu'à ce que la liqueur ne donne au tournesol qu'une réaction à peine acide.

Pour obtenir l'eau oxygénée à son maximum de concentration, Thénard l'éva-

---

[1]. L'eau oxygénée a été découverte par Thénard en 1818.

porait dans le vide à sec à la température ordinaire. L'opération est de longu
durée et s'accompagne d'une décomposition notable. Rarement d'ailleurs on a
besoin d'eau oxygénée aussi concentrée ; on obtient facilement une eau oxygénée
capable de dégager 250 à 300 volumes d'oxygène en distillant dans le vide, dans
une cornue de verre, une eau oxygénée étendue et purifiée ; l'eau oxygénée reste
dans la cornue, et l'excès d'eau distille, entraînant toujours une certaine quantité d'eau oxygénée.

79. Circonstances de formation. — De petites quantités d'eau oxygénée se
forment dans des circonstances variées :

1° On trouve de petites quantités d'eau oxygénée autour du pôle positif dans
l'électrolyse de l'eau.

2° L'oxydation du phosphore en présence de l'eau, du plomb ou du zinc en
présence de l'eau très légèrement acidulée par l'acide sulfurique, l'oxydation
de l'éther aqueux, fournissent de petites quantités d'eau oxygénée.

3° Si, dans la flamme de l'hydrogène ou d'un composé hydrogéné, on introduit
un tube de platine enroulé en spirale, et dans lequel circule un courant d'eau
froide, on condense de l'eau qui présente les réactions de l'eau oxygénée (Salet).
Cette expérience est une modification fort ingénieuse du tube chaud et froid de
Sainte-Claire Deville (55).

80. Propriétés physiques. — L'eau oxygénée à son maximum de concentration et pure est un liquide incolore, visqueux, doué d'une saveur métallique
prononcée. Sa densité est 1,452 ; elle ne se congèle pas à — 30°.

L'eau oxygénée est peu volatile, ce qui permet de la concentrer dans le vide
sec à la température ordinaire, ou par distillation vers 60° dans une atmosphère
raréfiée.

81. Propriétés chimiques. — L'eau oxygénée se décompose avec dégagement
de chaleur en eau et oxygène :

$$H^2O^2 \text{ liq.} = H^2O \text{ liq.} + O \qquad — 21°,5.$$

Aussi est-elle d'une grande instabilité ; elle se décompose peu à peu en eau et
oxygène à la température ordinaire ; la décomposition est plus rapide lorsqu'on
chauffe le liquide : à son maximum de concentration, elle dégage 475 fois son
volume d'oxygène. Cependant, lorsqu'elle est étendue, lorsqu'elle a été soigneusement débarrassée de sels étrangers, et qu'elle est contenue dans des vases de
verre dont les parois ont été débarrassées de poussières solides, elle peut être
conservée quelque temps, même à l'air libre, ne se décomposant qu'avec une
très grande lenteur. La présence des acides lui donne de la stabilité, les alcalis
facilitent au contraire sa décomposition.

Les réactions de l'eau oxygénée peuvent se partager en trois groupes :

1° *L'eau oxygénée se décompose au contact de certains corps (corps poreux,
corps pulvérulents), sans que ceux-ci subissent d'altération ;*

2° *L'eau oxygénée agit comme oxydant ;*

3° *Elle se décompose en même temps que la substance réagissante perd aussi
de l'oxygène.*

1° En présence des corps poreux, la décomposition se produit rapidement : il
suffit, par exemple, de projeter dans de l'eau oxygénée de la mousse de platine
ou un fragment de byoxide de manganèse naturel pour observer un abondant
dégagement d'oxygène.

2° L'eau oxygénée est un oxydant énergique. L'eau de baryte, l'eau de chaux,
versées dans ce liquide, déterminent la formation d'un précipité cristallin de
bioxyde de baryum ou de calcium hydraté. Examinons tout particulièrement
l'action exercée sur l'eau de baryte. Si l'on verse de l'eau de baryte dans un excès
d'eau oxygénée, la baryte est oxydée et s'unit à l'excès d'eau oxygénée pour
former une combinaison BaO^2, H^2O^4. Spontanément, ou plus rapidement, en

présence d'un excès d'eau de baryte, ce corps perd de l'oxygène et se transforme en bioxyde hydraté cristallisé $BaO^2, 10H^2O$. Ce bioxyde ne peut être conservé au contact de l'eau sans subir une nouvelle transformation en hydrate de baryte $BaO,10H^2O$ avec perte d'oxygène.

Des réactions du même ordre se passent avec la chaux, la potasse, la soude, et l'on s'explique ainsi que des traces d'alcalis suffisent pour détruire l'eau oxygénée. Une solution étendue d'anhydride chromique Cr^2O^3, qui est jaune, donne au contact de l'eau oxygénée un liquide bleu qui est une dissolution d'anhydride perchromique Cr^2O^7. En agitant le liquide avec de l'éther, celui-ci dissout l'anhydride perchromique et surnage un liquide incolore; on rassemble ainsi, sous un petit volume, le composé bleu : c'est là une des réactions les plus sensibles de l'eau oxygénée.

L'eau oxygénée transforme le sulfure noir de plomb PbS en sulfate SO^4Pb, qui est blanc. Elle détruit un grand nombre de matières organiques en les oxydant.

5° Au contact de l'eau oxygénée très concentrée, l'oxide d'argent est décomposé avec dégagement de chaleur. On peut interpréter ce fait de la façon suivante : l'oxyde d'argent agit comme une matière pulvérulente détermine la décomposition exothermique de l'eau oxygénée, et la chaleur dégagée par la réaction est capable de porter l'oxyde d'argent à une température telle qu'il se décompose à son tour en argent et oxygène. L'oxygène dégagé provient donc à la fois et de l'oxyde d'argent et de l'eau oxygénée.

Mais si l'eau oxygénée est étendue, l'expérience montre que l'oxygène dégagé provient uniquement de l'eau oxygénée; quant à l'oxyde d'argent, il se dédouble en argent métallique et sesquioxyde d'argent :

$$3Ag^2O + H^2O^2 = 2Ag^2 + Ag^2O^3 + H^2O + O.$$

Cette réaction finale est probablement précédée d'une autre réaction : le sesquioxyde d'argent comme le bioxyde de baryum, le bioxyde de calcium et les bioxydes des métaux alcalins, étant susceptibles de s'unir à l'eau oxygénée pour former un composé tel que $Ag^2O^3, 3H^2O^2$.

L'eau oxygénée réduit également le permanganate de potassium MnO^4K; si la liqueur est neutre, du bioxyde de manganèse hydraté se sépare; si la liqueur est acidulée par l'acide sulfurique, il reste du sulfate manganeux incolore en liqueur très étendue; comme la dissolution du permanganate même étendue est rouge violacé, chaque goutte de ce réactif que l'on introduit dans l'eau oxygénée acidulée par l'acide sulfurique est décolorée.

Ces trois groupes de réactions fournissent des réactifs très sensibles de l'eau oxygénée.

1° Dégagement d'oxygène en présence de la mousse de platine;

2° Oxydation de l'acide chromique; déplacement de l'iode des iodures en présence de l'empois d'amidon : l'empois d'amidon est coloré en bleu (140);

5° Décoloration du permanganate de potassium.

82. **Applications.** — Dans l'industrie, on emploie l'eau oxygénée pour décolorer les cheveux, les plumes.

CHAPITRE VIII

AZOTE. — AIR ATMOSPHÉRIQUE.

AZOTE, Az = 14.

Poids moléculaire : Az² = 28.

83. Préparation. — L'azote[1] s'extrait soit de l'air atmosphérique, soit de ses composés.

1° *Extraction de l'azote de l'air (azote atmosphérique)*. — Des bâtons de phosphore que l'on abandonne dans une cloche remplie d'air, sur la cuve à eau, absorbent l'oxygène et l'azote reste : cette réaction se fait lentement.

On dépouillera plus rapidement l'air de son oxygène en y faisant brûler du phosphore.

On place sur la cuve à eau un flotteur en liège, supportant une petite coupelle en terre dans laquelle on introduit un fragment de phosphore (fig. 60); on enflamme ce dernier, et on place immédiatement

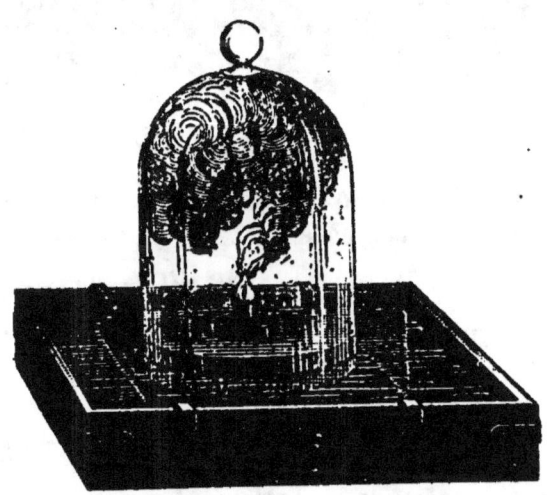

Fig. 60.

au-dessus du flotteur une grande cloche en verre plongeant par son extrémité inférieure dans l'eau de la cuve.

Des fumées blanches d'anhydride phosphorique, analogues à celles qui accompagnent la combustion du phosphore dans l'oxygène, se produisent et se dissolvent dans l'eau. Lorsque la combustion est terminée et que les fumées blanches ont été absor-

1. De *a*, privatif, et *zoè*, vie.

bées par l'eau, on transvase le gaz dans des éprouvettes. L'azote ainsi produit contient encore un peu d'oxygène.

On l'obtient plus pur en faisant passer un courant lent d'air atmosphérique sur de la tournure de cuivre chauffée au rouge sombre dans un tube de verre (fig. 61). Le cuivre noircit en se transformant en oxyde CuO.

2° *Extraction de l'azote de ses composés (azote chimique).* —

Fig. 61.

Chauffé dans un petit ballon de verre, l'azotite d'ammonium dissous se décompose en azote et en eau :

$$AzO^2(AzH^4) = 2Az + 2H^2O.$$

Comme l'azotite d'ammonium est d'une préparation difficile, on le remplace par un mélange de chlorure d'ammonium et d'azotite de potassium :

$$AzO^2K + AzH^4Cl = KCl + 2Az + 2H^2O.$$

On obtiendrait également de l'azote en faisant passer sur de la tournure de cuivre chauffée au rouge un courant de protoxyde ou de bioxyde d'azote ou encore en décomposant l'ammoniaque par l'oxyde de cuivre.

84. Propriétés. — L'azote est un gaz incolore, inodore et sans saveur. Il est un peu plus léger que l'air : la densité de l'*azote chimique* est 0,967, égale à 14 fois celle de l'hydrogène (*Poids moléculaire* : 28). Le poids du litre est $1^{gr},293 \times 0,967 = 1,250$.

L'azote est très peu soluble dans l'eau qui n'en dissout que 0,020 à 0°. Liquéfié, c'est un liquide incolore qui bout à — 106°,1.

Son point critique est — 146° pour une pression de 34 atmosphères environ. Il a été solidifié à — 203°.

L'azote n'est ni combustible, ni comburant; un corps enflammé s'éteint quand on le plonge dans une atmosphère d'azote; un animal y succombe bientôt. Aucun métalloïde, le silicium excepté, ne se combine avec l'azote, sous l'action de la chaleur.

Des étincelles électriques éclatant dans un mélange de 3 vol. d'hydrogène et de 1 vol. d'azote donnent de très petites quantités de gaz ammoniac. Le volume du mélange ne subit aucune diminution apparente, bien que la réaction

$$Az + H^3 = AzH^3$$

soit *exothermique* (+12ᶜ,2). Mais si l'on introduit dans l'éprouvette qui le contient quelques bulles d'acide chlorhydrique, on voit apparaître les fumées blanches du chlorure d'ammonium qui montrent qu'il s'est formé des traces d'ammoniaque AzH^3.

Dans un mélange d'azote et d'oxygène *secs*, les étincelles électriques déterminent la formation du peroxyde d'azote (114) :

$$Az + 2O = AzO^2;$$

si les gaz sont humides ou si l'on opère en présence d'une dissolution alcaline, on forme de l'acide azoteux et de l'acide azotique (115) :

$$2Az + 4O + H^2O = AzO^3H + AzO^2H.$$

L'azote s'unit directement au rouge sombre avec le magnésium, le lithium et les métaux alcalino-terreux, pour former des azotures solides.

Mais, dans tous les cas, l'azote est peu apte à s'unir directement avec les corps simples ou à réagir sur les corps composés sans que la réaction ait été déterminée par une énergie étrangère (*chaleur, électricité*). Aussi lorsqu'on veut protéger un corps contre l'oxydation, on l'entoure d'une atmosphère *inerte* d'azote et l'*azote extrait de l'air* suffit à cet effet.

85. **Argon.** — L'*azote atmosphérique* a une densité (0,972) un peu plus élevée que l'azote chimique. En 1894, lord Rayleigh et W. Ramsay ont démontré que l'azote extrait de l'air contenait 1 pour 100 de son volume environ d'un nouveau gaz de densité 1,382; densité par rapport à l'hydrogène : 19,94, *poids moléculaire*: 39,9. Ce gaz a été liquéfié en un liquide incolore bouillant à — 187°, plus soluble dans l'eau que l'azote chimique : 1 litre d'eau en dissout 40ᶜᶜ. On le sépare de l'azote atmosphérique en s'appuyant sur la propriété qu'il possède de ne pas être absorbé, par les métaux au rouge, et en particulier, par le magnésium; il ne s'unit pas à l'oxygène, en présence des solutions alcalines, sous l'influence des étincelles électriques. Il a reçu le nom d'*argon* (de *a*, privatif, et *ergon*, action).

AIR ATMOSPHÉRIQUE.

86. Propriétés physiques. — Incolore lorsqu'il est pur, l'air vu sous une grande épaisseur présente une teinte bleue plus ou moins foncée, suivant la pureté de l'atmosphère.

Le poids d'un litre d'air est, à la température de 0° et sous la pression normale de 760 millimètres de mercure, de 0gr,0001 293. Pour une élévation de température de 1° l'air se dilate de $\frac{1}{273}$ de son volume à 0°. Jusqu'en 1877, on n'avait pas réussi à liquéfier l'air quelque énergique que fût la compression ; les expériences de M. Cailletet ont montré qu'il pouvait être liquéfié par compression et détente brusque, et, en 1884, Wroblewski l'a obtenu sous la forme d'un liquide incolore bouillant à — 192° sous la pression de l'atmosphère. Il est solide à — 225°. L'appareil de M. Linde (6) a rendu industrielle la liquéfaction de l'air.

87. Analyse qualitative. — Les réactions qui ont servi à préparer l'azote (83), entre autres l'absorption de l'oxygène de l'air par le phosphore ou par le cuivre, sont des *analyses qualitatives* de l'air. Sans qu'il soit besoin de faire de mesures précises, elles montrent que l'azote entre dans sa composition pour une forte proportion, $\frac{4}{5}$ environ. Le reste est presque exclusivement formé d'oxygène.

Nous devons nous attendre à trouver aussi dans l'atmosphère bien d'autres matières gazeuses fournies par les réactions si nombreuses qui s'accomplissent au sein des êtres vivants. Ces corps gazeux pourront différer de nature, leurs proportions pourront varier dans des limites très étendues suivant les localités où l'air est examiné. C'est ainsi que nous trouvons dans l'atmosphère des *traces* d'ozone, d'ammoniaque, de carbures d'hydrogène, d'hydrogène sulfuré, de gaz sulfureux, d'oxyde de carbone, etc. Nous disons des *traces*, car les proportions de ces éléments sont en général *infiniment petites* par rapport aux proportions nouvelles d'oxygène et d'azote : aussi, d'après les expériences de M. Schlœsing, on a trouvé, dans *un mètre cube d'air*, de 0gr,005 à 0gr,10 d'ammoniaque, soit au plus $\frac{1}{13000000}$ en poids.

Mais il est deux corps gazeux qui ne font jamais défaut dans l'atmosphère : la *vapeur d'eau* et le *gaz carbonique*.

Un vase rempli d'eau glacée, abandonné pendant quelque temps au contact de l'air, se recouvre d'une buée due à la condensation de la vapeur d'eau atmosphérique sur les parois froides ; cette buée se dépose sur les vitres de nos appartements pendant les froids de l'hiver.

Exposons à l'air, dans un vase large et peu profond, une dissolution de chaux dans l'eau (*eau de chaux*); nous verrons, en quelques instants, se former à sa surface un voile d'une matière solide, blanche, qui fait effervescence avec les acides et laisse dégager un gaz identique à celui qui se produit dans la combustion du charbon dans l'oxygène, le *gaz carbonique*. Ce gaz existait dans l'atmosphère et, en présence de la chaux dissoute dans l'eau, il a formé un composé solide, le *carbonate de calcium*, insoluble dans l'eau [1].

Nous trouverons encore dans l'atmosphère des particules solides en suspension, des poussières. Ce sont ces poussières qui s'illuminent lorsque, par une ouverture pratiquée au volet d'une chambre noire, on laisse pénétrer la lumière solaire.

On peut recueillir ces poussières et les étudier, en employant le dispositif suivant : Une petite plaque de verre *b* (fig. 62) est recouverte sur sa face inférieure d'un liquide visqueux, tel que la glycérine. Elle est placée à l'intérieur d'un tube large auquel on adapte un entonnoir A terminé par une très petite ouverture placée un peu au-dessous de la plaque. Si par l'extrémité G du tube on détermine un appel d'air,

Fig. 62.

celui-ci, en pénétrant par l'orifice de l'entonnoir, rencontre la couche de glycérine, et celle-ci fixe les poussières entraînées. En transportant cette plaque de verre sur le porte-objet d'un microscope, on reconnaît que ces poussières sont formées de débris de matières minérales et de matières organisées, des spores de végétaux microscopiques qui, lorsqu'elles rencontrent un milieu convenable à leur développement, produisent des fermentations et des putréfactions (Pasteur).

88. Analyse quantitative de l'air. Méthodes par absorption. — Occupons-nous uniquement des deux principaux éléments constitutifs de l'air, l'oxygène et l'azote, et cherchons à déterminer leurs proportions exactes.

1° *Par le phosphore à froid.* — Lorsqu'on abandonne un bâton

---

1. Nous dirons plus loin, en étudiant l'anhydride carbonique, comment on dose ce gaz dans l'atmosphère.

de phosphore dans un volume limité d'air, il absorbe peu à peu l'oxygène; dans l'obscurité, des lueurs bleuâtres enveloppent le bâton de phosphore, et lorsque ces lueurs ont cessé, le gaz résidu a perdu la propriété d'entretenir la combustion : c'est de l'*azote*.

Fig. 63.

Introduisons dans une cloche graduée, sur le mercure, un volume connu d'air; faisons passer un bâton de phosphore *humide* qui occupera toute la partie supérieure de la cloche (fig.63). Au bout de 12 heures environ, l'absorption sera complète, et si nous mesurons le volume du résidu, nous aurons le volume d'azote contenu dans le volume d'air mis en expérience.

2° *Par le phosphore à chaud*. — Dans une cloche courbe (fig. 64) renfermant un volume d'air connu et reposant dans un verre rempli d'eau, faisons passer

Fig. 64.

un fragment de phosphore, qui s'arrêtera dans une petite cavité disposée à cet effet à la partie horizontale de la cloche. Chauffons avec une lampe à alcool, légèrement d'abord pour chasser l'eau qui peut se trouver dans cette cavité, puis plus fortement, de façon à volatiliser le phosphore et à l'enflammer. Les vapeurs de phosphore brûlent aux dépens de l'oxygène de l'air, avec une petite flamme verte qui descend peu à peu jusqu'au niveau du liquide. A ce moment l'expérience est terminée; on laisse refroidir et on mesure le volume de l'azote.

3° *Par l'acide pyrogallique et la potasse.* — En présence de la potasse, une dissolution d'acide pyrogallique absorbe l'oxygène. Introduisons, dans un volume connu d'air, quelques centimètres cubes d'une solution concentrée de potasse à l'aide d'une pipette courbe, puis une dissolution d'acide pyrogallique faite *au moment même*, fermons l'éprouvette avec le doigt et agitons. Le liquide brunit en absorbant l'oxygène et le résidu est de l'*azote*.

Résultats. — Le volume d'air sur lequel on a opéré dans les expériences précédentes, a été mesuré à une température et à une pression connues; nous devons aussi mesurer l'azote résidu à la même température et à la même pression, ou du moins, connaissant sa température et sa pression, ramener par le calcul ce volume à ce qu'il serait s'il avait été mesuré à la même température et à la même pression que l'air.

On trouve ainsi que 100 volumes d'air contiennent 79 volumes d'azote environ; mais on ne détermine le volume de l'oxygène que par différence, *en admettant implicitement que les deux gaz se mélangent ou s'unissent sans contraction.*

Ces expériences sont d'ailleurs peu rigoureuses; elles se prêtent mal à la mesure des températures et des pressions, elles exigent que l'on opère sur un volume d'air restreint. Mais elles sont d'un emploi facile et rendent des services toutes les fois que l'on doit se rendre rapidement compte de la composition de l'air contenu dans une salle d'usine, par exemple.

89. Analyse eudiométrique. — L'analyse eudiométrique est plus précise; elle permet en outre de déterminer séparément les volumes d'oxygène et d'azote qui entrent dans la composition d'un volume connu d'air. Dans un eudiomètre à mercure (fig. 65), on introduit un volume déterminé d'air que l'on peut représenter par 100, et 100 volumes d'hydrogène. Si l'on fait passer une étincelle électrique, l'oxygène de l'air et l'hydrogène se combinent avec explosion pour donner de l'eau qui se condense, et il reste un résidu formé d'azote et d'un excès d'hydrogène. Ce résidu représente 137 volumes. Il a donc disparu 63 volumes, qui ont formé de l'eau. Or, d'après ce que nous savons déjà (73), les $\frac{2}{3}$, soit 42 volumes, sont de l'hydrogène, et $\frac{1}{3}$, soit 21 volumes, de l'oxygène.

Nous pouvons donc dire que 100 volumes d'air renferment 21 volumes d'oxygène, et nous sommes certains qu'il n'y en avait pas davantage, puisqu'il reste de l'hydrogène non combiné; il doit en rester $100 - 42 = 58$ volumes.

Si le résidu de 137 volumes renferme 58 volumes d'hydrogène, il doit contenir 137 — 58 = 79 volumes d'un gaz différent; c'est précisément là le volume d'azote que les expériences précédentes nous ont accusé.

Faisons passer ces 137 volumes de gaz dans l'eudiomètre, en

Fig. 65.

même temps que 29 volumes d'oxygène et, en présence du trait de feu de l'étincelle, de l'eau se formera, se condensera, et il nous restera un résidu formé de 79 volumes d'un gaz incapable d'entretenir la combustion : c'est de l'*azote*.

90. Analyse de l'air en poids. — Pour déterminer la composition de l'air, Dumas et Boussingault ont employé une méthode plus précise encore, la méthode des pesées.

Un ballon à robinet B est relié, par un tube court et étroit, à un tube de verre peu fusible, muni de deux garnitures métalliques à robinet r et r' (fig. 66). Ce tube renferme de la tournure de cuivre et communique avec une série de tubes destinés à dessécher l'air et à absorber le gaz carbonique. On a fait le vide dans le ballon B et on l'a pesé : soit P son poids. On a fait le vide dans le tube à cuivre et, après avoir fermé les robinets r et r', on l'a pesé : soit p son poids.

L'appareil étant monté comme l'indique la figure, on porte le cuivre au rouge; et l'on ouvre successivement et lentement les robinets r, r' et R. Un appel d'air est ainsi produit. Ce gaz pénètre à travers les tubes purificateurs dans le tube à cuivre, y abandonne son oxygène et pénètre dans le ballon. Lorsque les bulles de gaz ne traversent plus les tubes à liquide L, l'expérience est terminée. On ferme les robinets r, r' et R, on laisse refroidir le tube à cuivre, et l'on pèse le ballon et le tube. Soient P' et p' leurs nouveaux poids.

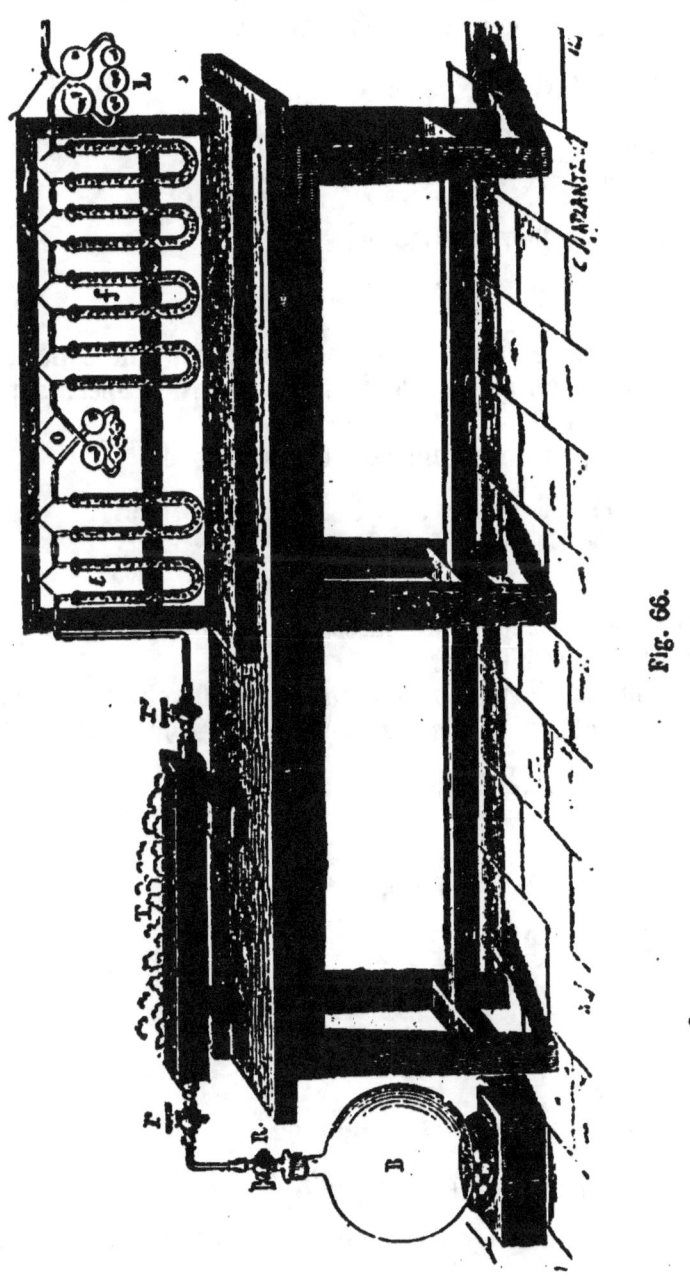

Fig. 66.

Le poids de l'azote contenu dans le ballon est P'—P. L'augmentation du poids du tube à cuivre est due à ce que le cuivre s'est oxydé et que le tube est plein d'azote. Si l'on fait le vide dans ce tube, et que p'' soit le nouveau poids,

$p' - p''$ sera le poids d'azote qu'il contenait,

$p'' - p$ le poids d'oxygène absorbé.

On aura donc ainsi pour poids

de l'azote. . . . . $P' - P + p' - p''$,

de l'oxygène. . . . . $p'' - p$,

et le poids total de l'air analysé est

$$P' - P + p' - p.$$

On déduit facilement des nombres fournis par une expérience les résultats que l'on aurait obtenus si l'on avait opéré sur un poids d'air égal à 100.

Dumas a trouvé en moyenne par cette méthode

Oxygène. 23

Azote. . . . . $\dfrac{77}{100}$

Remarque. — Il est facile de passer de la composition en poids à la composition en volumes.

Soit x le volume d'oxygène contenu dans 100 volumes d'air, on a, en représentant par a le poids du litre d'air normal,

$$x \cdot a \cdot 1{,}105 = 100 \cdot 0{,}23 \cdot a$$

et

$$x = \frac{23}{1{,}105} = 20{,}81.$$

De même pour l'azote

$$y \cdot a \cdot 0{,}972 = 100 \cdot 0{,}77 \cdot a,$$

$$y = \frac{77}{0{,}972} = 79{,}19.$$

En faisant la somme, on vérifie que

$$x + y = 100,$$

c'est-à-dire que le mélange d'oxygène et d'azote a lieu sans contraction.

91. Constance de la composition de l'air. — Les analyses de l'air faites à des époques différentes, à des altitudes variables et en des points de la surface du globe très distants les uns des autres, ont donné des résultats sensiblement concordants.

La composition de l'air, débarrassé de gaz carbonique et de vapeur d'eau, s'éloigne peu de la suivante :

	en volumes	en poids
Oxygène	20,80	23,0
Azote	79,20	77,0
	100,00	100,00

ou en nombres ronds,

Oxygène	20	1
Azote	80	4
	100	5

Si cette composition n'est pas absolument constante, elle ne varie cependant qu'entre des limites très restreintes. Regnault, en analysant de l'air de diverses provenances, a trouvé des nombres compris, quant à la proportion d'oxygène, entre 20,860 et 20,999.

Remarque. Le gaz qui dans les diverses méthodes analytiques décrites ci-dessus a été désigné sous le nom d'azote et caractérisé par des *propriétés négatives* (95) est, comme nous le savons, d'après les expériences récentes de lord Rayleigh et de W. Ramsay un mélange d'azote réel et d'*argon* (85).

100 vol. d'azote atmosphérique contiennent environ 1,192 vol. d'argon et dans 100 vol. d'air atmosphérique on en trouve 0,940 vol. On aura donc pour la composition en volumes de l'air débarrassé de vapeur d'eau et de gaz carbonique :

	volumes
Oxygène	20,80
Azote	78,26
Argon	0,94
	100,00

92. Gaz dissous dans l'eau. — Lorsqu'on chauffe de l'eau qui a été exposée au contact de l'air, on voit tout d'abord s'élever de petites bulles gazeuses qui peuvent être recueillies dans une éprouvette, sur le mercure. Pour recueillir les gaz dissous dans l'eau et les étudier, on remplit complètement d'eau un ballon de 2 à 3 litres, et on le ferme à l'aide d'un bouchon muni d'un tube de dégagement (fig. 67). Le tube de dégagement, également rempli d'eau, plonge dans une cuve à mercure, sous une éprouvette pleine de mercure, et, lorsqu'on chauffe de façon à porter peu à peu le liquide à l'ébullition, le gaz vient se réunir à la partie supérieure de l'éprouvette, en même temps qu'un peu d'eau s'y condense. On analyse ce gaz comme on l'a fait pour l'air atmosphérique, et l'on trouve qu'il renferme, indépendamment d'une certaine quantité de gaz carbonique, variable d'ailleurs suivant la

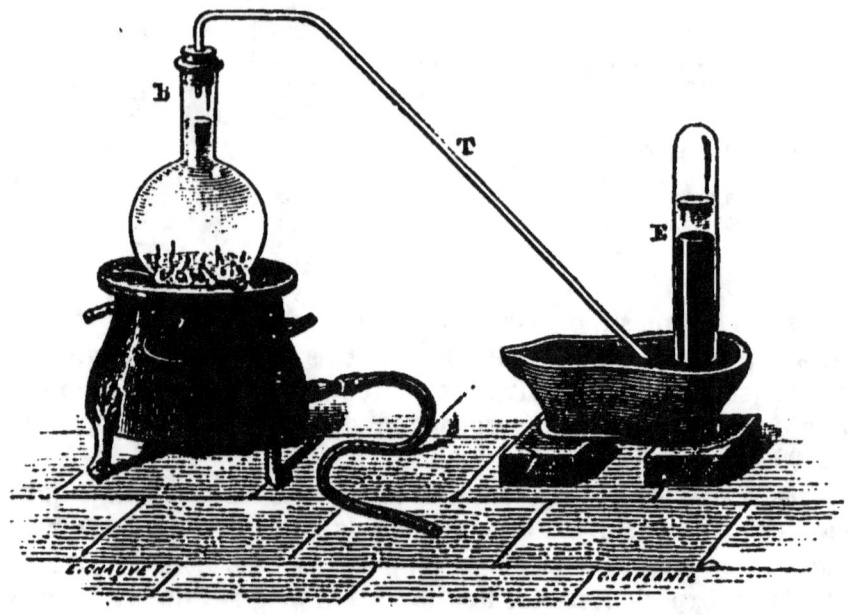

Fig. 67.

nature des terrains au contact desquels l'eau a dû séjourner, de l'oxygène et de l'azote; le rapport entre les volumes de ces deux gaz n'est plus le même que dans l'atmosphère. Le gaz est formé de :

	volumes
Oxygène.	33,7
Azote	66,3
	100,0

ou à peu près : oxygène $\frac{1}{3}$, azote $\frac{2}{3}$.

93. L'air est un mélange. — Ce fait que la composition du mélange d'oxygène et d'azote que l'on extrait de l'eau n'est pas la même que celle de l'atmosphère, suffit pour nous permettre d'affirmer que l'air est un *mélange*.

Si l'air était une combinaison d'oxygène et d'azote, cette combinaison se serait dissoute intégralement dans le liquide, sans que sa composition pût subir la moindre variation. Ici, au contraire, chacun des gaz s'est dissous comme s'il était seul, d'après son coefficient de solubilité et sa pression dans le mélange.

Soient a le coefficient de solubilité de l'oxygène, b celui de l'azote.

L'atmosphère en contact avec l'eau étant *indéfinie*, sa composition reste la même après comme avant la dissolution; le volume d'oxygène dissous dans l'unité de volume du liquide ramené à la pression 1 est

$$a \,.\, 20,81;$$

celui de l'azote

$$b \,.\, 79,19;$$

et le rapport donne

$$\frac{a \,.\, 20,81}{b \,.\, 79,19}.$$

En remplaçant a et b par leur valeur numérique, on trouve $\frac{1}{4}$, ce qui est conforme aux mesures directes.

De plus, tandis que l'eau est toujours formée par l'union de l'hydrogène et de l'oxygène en proportion invariable, il n'en est plus de même pour l'air, comme le montrent les variations, faibles il est vrai, mais indiscutables, observées dans sa composition.

Remarquons de plus qu'il suffit d'introduire dans un même espace des volumes d'oxygène et d'azote *voisins* de ceux qui constituent l'air pour obtenir un gaz jouissant des mêmes propriétés, et nous pourrons faire varier ces volumes dans des limites assez étendues sans qu'une bougie cesse d'y brûler et un animal d'y respirer. Mais il ne nous a pas suffi d'introduire 2 volumes d'hydrogène et à *peu près* 1 volume d'oxygène dans un flacon pour avoir de l'eau; il faut que le rapport des volumes soit exactement celui de 2 à 1, et ce n'est qu'à l'approche d'un corps incandescent que les deux gaz ont disparu, pour former un liquide de composition invariable et doué de propriétés physiques bien distinctes de celles des deux gaz réagissants.

COMBUSTION.

94. Combustions vives. — Si nous chauffons un morceau de charbon dans une atmosphère d'azote, nous pourrons le porter à l'incandescence et son poids n'éprouvera aucune variation. Mais si nous chauffons ce charbon dans l'oxygène, nous le verrons *brûler* avec un grand éclat. Il paraîtra se volatiliser, car son poids diminuera, et, la combustion terminée, il ne restera qu'un peu de cendres. L'oxygène aura été remplacé par un gaz doué de propriétés nouvelles, l'*anhydride carbonique*.

Nous pouvons chauffer du soufre, du phosphore, dans le gaz azote; ces corps fondent, se volatilisent, mais leur poids ne subit aucune altération, et le gaz subsiste avec toutes ses propriétés caractéristiques. Dans l'oxygène, au contraire,

le soufre et le phosphore *brûlent*, l'oxygène disparaît : dans le cas du phosphore,
un corps nouveau apparaît, solide, blanc, soluble dans l'eau, l'anhydride *phosphorique*, dont le poids est supérieur au poids du phosphore mis en expérience.
Le soufre disparaît aussi complètement, mais une nouvelle matière gazeuse a
pris la place de l'oxygène, et douée de propriétés tellement caractéristiques
qu'on ne peut la confondre avec lui : c'est le gaz *sulfureux*.

Lorsqu'on chauffe du charbon, du soufre, du phosphore au contact de l'air, on
observe des faits du même genre ; les mêmes produits prennent naissance, mais
le phénomène lumineux est moins éclatant ; c'est là toute la différence.

Une *combustion* est donc une combinaison d'un corps avec l'oxygène, une
oxydation ; lorsque du charbon brûle dans l'air, il se combine avec l'oxygène de
l'air pour donner du gaz carbonique, et cette combinaison est accompagnée
d'un dégagement de chaleur et de lumière ; c'est là une *combustion vive*.

95. Expériences de Lavoisier. — C'est Lavoisier qui a précisé, en 1774, le rôle
que joue l'oxygène dans les phénomènes de combustion, en même temps qu'il
fixait la composition de l'air.

Un métal tel que le cuivre, l'étain, le fer, que l'on chauffe au contact de l'air,
se ternit. Quelques chimistes avaient remarqué que le métal, dans ces circonstances, augmentait le poids. Lavoisier démontra que cette augmentation de
poids était due à ce que le métal fixait un des principes constituants de l'air
atmosphérique, l'oxygène ; il fit l'expérience suivante :

Un ballon, dont le col recourbé (fig. 68) s'élevait presque au sommet d'une

Fig. 68.

cloche placée sur la cuve à mercure, contenait du mercure ; en aspirant une
partie de l'air contenu dans la cloche à l'aide d'un tube recourbé, il fit monter
le niveau du liquide un peu au-dessus du mercure de la cuvette, et marqua ce
niveau, puis il chauffa le ballon pendant douze jours.

Dès le second jour, des parcelles rougeâtres apparurent à la surface du métal,
et leur nombre augmenta pendant quatre ou cinq jours en même temps que le
mercure montait dans la cloche. Lorsque la *calcination* du métal lui parut terminée, au bout de douze jours, Lavoisier laissa refroidir l'appareil.

Le volume gazeux que contenait l'appareil avait diminué de $\frac{1}{5}$ environ. Le gaz qui restait dans la cloche et dans le ballon éteignait une bougie allumée; ce n'était pas de l'air, mais ce gaz que nous avons étudié sous le nom d'*azote*.

Les parcelles rouges furent recueillies. Introduites dans une petite cornue en verre et chauffées, elles laissèrent dégager un gaz qui occupait un volume égal à celui qui avait disparu pendant la calcination. Dans ce gaz, une bougie brûlait avec un vif éclat; mélangé avec l'air restant dans la cloche, il reconstituait l'air atmosphérique.

Si l'expérience de Lavoisier n'était pas assez précise pour établir la composition exacte de l'air, elle en donnait du moins la composition qualitative, et établissait que, dans les combustions, l'oxygène entre seul en réaction.

96. **Combustions lentes.** — Les combustions vives ne sont pas les seuls phénomènes d'oxydation que nous puissions observer. Un morceau de fer que l'on abandonne à l'air humide se ternit peu à peu, se recouvre d'une matière pulvérulente brune que l'on appelle la *rouille*. L'altération du fer s'est produite d'ailleurs en présence de l'humidité contenue dans l'atmosphère et la rouille est un sesquioxyde de fer hydraté ou *hydrate ferrique*; la rouille diffère donc par sa composition de l'oxyde de fer que nous avons obtenu en brûlant du fer dans l'oxygène. A ce phénomène d'oxydation qui se produit sans dégagement de lumière, mais qui est néanmoins accompagné d'un dégagement de chaleur, on donne le nom de *combustion lente*.

Beaucoup de ces combustions lentes s'effectuent autour de nous aux dépens des matières minérales ou organiques. Il en est une surtout qui doit attirer notre attention, c'est la *respiration*.

C'est encore à Lavoisier que nous devons d'avoir précisé le rôle que joue l'oxygène dans la respiration. Lorsque l'air pénètre dans les poumons, l'oxygène traverse par *endosmose* les parois des vésicules pulmonaires, se fixe sur les globules du sang qui l'entraînent dans le réseau des capillaires, et là, aux dépens des matières organiques qui toutes renferment du carbone et de l'hydrogène, s'effectue une véritable combustion. De l'anhydride carbonique prend naissance, et ce gaz est ramené par le sang aux poumons où, à travers les parois des vésicules, un échange se produit entre l'oxygène de l'air inspiré et le gaz carbonique du sang veineux; celui-ci s'échappe des poumons avec de l'azote et de l'oxygène non utilisé. La combustion lente des matières organiques est accompagnée d'un dégagement de chaleur; telle est l'origine de la chaleur animale.

CHAPITRE IX

COMPOSÉS OXYGÉNÉS DE L'AZOTE. — AMMONIAQUE.

COMPOSÉS OXYGÉNÉS DE L'AZOTE.

97. Classification. — Les composés oxygénés de l'azote sont :

Protoxyde d'azote.	Az^2O	Peroxyde d'azote.	AzO^2
Bioxyde d'azote.	AzO	Anhydride azotique.	Az^2O^5
Anhydride azoteux.	Az^2O^3	— perazotique.	AzO^3

Au contact de l'eau, les anhydrides azoteux et azotique s'hydratent et donnent les *acides azoteux* AzO^2H et *azotique* AzO^3H :

$$Az^2O^3 + H^2O = 2(AzO^2H),$$
$$Az^2O^5 + H^2O = 2(AzO^3H).$$

Tous ces corps se décomposent en leurs éléments avec dégagement de chaleur, et leur formation à partir des éléments serait accompagnée d'une absorption de chaleur égale :

$$
\begin{aligned}
Az^2 + O &= Az^2O & &-20^c,6 \\
Az + O &= AzO & &-21,6 \\
Az^2 + O^3 &= Az^2O^3 & &-22,2 \\
Az + O^2 &= AzO^2 & &-2,6 \\
Az^2 + O^5 &= Az^2O^5 & &-1,2
\end{aligned}
$$

Aussi n'observerons-nous jamais la combinaison des deux gaz en faisant éclater, par exemple, une étincelle électrique dans leur mélange, comme nous avons pu le faire pour le mélange d'hydrogène et d'oxygène. Nous les préparerons en enlevant de l'oxygène à l'acide azotique. Aussi convient-il de commencer leur étude par ce dernier.

ACIDE AZOTIQUE ou NITRIQUE, Az O³ H.

On connaît l'anhydride Az²O⁵, mais son hydrate, l'acide azotique Az O³ H, a seul un intérêt pratique.

98. État naturel. — Sur les murs humides se développent des efflorescences blanches que l'on désigne sous le nom de salpêtre. Ce sont des azotates de diverses bases, que l'on exploitait autrefois pour la fabrication du *nitre* ou *salpêtre* proprement dit, qui est un azotate de potassium AzO³K. Au Chili et au Pérou, on trouve dans le sol et on exploite d'énormes amas de nitrate de sodium. C'est de l'azotate de potassium ou de l'azotate de sodium que l'on retire l'acide azotique.

99. Préparation. — On introduit l'azotate alcalin dans une cornue en verre (fig. 69) et, au moyen d'un tube à entonnoir, on

Fig. 69.

verse de l'acide sulfurique concentré; on évite ainsi de souiller d'acide sulfurique le col de la cornue. Celui-ci est engagé dans le col d'un ballon refroidi; on chauffe légèrement et l'acide azotique distille dans le ballon; il reste dans la cornue du sulfate acide de potassium SO⁴HK [1].

1. En élevant la température, le bisulfate réagirait sur une nouvelle molécule d'azotate, pour former du sulfate neutre :

$$Az O^3 K + SO^4 H K = Az O^3 H + SO^4 K^2.$$

On userait ainsi moitié moins d'acide sulfurique. Mais alors, à la température élevée de l'expérience, l'acide azotique serait en partie décomposé.

On formule la réaction de la façon suivante :

$$AzO^3K + SO^4H^2 = AzO^3H + SO^4HK.$$

Fig. 70.

Industriellement, la préparation s'effectue dans des cylindres en fonte (fig. 70, 71); l'acide qui distille est condensé dans des touries renfermant un peu d'eau, de façon à faciliter la condensation des vapeurs. A l'azotate de potassium on substitue l'azotate de sodium extrait directement du sol et d'un prix moins élevé que le sel de potassium.

100. **Propriétés physiques.** — L'acide ainsi obtenu est un liquide qui bout à 86° et se solidifie à — 47°. Il est ordinairement coloré en jaune par des traces d'acide hypoazotique, et

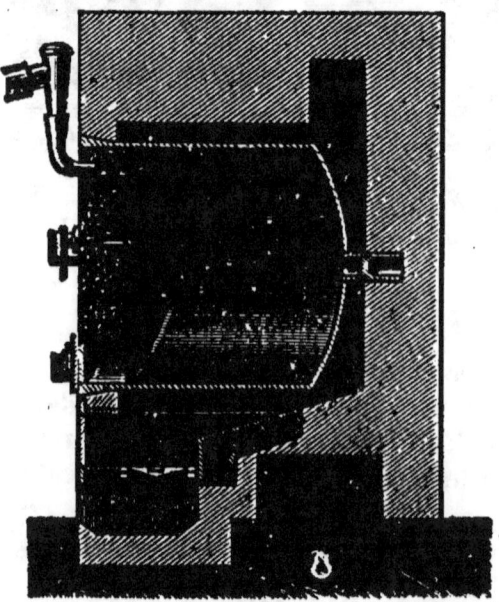

Fig. 71.

ses vapeurs, au contact de l'humidité atmosphérique, forment des fumées banches : de là le nom d'acide azotique *fumant* qu'on lui donne quelquefois. Ces vapeurs sont dangereuses à respirer. Sa densité est 1,52.

Lorsqu'on distille cet acide, il se décompose partiellement en peroxyde d'azote AzO^4 (vapeurs rutilantes), oxygène et eau qui, s'ajoutant à l'acide qui reste encore dans la cornue, forment un hydrate moins volatil. La température indiquée par un thermomètre plongé dans la vapeur s'élève peu à peu jusqu'à 123°, qui est la température d'ébullition de ce nouvel hydrate.

La composition du liquide qui bout à 123° diffère peu de

$$2AzO^3H + 3H^2O \quad \text{ou} \quad Az^2O^5 + 4H^2O.$$

Cet acide, dit *acide azotique quadrihydraté*, est celui que l'on emploie dans les arts industriels; c'est l'acide azotique du commerce, dont la densité est 1,42.

101. Propriétés chimiques. — L'acide azotique cède facilement à un grand nombre de corps simples ou composés une partie de son oxygène : c'est un *oxydant* énergique.

Faisons passer dans un tube chauffé au rouge un mélange d'hydrogène et de vapeurs d'acide azotique, il en résultera de l'eau et un dégagement d'azote :

$$AzO^3H + 5H = Az + 3H^2O.$$

Mais si nous faisons passer le mélange sur de la mousse de platine légèrement chauffée, non seulement l'hydrogène s'empare de l'oxygène, mais encore il se combine avec l'azote pour donner un composé hydrogéné, l'ammoniaque :

$$AzO^3H + 8H = AzH^3 + 3H^2O.$$

On dispose l'expérience ainsi : L'hydrogène traverse un flacon tubulé renfermant de l'acide azotique ou une éprouvette à pied contenant de la pierre ponce imbibée d'acide azotique dont il entraîne les vapeurs : en passant sur de la mousse de platine légèrement chauffée dans un tube effilé, les vapeurs d'acide azotique et l'hydrogène réagissent et l'on constate qu'un papier rouge de tournesol, exposé aux vapeurs qui se dégagent par le tube effilé, bleuit, accusant ainsi la présence de l'ammoniaque.

Nous verrons l'acide azotique oxyder le carbone, le soufre, le phosphore; il sera sans action sur le chlore. L'action exercée par l'acide azotique sur les métaux est particulièrement intéressante.

Seuls l'or et le platine ne sont pas attaqués, mais les autres métaux s'emparent d'une partie de l'oxygène de l'acide pour former un oxyde métallique qui, en présence d'un excès d'acide, produit un azotate qui reste dissous dans le liquide.

Si l'acide employé est de l'acide du commerce étendu de 1 à 2 volumes d'eau, trois réactions peuvent avoir lieu.

1° Il se dégage du bioxyde d'azote; c'est ce qui a lieu avec le cuivre, l'argent et le mercure[1] :

$$3Cu + 8AzO^3H = 3(AzO^3)^2Cu + 2AzO + 4H^2O.$$

2° La réduction de l'acide azotique est plus complète; il se dégage du protoxyde d'azote; c'est la réaction qui se produit avec des métaux plus oxydables que le cuivre, tels que le fer et le zinc :

$$4Zn + 10AzO^3H = 4(AzO^3)^2Zn + Az^2O + 5H^2O.$$

3° L'acide est complètement désoxydé, et de l'azote se dégage. Cette réaction se produirait avec des métaux très oxydables, comme le potassium et le sodium; mais elle est violente et peut être dangereuse :

$$5K + 6AzO^3H = 5AzO^3K + Az + 3H^2O.$$

Quelques métaux ne donnent pas d'azotate, mais un oxyde . tels sont l'étain, qui est transformé en une poudre blanche d'*acide métastannique*, et l'antimoine, qui forme l'*anhydride antimonique*.

L'acide azotique monohydraté a, en général, moins d'action sur un métal que l'acide étendu. Il se produit même avec le fer

---

1. Pour établir la formule de la réaction, on peut raisonner ainsi :

Exprimons que, pour former AzO, l'acide doit perdre de l'oxygène et de l'eau :

(1) $$2AzO^3H = 2AzO + 3O + H^2O.$$

D'autre part, l'acide azotique doit transformer le métal en azotate; supposons, pour plus de simplicité, tout d'abord que ce métal soit monovalent, comme l'argent :

(2) $$M + AzO^3H = H + AzO^3M.$$

Or, comme il faut $6H$ pour former de l'eau avec 3 atomes d'oxygène, on doit multiplier par 6 les deux membres de la relation (2); ajoutant alors, il vient

$$6M + 8AzO^3H = 6AzO^3M + 2AzO + 4H^2O.$$

Si le métal est divalent, comme le cuivre et le mercure, il faut remplacer $2M$ par Cu ou Hg et l'on a

$$3Cu + 8AzO^3H = 3(AzO^3)^2Cu + 2AzO + 4H^2O.$$

une réaction singulière dont nous ne pouvons donner d'explication simple. Le fer est violemment attaqué par l'acide azotique étendu et il se dégage du bioxyde d'azote qui, au contact de l'air, se transforme en vapeurs rutilantes (112). L'acide monohydraté non seulement n'attaque pas le fer, mais encore le rend inattaquable par l'acide étendu. Sur des clous placés dans un verre versons de l'acide monohydraté, puis décantons le liquide et remplaçons-le par de l'acide quadrihydraté. Aucune réaction ne se produit : on dit que le fer est devenu *passif*. Mais si nous touchons le fer avec une tige de cuivre, immédiatement l'attaque se fait avec une violence extrême.

102. Action sur les matières organiques. — L'acide azotique brûle un grand nombre de matières organiques. Si l'on chauffe des crins, par exemple, avec de l'acide azotique fumant, un phénomène d'incandescence se produit, accusant la combustion de la matière animale par l'oxygène de l'acide.

L'action n'est pas toujours aussi vive. Ainsi les étoffes, la peau, sont corrodées par l'acide azotique concentré. Une goutte d'acide azotique qui tombe sur les vêtements y produit une tache rouge, et au bout de quelque temps l'étoffe est détruite en ce point. La peau, la laine, la soie sont jaunies par cet acide et détruites par un contact prolongé. La couleur bleue de l'indigo est détruite par l'acide azotique; ainsi, en versant quelques gouttes de cet acide dans une dissolution sulfurique d'indigo, on voit la coloration bleue disparaître, et le liquide devient jaune foncé. Si la dissolution d'indigo était très étendue, le liquide deviendrait incolore par l'addition d'acide azotique.

103. Applications. — L'acide azotique est employé dans les arts industriels. Il sert à dissoudre un grand nombre de métaux et à préparer par conséquent des azotates. On s'en sert pour *dérocher*, c'est-à-dire dissoudre superficiellement le cuivre, le bronze, le laiton, de façon à enlever une couche superficielle d'oxyde qui se forme, au contact de l'air, lorsque, après les avoir fondus, on les coule.

Pour graver sur cuivre (*gravure à l'eau-forte*), après avoir recouvert la planche métallique d'une mince couche de vernis, on trace avec une pointe fine les traits du dessin de façon à mettre le métal à nu, puis on y verse l'acide azotique étendu. L'acide *mord* le cuivre; on lave à l'eau, on dissout le vernis dans l'essence de térébenthine, et le dessin se trouve reproduit en creux.

L'acide azotique est employé à la préparation des matières colorantes, de la nitroglycérine et du coton-poudre ou fulmicoton.

104. Composition. — Gay-Lussac a déterminé en 1816 le rapport des volumes d'oxygène et d'azote unis dans l'acide azotique.

Si l'on abandonne sur l'eau, dans une éprouvette, 4 vol. de bioxyde d'azote et 5 vol. d'oxygène, on observe qu'il ne reste bientôt plus que 2 vol. d'oxygène, et l'eau renferme de l'acide azotique. Donc 4 vol. de bioxyde d'azote, formé de 2 vol. d'azote et de 2 vol. d'oxygène, ont absorbé 3 vol. d'oxygène pour se transformer en acide azotique. Ce dernier est donc formé de 2 vol. d'azote et de 5 vol. d'oxygène; mais on ne peut connaître le mode de condensation de ces gaz, car l'acide azotique anhydre n'existe pas à l'état de vapeur.

PROTOXYDE D'AZOTE, Az²O.

Syn. : *Oxyde azoteux.*

105. Préparation. — L'acide azotique forme avec l'ammoniaque une combinaison cristallisée, l'azotate d'ammonium, que la chaleur décompose en eau et protoxyde d'azote :

$$Az\,O^3\,(Az\,H^4) = Az^2O + 2H^2O.$$

On introduit l'azotate dans une cornue en verre munie d'un tube de dégagement qui permet de recueillir les gaz sur la cuve à eau (fig. 72). On chauffe légèrement : le sel fond, puis se décompose.

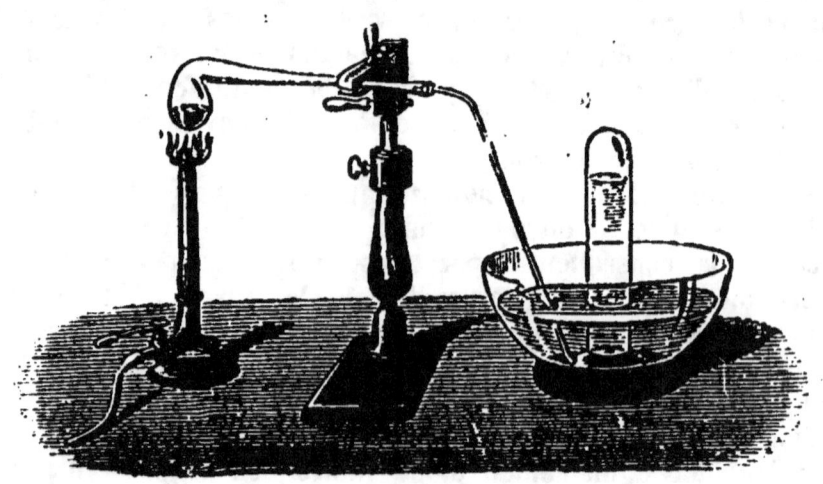

Fig. 72.

106. Propriétés physiques. — Le protoxyde d'azote est un gaz incolore, inodore et d'une saveur légèrement sucrée.

Sa densité est 1,527, c'est-à-dire 22 fois plus grande que celle de l'hydrogène (*Poids moléculaire :* 44).

L'eau dissout à 10° son volume environ de protoxyde d'azote.

On liquéfie facilement le protoxyde d'azote en le comprimant à 0° sous une pression de 30 atmosphères. Cette liquéfaction peut être obtenue à l'aide d'une pompe qui aspire le gaz dans un réservoir et le comprime dans un récipient métallique entouré de glace (fig. 73). L'appareil de M. Cailletet (6) peut servir également à liquéfier de petites quantités de protoxyde d'azote. Le protoxyde d'azote liquéfié est un liquide incolore, très mobile, qui bout à — 88°. Son évaporation à l'air libre permet d'abaisser la température à — 110°.

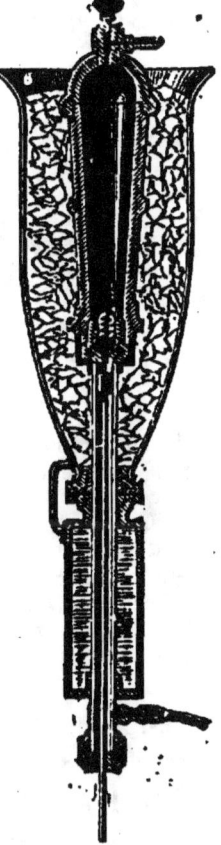

107. Propriétés chimiques. — Lorsqu'on fait passer le protoxyde d'azote dans un tube chauffé au rouge, il se décompose en oxygène et azote.

Cette décomposition se produit au contact d'un corps incandescent et le volume d'azote et d'oxygène qui en résulte (2 vol. d'azote et 1 vol. d'oxygène) est plus riche en oxygène que l'air atmosphérique. Il devra donc entretenir la combustion des corps qui, au moment où on les introduit dans une atmosphère de ce gaz, auront été portés à une température suffisante pour le décomposer partiellement.

C'est ce que l'on vérifie facilement. Le charbon, le phosphore, le soufre préalablement enflammés brûlent avec éclat dans le protoxyde d'azote. Une allumette présentant encore quelques points incandescents s'y rallume et brûle avec éclat. Un mélange à volumes égaux de ce gaz et d'hydrogène détone à l'approche d'une bougie ou sous l'influence d'une étincelle électrique ; il se forme de l'eau et de l'azote.

Fig. 73.

Sous ce rapport, le protoxyde d'azote pourrait donc être confondu avec l'oxygène. Il s'en distingue cependant en ce qu'il n'entretient pas les combustions lentes ; un animal plongé dans le protoxyde d'azote y succombe, car il n'y trouve pas l'oxygène libre nécessaire à sa respiration.

108. Composition. — On introduit dans une cloche courbe, sur le mercure (fig. 74), un volume quelconque de protoxyde d'azote et un fragment de sulfure de baryum ; on chauffe le sulfure de baryum avec une lampe à alcool : il absorbe l'oxygène et il reste, après le refroidissement, un volume d'azote égal au volume du gaz introduit dans la cloche.

Un volume de protoxyde d'azote contient donc un volume d'azote égal au sien. Pour trouver le volume d'oxygène combiné à ce volume d'azote, on s'appuie sur la loi des poids (16).

Si du poids d'un volume de protoxyde d'azote, $1,527 \times 1,293$, on retranche le

Fig. 74.

poids d'un volume d'azote $1,293 \times 0,967$, il reste $1,293 \ (1,527 - 0,967) = 0,560 \times 1,293$, qui représente le poids de $\frac{1}{2}$ volume d'oxygène.

Pour former 1 volume de protoxyde d'azote, 1 vol. d'azote s'unit donc à $\frac{1}{2}$ vol. d'oxygène, ou 2 vol. de ce gaz résultent de la combinaison de 2 vol. d'azote et 1 vol. d'oxygène : il y a donc eu condensation de $\frac{1}{3}$ du volume des composants.

C'est ce qu'exprime la formule Az^2O, dans laquelle les symboles Az et O représentent le même volume de chacun de ces gaz.

En poids, 28 d'azote s'unissent à 16 d'oxygène pour former 44 de protoxyde d'azote.

109. Applications. — Le protoxyde d'azote a été désigné par H. Davy sous le nom de gaz *hilarant*. Respiré en petite quantité, il provoque une excitation cérébrale, puis une suspension momentanée de la sensibilité. C'est un agent anesthésique employé pour les opérations chirurgicales de peu de durée.

BIOXYDE D'AZOTE, Az O.

Syn. Oxyde azotique.

110. Préparation. — On obtient le bioxyde d'azote en réduisant l'acide azotique par le cuivre dans un appareil identique à celui dont on se sert pour préparer l'hydrogène (fig. 75). On introduit dans le flacon du cuivre en tournure, de l'eau, puis on verse par le tube à entonnoir de l'acide azotique par petites portions :

$$3Cu + 8AzO^3H = 3 (AzO^3)^2Cu + 2AzO + 4H^2O.$$

Nous avons expliqué cette réaction en étudiant l'action de l'acide azotique sur les métaux (101).

On recueille le gaz sur la cuve à eau ; quant à l'azotate de cuivre formé, il se dissout dans l'eau, qu'il colore en bleu.

111. Propriétés physiques. — Gaz incolore dont la densité est 1,039, c'est-à-dire 15 fois celle de l'hydrogène (*Poids moléculaire* : 30). Il est très peu soluble dans l'eau. M. Cailletet l'a liquéfié en

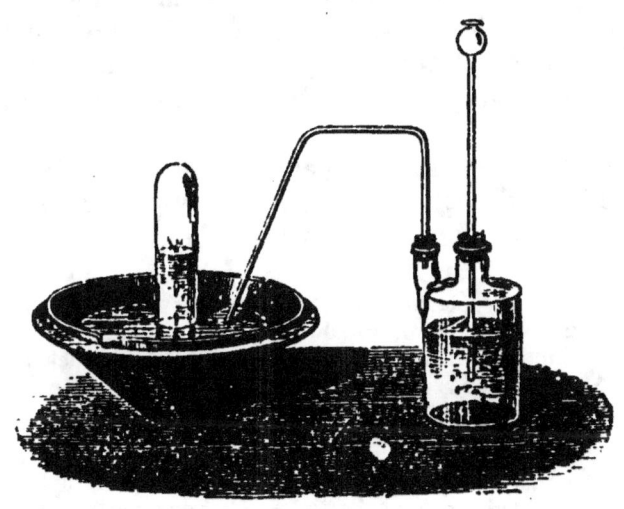

Fig. 75.

1878 en le comprimant à 104 atmosphères, à la température de —11° et en le détendant brusquement.

112. Propriétés chimiques. — Dès qu'on soulève une éprouvette de bioxyde d'azote, recueillie sur la cuve à eau, on voit se former à l'orifice, au contact de l'air, des vapeurs rouges qui bientôt remplissent l'éprouvette.

Le bioxyde d'azote possède en effet la propriété de se combiner avec l'oxygène libre pour donner du *peroxyde d'azote* caractérisé par sa couleur rouge :

$$AzO + O = AzO^2.$$

Aussi ne connaît-on ni l'odeur, ni la saveur du bioxyde d'azote.

Sous l'action de la chaleur il se décompose en azote et oxygène qui, en présence d'un excès de bioxyde, donne du peroxyde ; ce dernier est, de tous les composés oxygénés de l'azote, celui qui résiste le mieux à l'action de la chaleur.

Bien que le mélange d'azote et d'oxygène qui résulte de sa décomposition (volumes égaux d'azote et d'oxygène) soit plus riche en oxygène que l'air atmosphérique, le bioxyde d'azote entretient moins facilement les combustions vives que le protoxyde d'azote ; il se décompose en effet à une température plus élevée que ce dernier, et, comme nous l'avons fait remarquer ci-dessus, le peroxyde d'azote apparaît parmi les produits de sa décomposition.

Le phosphore enflammé brûle avec éclat dans le bioxyde d'azote ; la lueur produite par la combustion, très vive au début, ne tarde pas à devenir rougeâtre, par suite de la formation du peroxyde. Le soufre ne brûle que s'il a été fortement chauffé dans une coupelle en terre et enflammé. Un charbon rouge s'y éteint. Enfin le bioxyde d'azote et l'hydrogène ne forment pas de mélange détonant.

Le bioxyde d'azote est absorbé par une dissolution de sulfate de protoxyde de fer qu'il colore en brun ; cette dissolution se décolore lorsqu'on la chauffe et laisse dégager le gaz.

113. Composition. — On détermine sa composition comme celle du protoxyde (108). Après refroidissement, le volume du gaz résidu est moitié du gaz primitif.

Du poids de 1 volume de bioxyde d'azote $1,039 \times 1,293$ retranchons le poids de 1/2 volume d'azote $0,4835 \times 1,293$, il reste

$$1,293 \ (1,039 - 0,4835) = 1,293 \times 0,5555,$$

qui représente le poids de 1/2 volume d'oxygène.

On peut donc dire que 2 volumes de bioxyde d'azote résultent de la combinaison de 1 volume d'azote et 1 volume d'oxygène. C'est ce qu'exprime la formule AzO.

PEROXYDE D'AZOTE, AzO^2.

114. Circonstances de formation. Préparation. — 1° Le bioxyde d'azote s'unit directement à l'oxygène (112) :

$$AzO + O = AzO^2.$$

Fig. 76.

2° Mais on l'obtient à l'état de pureté en décomposant par la chaleur l'azotate de plomb bien sec, dans une cornue en verre peu fusible. On engage le col de la cornue dans une des branches d'un tube en U, plongé dans un mélange de glace et de sel, et dont l'autre branche est effilée (fig. 76). On chauffe ; les vapeurs rouges vont se condenser dans le tube refroidi, et il se dégage de l'oxygène par le tube effilé, comme il est facile de le constater en approchant de l'orifice de ce tube une allumette presque éteinte qui se rallume et brûle avec éclat. Il reste dans la cornue de l'oxyde de plomb :

$$(AzO^3)^2Pb = PbO + 2AzO^2 + O.$$

115. Propriétés. — Liquide qui, à la température ordinaire, est jaune orangé et émet des vapeurs rouges. Il bout à $+22°$ et peut être congelé à $-9°$, lorsqu'il est bien privé d'eau, en une masse cristalline incolore.

Au contact de l'eau, le peroxyde d'azote se décompose. Si l'eau est refroidie aux environs de 0°, il se dédouble en acide azotique et acide azoteux :

$$2AzO^2 + H^2O = AzO^3H + AzO^2H.$$

Mais l'acide azoteux, qui forme à la partie inférieure du liquide une couche d'un beau bleu, est lui-même peu stable, et si la température s'élève vers 10°, la réaction est différente. Il se dégage du bioxyde d'azote :

$$3AzO^2 + H^2O = 2AzO^3H + AzO.$$

Le peroxyde d'azote n'est pas un acide; si l'eau qui a absorbé ce corps rougit la teinture bleue du tournesol, c'est qu'elle renferme de l'acide azotique. En présence des bases il donne en effet deux sels, un azotite et un azotate :

$$2AzO^2 + 2KOH = AzO^3K + AzO^2K + H^2O.$$

116. Composition. — 2 volumes de bioxyde d'azote et 1 volume d'oxygène donnent 2 volumes de peroxyde d'azote.

AMMONIAQUE, AzH^3.

117. Préparation. — On trouve dans le commerce, sous le nom de *sel ammoniac*, une matière solide, cristallisée, qui est connue depuis la plus haute antiquité.

Lorsqu'on pulvérise le sel ammoniac et qu'on le triture dans un mortier avec de la chaux vive, il se dégage un gaz d'une odeur vive, qui pique les yeux et qui bleuit un papier de tournesol rouge humide, que l'on place au-dessus du mortier, à quelque distance. C'est le gaz *ammoniac*, AzH^3.

Le sel ammoniac est une combinaison d'ammoniaque et d'acide chlorhydrique, le chlorhydrate d'ammoniaque ou chlorure d'ammonium, AzH^3,HCl ou AzH^4Cl. L'ammoniaque est déplacée par la chaux, et l'acide chlorhydrique réagissant sur celle-ci donne du chlorure de calcium et de l'eau. C'est ce qu'on exprime par la formule suivante :

$$2AzH^4Cl + CaO = CaCl^2 + 2AzH^3 + H^2O.$$

On introduit dans un ballon (fig. 77) le mélange intime de chlorhydrate d'ammoniaque et de chaux vive, et l'on achève de le remplir avec des fragments de chaux vive, destinés à arrêter la vapeur d'eau formée par la réaction. Le dégagement de gaz commence à froid, mais on l'active en chauffant légèrement. On recueille le gaz sur la cuve à mercure.

Si l'on voulait un gaz parfaitement sec, on le ferait passer, au sortir du ballon, dans une éprouvette à pied renfermant de la

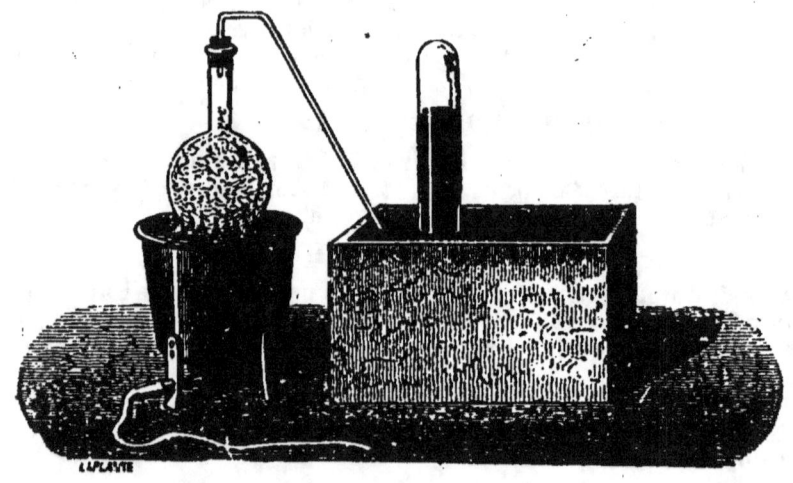

Fig. 77.

chaux vive ou mieux un mélange intime de soude caustique et de chaux (chaux sodée).

118. Propriétés physiques. — Gaz incolore, d'une odeur vive, qui pique les yeux et provoque les larmes. Sa densité est 0,596.

C'est un gaz très soluble dans l'eau ; l'eau en dissout :

A 0°.	1019 fois son volume.
16°	613 —

On manifeste cette grande solubilité de l'ammoniaque par les expériences suivantes :

On remplit d'ammoniaque très pure une éprouvette sur la cuve à mercure et on la place sur une soucoupe renfermant une petite quantité de mercure. On transporte cette éprouvette et la soucoupe au fond d'une terrine dans laquelle on verse de l'eau, puis, saisissant l'éprouvette avec un linge épais, on la soulève brusquement (fig. 78). L'eau arrive au contact du gaz, le dissout instantanément et vient frapper le sommet de l'éprouvette avec autant de violence que si l'éprouvette était vide ; l'éprouvette est le plus souvent brisée. Cette expérience ne réussit que si l'on a pris soin de laisser le gaz, en se dégageant pendant quelque temps, balayer l'air de l'appareil producteur. Une bulle d'air qui resterait dans l'éprouvette, lorsque l'ammoniaque se dissout dans l'eau, suffirait pour amortir le choc.

Fig. 78.

On peut aussi remplir d'ammoniaque un flacon que l'on ferme ensuite avec un bou-chon muni d'un tube dont l'extrémité qui pénètre dans le flacon est effilée, et dont l'autre extrémité est fermée à la lampe (fig. 79) : on introduit celle-ci dans un vase rempli d'eau, et on la brise avec une pince. Le liquide jaillit im-médiatement à l'inté-rieur du vase, comme si l'on y avait fait le vide.

On prépare la dis-solution ammoniacale dans un appareil de Woolf (fig. 80). On ne met qu'une petite

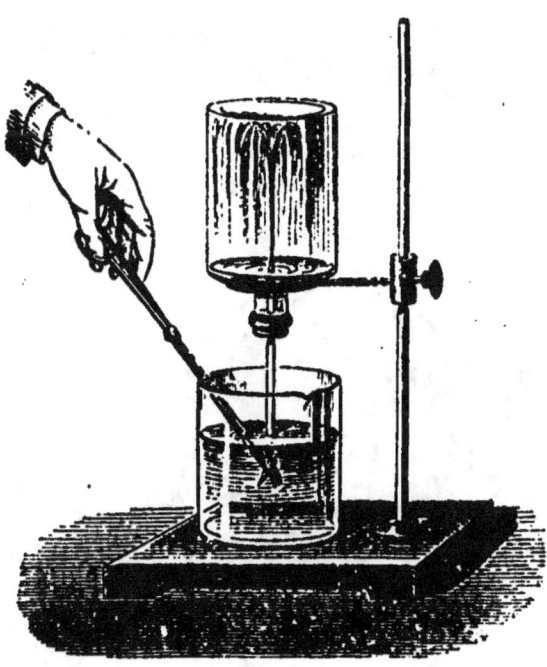

Fig. 79.

quantité d'eau dans le premier flacon qui est destiné à arrêter

une petite quantité de chlorhydrate d'ammoniaque entraîné par
le courant gazeux. On ne met également qu'une petite quantité

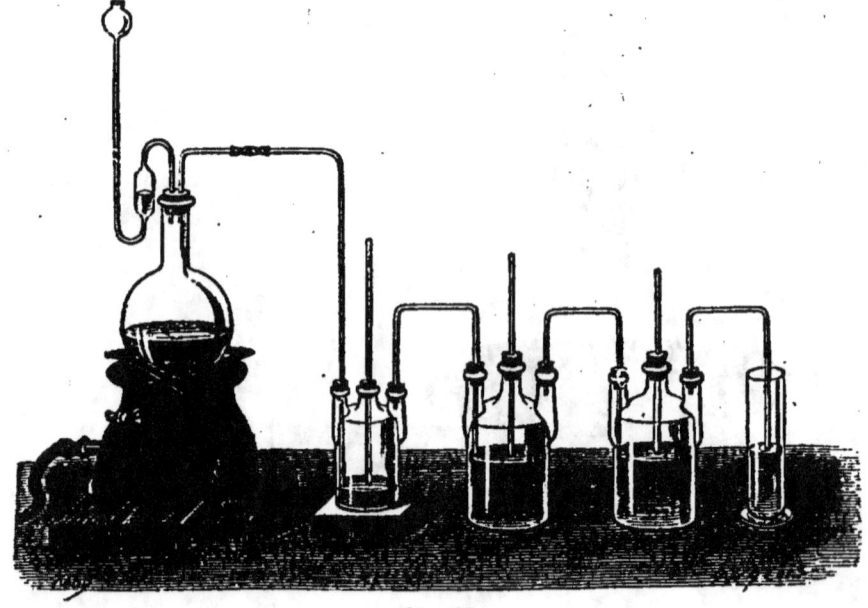

Fig. 80.

d'eau dans les flacons suivants, car le volume du liquide augmente ; si l'on veut préparer une solution concentrée, il faut refroidir les flacons, car l'eau
s'échauffe en dissolvant le
gaz.

Fig. 81.

Lorsqu'on chauffe la dis-
solution ammoniacale, le gaz
se dégage ; il se dégage également lorsqu'on fait le vide
au-dessus d'une dissolution
saturée à la température
ordinaire.

Faraday a obtenu la liquéfaction de l'ammoniaque en
opérant ainsi. Lorsqu'on fait
passer, dans un tube de verre
renfermant du chlorure d'argent et refroidi à 0°, un courant d'ammoniaque, on ob-
serve que ce gaz est absorbé ; une molécule de chlorure d'argent AgCl fixe ainsi 3 molécules d'ammoniaque, c'est-à-dire que

145gr,5 de chlorure absorbent 66 litres de gaz [1]. On introduit ce chlorure d'argent ammoniacal dans l'une des branches d'un tube en forme de V (tube de Faraday, fig. 81); après l'avoir fermée à la lampe, on chauffe cette branche dans de l'eau à 40° et on refroidit l'autre branche à 0°. La tension du gaz dégagée par le chlorure d'argent ammoniacal à 40° est supérieure à la pression qu'exercerait l'ammoniaque liquéfiée à 0°; aussi voit-on se déposer dans celle-ci un liquide incolore, très mobile, qui est l'ammoniaque liquéfiée. Lorsqu'on cesse de chauffer le chlorure d'argent, l'ammoniaque est absorbée de nouveau et l'appareil est prêt pour une nouvelle expérience.

L'évaporation de l'ammoniaque liquéfiée est accompagnée d'un abaissement de température considérable. On a utilisé le froid ainsi produit pour préparer de la glace dans l'appareil Carré (124).

119. Action de la chaleur et de l'électricité. — Lorsqu'on fait passer un courant de gaz ammoniac dans un tube en porcelaine renfermant des fragments de porcelaine et chauffé au rouge vif, on recueille sur la cuve à eau un mélange d'hydrogène et d'azote.

L'étincelle électrique produit plus facilement le même résultat. Si l'on introduit en effet du gaz ammoniac dans un eudiomètre à mercure et si on fait éclater des étincelles électriques, on voit peu à peu le volume du gaz augmenter et, au bout d'un certain temps, on observe que le volume a doublé. A ce moment l'éprouvette renfermera un mélange d'hydrogène et d'azote. Si en effet on introduit une petite quantité d'eau, rien ne se dissout, ce qui prouve que l'ammoniaque a complètement disparu. Nous nous appuierons sur cette action exercée par les étincelles électriques sur le gaz ammoniac pour établir sa composition (122).

120. Action de l'oxygène. — L'oxygène est sans action sur le gaz ammoniac à la température ordinaire. Mais si l'on fait éclater des étincelles électriques dans un mélange de 4 volumes d'ammoniaque et de 3 volumes d'oxygène, il se produit une détonation; il se forme de l'eau qui se condense et l'azote est mis en liberté

$$2 AzH^3 + 3O = 3H^2O + 2Az.$$

Il se forme toujours dans cette réaction de petites quantités de peroxyde d'azote.

On ne réussit pas à enflammer le gaz ammoniac s'écoulant dans

---

[1] Les chlorures métalliques, le chlorure de calcium entre autres, absorbent le gaz ammoniac. Aussi, bien que le chlorure de calcium soit une substance dont on se sert fréquemment pour dessécher les gaz, ne peut-on l'utiliser pour dessécher l'ammoniaque.

l'air par un tube effilé; mais si l'on plonge ce tube effilé dans un flacon renfermant de l'oxygène, le gaz s'enflamme au contact d'un corps incandescent et brûle avec une flamme jaunâtre; il se forme, comme la réaction citée plus haut, de l'azote et de l'eau.

Le gaz ammoniac et l'oxygène, en passant sur de la mousse de platine légèrement chauffée, forment de l'acide azotique :

$$AzH^3 + 4O = AzO^5H + H^4O.$$

On observe ce fait lorsqu'on fait arriver un courant d'oxygène dans une dissolution ammoniacale. Le gaz entraîne de l'ammoniaque, et lorsqu'on fait passer le mélange dans un tube de verre effilé, renfermant un peu de mousse de platine, que l'on chauffe avec une lampe à alcool, on constate qu'un papier bleu de tournesol rougit lorsqu'on l'expose aux vapeurs qui se dégagent de l'extrémité effilée du tube.

121. Propriétés de la solution ammoniacale. — Sels ammoniacaux. — La dissolution de l'ammoniaque dans l'eau est connue sous le nom d'*ammoniaque* : on la désigne encore quelquefois sous le nom d'*alcali volatil*. Cette dissolution jouit en effet des propriétés *alcalines* ou *basiques* des solutions de potasse ou de soude : elle ramène au bleu la teinture de tournesol rougie par un acide. Cette dissolution peut être neutralisée par l'addition d'un poids convenablement choisi d'un acide, acide sulfurique, acide azotique, acide chlorhydrique. Lorsqu'on évapore ces dissolutions, des sels cristallisent, qui offrent la ressemblance la plus frappante avec les sels correspondants du potassium. Ils sont *isomorphes* de ces derniers. La composition des sels formés par l'union de l'ammoniaque avec les acides azotique AzO^3H, sulfurique SO^4H^2 et chlorhydrique HCl est représentée par les formules

$$AzH^3, AzO^3H,$$
$$2AzH^3, SO^4H^2,$$
$$AzH^3, HCl.$$

Or les sels isomorphes ayant, d'après la remarque de Mitscherlich, même constitution. on a été conduit à représenter les sels ammoniacaux précités par les formules :

$$AzO^3(AzH^4) \qquad SO^4(AzH^4)^2 \qquad AzH^4Cl,$$

comparables aux formules des sels de potassium correspondants:

$$AzO^3K \qquad SO^4K^2 \qquad KCl;$$

elles n'en diffèrent que par la substitution du symbole AzH⁴ au symbole K du potassium, et par conséquent au symbole H de l'hydrogène dans la formule moléculaire de l'acide.

Le groupement (AzH⁴) joue donc le rôle d'un métal monovalent. On a donné à ce groupement hypothétique (*radical*) le nom d'*ammonium*, et on dira : azotate d'ammonium, sulfate d'ammonium, chlorure d'ammonium.

Les tentatives faites pour isoler l'ammonium n'ont pas abouti.

Fig. 82.

Cependant quelques expériences simples paraissent donner confirmation à cette hypothèse.

Introduisons dans un tube de verre (fig. 82), ou dans une éprouvette à pied, un amalgame obtenu en dissolvant quelques fragments de sodium dans du mercure, ajoutons une dissolution de chlorhydrate d'ammoniaque et agitons de façon à établir le contact. Bientôt l'amalgame augmente de volume en se transformant en une matière butyreuse qui se détruit rapidement en dégageant du gaz ammoniac et de l'hydrogène. On peut supposer qu'il s'est formé la réaction suivante :

$$Na + AzH^4Cl = NaCl + AzH^4;$$

mais l'instabilité de cet amalgame n'a pas permis d'en déterminer la composition.

Pour rendre compte des propriétés basiques de la solution ammoniacale, on pourra également admettre qu'elle renferme une base ou hydrate d'ammonium (AzH⁴)OH comparable à la potasse KOH.

122. Composition. — Introduisons dans un eudiomètre à mercure un volume quelconque d'ammoniaque que nous représenterons par 2, et faisons passer des étincelles électriques. Le volume doublera : on aura à ce moment un mélange d'azote et d'hydrogène dont il s'agit de connaître la composition. A cet effet on fait passer dans l'eudiomètre 2 volumes d'oxygène, on excite l'étincelle : une explosion se produit, résultant de la combinaison de l'hydrogène et de l'oxygène, et il reste un résidu gazeux formé de 1 volume d'azote et de $\frac{1}{2}$ volume d'oxygène. Ce volume d'azote entrait dans la composition des 2 volumes d'ammoniaque. Puisqu'il ne reste que $\frac{1}{2}$ volume d'oxygène, c'est que $\frac{3}{2}$ volumes ont disparu pour former de l'eau en se combinant avec 3 volumes d'hydrogène.

Donc 2 volumes de gaz ammoniac sont formés de 1 volume d'azote et de 3 volumes d'hydrogène ; d'où la formule AzH^3.

123. Origine de l'ammoniaque. — La décomposition spontanée (*putréfaction*) des matières animales, qui renferment toutes de

l'azote et de l'hydrogène, est là source la plus abondante de l'ammoniaque. Ainsi les urines putréfiées, le fumier, laissent dégager de l'ammoniaque. En chauffant les matières organiques putréfiées avec de la chaux, on dégage le gaz ammoniac, que l'on reçoit dans l'eau, pour préparer la dissolution,

Fig. 83.

ou dans les acides chlorhydrique, nitrique, sulfurique, si l'on veut préparer les sels correspondants.

On trouve dans l'air une petite quantité d'ammoniaque qui, dissoute par l'eau des pluies, sera ramenée dans le sol et fournira aux végétaux une partie de l'azote dont ils ont besoin pour se développer.

Cette ammoniaque atmosphérique est due aux décompositions des matières végétales ou animales qui se produisent à la surface du sol; on a constaté de plus qu'il se formait une petite quantité d'ammoniaque, pendant les orages, par suite de la réaction de l'azote de l'air sur les éléments de la vapeur d'eau sous l'influence de l'électricité.

124. Applications. — Les propriétés alcalines de la solution ammoniacale sont utilisées dans les laboratoires et l'industrie.

Une application importante est celle qu'en a faite M. Carré à la fabrication de la glace.

Une chaudière en fer (fig. 83-84) est remplie aux trois quarts d'une dissolution ammoniacale. Lorsqu'on chauffe le liquide, le gaz se dégage, soulève une soupape a et, par un tube recourbé, vient se condenser dans un vase annulaire refroidi extérieurement par de l'eau. Lorsqu'un thermomètre t marque 130°, le dégagement du gaz est terminé.

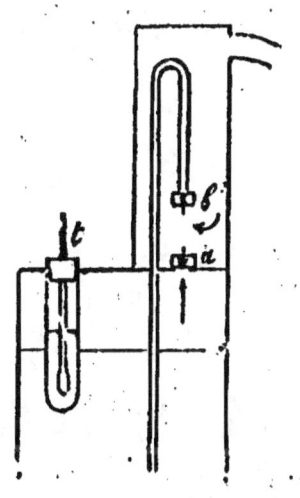

Fig. 84.

A ce moment, on enlève la chaudière du foyer et on la plonge dans une grande cuve remplie d'eau; l'eau se refroidit, l'ammomoniaque liquéfiée qui bout à 33°,7 sous la pression atmosphérique, se volatilise peu à peu, en absorbant de la chaleur qu'elle emprunte aux parois du récipient; le gaz soulève la soupape b et vient se dissoudre dans le liquide. La solution se reproduit donc et sera prête pour une nouvelle expérience.

Mais la volatilisation de l'ammoniaque liquéfiée a été accompagnée, avons-nous dit, d'un abaissement de température. Et en effet, si l'on introduit au centre du récipient annulaire un vase cylindrique en fer-blanc renfermant de l'eau, cette eau sera congelée.

Cet appareil ne fournit qu'une petite quantité de glace à chaque opération. D'autres appareils, fondés sur le même principe et employés dans l'industrie, permettent de refroidir un *liquide*, ou de préparer de la glace, par l'évaporation *continue* de l'ammoniaque, à mesure qu'elle se condense.

CHAPITRE X

CHLORE. — ACIDE CHLORHYDRIQUE. — EAU RÉGALE. — BROME. IODE. — ACIDE FLUORHYDRIQUE.

CHLORE, Cl = 35,5.

Poids moléculaire : Cl² = 71.

125. État naturel. — L'eau de la mer laisse déposer, lorsqu'elle s'évapore, de petits cristaux cubiques, incolores, mais le plus souvent salis par des matières terreuses; c'est le *sel marin*. En dissolvant ces cristaux dans l'eau et les soumettant à une nouvelle cristallisation, on les débarrasse de toute matière étrangère, et l'on obtient ainsi le sel blanc, cette substance si indispensable à l'alimentation de l'homme et des animaux.

Le sel marin est une combinaison du métal le sodium avec un métalloïde, le *chlore*; c'est le *chlorure de sodium* NaCl, et c'est du sel marin que l'on retire soit directement, soit indirectement le chlore et ses composés.

Versons de l'acide sulfurique sur du sel marin; une effervescence se produit, un gaz se dégage, fumant au contact de l'air, et que nous pourrons dissoudre dans l'eau. Cette dissolution était connue autrefois sous le nom d'*esprit de sel*, nom qu'on lui applique quelquefois encore aujourd'hui. Le gaz qui s'est dégagé dans cette réaction est le gaz *chlorhydrique*, formé de la combinaison du chlore avec l'hydrogène HCl, et sa dissolution est employée fréquemment dans l'industrie et les laboratoires, sous le nom d'*acide chlorhydrique*.

Lorsqu'on met en présence du bioxyde de manganèse et de l'acide chlorhydrique, il se dégage un gaz jaune verdâtre qui se distingue immédiatement des gaz que nous avons étudiés jusqu'ici; c'est un corps simple, le *chlore*, que Scheele obtint ainsi pour la première fois en 1774.

126. Préparation. — On introduit dans un ballon (fig. 85) du bioxyde de manganèse en morceaux et de l'acide chlorhydrique; le bouchon porte un tube en S et un tube recourbé à angle droit plongeant dans un flacon laveur renfermant une petite quantité d'eau; un tube de dégagement adapté à la seconde tubulure du flacon laveur descend jusqu'au fond du flacon dans lequel le gaz, beaucoup plus lourd que l'air, s'accumule en le déplaçant peu à peu.

Le gaz se dégage lentement à froid si l'acide chlorhydrique est concentré, un peu plus rapidement si l'on chauffe, et il reste dans le ballon une dissolution de chlorure de manganèse. L'hydrogène de l'acide chlorhydrique s'est uni à l'oxygène du bioxyde; une moitié

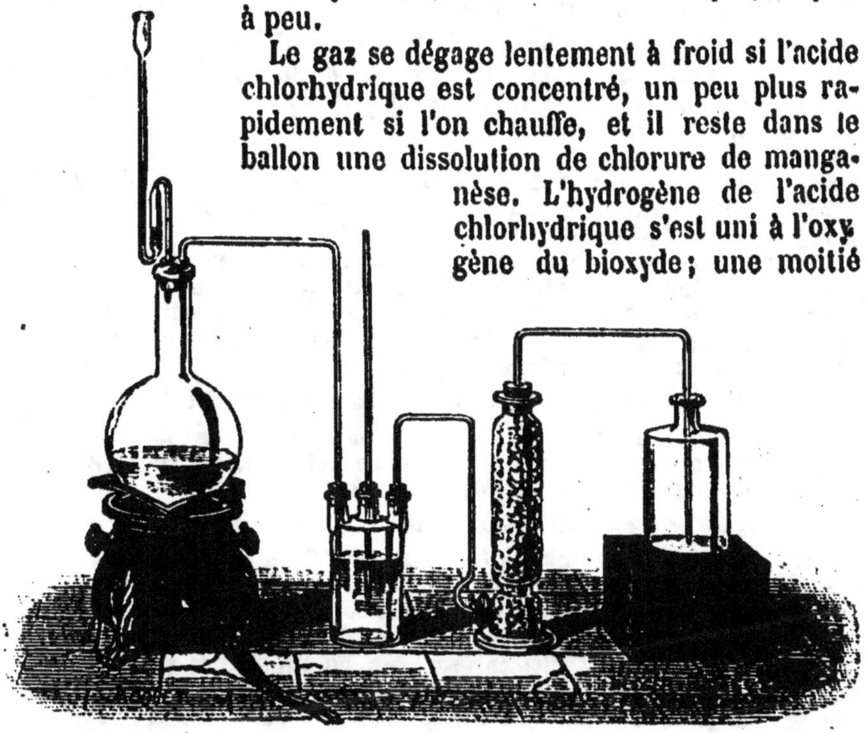

Fig. 85.

du chlore s'est combinée au manganèse, l'autre partie est mise en liberté; c'est ce qu'exprime la formule suivante :

$$MnO^2 + 4HCl = MnCl^2 + Cl^2 + 2H^2O.$$

Une autre réaction permettrait de retirer directement le chlore du sel marin (Réaction de Berthollet[1]). Si l'on verse de l'acide sulfurique sur un mélange de sel marin et de bioxyde de manganèse, il se dégage du chlore et il reste un mélange de sulfate de manganèse et de sulfate de sodium :

$$MnO^2 + 2NaCl + 3SO^4H^2 = SO^4Mn + 2SO^4NaH + 2H^2O + Cl^2.$$

On se servirait d'un appareil identique au précédent.

On ne peut recueillir le chlore sur le mercure, qu'il attaque à la température ordinaire; on peut le recueillir sur l'eau ou mieux sur de l'eau salée, dans laquelle il est moins soluble, à condition

1. Né en 1748 près d'Annecy, mort en 1822.

toutefois d'opérer rapidement. Mais, si l'on tient à avoir du gaz sec, on fait passer le gaz, au sortir du flacon laveur, dans une éprouvette renfermant une matière desséchante (chlorure de calcium ou pierre ponce imbibée d'acide sulfurique).

Préparation industrielle. — Industriellement, on effectue la réaction de l'acide chlorhydrique sur le bioxyde de manganèse dans de vastes chambres en pierres siliceuses inattaquables par les acides et chauffées par un courant de vapeur d'eau.

Procédé Weldon. — Le bioxyde de manganèse est une matière qui devient rare et d'un prix élevé; on a réussi à le régénérer du bioxyde de manganèse résidu de la réaction précédente (Weldon).

La dissolution acide de chlorure de manganèse est neutralisée par la craie (carbonate de calcium), qui précipite l'oxyde ferrique; puis à la dissolution décantée on ajoute un lait de chaux, on fait passer un rapide courant d'air, et le manganèse se précipite à l'état d'un manganite $(MnO^2)^2$, H^2O, CaO qui peut servir de nouveau à la préparation du chlore

$$(MnO^2)^2H^2OCaO + 10HCl = 2MnCl^2 + CaCl^2 + 2Cl^2 + 6H^2O.$$

Procédé Deacon. — Le procédé Weldon a l'inconvénient de consommer en pure perte des quantités considérables d'acide chlorhydrique. L'emploi du bioxyde de manganèse a pu être supprimé. La réaction

$$2HCl + O = H^2O + Cl^2$$

est toujours incomplète au rouge vif. Elle est plus facile à réaliser, vers 600°, lorsqu'on fait passer un mélange d'air et de gaz chlorhydrique tel qu'il sort des appareils producteurs (131) sur du chlorure de cuivre, qui semble n'intervenir dans la réaction que par sa présence, car il n'est nullement altéré.

Le chlore obtenu industriellement par l'un ou l'autre des procédés est employé à la fabrication du chlorure de chaux. On le dirige, à cet effet, dans de longs cylindres renfermant de la chaux éteinte sur laquelle il se fixe (129).

Procédés électrolytiques. — On prépare aujourd'hui une certaine quantité d'hypochlorite de soude (eau de Javel) par l'électrolyse d'une solution de sel marin.

127. Propriétés physiques. — Le chlore est un gaz jaune verdâtre, doué d'une odeur caractéristique; il est dangereux ou tout au moins désagréable à respirer; il provoque la toux et peut déterminer des crachements de sang lorsqu'il a pénétré dans les organes respiratoires en trop grande quantité. Il est deux fois et demie environ plus lourd que l'air, dans les mêmes conditions de température et de pression; sa densité est en effet égale à 2,44.

Le chlore est soluble dans l'eau; à la température de 10°, ce liquide en dissout environ trois fois son volume. Cette dissolution, fréquemment employée sous le nom d'*eau de chlore*, se prépare en faisant arriver le gaz, au sortir du flacon laveur, dans une série de flacons bitubulés constituant un appareil de Woolf (118). Lorsque la température de l'eau, dans laquelle on fait arriver le chlore, s'abaisse au-dessous de 10°, on voit se former de petits cristaux blancs qui constituent une combinaison de chlore et d'eau, l'*hydrate de chlore*

$$Cl + 5H^2O.$$

Ces cristaux peuvent servir à préparer le chlore liquéfié. On introduit ces cristaux, après les avoir exprimés rapidement entre plusieurs feuilles de papier à filtre, dans une des branches d'un tube et on ferme ce tube à la lampe de Faraday (118, fig. 81). En maintenant dans de l'eau tiède la branche de ce tube qui contient ces cristaux, ceux-ci se décomposent, et si l'on refroidit l'autre branche, on voit s'y déposer un liquide jaune foncé, qui est le chlore liquéfié.

128. Propriétés chimiques. — Le chlore se combine directement avec la plupart des corps simples métalloïdes, avec un grand dégagement de chaleur; l'oxygène, l'azote et le carbone font exception. Il suffit, par exemple, de projeter de l'arsenic en poudre dans un flacon rempli de chlore, pour observer la combinaison des deux corps, qui s'accomplit avec dégagement de chaleur de la lumière.

La combinaison du chlore avec l'hydrogène est particulièrement intéressante, tant à cause du produit de la réaction qu'à raison des circonstances qui l'accompagnent.

Introduisons dans un flacon volumes égaux de chlore et d'hydrogène, en ayant soin d'opérer dans l'obscurité ou tout au moins à la lueur d'une bougie. Après avoir fermé le flacon avec un bouchon de liège, enveloppons-le d'une étoffe noire, transportons-le en plein air, à l'ombre, enlevons l'étoffe et projetons à distance sur ce flacon les rayons solaires à l'aide d'un miroir concave : aussitôt le flacon vole en éclats. La combinaison des deux gaz s'est effectuée instantanément sous l'influence des rayons solaires directs; il en est résulté de l'acide chlorhydrique, et ce gaz s'étant trouvé brusquement porté à une température élevée, par suite de la chaleur dégagée dans la réaction s'est dilaté[1], et a déterminé la rupture du vase.

On déterminerait également la combinaison brusque des deux gaz en projetant sur le flacon la lumière électrique ou la lumière du magnésium.

A la lumière diffuse, la combinaison des deux gaz se ferait lentement, progressivement, sans explosion. Si, de l'ouverture du flacon renfermant le mélange à volumes égaux des deux gaz, on approche la flamme d'une bougie, le mélange brûle sans explosion.

Le chlore n'agit pas seulement sur l'hydrogène libre, il tend à détruire les composés hydrogénés des métalloïdes, en formant de l'acide chlorhydrique et mettant le métalloïde en liberté.

1. Un gramme d'hydrogène, en s'unissant à 35gr,5 de chlore, dégage 22 Calories.

Ainsi, si l'on fait passer un courant de chlore et de la vapeur
d'eau dans un tube de porcelaine chauffé au rouge, on recueille
sur la cuve à eau de l'oxygène, et l'eau de la cuve devient acide,
elle renferme de l'acide chlorhydrique (fig. 86) :

$$Cl^3 + H^2O = 2HCl + O.$$

Mais cette décomposition de la vapeur d'eau par le chlore est
incomplète, car dans les mêmes conditions de température, la
réaction inverse est possible, c'est-à-dire que l'oxygène et le gaz
chlorhydrique passant dans un tube chauffé au rouge donnent du
chlore et de la vapeur d'eau :

$$2HCl + O = H^2O + Cl^3.$$

Le chlore décompose l'ammoniaque et met l'azote en liberté;
si l'on fait passer en effet un courant de chlore dans une dissolution ammoniacale, on peut recueillir de l'azote sur la cuve à eau.
Le chlore s'est combiné avec l'hydrogène pour former de l'acide
chlorhydrique :

$$AzH^3 + 3Cl = Az + 3HCl.$$

Mais l'acide chlorhydrique se formant en présence d'un excès
d'ammoniaque, donne du chlorhydrate d'ammoniaque :

$$3HCl + 3AzH^3 = 3(AzH^3, HCl);$$

en ajoutant membre à membre ces deux relations, on a la réaction finale :

$$4AzH^3 + 3Cl = 3(AzH^3, HCl) + Az.$$

Mais il faut avoir soin d'interrompre le passage du chlore avant
que toute l'ammoniaque ait été transformée en chlorhydrate. Car
lorsque le chlore réagit sur une dissolution de ce sel, on voit se
déposer au fond du vase des gouttelettes huileuses d'un chlorure
d'azote $AzCl^3$ formé d'après la réaction :

$$AzH^3, HCl + 6Cl = AzCl^3 + 4HCl.$$

Le chlorure d'azote est un corps très dangereux à manier : il
fait explosion lorsqu'on le chauffe, lorsqu'on le touche avec toute
substance capable de se combiner au chlore, et les effets qu'il
produit sont terribles.

La réaction du chlore sur l'ammoniaque peut être effectuée simplement en remplissant aux $\frac{9}{10}$ d'eau de chlore un tube de verre
bouché à une de ses extrémités, et d'une longueur de 1 mètre. On

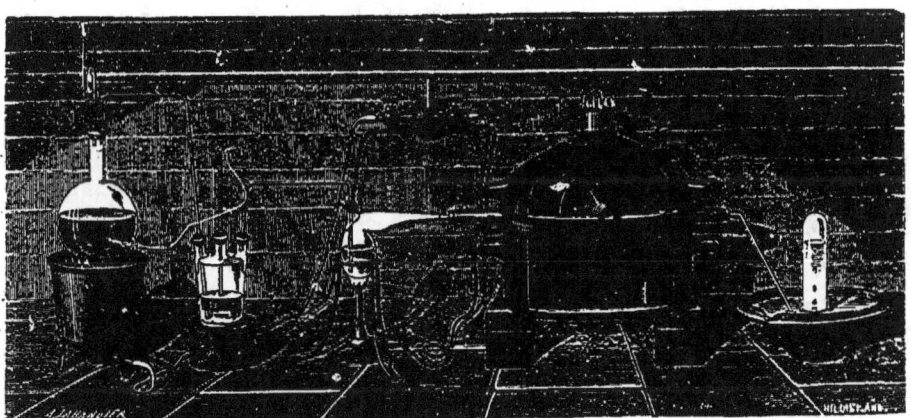

Fig. 86.

achève de le remplir avec de l'ammoniaque, on le bouche avec le doigt, et on le retourne de façon à mélanger les deux liquides. Des bulles gazeuses se forment et gagnent le sommet de l'éprouvette : on reconnaît que ce gaz est de l'azote.

129. Action du chlore sur les oxydes. Composés oxygénés du chlore[1]. — Le chlore tend à décomposer les oxydes métalliques pour former un chlorure; suivant les circonstances dans lesquelles s'effectue la réaction, l'oxygène se dégage ou se combine à un excès de chlore pour former un composé oxygéné du chlore.

1° Si l'on fait passer un courant de chlore sur de la chaux chauffée au rouge dans un tube de porcelaine, il se dégage de l'oxygène et il se forme du chlorure de calcium :

$$CaO + Cl^2 = CaCl^2 + O.$$

2° Si l'on fait passer un courant de chlore sur de la chaux éteinte, à la température ordinaire, la réaction est différente. Le chlore se fixe sur la chaux et donne le chlorure de chaux $CaOCl^2$.

C'est une poudre blanche que l'on désigne souvent dans le commerce sous le nom de *chlore*. Ce corps est l'objet d'une préparation industrielle importante; facile à transporter et dégageant du chlore sous les plus légères influences, il peut être employé à la place du chlore gazeux.

Le gaz carbonique en dégage la totalité du chlore qu'il contient :

$$CaOCl^2 + CO^2 = CO^3Ca + Cl^2;$$

l'acide chlorhydrique agit de même :

$$CaOCl^2 + 2HCl = CaCl^2 + H^2O + Cl^2.$$

3° Mais on obtiendrait un hypochlorite de potassium ou mieux un mélange d'hypochlorite et de chlorure de potassium en faisant passer un courant de chlore dans une solution étendue et froide de potasse :

$$2KOH + Cl^2 = KCl + ClOK + H^2O.$$

---

1. Les deux composés oxygénés du chlore les plus importants sont:

l'acide hypochloreux $ClOH$
»   chlorique ClO^3H.

L'acide hypochloreux est peu stable et sa dissolution laisse dégager le gaz hypochloreux ou anhydride hypochloreux Cl^2O.

Les formules des hypochlorites et des chlorates sont, suivant que le métal est monovalent (potassium) ou divalent (calcium) :

$ClOK$ $(ClO)^2Ca$
ClO^3K $(ClO^3)^2Ca$.

C'est cette dissolution qui est employée sous le nom d'*eau de Javel*, pour le blanchiment ou la décoloration des tissus. Le gaz carbonique et les acides faibles dégagent du gaz hypochloreux Cl^2O :

$$2ClOK + CO^2 = CO^3K^2 + Cl^2O.$$

La réaction est toute différente si l'on fait passer le chlore dans une dissolution concentrée ou chaude de potasse : il se forme toujours du chlorure de potassium, mais on obtient aussi du *chlorate de potassium*, qui, beaucoup moins soluble que le chlorure, cristallise en paillettes nacrées par le refroidissement de la liqueur :

$$6KOH + 6Cl = 5KCl + ClO^3K + 3H^2O.$$

En réalité, on prépare aujourd'hui le chlorate de potassium en soumettant à l'ébullition une dissolution de chlorure de chaux qui est transformé en chlorate :

$$6CaOCl^2 = 5CaCl^2 + (ClO^3)^2Ca;$$

en ajoutant alors du chlorure de potassium on a du chlorate de potassium peu soluble à froid et du chlorure de calcium très soluble :

$$(ClO^3)^2Ca + 2KCl = CaCl^2 + 2ClO^3K.$$

130. Applications. — Le chlore, en réagissant sur un grand nombre de matières colorantes, leur enlève de l'hydrogène et les détruit; aussi agit-il comme décolorant. Si l'on colore de l'eau en bleu clair avec une goutte de sulfate d'indigo, et si on ajoute un peu d'eau de chlore, la coloration disparaît instantanément. Une encre à base de fer est détruite par le chlore, mais il reste une coloration jaune, due à la présence des sels de peroxyde de fer. Aussi se sert-on de l'eau de chlore pour enlever les taches d'encre sur les livres : on imbibe la tache d'eau de chlore, puis d'une dissolution très étendue d'acide chlorhydrique qui enlève l'oxyde de fer, et enfin on lave soigneusement pour enlever toute trace de chlore ou d'acide chlorhydrique, qui détruiraient le papier.

Les tissus d'origine végétale peuvent être blanchis à l'aide du chlore, comme l'a montré Berthollet en 1785. On emploie à cet usage les *chlorures décolorants* ou *hypochlorites*, car le gaz hypochloreux, mis en liberté par le gaz carbonique de l'air, agit comme le chlore sur les matières colorantes. Si on admet en effet que la décoloration est due à une déshydrogénation, on peut écrire :

$$Cl^2 + H^2 = 2HCl$$
$$Cl^2O + 2H^2 = 2HCl + H^2O.$$

Le chlore ou mieux le chlorure de chaux est employé pour détruire l'hydrogène sulfuré qui se dégage des fosses d'aisances ou des produits organiques en putréfaction.

ACIDE CHLORHYDRIQUE, HCl.

131. Préparation. — Pour préparer l'acide chlorhydrique on introduit dans un ballon de verre du sel marin préalablement fondu et concassé grossièrement et de l'acide sulfurique. Une effervescence se produit immédiatement, et l'on recueille le gaz

Fig. 87.

sur la cuve à mercure (fig. 87). On ne chauffe que pour activer le dégagement gazeux lorsqu'il se ralentit.

Il se forme, dans cette préparation, du bisulfate de sodium :

$$NaCl + SO^4H^2 = SO^4NaH + HCl.$$

Cette réaction est également appliquée dans l'industrie, mais c'est le sulfate de sodium qui est le produit important. Elle s'effectue généralement aujourd'hui sur une sole circulaire mobile; le mélange est brassé par des agitateurs (fig. 88), et le gaz chlorhy-

Fig. 88.

drique dégagé circule dans des touries remplies d'eau, où il se dissout.

Comme on peut élever beaucoup plus la température dans ces appareils que dans les vases en verre des laboratoires, le bisulfate SO^4NaH peut réagir sur une nouvelle molécule de chlorure de sodium et se transformer en sulfate neutre :

$$SO^4NaH + NaCl = SO^4Na^2 + HCl;$$

la réaction finale est donc :

$$2NaCl + SO^4H^2 = SO^4Na^2 + 2HCl.$$

132. Propriétés physiques. — L'acide chlorhydrique est un gaz incolore, d'une odeur piquante et d'une saveur très acide ; sa densité est 1,25. (*Poids moléculaire : 36,5.*)

Il est très soluble dans l'eau, qui à 0° en dissout 500 fois son volume. On met en évidence cette grande solubilité par les expériences décrites en étudiant l'ammoniaque. Quant à la dissolution, on l'obtient en faisant passer le gaz dans un appareil de Woolf (118) : c'est d'ailleurs un produit que l'industrie livre au commerce à très bas prix.

Le gaz chlorhydrique peut être liquéfié à 15° sous une pression de 40 atmosphères.

Au contact de l'air, l'acide chlorhydrique émet des fumées abondantes, parce qu'il absorbe l'humidité de l'atmosphère, avec laquelle il forme une combinaison liquide.

133. Propriétés chimiques. — Le gaz chlorhydrique n'est pas combustible; il éteint les corps en ignition.

C'est un acide très énergique qui communique à la teinture de tournesol la coloration rouge *pelure d'oignon* des acides forts tels que les acides sulfurique et nitrique.

A l'état gazeux, et à une température qui dépend de la nature du métal, il attaque tous les métaux autres que l'or ou le platine, en donnant un chlorure et un dégagement d'hydrogène.

L'action de la dissolution est moins énergique; elle n'agit pas sur le cuivre, le mercure, mais elle attaque immédiatement le fer et le zinc, et il se dégage de l'hydrogène (57). Elle attaque également la plupart des oxydes métalliques en donnant de l'eau et un chlorure qui reste dissous dans le liquide : la formule du chlorure ainsi produit ne diffère en général de celle de l'oxyde que par le remplacement de 1 atome d'oxygène par 2 atomes de chlore. Ainsi, avec la chaux on aurait

$$CaO + 2HCl = CaCl^2 + H^2O;$$

avec le sesquioxyde de fer :

$$Fe^2O^3 + 6HCl = Fe^2Cl^6 + 3H^2O.$$

Nous rappellerons cependant que le bioxyde de manganèse, en réagissant sur l'acide chlorhydrique, donne du chlorure de manganèse, et qu'il se dégage du chlore (126) :

$$MnO^2 + 4HCl = MnCl^2 + Cl^2 + 2H^2O,$$

car, dans les conditions où l'on effectue cette réaction, il n'existe pas de chlorure de manganèse $MnCl^4$.

Enfin nous avons vu une réaction toute différente se produire avec le bioxyde de baryum et l'acide chlorhydrique étendu (77).

Volumes égaux de gaz chlorhydrique et d'ammoniaque, introduits dans une même éprouvette sur la cuve à mercure, donnent immédiatement un produit solide pulvérulent, blanc, le chlorhydrate d'ammoniaque AzH^3, HCl ; tout le gaz disparaît et le mercure monte jusqu'au sommet de l'éprouvette.

Il suffit d'ailleurs de placer côte à côte deux verres renfermant l'un de l'ammoniaque, l'autre de l'acide chlorhydrique, pour voir se former immédiatement des fumées blanches de chlorhydrate d'ammoniaque.

134. Composition. — Gay-Lussac et Thenard[1] ont reconnu que l'acide chlorhydrique était formé de volumes égaux de chlore et d'hydrogène unis sans condensation.

Deux ballons de même volume avaient été remplis, l'un d'hydrogène, l'autre de chlore, à la pression atmosphérique, et mis en communication par leurs cols, dont l'un était exactement rodé sur l'autre. L'ensemble des deux ballons ayant été exposé à la lumière *diffuse*, puis à la lumière solaire *directe*, la teinte du chlore disparut complètement. En ouvrant les deux ballons sur la cuve à mercure, on reconnut que la pression n'avait pas changé ; d'autre part, il ne restait plus de chlore, car le mercure n'était pas attaqué, et il ne restait plus d'hydrogène, car de l'eau introduite dans un des ballons absorbait le gaz en totalité.

La formule $HCl = 36,5$ exprime que 1 vol. de chlore Cl est uni à 1 vol. d'hydrogène H, et l'acide chlorhydrique HCl correspond à 2 volumes.

135. Applications. — L'acide chlorhydrique sert à préparer le chlore et les chlorures décolorants; sous le nom d'*esprit de sel*, il est employé à décaper les métaux.

EAU RÉGALE.

136. L'or n'est attaqué ni par l'acide chlorhydrique, ni par l'acide azotique, mais un mélange des deux acides dissout ce métal. On a donné à ce mélange le nom d'*eau régale*.

Plaçons dans un ballon une feuille d'or mince et de l'acide chlorhydrique et chauffons; chauffons de même dans un second ballon une feuille d'or et de l'acide azotique : aucune action ne se manifeste de part et d'autre, mais si nous mélangeons les deux liquides, l'or disparaît immédiatement, le liquide se teint en jaune, et émet des vapeurs rouges analogues aux vapeurs de peroxyde d'azote.

On peut admettre que, dans la réaction des deux acides, il s'est formé du chlore et du peroxyde d'azote :

$$AzO^3H + HCl = Cl + AzO^4 + H^2O,$$

et que c'est le chlore qui dissout le métal.

1. Né en 1777, mort en 1857.

L'eau régale sert à dissoudre l'or, qu'elle transforme en chlorure; c'est aussi le seul dissolvant du platine.

BROME, Br = 80.

Poids moléculaire : Br² = 160.

Deux autres métalloïdes doivent être rapprochés du chlore : le brome découvert en 1826 par Balard[1], et l'iode découvert en 1811 par Courtois, fabricant de salpêtre à Paris, et étudié par Gay-Lussac.

137. Propriétés physiques et chimiques. — Le brome est un liquide rouge foncé, presque noir lorsqu'il est vu sous une grande épaisseur, d'une odeur désagréable, rappelant celle du chlore. Sa densité est 2,97. Il se solidifie à — 7°,3 en une masse grise. Il bout à 63°. Lorsqu'on verse quelques gouttes de brome dans un ballon, le liquide se vaporise et l'atmosphère du ballon se colore en rouge orangé. Ces vapeurs sont assez lourdes pour qu'on puisse les transverser comme on le ferait d'un liquide. Elles sont 80 fois plus lourdes que l'hydrogène et 6 fois plus lourdes que l'air.

Les vapeurs de brome attaquent les muqueuses et provoquent la toux. Un litre d'eau dissout environ 30 grammes de brome, et cette dissolution constitue l'*eau de brome.*

Le brome se combine directement avec un grand nombre de métalloïdes et de métaux. Il ne s'unit pas avec l'hydrogène, comme le fait le chlore, sous l'action de la lumière solaire. Mais la combinaison a lieu en présence d'un corps incandescent.

Les propriétés chimiques générales du brome sont celles du chlore. Sa tendance à se combiner avec l'hydrogène fait qu'il décomposera aussi les composés hydrogénés (128). L'eau de brome pourrait être substituée à l'eau de chlore dans toutes ses applications. Comme le chlore, c'est un décolorant.

138. Acide bromhydrique, HBr. — Lorsqu'on verse de l'acide sulfurique sur un bromure alcalin, le bromure de potassium par exemple, il se dégage un gaz qui, au contact de l'air humide, répand d'abondantes fumées blanches; il s'est formé de l'acide bromhydrique :

$$KBr + SO^4H^2 = SO^4KH + HBr.$$

Mais en même temps, on voit apparaître des vapeurs rougeâtres de brome. L'acide bromhydrique, moins stable que l'acide chlorhydrique, a réduit partiellement l'acide sulfurique; de l'acide sulfureux s'est formé et du brome a été mis en liberté :

$$SO^4H^2 + 2HBr = SO^2 + Br^2 + 2H^2O.$$

On prépare l'acide bromhydrique plus pur en utilisant cette propriété générale du brome d'agir comme un oxydant, lorsqu'il réagit en présence de l'eau sur un corps simple ou composé susceptible d'oxydation. C'est le cas du phosphore :

$$P + 3Br + 3H^2O = PO^3H^3 + 3HBr.$$

On fait tomber le brome goutte à goutte dans de l'eau tenant du phosphore rouge en suspension (fig. 89); l'acide phosphoreux PO³H³ reste dissous.

1. Né à Montpellier en 1802 et mort en 1876.

L'acide bromhydrique est un gaz incolore dont la densité est 2,798. Il est très soluble dans l'eau, qui en dissout environ 600 fois son volume. Cette dissolution

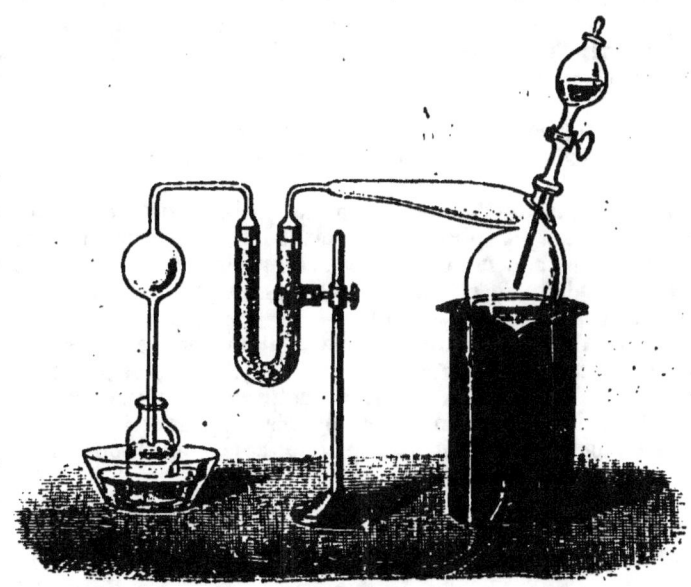

Fig. 89.

produit les mêmes réactions que l'acide chlorhydrique, mais, étant donné le prix élevé du brome et les difficultés que présente sa préparation, elle n'est pas utilisée comme celle-ci.

IODE, I = 127.

Poids moléculaire : I² = 254.

139. Propriétés physiques. — L'iode est un corps solide, opaque, d'un noir grisâtre et présentant l'éclat métallique. Il fond à 114° et bout vers 180°. Mais à une température peu élevée, il émet des vapeurs violettes très lourdes.

Introduisons dans un ballon quelques fragments d'iode et chauff.. légèrement, nous verrons de belles vapeurs violettes se dégager. Nous pa.. verser ces vapeurs, comme nous le ferions d'un liquide, d'un vase dans.. ; sous le même volume, elles pèsent 8,7 fois plus que l'air et 127 fois.. que l'hydrogène. En même temps sur les parois froides du col du ballo.. déposent de petits cristaux brillants d'iode : c'est un exemple de cristallisation par sublimation. Il suffit d'ailleurs d'abandonner de l'iode dans un flacon bouché à l'émeri, pendant un certain temps, pour observer que, sous l'influence des variations de la température ambiante, l'iode se déplace en se sublimant, et qu'il se forme peu à peu de volumineux cristaux dérivant d'un prisme rhomboïdal droit.

L'iode, peu soluble dans l'eau, est plus soluble dans l'alcool (*teinture d'iode*) ; il se dissout dans le sulfure de carbone et le chloroforme, auxquels il communique une belle coloration améthyste.

140. Propriétés chimiques. — L'iode se comporte vis-à-vis des métalloïdes et des métaux comme le brome et le chlore, quoique cependant ses réactions soient moins énergiques que celles de ces deux autres métalloïdes. Ainsi il ne se combine pas directement avec l'hydrogène, sous l'influence de la lumière solaire ou au contact d'un corps incandescent. Mais on obtient une combinaison partielle de ces deux corps en les chauffant, dans un tube de verre scellé, à partir de 350°.

Les iodures métalliques sont isomorphes des chlorures et des bromures correspondants : ainsi l'iodure, le bromure et le chlorure de potassium cristallisent en cubes.

Une propriété curieuse de l'iode est la coloration bleue qu'il communique à l'empois d'amidon. Dans une dissolution étendue d'amidon, introduisons une goutte d'une dissolution aqueuse d'iode, nous verrons immédiatement le liquide se colorer en bleu indigo. En chauffant légèrement, cette coloration disparaît, mais elle reparaît par le refroidissement.

Si l'on ajoute de l'empois d'amidon à une solution très étendue d'iodure de potassium, aucune colorationn ne se produit, car l'iode n'est pas libre; mais si l'on introduit dans le liquide, avec une baguette de verre, une goutte d'eau de chlore ou d'eau de brome, la coloration bleue apparaît immédiatement. Cette expérience montre que l'iode est déplacé de ses combinaisons métalliques par le chlore et par le brome.

Nous trouvons là une vérification très nette du théorème du dégagement de chaleur maximum (51). En effet la formation des trois hydracides est accompagnée des dégagements de chaleurs suivantes :

$$H + Cl = HCl \quad + 22^c,0$$
$$H + B^2 = HBr \quad + 13,5$$
$$H + I \ = HI \quad - 0,8$$

Le chlore, dégageant plus de chaleur que les deux autres métalloïdes, pris à l'état gazeux, en se combinant avec l'hydrogène, doit déplacer ces derniers. De même, en se combinant avec un métal quelconque, le chlore dégage plus de chaleur que le brome, et celui-ci plus que l'iode, et l'expérience vérifie, comme nous venons de le voir, ces déplacements.

C'est en nous appuyant sur ces réactions que nous pourrons extraire l'iode de la dissolution d'un iodure métallique.

L'iode colore la peau en jaune. Les vapeurs d'iode affectent douloureusement les muqueuses et sont dangereuses à respirer en grandes quantités.

141. Usages. — L'iode est employé en médecine et dans l'industrie des matières colorantes.

142. Acide iodhydrique, HI. — L'acide iodhydrique se prépare comme l'acide bromhydrique. C'est un gaz incolore, fumant à l'air, très soluble dans l'eau. La dissolution abandonnée dans un flacon incomplètement rempli, prend une teinte brune due au déplacement de l'iode par l'oxygène de l'air :

$$2HI + O = H^2O + I.$$

143. Extraction du brome et de l'iode. — L'eau de la mer renferme de petites quantités de bromures et d'iodures métalliques. Lorsque le sel marin s'est déposé par évaporation, ces matières se concentrent dans les eaux mères. Cependant l'iode y est contenu en trop petite quantité pour qu'il puisse en être extrait avec profit.

1° *Extraction du brome des eaux mères des marais salants.* — Le chlore déplace le brome de ses combinaisons métalliques. Si l'on agite avec une petite quantité d'eau de chlore les eaux mères des marais salants, on voit immédiatement le liquide se colorer en jaune. En agitant avec de l'éther, ce dernier dissout le brome et vient former à la surface du liquide une couche jaune rougeâtre. On décante ce liquide et l'on ajoute de la potasse, qui forme avec le brome un mélange de bromure et de bromate :

$$6KOH + 6Br = 5KBr + BrO^3K + 3H^2O.$$

On évapore l'éther et l'on calcine le résidu salin pour transformer le bromate en bromure; la réaction est analogue à celle qui a permis de préparer l'oxygène en décomposant le chlorate de potassium par la chaleur (63, 3°) :

$$BrO^3K = KBr + 3O.$$

Pour extraire le brome du bromure de potassium, on l'introduit dans une cornue avec du bioxyde de manganèse et de l'acide sulfurique et l'on condense le brome dans un ballon refroidi :

$$2KBr + MnO^2 + 3SO^4H^2 = 2SO^4NaH + SO^4Mn + 2H^2O + Br^2.$$

C'est ce procédé qu'a employé Balard pour extraire le brome des eaux mères des marais salants de la Méditerranée.

2° Extraction de l'iode et du brome des eaux mères des cendres de varechs. — Les plantes marines puisent dans l'eau de la mer les iodures et bromures qu'elle contient, et lorsqu'on brûle ces plantes, pour détruire la matière organique, il reste une cendre, qui, avec différents sels de potassium ou de sodium, renferme une assez forte proportion do bromures et d'iodures.

On *lessive* ces cendres, on fait cristalliser les sels que l'on désigne sous le nom

Fig 90.

de soudes de varechs, et il reste une eau mère qui sert à l'extraction du brome et de l'iode.

On évapore ces eaux mères avec de l'acide sulfurique, pour décomposer et transformer en sulfates les carbonates, sulfures et sulfites que ces eaux contiennent. On reprend par l'eau et l'on fait passer un courant de chlore.

L'iode se précipite en premier. D'après ce que nous savons en effet, puisque le brome peut déplacer l'iode, il ne peut se déposer de brome avant que la totalité de l'iode ait été éliminée. Lorsqu'on s'est assuré que la précipitation de l'iode est complète, on le recueille, on le sèche et on le sublime dans des cornues en grès A plongées dans un bain de sable B, et communiquant avec un récipient D dans lequel l'iode se condense (fig. 90).

Il ne reste plus pour extraire le brome qu'à distiller le liquide décanté avec du bioxyde de manganèse et de l'acide sulfurique, comme nous l'avons expliqué ci-dessus.

ACIDE FLUORHYDRIQUE, HF.

On trouve dans un grand nombre de filons métalliques une matière transparente, incolore le plus souvent, cristallisée en cube. Cette matière est très fusible et a été depuis longtemps utilisée comme fondant dans les arts métallurgiques. C'est la *fluorine* ou *spath-fluor* Ca F².

144. Préparation. — Lorsqu'on verse de l'acide sulfurique sur la fluorine, il se dégage des vapeurs acides, fumant au contact de l'air, mais attaquant rapide-

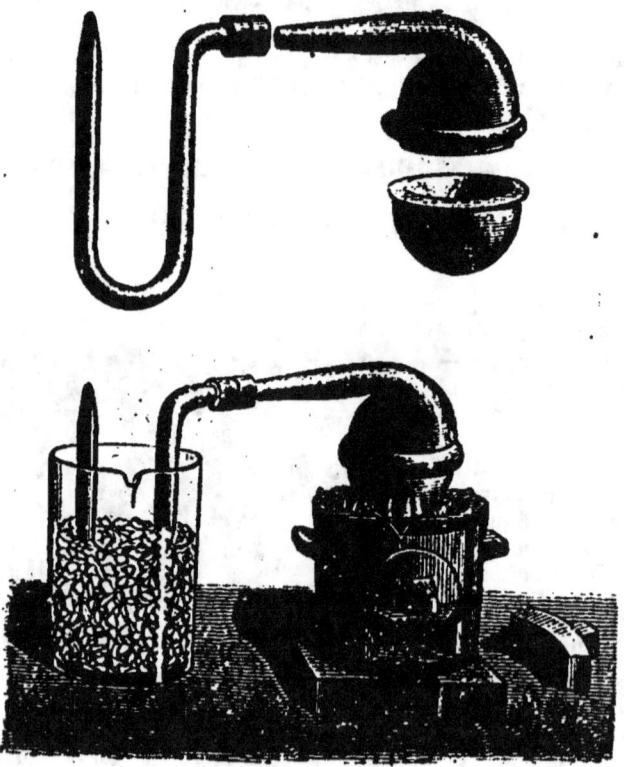

Fig. 91.

ment le verre, et il reste comme résidu du sulfate de calcium. On a rapproché tout d'abord cette réaction de celle qu'exerce l'acide sulfurique sur le sel marin, et l'on a admis que la fluorine était une combinaison de calcium avec un métalloïde, le *fluor*, que l'on n'a réussi à isoler que dans ces derniers temps, et que le gaz acide qui se dégageait était une combinaison hydrogénée de ce même métalloïde, un acide *fluorhydrique*.

La réaction se formulera :

$$CaF^2 + SO^4H^2 = SO^4Ca + 2HF.$$

Pour préparer l'acide fluorhydrique on se sert d'une cornue en plomb reliée à un récipient de même métal (fig. 91). La cornue se compose de deux parties, une capsule qui en forme le fond, et un dôme qui s'emboîte avec celle-ci et qu'on lute avec du plâtre. On place dans la cornue 1 partie de spath fluor en poudre et 3 parties d'acide sulfurique concentré, et l'on ajuste les diverses pièces de l'appareil. On chauffe légèrement, et le gaz vient se condenser dans le tube en plomb dans lequel on a mis une petite quantité d'eau et que l'on refroidit.

On prépare ainsi une solution concentrée d'acide fluorhydrique; c'est ainsi que l'on opère dans l'industrie.

Si l'on ne mettait pas d'eau dans le tube en plomb et si on le refroidissait avec un mélange de glace et de sel, on condenserait de l'acide fluorhydrique anhydre.

145. Propriétés. — L'acide fluorhydrique anhydre est un liquide incolore qui bout à + 19°,4; il est très avide d'eau.

L'acide du commerce est une dissolution aqueuse d'acide fluorhydrique. C'est un liquide doué d'une odeur vive et piquante qu'il ne faut manier qu'avec les plus grandes précautions. Il produit, lorsqu'on en laisse tomber une goutte sur la peau, une brûlure très dangereuse, accompagnée d'ulcères et d'un gonflement douloureux des tissus. Lorsqu'on manie l'acide fluorhydrique il faut éviter même de laisser les doigts longtemps en contact avec les vapeurs et prendre la précaution de se laver avec de l'ammoniaque.

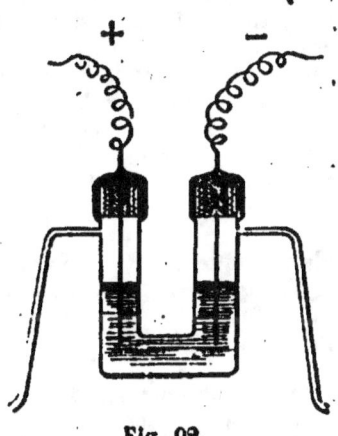

Fig. 92.

L'acide fluorhydrique ne peut être conservé dans des bouteilles en verre, qu'il attaque immédiatement. On l'enferme dans des vases en plomb ou en gutta-percha, ou mieux en argent ou en platine.

146. Gravure sur verre. — L'action exercée par l'acide fluorhydrique sur le verre est utilisée pour la gravure.

A cet effet on étend sur la plaque de verre un vernis inattaquable par l'acide fluorhydrique, par exemple un mélange de cire et d'essence de térébenthine, et lorsque cette couche de vernis s'est desséchée, on trace avec une pointe les caractères que l'on veut reproduire, de façon à mettre à nu la surface du verre. Puis on expose pendant quelques instants la surface vernissée aux vapeurs qui se dégagent d'un vase en plomb dans lequel on a placé le mélange de spath fluor pulvérisé et d'acide sulfurique, légèrement chauffé. On enlève le vernis avec de l'alcool et le dessin apparaît. Partout où les vapeurs d'acide fluorhydrique ont pu agir, le verre est dépoli.

Les traits que l'on obtient en mouillant la surface du verre avec de l'acide fluorhydrique étendu sont transparents, et par suite moins visibles que ceux que l'on trace par la méthode précédente.

147. Fluor. F = 19. — En électrolysant, dans un appareil en platine (fig. 92), l'acide fluorhydrique soigneusement débarrassé de toute trace d'eau, refroidi à — 50° et rendu conducteur par l'addition d'une petite quantité de fluorure de potassium, M. Moissan a préparé le fluor en 1886.

C'est un gaz qui, vu sous une épaisseur de 1 mètre, offre une couleur jaune verdâtre plus pâle que celle du chlore.

Il s'unit directement avec l'hydrogène avec un dégagement de chaleur considérable :

$$H + F = HF + 38^c,6.$$

Il décompose l'eau à la température ordinaire et s'unit avec dégagement de chaleur à la plupart des corps simples. Seuls le platine et l'or ne sont pas attaqués à la température ordinaire.

RÉSUMÉ DE L'ÉTUDE DES MÉTALLOÏDES DE LA PREMIÈRE FAMILLE.

148. Le fluor, le chlore, le brome et l'iode sont dits former la 1ʳᵉ famille des métalloïdes parce que leurs composés hydrogénés sont tels que le rapport du volume du composé au volume de l'hydrogène qui y est contenu est pour tous le rapport de 2 à 1.

Les formules moléculaires

$$\text{HF} \quad \text{HCl} \quad \text{HBr} \quad \text{HI}$$

expriment cette composition. Elles montrent en outre que le *corps simple* *s'unit à l'hydrogène volume à volume.*

Ces formules *définissent* en outre ces quatre métalloïdes comme des éléments monovalents, puisque 1 atome de chacun d'eux remplace 1 atome d'hydrogène dans la molécule H² ou H.H.

Les chlorures, les bromures et les iodures métalliques sont comparables entre eux; le chlore, le brome, l'iode étant en général susceptibles de se remplacer volume à volume dans des combinaisons isomorphes. Le fluor aussi peut jouer ce rôle, mais il s'écarte souvent des trois autres et s'en distingue par l'énergie de ses réactions.

	Fluor	Chlore	Brome	Iode
Poids atomique	F = 19	Cl = 35,5	Br = 80	I = 127
État physique	gazeux	gazeux	liquide	solide
Point de fusion	»	— 102°	— 24°,3	+ 113°
Point d'ébullition	»	— 35°	+ 63°	+ 175°

Les trois composés hydrogénés sont des hydracides puissants et si les combinaisons métalliques qui en dérivent sont analogues, les différences que l'on constate dans les réactions sont en relation avec les phénomènes thermiques qui accompagnent leur formation à partir des éléments :

			Gazeux	Dissous
H + F	= HF		+ 38°,6	+ 50°,4
H + Cl	= HCl		+ 22,0	+ 39,3
H + Br gaz	= HBr		+ 13,5	+ 29,5
H + I gaz	= HI		— 0,8	+ 18,4

La stabilité sous l'action de la chaleur va, en effet, en décroissant du premier au dernier. Un métal est plus facilement attaqué par l'acide iodhydrique que par ceux qui le précèdent dans la série. Ainsi les acides fluorhydrique et chlorhydrique peuvent être recueillis sur le mercure; l'acide bromhydrique est décomposé lentement par ce métal, à la température ordinaire; avec l'acide iodhydrique, l'attaque du mercure est instantanée.

CHAPITRE XI

SOUFRE. — ACIDE SULFUREUX. — ACIDE SULFURIQUE. ACIDE SULFHYDRIQUE.

SOUFRE, $S = 32$.

Poids moléculaire : $S^2 = 64$.

149. État naturel. — Le soufre est un corps connu de toute antiquité. Il se rencontre en effet, dans la nature, à l'état de liberté, mélangé à des matières terreuses, au voisinage des volcans éteints ou en activité, ou encore en masses compactes dans des couches n'ayant aucune origine volcanique et où il accompagne le gypse ou pierre à plâtre (sulfate de calcium).

150. Extraction. — Les procédés d'extraction du soufre que l'on emploie le plus généralement sont toujours assez primitifs; ce sont encore ceux que l'on employait dans l'antiquité.

Si le minerai est abondant et le combustible rare, on entasse le minerai sur une aire inclinée, dans une cavité cylindrique en

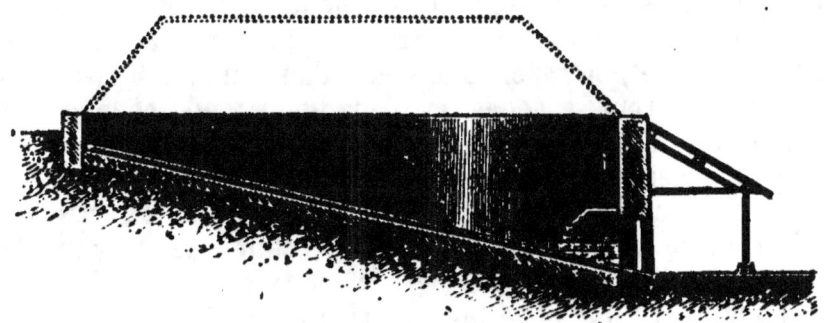

Fig. 93.

maçonnerie AA (fig. 93). On recouvre la meule (*calcarone*) ainsi formée de menus débris et de terre. Par des cheminées que l'on a eu soin de ménager dans le tas, on introduit des branches ou des herbes allumées; le soufre brûle en partie et la chaleur dégagée par cette combustion liquéfie le reste de la masse. On règle le tirage de façon que la combustion continue lentement et se propage de bas en haut, en élargissant plus ou moins l'ouverture des cheminées. Le soufre fondu s'écoule par un orifice pratiqué à la partie déclive. Un tiers environ du soufre est ainsi sacrifié pour fondre les deux autres tiers.

Lorsque le minerai est pauvre, c'est-à-dire lorsque le soufre est mélangé à une forte proportion de matières terreuses, on l'introduit dans des pots en terre disposés dans un long fourneau sur la sole duquel on brûle du bois (fig. 94). On volatilise ainsi le

Fig. 94.

soufre, dont les vapeurs vont se condenser dans un pot placé à l'extérieur du fourneau.

151. Raffinage. — Le soufre ainsi obtenu est le soufre brut; il est souillé par des matières terreuses entraînées et doit être *raffiné*. A cet effet, on vaporise le soufre dans un cylindre (fig. 95) et les vapeurs vont se condenser dans une grande chambre en maçonnerie. Si la condensation se fait brusquement au contact de l'air froid de cette chambre ou des parois froides, on obtient une matière pulvérulente très légère, la *fleur de soufre*. Si on laisse les parois s'échauffer, par suite de la condensation des vapeurs, la température s'élève au-dessus de 114° et le soufre se dépose à l'état liquide. Par une ouverture inférieure que l'on débouche de temps en temps, on fait couler le liquide dans des moules coniques en bois plongés dans l'eau. Le soufre se solidifie et est livré au commerce sous la forme de bâtons coniques : c'est le soufre en *canons*.

Les gaz du foyer circulent autour d'une chaudière dans laquelle on introduit le soufre brut. Le soufre fond, les matières terreuses se déposent et le liquide est amené, par un conduit coudé, dans les cylindres où il se vaporise.

152. Propriétés physiques. — Le soufre est un corps solide,

Fig. 95.

jaune citron; il est mauvais conducteur de la chaleur, car on peut, tenant un bâton de soufre à la main, fondre l'autre extrémité, l'enflammer, sans percevoir aucune sensation de chaleur. Il est mauvais conducteur de l'électricité, car on peut l'électriser par le frottement.

Il fond vers 114° en un liquide jaune clair, ressemblant à de l'huile d'olive. Lorsqu'on continue de chauffer ce liquide, il brunit, devient visqueux et, vers 220°, il est noir foncé et assez épais pour qu'on puisse renverser le tube dans lequel on le chauffe sans que la matière s'écoule. Au-dessus de 220° il reprend un peu de fluidité, tout en conservant sa couleur noire.

A la température de 440°, le soufre entre en ébullition.

153. Cristallisation du soufre. — Le soufre est insoluble dans l'eau, mais il est soluble dans un composé liquide de soufre et de carbone que nous étudierons sous le nom de sulfure de carbone. Lorsque cette dissolution s'évapore lentement, le soufre se dépose en cristaux volumineux qui sont des octaèdres dérivant d'un *prisme rhomboïdal droit* (fig. 96). On peut faire cristalliser le soufre différemment. On le fait fondre dans un creuset en terre, puis on laisse refroidir; le soufre se solidifie tout d'abord à la surface et contre les parois du vase qui sont en contact avec l'air extérieur; la solidification se propage lentement de l'extérieur vers le centre de la masse. Lorsque la croûte supérieure a atteint une épaisseur notable, on la perce en deux points avec une tige métallique et l'on verse par l'un d'eux le soufre encore liquide, puis on détache avec un couteau la croûte supérieure et l'on trouve l'intérieur du creuset tapissé de beaux cristaux de soufre. Ce sont de fines aiguilles transparentes, d'un jaune clair, dérivant d'un *prisme rhomboïdal oblique* (fig. 97). Ces cristaux appartiennent donc à un autre système que les cristaux obtenus par l'évaporation du sulfure de carbone; le soufre est, par conséquent, un corps dimorphe (14).

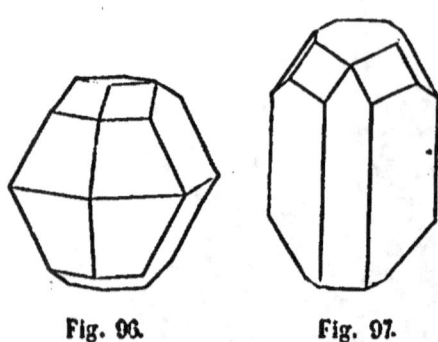

Fig. 96.   Fig. 97.

Ces cristaux, que l'on désigne par abréviation sous le nom de soufre prismatique, perdent peu à peu leur transparence quand on les abandonne quelques jours à la température ordinaire. Au microscope, ils se montrent alors formés par des chapelets d'*octaèdres*.

154. Soufre mou. — Soufre insoluble. — Lorsqu'on coule dans de l'eau froide du soufre maintenu liquide à une température peu supérieure à sa température de fusion, il se solidifie brusquement en une matière d'un jaune clair, cassante, qui ne diffère pas du soufre en canons que nous avons étudié précédemment. Mais si l'on coule dans l'eau froide, en filet mince, le soufre visqueux que l'on obtient en chauffant à 250°, on obtient une matière brune, élastique comme du caoutchouc : c'est le *soufre mou*. Ce soufre ne reste pas longtemps en cet état, il perd peu à peu sa transparence et son élasticité et se transforme en soufre ordinaire.

Si l'on essaye de dissoudre le soufre mou dans le sulfure de carbone, on observe qu'il laisse un résidu insoluble, pulvérulent, d'un jaune très pâle. C'est là une troisième variété de soufre, le *soufre insoluble*.

155. Soufre en vapeurs. — Le soufre bout à 440° et émet des vapeurs rouges, très denses. Elles pèsent 6,6 fois plus que l'air sous le même volume. Mais si l'on surchauffe ces vapeurs, elles prennent une couleur jaune clair, leur densité diminue et devient 2,22 à la température de 1000°.

Le poids moléculaire du soufre est 64 :

$$2,22 \times 28,9 = 6,4.$$

L'analyse de ses composés volatils montre que le poids atomique est 32.

156. Propriétés chimiques. — Le soufre brûle, lorsqu'on le chauffe dans l'air ou dans l'oxygène, avec une flamme bleue. Le résultat de cette combustion est l'anhydride sulfureux SO^2.

Il suffit de faire arriver un courant de chlore dans une éprouvette à pied renfermant de la fleur de soufre, pour observer une combinaison directe de ces deux corps ; le soufre se transforme peu à peu en un liquide jaune, le chlorure de soufre S^2Cl^2.

La plupart des métaux chauffés dans la vapeur de soufre s'y combinent avec dégagement de chaleur et de lumière, y brûlent comme ils le feraient dans l'oxygène. Chauffons, par exemple, dans un ballon de verre un mélange de soufre et cuivre en tournure ; le soufre fond, se réduit en vapeur et à un moment donné, nous voyons le cuivre devenir incandescent. Le métal s'est transformé en sulfure de cuivre. Introduisons un mélange intime de soufre, de limaille de fer et d'eau tiède dans un petit flacon dont nous fermerons ensuite le goulot avec un bouchon muni d'un tube effilé. Au bout de quelques instants, la vapeur d'eau s'échappera avec violence par le tube effilé. Le soufre et la limaille de fer se sont combinés avec un grand dégagement de chaleur, mais sans incandescence cette fois, pour former un sulfure de fer, et la chaleur dégagée dans la réaction a servi à volatiliser l'eau[1]. Ces expériences et bien d'autres encore que nous pourrons faire en étudiant les métaux, ont conduit à rapprocher le soufre de l'oxygène.

157. Usages. — Le soufre est employé en grande quantité dans l'industrie pour fabriquer l'anhydride sulfureux et l'acide sulfurique, dans la préparation des allumettes chimiques et dans la fabrication de la poudre. On se sert quelquefois du soufre pour sceller le fer dans la pierre, pour faire des moules pour médailles.

La fleur de soufre est employée en agriculture au *soufrage* de la vigne atteinte de l'*oïdium*. Il sert à préparer des mèches sou-

---

1. Cette expérience est connue sous le nom d'expérience du *Volcan de Lémery*. Nicolas Lémery, né à Rouen en 1645, professa la chimie avec éclat à Paris.

frées que l'on brûle dans les tonneaux destinés à conserver les liquides alcooliques.

Un à deux centièmes de soufre incorporés au caoutchouc donnent le caoutchouc vulcanisé. Le caoutchouc non vulcanisé se ramollit lorsque la température s'élève, et les lames minces employées à la confection des vêtements se colleraient entre elles ou adhéreraient aux étoffes; la vulcanisation, tout en conservant au caoutchouc la souplesse et l'élasticité, l'empêche de se ramollir sous l'action de la chaleur.

La Sicile a exporté en France, en 1879, plus de 60 millions de kilogrammes de soufre.

COMPOSÉS OXYGÉNÉS DU SOUFRE.

Le soufre forme avec l'oxygène plusieurs composés dont les plus importants sont :

L'anhydride ou gaz sulfureux	SO^2
L'anhydride sulfurique	SO^3

A ces anhydrides correspondent des acides :

Acide sulfureux	SO^3H^2
—　sulfurique	SO^4H^2.

ANHYDRIDE ou GAZ SULFUREUX, SO^2.

Acide sulfureux SO^3H^2.

158. Préparation. — 1º Le soufre, en brûlant aux dépens de l'oxygène de l'air, donne de l'anhydride sulfureux. C'est ainsi que l'on préparait exclusivement autrefois ce gaz dans l'industrie.

Mais le soufre est d'un prix assez élevé; on trouve dans le sol de grandes quantités d'une combinaison de fer et de soufre, la *pyrite* FeS^2, qui, chauffée au rouge dans un courant d'air, laisse dégager de l'anhydride sulfureux en se transformant en sesquioxyde de fer Fe^2O^3. Ce procédé de préparation est aujourd'hui presque partout substitué à la combustion du soufre, dans la grande industrie.

Mais l'anhydride sulfureux ainsi obtenu se trouve mélangé à l'azote de l'air, ce qui ne présente aucun inconvénient pour les applications industrielles.

2º Lorsque, dans les laboratoires, on veut préparer le gaz sulfureux pur, on désoxyde partiellement l'acide sulfurique à l'aide d'un métal ou d'un métalloïde convenablement choisi.

On introduit dans un ballon de la tournure de cuivre et de l'acide sulfurique concentré. Au bouchon se trouvent fixés un tube en S et un tube de dégagement qui permet de recueillir le gaz sur la cuve à mercure (fig. 98). On chauffe légèrement. Le

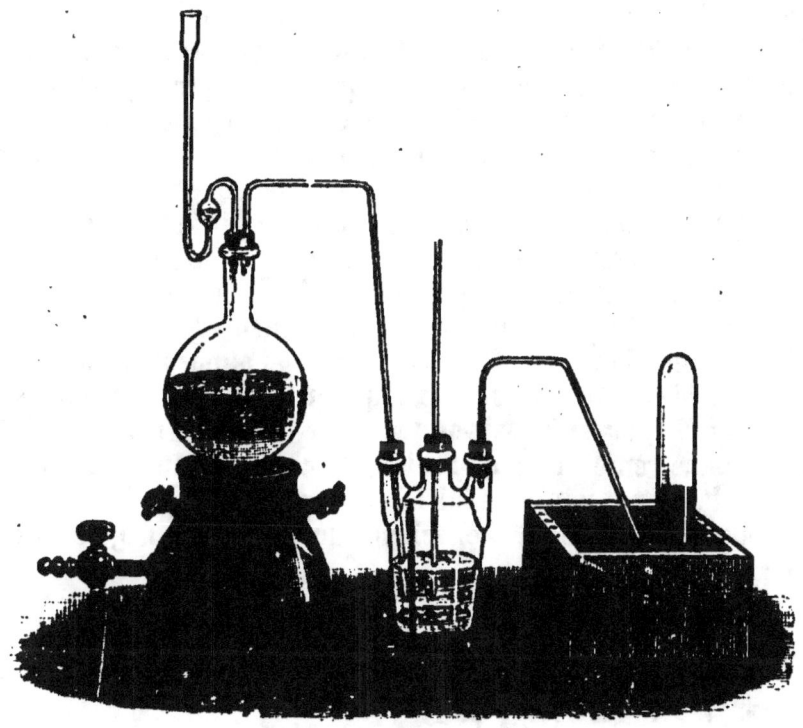

Fig. 98.

cuivre s'oxyde aux dépens d'une partie de l'oxygène de l'acide et l'oxyde de cuivre reste combiné à un excès d'acide sulfurique et forme du sulfate de cuivre :

$$Cu + 2\,SO^4H^2 = SO^4Cu + SO^2 + 2\,H^2O,$$

On pourrait substituer le mercure au cuivre. Le charbon, chauffé avec l'acide sulfurique, le réduit partiellement et forme du gaz carbonique en même temps que du gaz sulfureux :

$$C + 2\,SO^4H^2 = 2\,SO^2 + CO^2 + 2\,H^2O.$$

Ces deux gaz se dégagent donc simultanément et l'on ne connaît aucun moyen d'arrêter le gaz carbonique. Mais c'est cette réaction que l'on utilise pour préparer la dissolution (*acide sulfureux*, 160). L'appareil dont on se sert est identique à celui que nous venons de décrire : on introduit dans un ballon des fragments de charbon de bois et de l'acide sulfurique; en chauffant légèrement, on obtient un dégagement régulier de gaz. On fait plonger le tube de dégagement au fond d'un flacon rempli d'eau *récemment bouillie*. Cette dissolution contiendra de l'acide carbonique, qui ne peut nuire dans les circonstances où l'on emploie l'acide sulfureux.

159. Propriétés physiques. — L'anhydride sulfureux est un gaz incolore, doué d'une odeur vive et piquante qui provoque la toux.

Sa densité est 2,22 (32 fois celle de l'hydrogène); il est très soluble dans l'eau, qui en dissout environ 50 fois son volume à la température ordinaire.

On liquéfie facilement l'anhydride sulfureux en le faisant arriver au fond d'un matras plongé dans un mélange de glace et de sel qui abaisse sa température à — 15° environ. Cet abaissement de température suffit pour effectuer le changement d'état, car l'anhydride sulfureux bout à — 8° sous la pression atmosphérique.

L'anhydride sulfureux que l'on veut liquéfier doit être soigneusement desséché, aussi lui fait-on traverser, au sortir du ballon, un flacon tubulé renfermant de l'acide sulfurique et une éprouvette remplie de pierre ponce imbibée de ce même acide. Le gaz traverse ensuite un tube en U enveloppé du mélange réfrigérant, où

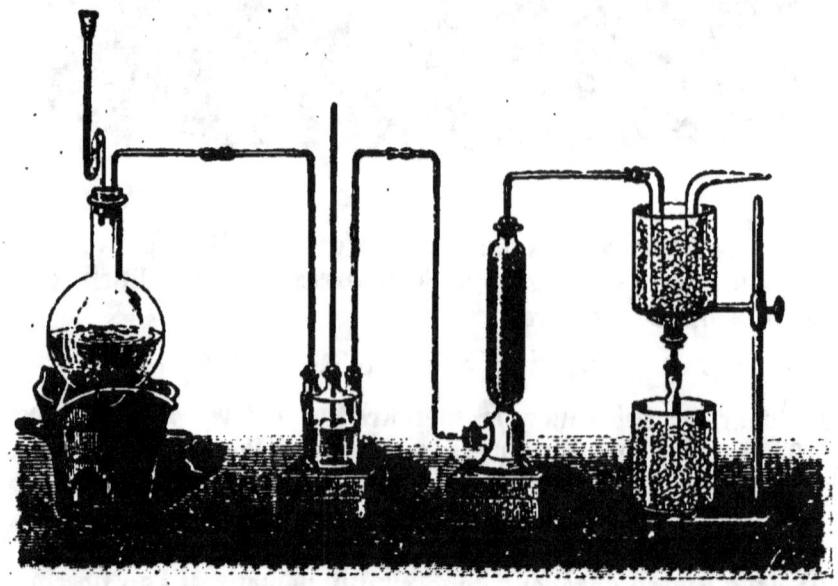

Fig. 99.

il se liquéfie. Le liquide tombe, par un ajutage soudé à la partie inférieure du tube en U, dans un petit ballon refroidi (fig. 99).

On obtient ainsi un liquide incolore, très mobile, qui se solidifie à — 75°.

L'évaporation rapide de l'anhydride sulfureux liquide produit
un abaissement de température assez intense pour congeler le
mercure. On dispose l'expérience de la façon suivante :

L'anhydride sulfureux liquide est placé dans un tube large dont
le bouchon laisse passer trois tubes (fig. 100) :
un tube en verre mince bouché à son extrémité inférieure, renfermant du mercure;
un tube étroit qui plonge au sein de l'anhydride liquide, et un tube de dégagement
qui entraînera l'acide vaporisé au dehors
de la pièce où l'on opère. On fait passer à
travers l'anhydride un rapide courant d'air,
à l'aide d'une soufflerie. Mais la vapeur d'eau
de l'atmosphère, en se condensant sur les
parois froides du tube, empêcherait de saisir
le moment où la solidification du mercure
est obtenue; pour empêcher cette vapeur de
se condenser, on fait plonger l'appareil dans
un flacon ou dans une éprouvette renfermant
une matière desséchante, de l'acide sulfurique
par exemple.

Fig. 100.

Lorsque, en remuant l'appareil, on observe que la surface libre
de mercure reste immobile, la solidification est obtenue. On casse
le tube et l'on peut marteler pendant quelques minutes le mercure
solide avec un maillet en bois.

160. Propriétés chimiques. — Le gaz sulfureux n'est que
partiellement décomposé par la chaleur, aux plus hautes températures que puisse supporter un tube de porcelaine.

Un mélange de gaz sulfureux et d'hydrogène traversant un tube
chauffé au rouge donne de l'eau et du soufre :

$$SO^2 + 2H^2 = 2H^2O + 2S.$$

La réaction est toute différente lorsque l'on verse quelques
gouttes d'une dissolution d'acide sulfureux dans un appareil à
hydrogène; il se dégage de l'hydrogène sulfuré :

$$SO^2 + 6H = H^2S + 2H^2O.$$

Les réactions les plus importantes du gaz et de l'acide sulfureux
sont celles qu'ils exercent sur les corps riches en oxygène.

Les deux gaz secs ne réagissent pas l'un sur l'autre, à quelque température que ce soit. Mais si l'on fait passer 2 volumes de gaz sulfureux mélangés à 1 volume d'oxygène, sur de la mousse de platine légèrement chauffée, il se dégage des fumées blanches d'anhydride sulfurique que l'on condense dans un vase bien sec et refroidi avec de la glace.

Mais, en présence de l'eau, l'acide sulfureux est peu à peu transformé, par l'oxygène, en acide sulfurique :

$$SO^3 + O + H^2O = SO^4H^2.$$

Aussi une dissolution d'acide sulfureux doit-elle être conservée dans des flacons bien bouchés, toujours pleins, et se sert-on d'eau débarrassée d'air par l'ébullition, pour la préparer.

Cette tendance que possède la dissolution d'acide sulfureux à se transformer en acide sulfurique, est encore accusée par l'action désoxydante que ce corps exerce sur un certain nombre de composés oxygénés : on dit que l'acide sulfureux est un *réducteur*.

Si l'on verse dans une éprouvette remplie de gaz sulfureux quelques gouttes d'acide azotique, on voit immédiatement apparaître des vapeurs rutilantes de peroxyde d'azote et il se forme de l'acide sulfurique :

$$SO^3 + 2AzO^3H = SO^4H^2 + 2AzO^2.$$

Acide sulfureux. — La dissolution du gaz sulfureux réagit sur les bases alcalines comme un acide, formant des sels ou *sulfites*. Avec la potasse, par exemple, on a *deux sels* :

Sulfite neutre	SO^3K^2
Sulfite acide	$SO^3HK,$

qui peuvent être considérés comme dérivés d'un acide hypothétique, l'*acide sulfureux* SO^3H^2, formé par l'union de l'anhydride SO^3 avec 2 molécules d'eau :

$$SO^3 + 2H^2O = SO^3H^2.$$

161. Action sur les matières colorantes. — L'acide sulfureux décolore un grand nombre de matières végétales ou animales.

Si l'on verse une dissolution d'acide sulfureux dans de l'eau additionnée de quelques gouttes de teinture de tournesol, ce liquide rougit, puis se décolore. Des violettes, une rose que l'on plonge dans cette dissolution ou dans un flacon renfermant du gaz sulfureux, sont décolorées. Cependant, dans ce cas, la matière colorante ne paraît pas détruite. Si l'on plonge en effet les violettes dans l'eau acidulée par l'acide sulfurique, elles se colorent en rose comme si on les traitait directement par l'acide étendu; lavées avec de l'eau ammoniacale, elles verdissent. Mais il n'en est plus de même dans d'autres cas.

La laine et la soie sont blanchies, dans l'industrie, par le gaz sulfureux. La laine humide est suspendue dans de vastes chambres bien closes, dans lesquelles on fait brûler du soufre. La laine au sortir de ces salles est exposée à l'air, puis passée dans un bain de savon.

162. Composition. — On a déterminé la composition de l'anhydride sulfureux par synthèse, en brûlant du soufre dans un volume connu d'oxygène et mesurant le volume du gaz sulfureux après la combustion. Cette expérience peut être réalisée de la manière suivante (fig. 101).

Dans un ballon renversé sur le mercure, on introduit de l'oxygène et un morceau de soufre placé dans une coupelle en terre fixée à l'extrémité d'un fil de fer. À l'aide d'une forte lentille on concentre sur le soufre les rayons solaires. Le soufre brûle, le gaz se dilate par la chaleur, mais si l'on a eu soin de faire monter le mercure d'une certaine quantité dans le col du ballon, rien ne s'échappe. La combustion terminée, on laisse le gaz se refroidir et l'on constate que le niveau du mercure est resté le même qu'au début de l'expérience.

Fig. 101.

En brûlant dans l'oxygène, le soufre a donc fourni un volume égal d'anhydride sulfureux. Pour calculer le poids de soufre qui est entré en combinaison, retranchons du poids d'un volume de gaz sulfureux le poids d'un égal volume d'oxygène. Si l'on prend comme unité de poids le poids d'un volume d'air égal à 1, les poids d'un volume de gaz sulfureux et d'oxygène sont représentés par leur densité :

$$2,22 - 1,11 = 1,11.$$

Or la densité de la vapeur de soufre étant **2,22**, le poids de soufre que nous trouvons est celui de 1/2 volume. Donc

$\frac{1}{2}$ vol. vapeur de soufre + 1 vol. oxygène $=$ 1 vol. gaz sulfureux

ou

1 vol. vapeur de soufre + 2 vol. oxygène $=$ 2 vol. gaz sulfureux.

Les symboles S et O représentant 1 volume, la formule du gaz est SO^2 correspondant à 2 volumes.

163. Applications. — Les applications du gaz sulfureux sont nombreuses; dans l'industrie chimique, il est préparé en grand pour être transformé en acide sulfurique (165).

Il sert à décolorer la laine, la soie, les chapeaux de paille, les plumes. On l'a employé comme désinfectant, pour détruire les germes contagieux, les insectes. On soufre les tonneaux dans lesquels on veut conserver les liquides alcooliques (vin, bière, cidre), c'est-à-dire que l'on brûle dans ces tonneaux des mèches soufrées. On détruit ainsi les organismes inférieurs qui, se développant dans le liquide alcoolique, l'altéreraient. On l'applique en fumigations au traitement des maladies de la peau.

Pour éteindre un feu de cheminée, on jette dans le foyer quelques morceaux de soufre et l'on ferme soigneusement l'ouverture avec des linges mouillés. Le soufre brûle aux dépens de l'oxygène de l'air, et comme le gaz sulfureux n'entretient pas la combustion, celle-ci s'arrête en peu de temps.

Enfin le froid produit par l'évaporation de l'anhydride sulfureux liquide a été appliqué à la préparation industrielle de la glace (système Pictet).

ANHYDRIDE SULFURIQUE, SO^3.

164. Nous avons vu qu'on obtenait de l'anhydride sulfurique lorsqu'on faisait passer un mélange de gaz sulfureux et d'oxygène bien secs sur de la mousse de platine légèrement chauffée :

$$SO^2 + O = SO^3.$$

On recueille dans un récipient sec entouré de glace de fines aiguilles blanches soyeuses, fondant à 18° et volatiles à 35°.

L'anhydride sulfurique est très avide d'eau. Lorsqu'on en projette dans l'eau une petite quantité, il se dissout instantanément en faisant entendre le bruit d'un fer rouge que l'on plonge dans l'eau, et la température du liquide s'élève.

ACIDE SULFURIQUE, SO^4H^2.

L'acide sulfurique normal est l'acide sulfurique hydraté, que l'on prépare dans l'industrie et dont les usages sont si nombreux. Il était connu des alchimistes du treizième siècle sous le nom d'huile de *vitriol*[1].

165. Théorie de la préparation. — Nous avons dit (160) que le gaz sulfureux réduisait l'acide azotique concentré; c'est sur cette réaction qu'est fondée la préparation de l'acide sulfurique. On a

$$(1) \qquad SO^2 + 2AzO^3H = SO^4H^2 + 2AzO^2.$$

Si la réaction s'effectue en présence de l'eau, le peroxyde d'azote se dédouble en acide azotique et bioxyde d'azote (115) :

$$(2) \qquad 3AzO^2 + H^2O = 2AzO^3H + AzO.$$

---

1. On le préparait à cette époque par la distillation du sulfate de fer ou *vitriol vert*.

L'acide azotique régénéré agit sur une nouvelle quantité de gaz sulfureux ; quant au bioxyde d'azote, si l'on a soin que l'air pénètre dans les appareils, il reforme du peroxyde d'azote (112)

$$(3) \qquad AzO + O = AzO^3$$

qui, en présence de l'eau, réagit comme ci-dessus. Théoriquement du moins, la même quantité d'acide azotique servira à oxyder une quantité illimitée de gaz sulfureux, et l'on voit que les composés oxygénés de l'azote servent d'intermédiaire pour fixer l'oxygène de l'air.

On peut mettre ce fait en évidence par l'expérience suivante : Dans un grand ballon (fig. 102), on fait arriver du bioxyde d'azote :

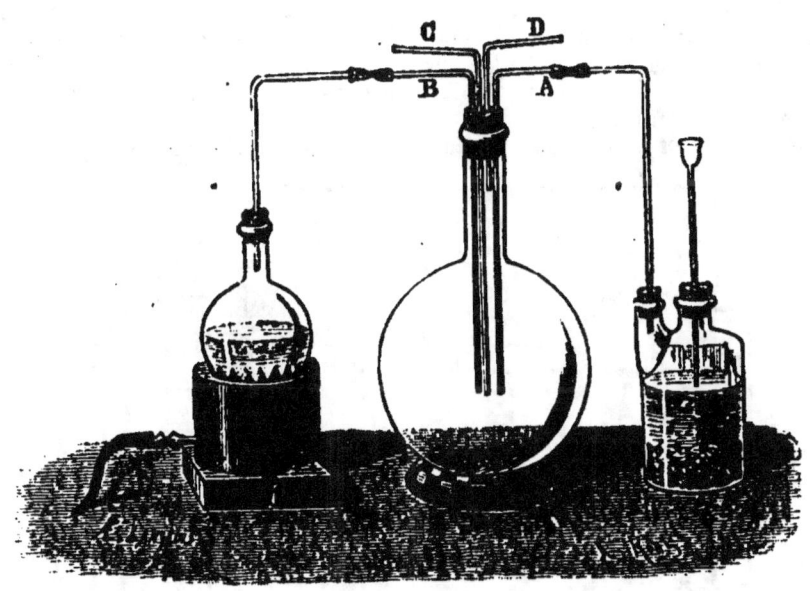

Fig. 102.

au contact de l'air, il se forme des vapeurs rutilantes de peroxyde et l'atmosphère du ballon est d'un rouge foncé [réaction (3)]. On fait arriver dans le ballon un courant de gaz sulfureux et, si l'on a mis un peu d'eau tiède au fond du grand ballon, on voit peu à peu l'atmosphère se décolorer et le liquide se charge d'une petite quantité d'acide sulfurique [réactions (2) et (1)]. Si, par un troisième tube, on insuffle de l'air, le bioxyde d'azote qui arrive dans le ballon se change de nouveau en peroxyde, qui éprouve les mêmes transformations que ci-dessus.

L'expérience terminée, on constate que le liquide du grand ballon renferme une notable quantité d'acide sulfurique.

Lorsqu'on ne met qu'une petite quantité d'eau au fond du ballon on voit se former sur les parois des cristaux blancs dont la composition est représentée par la formule $SO^4(AzO)H$, formule qui ne diffère de la formule de l'acide sulfurique que par la substitution du radical AzO (*nitrosyle*) à 1 atome d'hydrogène.

Ces cristaux blancs (*sulfate acide de nitrosyle*), communément appelés *cristaux des chambres de plomb*, sont formés d'après la réaction

(1) $$2SO^2 + 2AzO + 3O + H^2O = 2[SO^4(AzO)H].$$

Ils sont stables en présence d'un excès d'acide sulfurique, mais un excès d'eau au contraire les décompose en acide sulfurique et acide azoteux :

(2) $$SO^4(AzO)H + H^2O = SO^4H^2 + AzO^2H;$$

l'acide azoteux réagissant de nouveau sur le gaz sulfureux en présence de l'air, se comportera comme le mélange de bioxyde d'azote et d'oxygène :

$$SO^2 + AzO^2H + O = SO^4(AzO)H.$$

La formation des *cristaux des chambres de plomb* dans les appareils qui servent à la préparation industrielle de l'acide sulfurique n'est pas accidentelle comme on le croyait autrefois. Ils se forment au contraire toujours, et ce sont eux qui en réalité servent d'intermédiaires pour transformer le gaz sulfureux en acide sulfurique.

166. Préparation industrielle. — Nous ne donnerons ici qu'un rapide aperçu

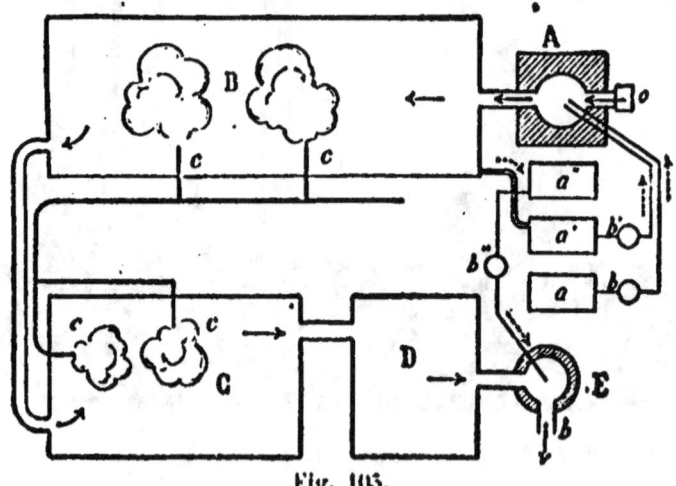

Fig. 105.

de la préparation industrielle de l'acide sulfurique, nous préoccupant surtout de mettre en évidence les circonstances dans lesquelles sont réalisées les réactions théoriques; le principe de l'opération restant le même, la forme et les dimensions des appareils sont susceptibles, en effet, de nombreuses modifications.

Un appareil producteur d'acide sulfurique comprend essentiellement :

1° Un four où l'on brûle le soufre ou les pyrites;

2° Une tour en plomb revêtue intérieurement de pierres siliceuses, remplie elle-même de briques siliceuses (*tour de Glover*, fig. 104);

3° De vastes chambres en charpente doublées intérieurement de feuilles de plomb, en général au nombre de trois (*chambres de plomb*);

4° Une tour en plomb remplie de briques siliceuses, beaucoup plus élevée que le Glover : c'est la *tour* ou *condenseur de Gay-Lussac* (fig. 103); elle a de 12 à 20 mètres de hauteur pour 1ᵐ,05 à 2ᵐ,50 de diamètre.

Suivons le mélange d'air et de gaz sulfureux qui sort des fours par la conduite o (fig. 103 ¹).

En pénétrant et en s'élevant dans le Glover A, les gaz *chauds* (leur température peut s'élever à 350°-400°) rencontrent un courant descendant d'acide à 55° B, froid et chargé de produits nitreux, et mélangé même d'acide azotique concentré, que l'on admet à la partie supérieure; ils sortent de là à la température de 70° à 75°, chargés de produits nitreux, et pénètrent dans la grande chambre B, puis dans les chambres C et D, et enfin dans le condenseur de Gay-Lussac E. Laissons de côté pour le moment les réactions qui se passent dans le Glover et examinons celles qui se produisent dans les chambres et dans le Gay-Lussac.

À l'intérieur des chambres, la température est nécessairement plus élevée qu'aux parois, et l'acide qui y est en suspension retient moins d'eau (56° à 58° B.) : il y a surtout formation d'acide nitrososulfurique (réaction 1). À la paroi et au contact du bain liquide, l'acide qui se condense s'hydrate, et l'acide azoteux est réduit par le gaz sulfureux. L'eau nécessaire aux réactions est amenée dans les chambres B et C à l'état de vapeur (c, fig. 103). Les réactions se terminent dans la petite chambre D. Les gaz qui arrivent à la base du Gay-Lussac renferment de l'acide azoteux, accompagné des produits de sa dissociation, bioxyde d'azote, peroxyde d'azote, de l'oxygène et encore un peu de gaz sulfureux; ils rencontrent un courant descendant d'acide sulfurique à 60° B., que l'on distribue aussi uniformément que possible à la partie supérieure de la colonne et qu'on y amène par un monte-acide à air comprimé b° (fig. 103). L'acide sulfurique est concentré et froid (réaction 1). Les produits nitreux s'y dissolvent, donnant lieu, grâce à la présence de l'oxygène, à l'acide nitrososulfurique, et les gaz, à leur sortie du Gay-Lussac, doivent être à peu près décolorés, ce que l'on observe aisément en pratiquant sur le tuyau de départ un *regard en verre*.

L'acide qui est arrivé à la base du Gay-Lussac contient donc, à l'état de dissolution, la majeure partie des produits nitreux qui ont concouru, dans les chambres, à former l'acide sulfurique qui s'y est condensé. Il est amené dans un bac a; l'acide qui s'est condensé dans la grande chambre est réuni lui-même dans un bac a'; deux monte-acides b et b' amènent les deux liquides dans un bac commun, au sommet du Glover A. L'acide des chambres, plus dilué (53° B.), étend l'acide à 60° qui sort du Gay-Lussac de manière qu'il ne marque plus que 55 à 56° B.; on admet également à la partie supérieure du Glover de l'acide azotique neuf destiné à compenser les pertes en produits nitreux. Ces liquides, dans leur mouvement descendant, rencontrent le courant ascendant des gaz chauds qui sortent des fours; l'acide nitrososulfurique est détruit (réaction 2), et l'acide se concentre à 60°-62° B., par suite de la formation d'une nouvelle quantité d'acide sulfurique, et aussi parce que la température élevée de ces gaz a déterminé un départ de la vapeur d'eau qui, entraînée par le courant de gaz sulfureux en excès, d'air et de produits nitreux, pénètre dans la grande chambre. Le Glover produit donc des effets multiples : il agit à la fois comme appareil producteur d'acide sulfurique et comme appareil générateur de vapeur d'eau.

En résumé, il résulte de cette esquisse rapide que, des deux réactions principales qui concourent à la formation de l'acide sulfurique, les réactions 1 et 2, la première (*formation de l'acide nitrososulfurique*) a son siège principal dans le condenseur de Gay-Lussac et au centre des chambres; la seconde (*destruc-*

1. La figure 103 est un plan théorique des appareils; le trajet des gaz est représenté par une flèche en traits pleins, le trajet de l'acide sulfurique par une flèche en pointillé.

tion de l'acide nitrososulfurique) se produit surtout dans la tour de Glover et sur les parois des chambres.

On admet généralement maintenant que le Glover doit avoir un volume utile de 8 mètres cubes par tonne de soufre brûlée en 24 heures, et le Gay-Lussac de 12 à 7 mètres cubes pour la même combustion. Les appareils intensifs de l'industrie moderne peuvent produire, en 24 heures, 4 kilogrammes de SO^4H^2 par mètre cube de chambre de plomb quand on les munit de tours de Glover et de Gay-Lussac ayant les dimensions indiquées ci-dessus.

Les chambres de plomb successives ont ordinairement comme cube : 4/8, 3/8, 1/8. Il vaudrait probablement mieux revenir à un plus grand nombre de chambres et réduire la première de moitié (Lunge et Sorel).

Pertes en produits nitreux. — Il y a des pertes *nécessaires* dues à la décomposition de l'acide nitrososulfurique et des pertes *accidentelles*. En effet, malgré

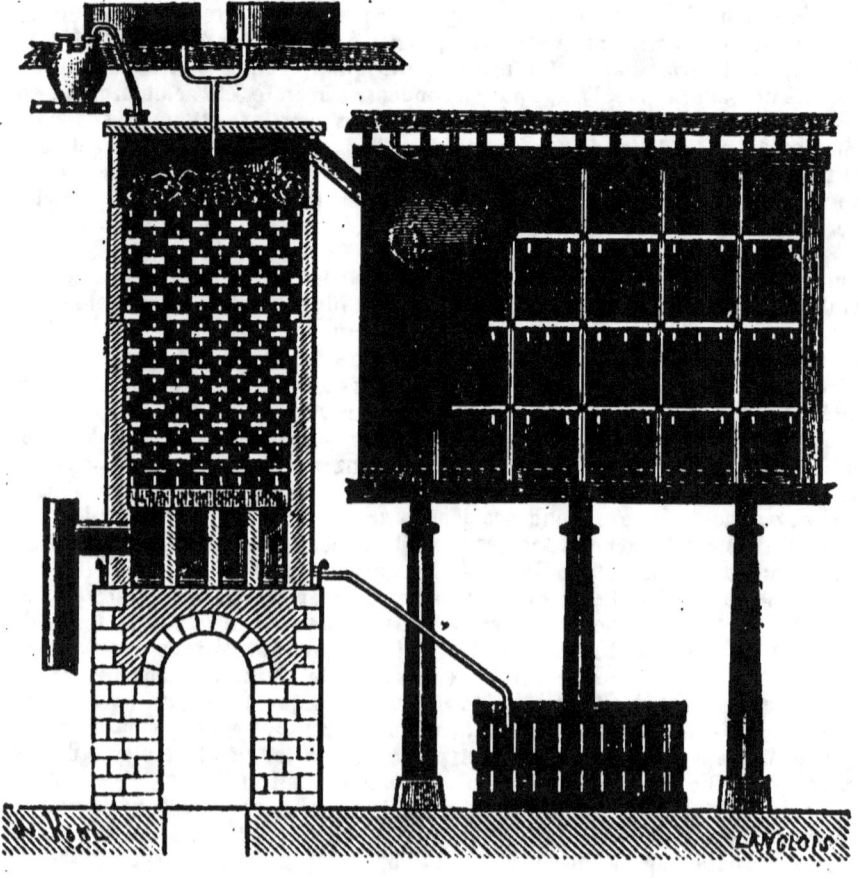

Fig. 101.

tous les soins apportés, par l'emploi d'un Gay-Lussac de grandes dimensions, à la condensation des produits nitreux qui sortent des chambres, on ne peut éviter qu'il n'en échappe, surtout si, par suite d'une marche défectueuse dans la fabrication, les gaz nitreux qui pénètrent dans le condenseur, au sortir de la troisième chambre, sont à l'état de peroxyde d'azote, celui-ci formant difficilement en effet de l'acide nitrososulfurique.

Enfin, si en certains points des chambres la température est trop élevée, et si

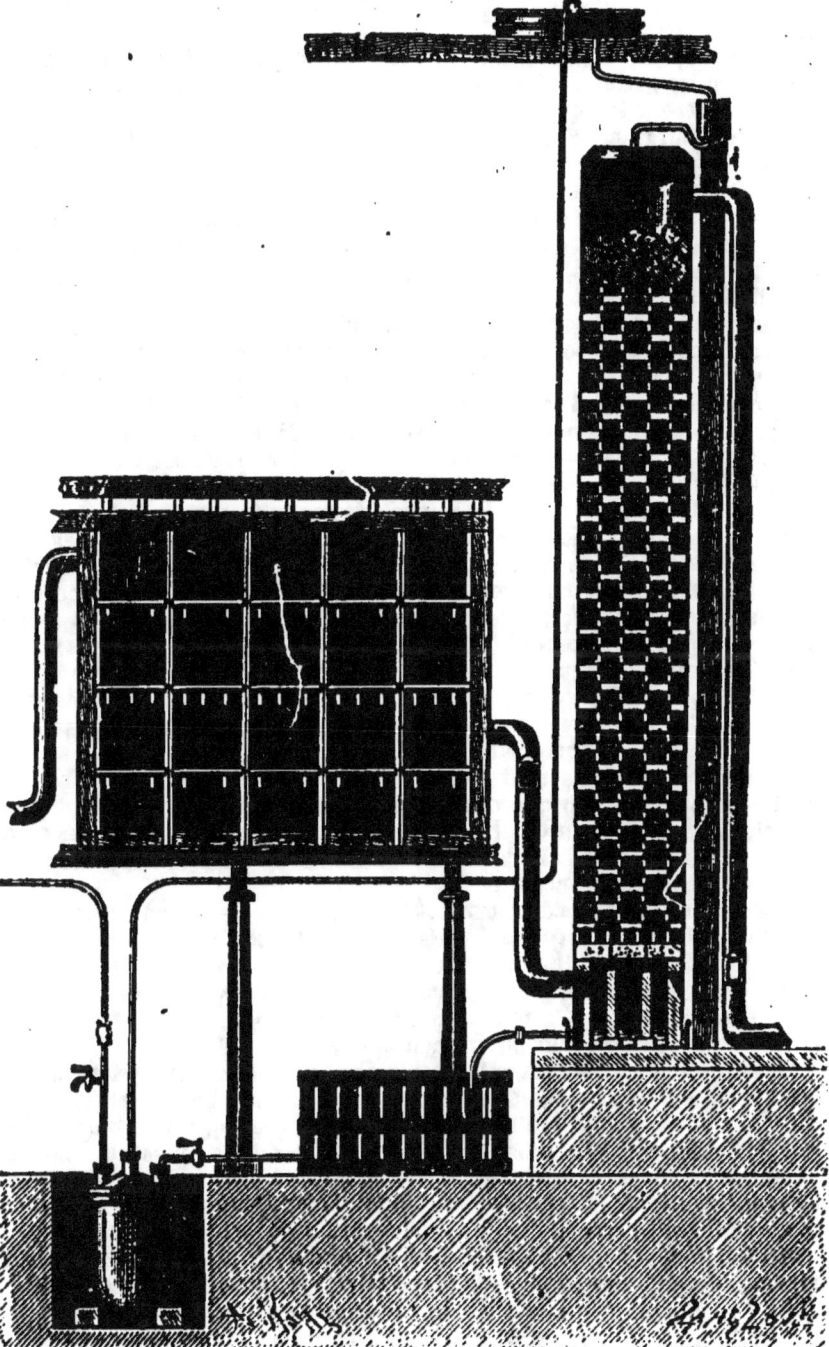

Fig. 105.

la vapeur d'eau est introduite en trop grande quantité, les produits nitreux peuvent être ramenés par l'acide sulfureux à l'état de protoxyde, gaz qui ne peut être ultérieurement réoxydé et qui s'échappera des appareils comme un gaz inerte.

Dans un appareil bien conduit, la consommation des produits nitreux destinée à combler les pertes peut être réduite à moins de 2^k,25 de nitrate de sodium commercial pour 100 kilogrammes de soufre brûlé.

167. Concentration de l'acide sulfurique. — L'acide, au sortir des chambres de plomb, ne peut titrer plus de 55° à l'aréomètre de Baumé. Tel quel, il peut être utilisé immédiatement dans certaines industries (fabrication des superphosphates et du sulfate d'aluminium). Mais, le plus souvent, il est nécessaire de le concentrer jusqu'à ce qu'il marque 60° B., et quelquefois même un degré aréométrique voisin de 66° B. (65,5-65,7 réels, correspondant à 93-94 pour 100 d'acide SO^{4}H^2 et même 98 pour 100).

L'acide qui s'écoule du Glover marque 60° B.; mais il est souillé par des produits nitreux, par les poussières des fours à pyrites, impuretés qui le rendraient impropre à certains usages, et on est amené à concentrer l'acide des chambres.

On peut concentrer l'acide jusqu'à 60°-62° B. dans des bassines en plomb; la température d'ébullition, qui est voisine de 150° pour l'acide à 52° B., s'élève jusqu'à 200-210°; l'eau qui distille n'entraîne alors que 0,001 environ d'acide.

Lorsqu'on doit dépasser 62° B., il faut renoncer aux vases de plomb, qui sont attaqués à l'ébullition, avec dégagement de gaz sulfureux et quelquefois dépôt de soufre. De plus, l'acide à 66° B. bouillant à 338°, le métal entrerait en fusion. On chauffe alors l'acide sulfurique dans des alambics en platine peu profonds, mais offrant une large surface d'évaporation et communiquant avec un serpentin de même métal; l'acide concentré reste dans l'alambic et l'on recueille à la sortie du serpentin des eaux acides (*petites eaux*) marquant 40 à 41° B.

Si l'on cherche à dépasser 65°,75 B., et à se rapprocher davantage de 66° B. (97 à 98,5 pour 100 d'acide réel), ce qui est nécessaire dans certains cas, on pousse plus loin encore la concentration; mais alors les eaux condensées sont riches en acide sulfurique : elles marquent jusqu'à 63,7.

Les vases de platine sont d'un prix élevé, et le métal est loin d'être inattaquable par l'acide sulfurique concentré et chaud, quand celui-ci est nitreux ou arsenical. On tend aujourd'hui à remplacer les vases de platine par des cornues en verre chauffées au bain de sable ou à limiter la surface du platine exposée à l'attaque de l'acide concentré.

168. Impuretés de l'acide commercial. Purification. — Les impuretés que l'on rencontre généralement dans l'acide commercial sont : les acides de l'arsenic et de l'azote, l'acide sulfureux, le fer et le plomb.

L'acide sulfurique obtenu par la combustion du soufre ne renferme généralement pas d'arsenic; on le réserve pour des usages spéciaux, par exemple pour la préparation des produits pharmaceutiques ou alimentaires.

Lorsque l'acide sulfureux est obtenu par le grillage des pyrites, qui sont toutes plus ou moins arsenicales, l'acide arsénieux sublimé est entraîné par le courant gazeux et vient souiller l'acide des chambres; quant au plomb, il provient de l'attaque des parois des chambres en présence des vapeurs nitreuses.

Arsenic. — On précipite l'arsenic à l'état de sulfure dans un acide sulfurique *marquant au plus* 52° B; soit par un courant d'hydrogène sulfuré, soit par addition de sulfure de baryum, qui présente cet avantage de n'introduire aucun élément soluble dans l'acide, soit encore à l'aide d'un hyposulfite (hyposulfite de baryum, de préférence), qui, réduisant l'acide arsénique par l'acide sulfureux qu'il dégage, rend la précipitation du sulfure d'arsenic plus rapide.

Le sulfure d'arsenic entraîne en même temps le plomb à l'état de sulfure.

Composés nitreux. — Les produits nitreux ne peuvent être éliminés complètement par l'acide sulfureux lorsque l'acide dépasse une certaine concentration (165). Le procédé de purification le plus simple, applicable quelle que soit la concentration de l'acide, consiste à chauffer celui-ci avec du sulfate d'ammonium :

$$2 AzO^2H + SO^4(AzH^4)^2 = 4Az + SO^4H^2 + 4H^2O$$
$$6 AzO^3H + 5SO^4(AzH^4)^2 = 10Az + 5SO^4H^2 + 18H^2O.$$

L'acide purifié sera, si l'on a dû l'étendre, concentré comme il est dit ci-dessus. Si cette purification d'un acide étendu se fait dans un laboratoire, on le distille afin d'éliminer les matières étrangères non volatiles que l'on a employées à la purification.

169. Propriétés physiques. — L'acide sulfurique du commerce, à son maximum de concentration[1], est un liquide incolore, inodore, de consistance huileuse. Sa densité est 1,85. Il se solidifie à — 34°. Il n'émet pas de vapeurs à la température ordinaire; il bout à 338°.

L'ébullition d'un liquide aussi visqueux que l'acide sulfurique est accompagnée de violents soubresauts; la vapeur se forme par grosses bulles qui, soulevant le liquide, le laissent retomber sur le fond du vase. Comme cette distillation ne peut être effectuée dans des vases d'un autre métal que le platine, on se sert de cornues en verre à large panse, mais on doit prendre des précautions particulières pour éviter la rupture de ces vases. On régularise le dégagement des bulles de vapeur en introduisant dans le liquide des fils de platine, ou simplement un corps poreux inattaquable par cet acide, tel que la pierre ponce. On se sert aussi quelquefois

Fig. 105.

d'une grille circulaire (fig. 106) qui permet de ne chauffer le liquide qu'à sa surface.

1. L'acide le plus concentré que fournit le commerce, marque environ 66° à l'aréomètre de Baumé; ce n'est pas l'hydrate normal SO^4H^2; il renferme encore 1,8 pour 100 d'eau, ce qui correspond à une composition voisine de

$$SO^4H^2 + \frac{1}{12}H^2O.$$

On obtient l'hydrate normal en ajoutant à l'acide concentré un poids convenablement calculé d'anhydride qui s'y dissout; on solidifie par abaissement de température, on exprime les cristaux, on les fond et on les solidifie de nouveau. On répète ces opérations successives jusqu'à ce que le produit solide fonde à

JOLY. — Élém. de Chimie.   12

170. Action de la chaleur. — Lorsqu'on fait passer des vapeurs d'acide sulfurique dans un tube de porcelaine chauffé au rouge vif, on recueille de l'oxygène, de l'anhydride sulfureux, et de la vapeur d'eau est mise en liberté :

$$SO^4H^2 = SO^3 + O + H^2O.$$

Les volumes de gaz sulfureux et d'oxygène recueillis sont dans le rapport de 2 à 1.

171. Propriétés chimiques. — L'acide sulfurique est un acide énergique; il suffit d'une goutte de cet acide, même dilué dans une grande quantité d'eau, pour communiquer à la teinture bleue de tournesol une coloration rouge pelure d'oignon.

Le mélange de l'acide sulfurique et de l'eau est accompagné d'un dégagement de chaleur considérable; si le mélange est fait dans le rapport de 4 parties d'acide et de 1 partie d'eau, la température peut s'élever jusqu'à 100°. Lorsqu'on veut étendre d'eau l'acide sulfurique, il faut avoir soin de verser l'acide dans l'eau, goutte à goutte, en remuant avec une baguette de verre. Si l'on versait l'eau dans l'acide concentré, chaque goutte d'eau se vaporiserait en tombant et projetterait l'acide, qui pourrait blesser l'opérateur.

La glace fond au contact de l'acide sulfurique. Mais si la chaleur absorbée par la fusion de la glace est supérieure à la chaleur fournie par l'hydratation de l'acide, on observe un abaissement de température. Pour un mélange de 4 parties de glace et de 1 partie d'acide, la température peut s'abaisser à 16° au-dessous de 0°. Tout au contraire on obtiendrait une élévation de température d'environ 90° en mélangeant 1 partie de glace et 4 parties d'acide.

L'acide sulfurique absorbe la vapeur d'eau. Pour dessécher les gaz, on les fait passer dans des tubes en U ou dans des éprouvettes à pied renfermant de la pierre ponce imbibée d'acide sulfurique. Lorsqu'on veut évaporer rapidement une dissolution saline, on la place dans un vase large au-dessus d'un vase renfermant de l'acide sulfurique, sous une cloche dans laquelle on fait le vide.

L'acide sulfurique auquel on ajoute 1 molécule d'eau forme un hydrate $SO^4H^2 + H^2O$, solide au-dessous de $+ 8°$. Les cristaux de cet hydrate se déposent facilement pendant les froids de l'hiver

une température constante qui est pour l'acide normal 10°,5. Cet acide entre en ébullition à 290°; mais sa vapeur se décompose en gaz sulfureux, oxygène et eau qui, s'ajoutant à l'acide non volatilisé, l'hydrate; la température d'ébullition s'élève et s'établit alors à 338°. On ne peut donc, par évaporation sous l'action de la chaleur, à la pression normale, dépasser la composition $SO^4H^2 + \frac{1}{12}H^2O$.

dans les flacons ou touries renfermant de l'acide sulfurique commercial qui a absorbé peu à peu de la vapeur d'eau par suite d'une fermeture imparfaite des vases.

Un grand nombre de métalloïdes décomposent l'acide sulfurique, avec l'aide de la chaleur. Ainsi l'hydrogène et des vapeurs d'acide sulfurique, passant dans un tube chauffé au rouge, donnent du gaz sulfureux ou même du soufre :

$$SO^4H^2 + H^2 = SO^3 + 2H^2O$$
$$SO^4H^2 + 3H^2 = S + 4H^2O.$$

Lorsqu'on chauffe du charbon avec de l'acide sulfurique, il se dégage un mélange de gaz sulfureux et de gaz carbonique (158):

$$2SO^4H^2 + C = 2SO^3 + CO^2 + 2H^2O.$$

Le soufre réduit l'acide sulfurique à une température voisine de l'ébullition :

$$2SO^4H^2 + S = 3SO^3 + 2H^2O.$$

L'or et le platine ne sont pas attaqués par l'acide sulfurique. Mais le cuivre, l'argent et le mercure ramènent l'acide sulfurique à l'état d'anhydride sulfureux, lorsqu'on les chauffe avec cet acide; il se forme en même temps un sulfate (158); ainsi, on aurait avec le cuivre :

$$Cu + 2SO^4H^2 = SO^4Cu + SO^3 + 2H^2O.$$

A la température ordinaire, le fer et le zinc décomposent l'acide sulfurique *étendu* (57), déplacent l'hydrogène, et il reste en dissolution un sulfate :

$$Zn + SO^4H^2 = SO^4Zn + H^2.$$

Le plomb n'est pas attaqué par l'acide sulfurique étendu ; aussi se sert-on de feuilles de plomb pour former les vastes chambres où l'on prépare industriellement cet acide ; mais il serait attaqué à l'ébullition par l'acide sulfurique concentré (167).

L'acide sulfurique carbonise le bois; il détermine la formation de l'eau aux dépens de l'hydrogène et de l'oxygène de la matière organique et une partie du carbone est mise en liberté. Il corrode les tissus animaux; aussi la projection d'acide sulfurique sur les mains ou la figure doit-elle être soigneusement évitée. Dans le cas d'un accident de ce genre, un lavage à l'eau ammoniacale très étendue doit être immédiatement pratiqué.

172. Sulfates. — En se combinant avec les bases, l'acide sulfurique forme des sulfates. Ainsi versons dans une dissolution étendue d'acide sulfurique rougie par quelques gouttes de teinture de tournesol, de la soude jusqu'à ce que la teinture végétale redevienne bleue; on aura

$$SO^4H^2 + 2NaOH = SO^4Na^2 + 2H^2O,$$

et en évaporant la liqueur, on fera cristalliser le sulfate de sodium. Ce sulfate est dit *neutre*.

Les sulfates de potassium ou de sodium peuvent, en outre, réagir sur une nouvelle molécule d'acide sulfurique pour donner des sulfates *acides* ou bisulfates qui, n'étant décomposables qu'au rouge vif, se produiront toutes les fois que, à une température peu élevée, un sulfate alcalin prendra naissance en présence d'un excès d'acide sulfurique. Ainsi, lorsqu'on prépare l'acide azotique en décomposant l'azotate de potassium par l'acide sulfurique (99), il se forme en réalité un sulfate acide ou bisulfate :

$$SO^4K^2 + SO^4H^2 = 2SO^4KH;$$

et la réaction doit se formuler ainsi :

$$AzO^3K + SO^4H^2 = SO^4KH + AzO^3H.$$

L'acide sulfurique est dit un *acide bibasique*. La formule moléculaire renferme H^2 et, pour former des sels, 1 ou 2 atomes d'hydrogène peuvent être remplacés par 1 ou 2 atomes d'un métal monovalent tel que le potassium K, le sodium Na, l'argent Ag.

Avec un métal divalent comme le calcium Ca, le cuivre Cu on formulerait le sel neutre :

$$SO^4Ca \qquad SO^4Cu.$$

Avec le fer, on a deux sulfates :

Sulfate ferreux	SO^4Fe
Sulfate ferrique	$(SO^4)^3Fe^2$.

La plupart des sulfates sont solubles dans l'eau (sulfates de potassium, de sodium, de fer, de zinc, de cuivre, de mercure). Le sulfate de baryum, au contraire, est insoluble; aussi reconnaît-on la présence d'une quantité si petite qu'elle soit d'acide sulfurique dans une liqueur, en y versant quelques gouttes d'une dissolution d'un sel soluble de baryum, du chlorure de baryum, par exemple.

173. Usages. — L'acide sulfurique est un des produits les plus importants de l'industrie chimique. Il sert à préparer l'acide azotique, l'acide chlorhydrique et le sulfate de sodium, les corps gras (bougies stéariques); on l'emploie au décapage des métaux, etc.

ACIDE SULFURIQUE FUMANT, $S^2O^7H^2$.

Acide pyrosulfurique, acide disulfurique.

174. Préparation. — L'industrie emploie, sous le nom d'acide sulfurique fumant, d'acide sulfurique de Nordhausen, ou d'acide sulfurique de Saxe, un acide sulfurique moins hydraté que l'acide sulfurique normal, que l'on préparait autrefois aux environs de la petite ville de Nordhausen, en Saxe, et que l'on prépare aujourd'hui presque exclusivement en Bohême.

1° Lorsqu'on distille du sulfate de fer bien desséché, dans une cornue en grès, il se dégage de l'anhydride sulfureux, de l'anhydride sulfurique, et il reste dans la cornue une matière rouge pulvérulente qui est du sesquioxyde de fer et que l'industrie utilise pour le polissage des glaces; c'est le *rouge d'Angleterre* ou *colcothar* :

$$2SO^4Fe = Fe^2O^3 + SO^2 + SO^3.$$

On voit que la moitié de l'anhydride sulfurique perd un tiers de son oxygène, qui est employé à transformer le protoxyde de fer en sesquioxyde.

Mais si l'on décompose par la chaleur le sulfate de sesquioxyde de fer $(SO^4)^3Fe^2$, il ne se dégage que de l'anhydride sulfurique et il reste encore comme résidu du sesquioxyde de fer :

$$(SO^4)^3Fe^2 = Fe^2O^3 + 3SO^3.$$

Cependant, si le sulfate n'a été qu'imparfaitement desséché, on recueille dans le récipient, adapté à la cornue en terre, un acide sulfurique dont l'état d'hydratation dépend de la quantité d'eau que l'on a laissée dans le sulfate.

C'est ce qui a lieu dans la pratique industrielle. La distillation du sulfate de fer se fait dans de petites cornues en terre auxquelles on adapte des récipients de même matière.

2° On obtient aujourd'hui l'acide sulfurique fumant en dissolvant de l'anhydride sulfurique dans l'acide ordinaire.

175. Propriétés. — L'acide sulfurique fumant est un liquide brun, sirupeux, qui, exposé à l'air, répand des fumées blanches résultant de la combinaison, avec l'eau atmosphérique, de l'anhydride sulfurique qu'il laisse dégager. Il renferme moins d'eau que l'acide normal. Refroidi dans de la glace, il laisse déposer des cristaux blancs $S^2O^7H^2$ qui, séparés du liquide au sein duquel ils se forment, ne fondent plus qu'à 35°. Chauffé légèrement dans une petite cornue de verre, cet hydrate se décompose en anhydride qui bout à 35° environ et vient se condenser dans un récipient refroidi, et en acide sulfurique qui, ne bouillant qu'à 338°, reste dans la cornue :

$$S^2O^7H^2 = SO^4H^2 + SO^3.$$

C'est là un procédé que l'on emploie quelquefois pour préparer l'anhydride.

176. Applications. — L'acide fumant est employé dans l'industrie des matières colorantes, où l'on a besoin d'un acide plus concentré que l'acide normal.

HYDROGÈNE SULFURÉ, H²S.

Acide sulfhydrique.

177. Préparation. — Lorsqu'on verse de l'acide sulfurique sur un certain nombre de sulfures métalliques (sulfures alcalins, sulfure de fer), il se dégage un gaz doué d'une odeur désagréable, qui est l'hydrogène sulfuré.

1° Pour préparer ce gaz, on introduit dans un flacon tubulé (fig. 107) des fragments de sulfure de fer, de l'eau et, par le tube à

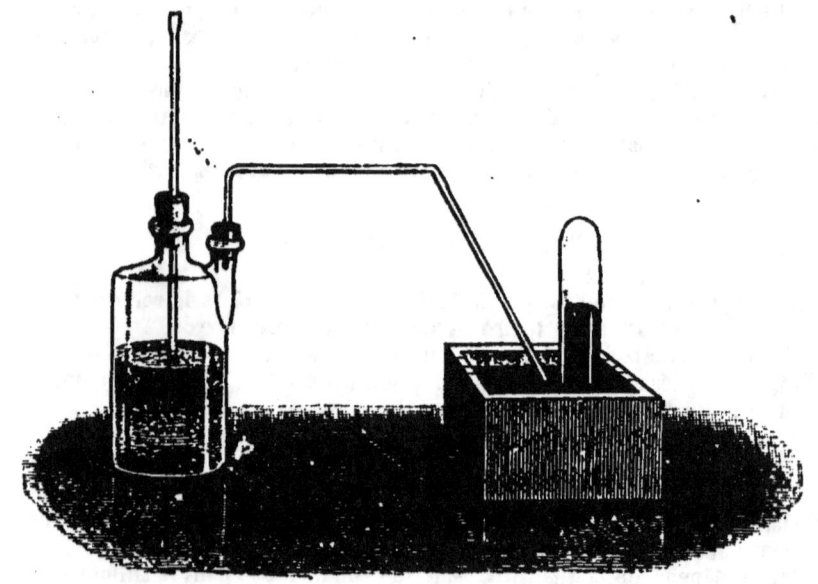

Fig. 107.

entonnoir, de l'acide sulfurique. Une effervescence se produit et l'on recueille le gaz sur la cuve à mercure, car il est soluble dans l'eau. La réaction est la suivante :

$$FeS + SO^4H^2 = SO^4Fe + H^2S.$$

Le gaz ainsi obtenu renferme presque toujours un peu d'hydrogène ; car le protosulfure de fer est un produit artificiel que l'on obtient en fondant dans un creuset 28 parties de fer en poids pour 16 de soufre. Il peut rester du fer non combiné qui, avec l'acide sulfurique étendu, dégage de l'hydrogène.

La présence de l'hydrogène n'offre aucun inconvénient lorsqu'il s'agit de faire passer le gaz dans une solution métallique dont on veut précipiter le métal à l'état de sulfure, ou lorsqu'on prépare la dissolution. Dans ce dernier cas, on se sert d'un appareil de Woolf, ou simplement on fait plonger le tube de dégagement au fond d'un grand flacon rempli d'eau récemment bouillie.

On peut remplacer, dans la préparation précédente, l'acide chlorhydrique par l'acide sulfurique :

$$FeS + 2HCl = FeCl^2 + H^2S.$$

Le chlorure de fer reste dissous dans l'eau du flacon. Pour arrêter le gaz chlorhydrique qui sera inévitablement entraîné par l'hydrogène sulfuré, on fera bien d'interposer entre le flacon producteur et le tube de dégagement un petit flacon laveur renfermant un peu d'eau.

2° Pour préparer l'acide sulfhydrique pur, on attaque le sulfure d'antimoine par l'acide chlorhydrique. Ce sulfure d'antimoine se trouve dans la nature à l'état cristallisé; c'est un composé bien défini qui ne peut renfermer de métal en excès.

On place le sulfure d'antimoine pulvérisé dans un ballon (fig. 108)

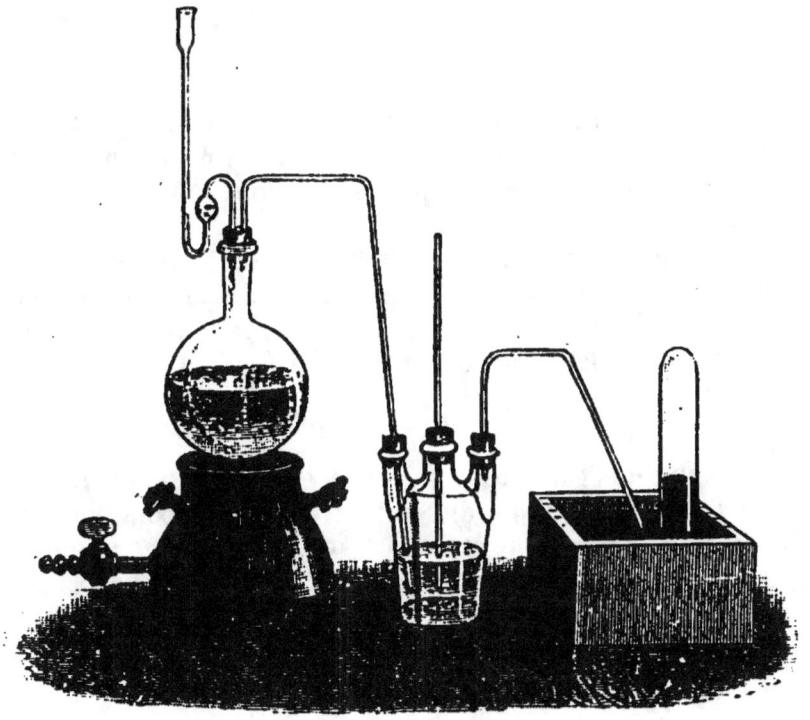

Fig. 108.

et l'on verse de l'acide chlorhydrique. On chauffe légèrement, et le gaz avant de se dégager sur la cuve à mercure traverse un flacon laveur renfermant un peu d'eau destinée à retenir l'acide chlorhydrique entraîné :

$$Sb^3S^3 + 6HCl = 2SbCl^3 + 3H^3S.$$

178. Propriétés physiques. — Gaz incolore, d'une odeur très désagréable. Sa densité est 1,1912 : elle est 17 fois plus grande que celle de l'hydrogène. L'eau en dissout 3 fois son volume à la température de 15° et 4,5 à 0°. Il se liquéfie à 0°, sous la pression de 16 atmosphères, en un liquide incolore que l'on a pu solidifier.

179. Propriétés chimiques. — L'acide sulfhydrique se décompose en hydrogène et soufre lorsqu'on le fait passer dans un tube de porcelaine chauffé au rouge. Cette décomposition a lieu à une température plus basse en présence d'un métal, le cuivre par exemple. Ce dernier se combine avec le soufre et forme du sulfure de cuivre.

L'hydrogène sulfuré, formé de deux éléments combustibles, est combustible. Il brûle avec une flamme bleue, et donne du gaz sulfureux et de l'eau :

$$H^3S + 30 = H^2O + SO^3.$$

Pour que la combustion soit complète il faut que deux volumes d'hydrogène sulfuré soient mélangés à trois volumes d'oxygène. Un mélange fait dans ces proportions détone au contact d'un corps incandescent.

Si l'oxygène est en quantité moindre, du soufre se dépose. C'est ce qui se produit lorsqu'on enflamme l'hydrogène sulfuré à l'ouverture d'une éprouvette longue et étroite ; il se forme toujours sur les parois un dépôt de soufre très divisé :

$$H^3S + 0 = H^2O + S.$$

En présence de l'eau, l'oxygène déplace le soufre de l'hydrogène sulfuré. C'est ainsi qu'une dissolution de ce gaz contenue dans un flacon incomplètement rempli, c'est-à-dire maintenue au contact de l'air, se trouble peu à peu, et qu'il s'y forme un dépôt jaune de soufre très divisé :

$$H^3S + 0 = H^2O + S.$$

Le chlore décompose l'hydrogène sulfuré. Si ce dernier gaz est en excès, on a de l'acide chlorhydrique et un dépôt de soufre :

$$H^3S + 2Cl = 2HCl + S.$$

Mais si le chlore était en excès, ce gaz se combinerait au soufre pour former du chlorure de soufre, S^2Cl^2.

La plupart des métaux décomposent l'hydrogène sulfuré sous l'action de la chaleur, comme le cuivre, l'argent, les métaux alcalins. En présence de l'humidité, l'argent est attaqué à la température ordinaire : il noircit par suite de la formation d'un sulfure noir d'argent.

En réagissant sur un certain nombre de dissolutions de sels métalliques, l'hydrogène sulfuré donne des sulfures insolubles. Nous ne citerons que l'action exercée par ce gaz sur les sels de plomb, car elle est caractéristique. L'hydrogène sulfuré noircit les sels de plomb par suite de la formation d'un sulfure noir. On reconnaît qu'un gaz contient de l'hydrogène sulfuré à ce caractère que, traversant une dissolution d'acétate de plomb incolore, il la noircit. On se sert aussi fréquemment, à cet effet, d'un papier à filtre imbibé d'une dissolution d'acétate de plomb qui devient rapidement brun ou noir lorsqu'on le plonge dans une atmosphère renfermant quelques traces d'hydrogène sulfuré.

L'hydrogène sulfuré est un gaz délétère ; dans une atmosphère qui en contient un $\frac{1}{1800}$, un oiseau périt ; un animal de plus forte taille, un cheval, succombe dans une atmosphère qui en contient $\frac{1}{800}$. L'hydrogène sulfuré combiné à l'ammoniaque se dégage des fosses d'aisances, et lorsque l'aération a été insuffisante, les ouvriers qui y pénètrent y succombent en quelques instants. On combat ces effets funestes par le chlore, qui décompose l'hydrogène sulfuré.

180. **Composition.** — Dans une cloche courbe, sur le mercure, introduisons de l'hydrogène sulfuré et un fragment d'étain. En chauffant ce métal avec une lampe à alcool, on décompose le gaz : le soufre se fixe sur l'étain et il reste un volume d'hydrogène égal au volume gazeux primitif.

Si nous retranchons de la densité de l'hydrogène sulfuré . . .	1,1912
la densité de l'hydrogène.	0,0692
il reste.	1,1220

qui représente la demi-densité de la vapeur de soufre.

Donc, 1 vol. d'hydrogène sulfuré est formé de 1 vol. d'hydrogène et de 1/2 vol. de vapeur de soufre. On peut dire encore que 2 vol. d'hydrogène, en se combinant avec 1 vol. de vapeur de soufre, forment 2 vol. d'hydrogène sulfuré. La condensation des éléments est de 1/3 et la composition de ce gaz est analogue à celle de la vapeur d'eau. La formule H^2S représente 2 vol. comme celle de l'eau.

151. Les métalloïdes de la deuxième famille sont au nombre de quatre : oxygène, soufre, sélénium, tellure. Ces éléments forment avec l'hydrogène des combinaisons qui, à l'état gazeux, renferment un volume d'hydrogène égal au volume du composé.

La densité à l'état gazeux, et par suite le poids moléculaire des composés hydrogénés, l'analyse de ces composés, les définissent comme éléments *divalents* :

$$H^2O, \quad H^2S, \quad H^2Se, \quad H^2Te.$$

Le poids moléculaire des corps simples, défini par la densité de vapeur, étant double du poids atomique, les molécules sont *diatomiques* : O^2, S^2, Se^2, Te^2.

	Oxygène.	Soufre.	Sélénium.	Tellure.
Poids atomique..	O = 16	S = 32	Se = 79	Te = 126
État physique.	gazeux.	solide.	solide.	solide.
Densité (état cristallisé). . .	»	2.0	4,8	6,25
Point de fusion.	»	114°	217°	450°
Point d'ébullition.	−181°,4	450°	665°	au rouge.

Le tellure a l'éclat métallique; il cristallise en rhomboèdres, comme l'arsenic, l'antimoine et le bismuth.

CHAPITRE XII

PHOSPHORE. — ACIDE PHOSPHORIQUE. — HYDROGÈNE PHOSPHORÉ

PHOSPHORE, $P = 31$.
Poids moléculaire $P^4 = 124$.

182. État naturel. — Le phosphore n'existe pas à l'état libre dans la nature; mais un de ses composés oxygénés forme, en se combinant avec la chaux, un sel, le phosphate de calcium, qui entre dans la composition des os des animaux ou que l'on rencontre dans le sol, notamment dans les Ardennes et dans le Lot, où il est exploité pour les besoins de l'agriculture. Les liquides de l'organisme renferment divers phosphates, et c'est de l'urine que Brandt, de Hambourg, retira pour la première fois le phosphore en 1669. En 1769, Scheele parvint à l'extraire beaucoup plus facilement des os par un procédé que nous décrirons lorsque nous aurons étudié l'acide phosphorique, ce qui nous permettra de faire comprendre plus aisément les diverses phases de l'opération (196).

183. Propriétés physiques. — Le phosphore est un corps solide, blanc, légèrement jaunâtre, translucide. Il est assez mou pour qu'un bâton de phosphore puisse être courbé entre les doigts; il est rayé par l'ongle.

La densité du phosphore solide est 1,84.

Il fond à 44°,2; on peut le maintenir à l'état liquide, au-dessous de sa température de fusion sans que la solidification se produise. L'expérience est faite de la manière suivante (fig. 109) : On introduit du phosphore dans un tube à essai en même temps qu'un peu d'eau. En plongeant ce tube dans de l'eau à 50°, le phosphore fond, et il peut être ensuite abandonné à lui-même au refroidissement. Lorsqu'un thermomètre, plongé dans l'eau qui enveloppe le tube, indique une température inférieure à 40°, le phosphore est encore

liquide. Si, à ce moment, on le touche avec une baguette de
verre que l'on a légèrement frottée contre un bâton de phosphore,
la solidification se produit instantanément.

Fig. 109.

Le phosphore bout à 290°. La densité de sa vapeur est 4,32, égale à 62 fois celle de l'hydrogène.

Le phosphore est insoluble dans l'eau, mais il est soluble dans le sulfure de carbone. Cette dissolution, soumise à une évaporation lente, abandonne des cristaux incolores, très réfringents, qui appartiennent au système cubique (dodécaèdres rhomboïdaux (12). On peut obtenir des cristaux de phosphore par sublimation. On introduit à cet effet du phosphore bien sec dans un tube de verre où l'on fait le vide; si l'on chauffe légèrement le fond du tube,

le phosphore se vaporise et se dépose en cristaux sur les parois
froides. Le phosphore est un poison.

184. Action de l'oxygène. Phosphorescence. — Dans l'oxygène
pur, à la température ordinaire et sous la pression atmosphérique, le phosphore ne s'oxyde pas. Mais si on raréfie le gaz, on voit
immédiatement apparaître des fumées blanches et, si on opère à
l'obscurité, des lueurs bleuâtres, caractéristiques de la combustion
lente de ce corps simple; c'est de cette propriété de répandre des
lueurs dans l'obscurité que le phosphore tire son nom (*phôs*, lumière; *phéro*, je porte).

On détermine également l'oxydation du phosphore, à la température ordinaire, en diluant l'oxygène avec un gaz inerte, tel que
l'azote, l'hydrogène, le gaz carbonique. Dans l'air atmosphérique,
la pression de l'oxygène n'est que les $\frac{21}{100}$ de la pression totale;
aussi le phosphore humide, abandonné dans l'air à la température
ordinaire, s'oxyde-t-il lentement, et forme de l'acide *phosphoreux*
et de l'acide *hypophosphorique* (189).

Cette oxydation lente est accompagnée d'un dégagement de

chaleur qui rend le maniement du phosphore dangereux : elle peut en déterminer l'inflammation spontanée. Aussi faut-il éviter de manier le phosphore avec les doigts, on doit le conserver et le manier sous l'eau. On le fait fondre sous une couche d'eau, et si l'on veut le distiller, il faut opérer dans un gaz inerte, l'azote ou l'hydrogène.

Vers la température de 60°, en effet, le phosphore s'enflamme dans l'air ou l'oxygène secs et brûle avec une lumière très éclatante, en donnant des fumées blanches d'anhydride *phosphorique*.

Le phosphore préalablement enflammé continue à brûler dans le protoxyde d'azote.

185. Action du chlore. — Un fragment de phosphore que l'on introduit dans un flacon renfermant du chlore sec, s'enflamme spontanément ; il se forme dans cette réaction un chlorure de phosphore.

On connaît deux composés chlorés : un trichlorure liquide PCl^3 et un pentachlorure solide PCl^5.

186. Phosphore rouge. — Les bâtons de phosphore conservés dans des flacons en verre blanc remplis d'eau et exposés à la lumière diffuse se recouvrent peu à peu d'un enduit rouge. Le phosphore, chauffé dans le vide ou dans l'azote à 240°, se transforme peu à peu en une matière rouge infusible qui n'est autre que du phosphore qui se présente à nous avec des propriétés physiques différentes de celles que nous avons décrites ci-dessus ; c'est une variété *allotropique* du phosphore (*allos*, autre ; *tropè*, forme). On l'obtient à l'état cristallisé, en maintenant quelque temps le phosphore à 580° dans le vide.

Ce n'est pas seulement par la couleur que cette variété se distingue de la précédente. Sa densité est plus élevée, elle est 2,34. Le phosphore rouge n'est pas fusible. On peut le manier à l'air sans danger ; il ne s'oxyde pas à l'air à la température ordinaire, et par conséquent n'est pas phosphorescent ; il est insoluble dans le sulfure de carbone et dans les solutions alcalines bouillantes ; enfin, il n'est pas vénéneux.

187. Usages du phosphore. — La principale application du phosphore est la fabrication des allumettes.

Les allumettes ordinaires sont faites avec de petites bûchettes prismatiques en bois blanc léger. On plonge une de leurs extrémités de quelques millimètres dans un bain de soufre fondu, et, lorsque ce dernier s'est solidifié, on enduit cette même extrémité d'une pâte inflammable formée de phosphore, de gomme, de sable fin et d'une matière colorante rouge ou bleue, le tout délayé dans une petite quantité d'eau.

Les allumettes au phosphore rouge sont moins dangereuses à manier que les allumettes au phosphore ordinaire.

L'extrémité de l'allumette est recouverte d'une pâte formée avec de la colle forte, du chlorate de potassium, du sulfure d'antimoine et une petite quantité d'eau. On recouvre, d'autre part, un carton d'une pâte formée de colle forte, de phosphore amorphe et de sulfure d'antimoine. L'allumette frottée sur un corps quelconque ne peut s'enflammer; mais si on la frotte sur le carton, on détache une petite quantité de phosphore qui, mélangé au chlorate de potassium et au sulfure d'antimoine, prend feu et allume le bois.

COMPOSÉS OXYGÉNÉS DU PHOSPHORE.

Les principaux composés oxygénés du phosphore sont

$$\text{l'anhydride phosphorique} \qquad P^2O^5$$

et les *acides* :

acide orthophosphorique	PO^4H^3
» phosphoreux	PO^3H^3
» hypophosphoreux	PO^2H^3.

L'acide orthophosphorique peut perdre sous l'action de la chaleur les éléments de l'eau et donner deux nouveaux acides :

acide pyrophosphorique	$P^2O^7H^4$
» métaphosphorique	PO^3H.

Nous citerons encore :

$$\text{l'acide hypophosphorique} \qquad P^2O^6H^4.$$

L'acide phosphorique devra attirer particulièrement notre attention. Nous dirons seulement quelques mots des circonstances dans lesquelles se forment les trois autres composés.

ACIDE HYPOPHOSPHOREUX, PO^2H^3.

188. Lorsqu'on fait chauffer une solution alcaline de potasse ou de soude avec du phosphore, l'eau est décomposée : l'hydrogène se porte sur le phosphore pour former un phosphure d'hydrogène (168) et l'oxygène se porte sur une autre partie du phosphore pour former l'acide hypophosphoreux qui, en présence de l'alcali, donne un hypophosphite.

Bien que la formule adoptée pour l'acide hypophosphoreux soit PO^2H^3, un seul atome d'hydrogène est remplaçable par un métal monovalent; c'est un acide *monobasique*. Ainsi la formule de l'hypophosphite de sodium sera

$$PO^2H^2.Na.$$

ACIDE PHOSPHOREUX, PO^3H^3.
ACIDE HYPOPHOSPHORIQUE, $P^2O^6H^4$.

189. Le phosphore s'oxyde rapidement dans l'air humide; les produits de cette oxydation ont l'acide phosphoreux PO^3H^3, l'acide hypophosphorique $P^2O^6H^4$ et l'acide phosphorique PO^4H^3. On peut recueillir ces trois acides en introduisant des bâtons de phosphore dans de petits tubes de verre effilés à une de leurs extrémités et disposés dans un grand entonnoir dont la douille pénètre dans le goulot d'un flacon renfermant de l'eau. On abandonne le tout sous une cloche dans laquelle l'air peut pénétrer par des ouvertures latérales (fig. 110). Au bout

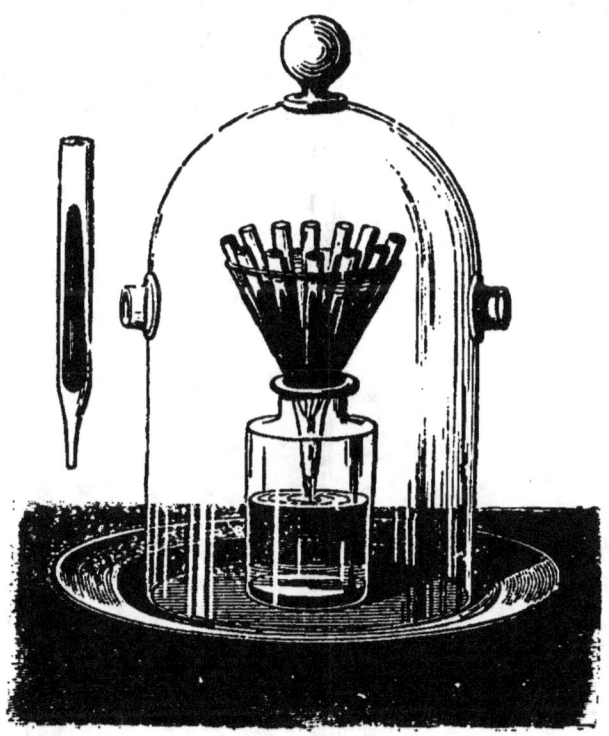

Fig. 110.

de quelques jours, l'eau du flacon est devenue fortement acide. On la sature incomplètement par la soude, et, après une concentration convenable, un hypophosphate peu soluble dans l'eau se dépose; un phosphate et un phosphite restent dans la liqueur.

L'acide hypophosphorique est *tétrabasique*; il forme avec une même base quatre sels; avec la soude, par exemple, on a

$$P^2O^6Na^4 \qquad P^2O^6Na^3H \qquad P^2O^6Na^2H^2 \qquad P^2O^6NaH^3$$

Ces sels et l'acide lui-même donnent avec le nitrate d'argent un précipité blanc peu soluble à froid dans l'acide nitrique, soluble dans l'acide nitrique bouillant, d'où il se sépare en cristaux par le refroidissement.

L'acide phosphoreux PO^3H^3 ne s'obtient à l'état de pureté qu'en décomposant par l'eau le trichlorure de phosphore :

$$PCl^3 + 6H^2O = PO^3H^3 + 3HCl.$$

Il est *bibasique*, un ou deux atomes d'hydrogène seulement pouvant être remplacés par un métal monovalent tel que le potassium :

$$PO^3H.K^2 \qquad PO^3H.HK.$$

Il se distingue des sels précédents en ce qu'il donne avec le nitrate d'argent un précipité blanc qui devient noir par suite de la mise en liberté d'argent métallique, quand on chauffe le liquide.

ANHYDRIDE PHOSPHORIQUE, P^2O^5.

190. Préparation. — Nous avons vu déjà (66) que le phosphore brûle avec éclat dans l'oxygène sec et donne des fumées qui se déposent sur les parois du flacon sous forme d'une matière pulvérulente blanche, qui constitue une combinaison oxygénée du phosphore, l'*anhydride phosphorique*.

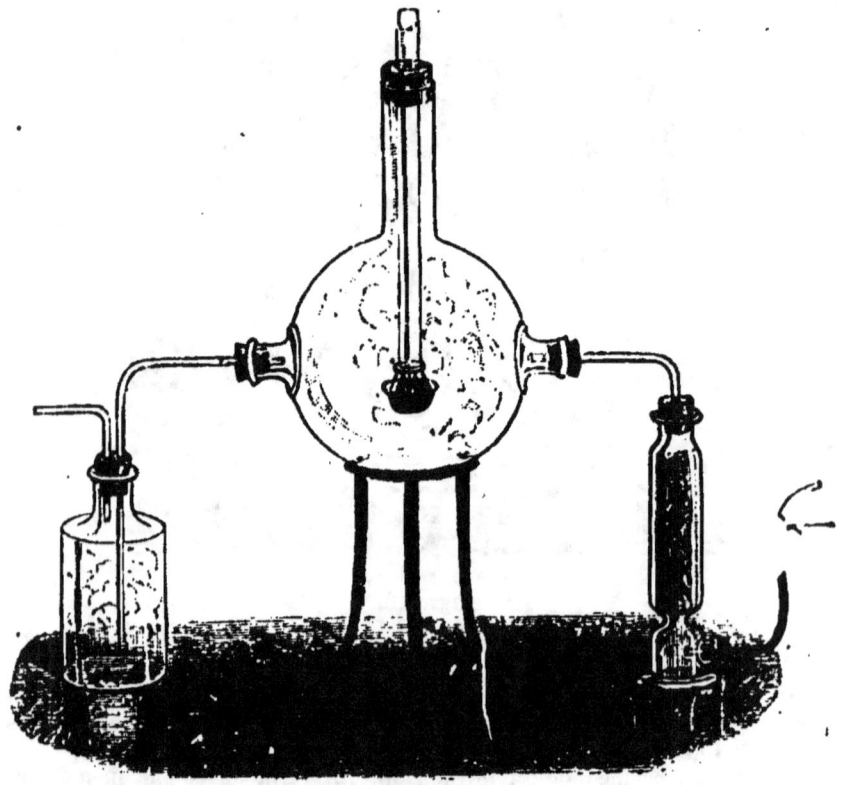

Fig. 111.

On prépare en plus grande quantité l'anhydride phosphorique avec l'appareil suivant (fig. 111) :

Un grand ballon porte deux tubulures latérales. Au bouchon qui ferme le col du ballon on adapte un tube de verre large, plongeant jusqu'au centre et supportant une coupelle en terre dans laquelle on met un fragment de phosphore. On enflamme ce phosphore à l'aide d'une tige métallique rougie au feu, puis on ferme le tube vertical avec un petit bouchon. Une des tubulures communique par un tube large avec un flacon dans lequel, à l'aide d'un aspirateur, on détermine un vide partiel ; de l'air sec rentre par la seconde tubulure du ballon, entretient la combustion du phosphore et le courant gazeux entraîne les fumées phosphoriques qui vont se déposer en grande partie dans le flacon.

191. Propriétés physiques. — L'anhydride phosphorique ainsi préparé doit être conservé dans des flacons hermétiquement fermés. Il attire en effet rapidement l'humidité atmosphérique. C'est un corps très avide d'eau : lorsqu'on fait tomber cet acide dans l'eau, il s'y combine avec dégagement de chaleur.

Cette propriété était utilisée autrefois pour dessécher les gaz ; on plaçait l'anhydride phosphorique dans des tubes en U dans lesquels on faisait circuler lentement les gaz que l'on voulait dépouiller d'humidité. Mais ce corps est difficile à manier ; on préfère aujourd'hui se servir de son hydrate, l'acide métaphosphorique PO^3H.

L'anhydride phosphorique est volatil au rouge vif.

192. Propriétés chimiques. — L'anhydride phosphorique est indécomposable par la chaleur. Le charbon le réduit au rouge : il se dégage des vapeurs de phosphore et de l'oxyde de carbone :

$$P^2O^5 + 5C = 5CO + 2P.$$

ACIDE ORTHOPHOSPHORIQUE, PO^4H^3.

193. Circonstances de formation. Préparation. — 1° Dès qu'on met l'anhydride phosphorique au contact de l'eau, il s'y combine avec un grand dégagement de chaleur, et la liqueur renferme alors un hydrate phosphorique. Si l'on soumet cette liqueur à l'ébullition, et si on l'évapore à consistance sirupeuse, le liquide laisse déposer, nous préciserons tout à l'heure dans quelles circonstances, des cristaux de l'acide PO^4H^3.

2° Mais on peut effectuer plus simplement cette préparation, sans passer par l'anhydride. L'acide azotique concentré réagit vivement sur le phosphore ; ce dernier est oxydé aux dépens de

l'oxygène de l'acide azotique ; de l'azote se dégage et la réaction
est si violente, que le phosphore est projeté, s'enflamme et peut
causer des désordres graves. On modère la réaction en se servant
de l'acide azotique du commerce étendu d'eau.

On introduit dans une cornue en verre 1 partie de phosphore
ordinaire et 15 parties d'acide azotique étendu d'eau marquant
20° à l'aréomètre de Baumé. Le col de la cornue (fig. 112) s'engage

Fig. 112.

librement dans le col d'un ballon refroidi. On chauffe légèrement ;
l'acide azotique cède une partie de son oxygène au phosphore, et
il se dégage du bioxyde d'azote qui, au contact de l'air, se transforme en peroxyde d'azote. Une partie de l'acide azotique distille
et se condense dans le récipient. Quant à l'acide phosphorique,
qui n'est pas volatil, il reste dans la cornue. Si tout le phosphore
n'avait pas été oxydé, on reverserait dans la cornue l'acide azotique condensé dans le récipient et on chaufferait de nouveau.

On évapore ensuite le liquide acide jusqu'à consistance sirupeuse, de façon à éliminer toute trace d'acide azotique.

3° Industriellement, on extrait aujourd'hui l'acide phosphorique
du phosphate tricalcique naturel (196).

194. Propriétés physiques. — L'acide phosphorique obtenu
par les procédés décrits ci-dessus se dépose quelquefois par refroidissement, lorsque sa dissolution a été convenablement concentrée,
en cristaux appartenant au système du prisme rhomboïdal oblique.

Mais, le plus souvent, on n'obtient ainsi qu'une masse sirupeuse qui peut conserver très longtemps l'état liquide, c'est-à-dire rester en *surfusion*. On fait cesser la surfusion en touchant l'acide avec un cristal de même composition.

Les cristaux ont pour formule PO^4H^3; ils constituent l'acide *orthophosphorique*.

Chauffé vers 212°, cet acide se transforme en acide *pyrophosphorique* $P^2O^7H^4$;

$$2PO^4H^3 - H^2O = P^2O^7H^4.$$

Enfin, au rouge sombre, il perd 1 molécule d'eau et il reste un liquide sirupeux, qui se solidifie en une masse transparente, ressemblant à du verre; c'est l'acide *métaphosphorique* ou acide phosphorique vitreux [1] PO^3H :

$$PO^4H^3 - H^2O = PO^3H.$$

Mais si on élève davantage encore la température, on ne réussit plus à enlever de l'eau et à obtenir l'anhydride.

195. Propriétés chimiques. — L'acide *orthophosphorique* rougit fortement le tournesol. En se combinant avec les bases, il donne des sels. Suivant les proportions de base et d'acide employées, 1, 2 ou 3 atomes d'hydrogène seront remplacés par 1, 2 ou 3 atomes d'un métal monovalent; ainsi, la composition des sels de sodium (métal monovalent) et des sels de calcium (métal divalent) sera représentée par les formules

$$PO^4Na^3 \qquad (PO^4)^2Ca^3$$
$$PO^4HNa^2 \qquad (PO^4)^2H^2Ca^2$$
$$PO^4H^2Na \qquad (PO^4)^2H^4Ca.$$

Si l'on verse dans une dissolution de l'un quelconque des trois sels de sodium une dissolution de nitrate d'argent, il se produit un précipité jaune d'un phosphate d'argent qui a comme composition

$$PO^4Ag^3.$$

On peut dire que dans cette réaction 1 ou 2 atomes d'hydrogène ont été remplacés par 1 ou 2 atomes d'argent; c'est ce qui fait dire

---

1. On prépare l'acide phosphorique vitreux en décomposant par la chaleur, dans un creuset de terre, un phosphate d'ammoniaque ; il se dégage de l'eau, de l'ammoniaque et il reste une masse pâteuse que l'on coule dans des moules cylindriques. Sous cette forme, on peut l'introduire facilement dans des tubes en U ou des éprouvettes desséchantes; il absorbe avec facilité l'humidité et il st plus commode à manier que l'anhydride.

que dans les formules PO^4Na^2H et PO^4NaH^2, l'hydrogène joue le rôle d'un métal monovalent et puisque dans la formule de l'acide phosphorique PO^4H^3 les 3 atomes d'hydrogène peuvent être remplacés par un métal, cet acide est dit *tribasique*.

L'acide *pyrophosphorique* $P^2O^7H^4$ forme avec un métal tel que le sodium, deux sels,

$$P^2O^7Na^4 \qquad\qquad P^2O^7H^2Na^2,$$

qu'il est facile de distinguer des sels de sodium de l'acide orthophosphorique. Si l'on ajoute en effet du nitrate d'argent à la dissolution de chacun d'eux, on obtient un précipité blanc dont la composition est représentée par la formule

$$P^2O^7Ag^4.$$

Ici encore on peut dire que dans le sel $P^2O^7Na^2H^2$ l'hydrogène joue le rôle d'un métal monovalent, puisqu'il peut être remplacé par de l'argent atome à atome. On exprime ces faits en disant que l'acide pyrophosphorique est un acide *tétrabasique*.

Quant à l'acide métaphosphorique, il est *monobasique*; il ne forme avec une même base qu'un seul sel, comme l'acide azotique. Ainsi avec le sodium il donne un métaphosphate :

$$PO^3Na.$$

La dissolution de ce métaphosphate donne avec le nitrate d'argent un précipité blanc de métaphosphate d'argent :

$$PO^3Ag.$$

Tous les phosphates d'argent sont solubles dans l'acide azotique et dans l'ammoniaque.

La couleur des précipités de pyrophosphate et de métaphosphate d'argent étant la même, l'analyse seule permettrait de les distinguer. Mais l'acide métaphosphorique libre jouit en outre de la propriété de coaguler l'albumine du blanc d'œuf, ce que ne font ni l'acide orthophosphorique, ni l'acide pyrophosphorique.

196. Préparation industrielle de l'acide phosphorique. — Préparation du phosphore.

— Le phosphate tribasique de calcium $(PO^4)^2Ca^3$ est très abondamment répandu dans la nature. En masses compactes, associé au carbonate de calcium, on le trouve dans le sol et on l'exploite soit pour les besoins de l'agriculture, soit pour la préparation de l'acide phosphorique et du phosphore.

1° Pour préparer l'acide phosphorique, on mélange le phosphate de calcium finement pulvérisé avec de l'acide sulfurique étendu, dans des cuviers en plomb. Si l'on emploie 3 molécules d'acide sulfurique pour 1 de phosphate tribasique, on forme du sulfate de calcium à peu près insoluble dans une dissolution d'acide phosphorique, et l'acide phosphorique est mis en liberté :

$$(PO^4)^2Ca^3 + 3SO^4H^2 = 3SO^4Ca + 2PO^4H^3.$$

La dissolution d'acide phosphorique est séparée du précipité de sulfate et concentrée. Elle ne renferme que de très petites quantités de calcium, et sert à la préparation de divers phosphates.

2° Si l'on emploie l'acide sulfurique en quantité moindre que précédemment on élimine seulement à l'état de sulfate les deux tiers du calcium du phosphate tribasique, d'après la réaction

$$(PO^4)^2Ca^3 + 2SO^4H^2 = 2SO^4Ca + (PO^4)^2H^4Ca.$$

La masse se solidifie d'elle-même et le mélange de sulfate de calcium et de phosphate acide $(PO^4)^2H^4Ca$ constitue ce que l'on appelle le *superphosphate*, employé comme engrais en agriculture.

Préparation du phosphore. — Pour préparer le phosphore, on applique l'une ou l'autre de ces deux réactions, soit au phosphate naturel, soit à la poudre d'os.

Les os des animaux sont formés en effet d'une matière organique et d'une matière minérale. Si on les chauffe au rouge dans un creuset non couvert, on brûle la matière organique et la matière minérale reste, conservant la forme de l'os primitif. En pulvérisant les os calcinés, on obtient la poudre d'os, formée d'un mélange de 80 pour 100 de phosphate de calcium et de 20 pour 100 de carbonate, avec un peu de silice et de matières argileuses.

1° Le phosphate tricalcique des os $(PO^4)^2Ca^3$ n'est pas réductible par le charbon. On le transforme en phosphate soluble $(PO^4)^2H^4Ca$, que le charbon réduit partiellement au rouge vif.

On mélange à cet effet la poudre d'os avec de l'eau tiède et de l'acide sulfurique, dans des cuviers en bois. On emploie, pour 100 kilogrammes de poudre d'os, de 115 à 120 kilogrammes d'acide sulfurique tel qu'il sort des chambres de plomb et que l'on ajoute peu à peu. Il se dégage de l'anhydride carbonique provenant de la décomposition du carbonate de calcium (223), en même temps que l'acide sulfurique enlève les $\frac{2}{3}$ du calcium du phosphate :

$$(PO^4)^2Ca^3 + 2SO^4H^2 = 2SO^4Ca + (PO^4)^2H^4Ca.$$

La masse, qui est devenue pâteuse, est lessivée, de façon à séparer le phosphate monocalcique très soluble du sulfate de calcium qui l'est peu. On évapore ces dissolutions jusqu'à consistance sirupeuse, on mélange le résidu avec 25 pour 100 de son poids de

charbon et l'on calcine au rouge sombre de façon à transformer
le phosphate acide en métaphosphate $(PO^3)^2Ca$:

$$(PO^4)^2H^4Ca — 2H^2O = (PO^3)^2Ca.$$

Lorsque la masse est bien sèche, on l'introduit dans des cylindres

Fig. 113.

en terre (fig. 113) qui communiquent avec des récipients remplis
d'eau où les vapeurs de phosphore viennent se condenser.

On chauffe au rouge vif : les $\frac{2}{3}$ de l'acide phosphorique sont décomposés par le charbon. Il se dégage de l'oxyde de carbone et le
phosphore distille dans le récipient :

$$3(PO^3)^2Ca + 10C = (PO^4)^2Ca^3 + 10CO + P^4.$$

2° Mieux encore, on mélange l'acide phosphorique avec du charbon, on dessèche et on calcine ; on recueille alors la totalité du
phosphore contenu dans le phosphate.

Le phosphore ainsi obtenu est impur. Il a entraîné en distillant
des matières solides dont on le débarrasse en le fondant sous
l'eau et le forçant à filtrer à travers une pierre poreuse C recouverte de poussier de charbon (fig. 114). Le phosphore est fondu
dans la chaudière B, placée dans un bain d'eau à 50°. On fait arriver par le tube F de la vapeur d'eau sous pression et le phos-

phore qui filtre se rassemble en E. On ouvre de temps en temps le robinet G pour recueillir le phosphore.

Le phosphore se trouve généralement dans le commerce en bâ-

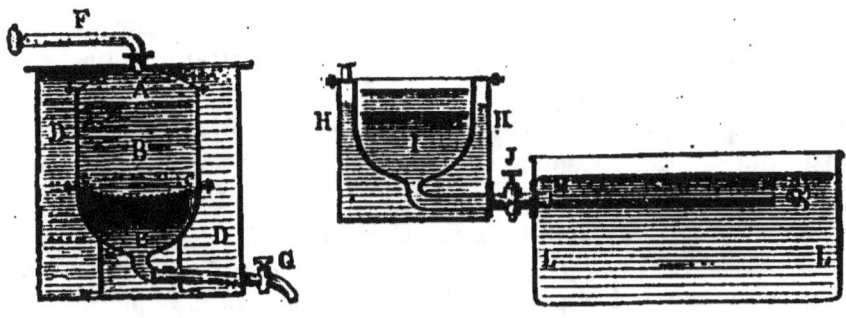

Fig. 114. Fig. 115.

tons cylindriques ou prismatiques, que l'on obtient sans danger en opérant comme il suit (fig. 115).

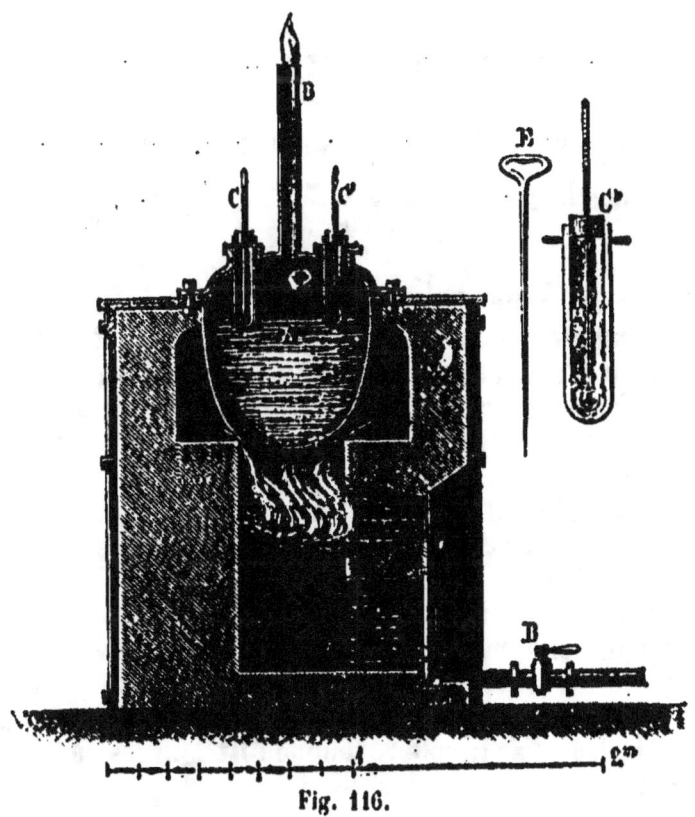

Fig. 116.

Le phosphore est maintenu en fusion sous l'eau, dans le vase I, placé dans un bain-marie H. On peut le faire écouler par le robinet J dans un tube en cuivre MM entouré d'eau froide. Ce tube est fermé, au début de l'opération, par un bouchon métallique N qui porte un ressort en spirale. Lorsque le phosphore s'est solidifié, on tire le bouchon et on entraîne avec la spirale le bâton de phosphore qui y adhère. Le phosphore s'écoulant de la chaudière d'une façon continue, on obtient un cylindre de phosphore que l'on coupe à la longueur voulue.

197. Préparation du phosphore rouge. — Dans l'industrie, la transformation du phosphore ordinaire en phosphore rouge s'effectue en chauffant ce dernier dans un vase en fonte fermé par un couvercle qui ne porte qu'une petite ouverture par laquelle de la vapeur d'eau qui imprégnait les bâtons de phosphore et l'azote de l'air peuvent se dégager (fig. 116). On maintient la température pendant plusieurs jours à 240° et on laisse refroidir. On trouve la chaudière remplie d'une matière rouge compacte, que l'on divise et qu'on lave avec du sulfure de carbone, pour dissoudre un excès de phosphore non transformé.

HYDROGÈNE PHOSPHORÉ.

On connaît trois combinaisons hydrogénées du phosphore :

L'hydrogène phosphoré gazeux. . . . . . PH^3
    —   —   liquide. . . . . PH^2 ou P^2H^4
    —   —   solide . . . . . P^2H.

198. Préparation de l'hydrogène phosphoré gazeux spontanément inflammable. — Lorsqu'on chauffe du phosphore avec une solution alcaline de potasse ou de soude, il se dégage un gaz qui s'enflamme dès qu'il arrive au contact de l'air. On introduit dans un petit ballon (fig. 117) une solution de potasse et quelques fragments de phosphore, et on chauffe jusqu'à ce que le gaz vienne brûler à l'orifice du ballon. A ce moment on adapte le tube de dégagement qui permet de recueillir le gaz sur la cuve à eau.

Dans cette réaction le phosphore a décomposé l'eau, dont l'oxygène s'est uni à une partie de phosphore pour former de l'acide hypophosphoreux et en présence d'un excès d'alcali un hypophosphite PO^2H^2K ; l'hydrogène s'est combiné avec une autre partie du phosphore pour former de l'hydrogène phosphoré gazeux PH^3 et de l'hydrogène phosphoré liquide PH^2 dont les vapeurs sont entraînées :

$$4P + 3KOH + 3H^2O = 3PO^2H^2K + PH^3$$
$$5P + 2KOH + 2H^2O = 2PO^2H^2K + PH^2.$$

On obtient plus facilement le phosphure d'hydrogène en décomposant par l'eau le phosphure de calcium P^2Ca^2. On prépare ce

Fig. 117.

composé en faisant passer sur de la chaux chauffée au rouge sombre des vapeurs de phosphore : la réaction se fait avec incandescence. Le phosphure de calcium est un corps solide brun. Il suffit d'en projeter dans l'eau un fragment pour obtenir un dégagement de bulles de gaz qui s'enflamment dès qu'elles arrivent au contact de l'air (fig. 118).

Un flacon tubulé est aux deux tiers rempli d'eau (fig. 119); par un tube large qui plonge jusqu'au milieu du liquide, on introduit peu à peu des fragments de phosphure de calcium. L'eau est décomposée : il se forme de la chaux qui se dissout dans l'eau et du phosphure liquide :

$$P^2Ca^2 + 2H^2O = 2CaO + P^2H^4.$$

Mais, le phosphure liquide, en présence de la chaux et de l'eau, se transforme partiellement en phosphure gazeux et en hypophosphite de calcium qui reste en dissolution :

Fig. 118.

$$4P^2H^4 + CaO + 3H^2O = (PO^2H^2)^2Ca + 6PH^3.$$

Le gaz qui se dégage par le tube abducteur, formé de phosphure gazeux qui entraîne des vapeurs de phosphure liquide non décomposé, est spontanément inflammable. Chaque bulle de gaz qui arrive au contact de l'air, s'enflamme et l'on voit s'élever,

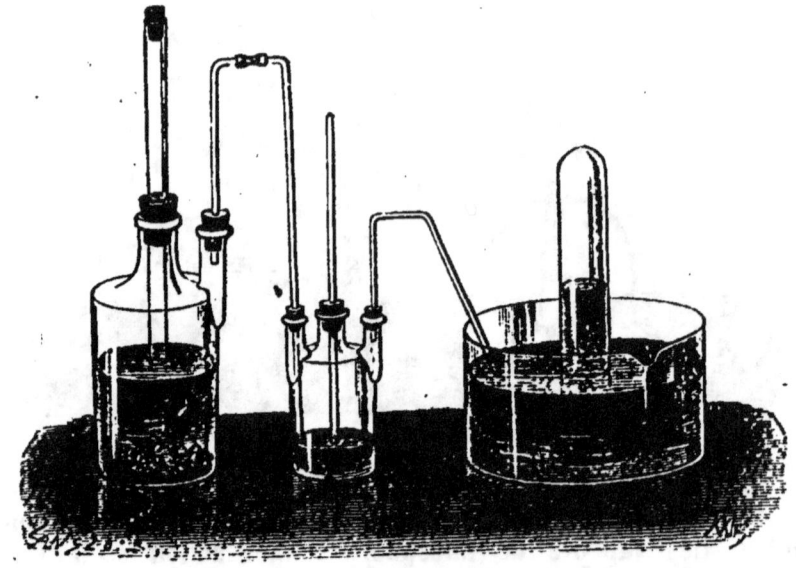

Fig. 119.

si l'air est calme, des couronnes de fumées blanches formées par de l'acide phosphorique en particules très ténues :

$$PH^3 + 4O = PO^4H^3.$$

100. Phosphure d'hydrogène non spontanément inflammable. — Nous avons attribué à la présence des vapeurs de l'hydrogène phosphoré liquide, l'inflammabilité spontanée du gaz obtenu dans les réactions précédentes. Le phosphure liquide est en effet d'une extrême oxydabilité : il prend feu dès qu'on le met en présence de l'air. D'autre part, toute cause qui le détruira fera perdre au phosphure gazeux d'hydrogène la propriété de s'enflammer spontanément.

Abandonnons pendant quelques jours, à la lumière diffuse, une éprouvette de phosphure spontanément inflammable, nous verrons se déposer sur les parois une poudre jaune de phosphure solide et le gaz ne sera plus spontanément inflammable. Sous l'action de la lumière le phosphure liquide se dédouble en effet en phosphure gazeux et phosphure solide :

$$5P^2H^4 = 2P^2H + 6PH^3.$$

L'acide chlorhydrique produit le même effet. Si dans le flacon (198) on introduit de l'acide chlorhydrique au lieu d'eau, les deux réactions suivantes se produisent simultanément :

$$P^3Ca^2 + 4HCl = P^2H^4 + 2CaCl^2$$
$$5P^2H^4 = 2P^2H + 6PH^3,$$

et le gaz que l'on recueille sur la cuve à eau n'est plus spontanément inflammable.

200. Propriétés. — Le phosphure gazeux d'hydrogène est incolore, d'une odeur alliacée très désagréable; il serait même dangereux d'en respirer de trop grandes quantités. Il est peu soluble dans l'eau.

Sa densité est 1,184.

La chaleur rouge le décompose en phosphore et hydrogène; la décomposition est plus rapide si on le fait passer sur du cuivre chauffé au rouge qui retient le phosphore.

Il brûle au contact de l'air, à l'approche d'un corps incandescent avec une lumière très vive : il se produit de l'eau et de l'acide phosphorique.

Le chlore le décompose en formant de l'acide chlorhydrique et le phosphore est mis en liberté :

$$PH^3 + 3Cl = 3HCl + P.$$

Lorsqu'on comprime un mélange de volumes égaux de phosphure et d'acide chlorhydrique dans le tube de l'appareil Cailletet, on voit se former de petits cristaux blancs d'une combinaison des deux gaz. Le chlorhydrate d'hydrogène phosphoré PH^3, HCl est l'analogue du chlorhydrate d'ammoniaque AzH^3, HCl et conduit à rapprocher ces deux composés hydrogénés.

201. Composition. — On détermine la composition du phosphure gazeux d'hydrogène en le chauffant dans une cloche courbe avec du cuivre. Il reste un résidu d'hydrogène dont le volume est une fois et demie celui du gaz primitif. Si de la densité du phosphure on retranche une fois et demie la densité de l'hydrogène, on trouve le quart de la densité de vapeur du phosphore :

$$1,184 - 0,103 = 1,081 = \tfrac{1}{4}(4,324).$$

Donc 2 vol. d'hydrogène phosphoré résultent de la combinaison de 1/2 vol. de vapeur de phosphore et de 3 vol. d'hydrogène.

La formule PH^3 représente cette composition.

RÉSUMÉ DE L'ÉTUDE DES MÉTALLOÏDES DE LA 3ᵉ FAMILLE.

202. A côté de l'azote et du phosphore viennent se placer l'arsenic As et l'antimoine Sb.

Tous ces éléments forment avec l'hydrogène des combinaisons gazeuses telles que 2 *vol. du composé renferment 3 vol. d'hydrogène*. C'est ce qu'expriment les formules

$$AzH^3 \qquad PH^3 \qquad AsH^3 \qquad SbH^3$$

qui caractérisent ces métalloïdes comme éléments *trivalents* vis-à-vis de l'hydrogène. Ils peuvent jouer le rôle d'éléments *pentavalents* lorsque le composé contient du chlore ou de l'oxygène :

$$AzH^4Cl \qquad PCl^5 \qquad AzO^2.OH.$$

Des relations d'isomorphisme relient en outre le phosphore et l'arsenic d'une part, l'arsenic et l'antimoine de l'autre.

Ainsi, les arséniates sont isomorphes des orthophosphates, l'anhydride arsénieux As^2O^3 est *isodimorphe* de l'anhydride antimonieux Sb^2O^3.

	Azote	Phosphore	Arsenic	Antimoine
	Az = 14	P = 31	As = 75	Sb = 120
État physique	gazeux	solide	solide	solide
Densité (solide)	»	1,84	5,64	6,6
Point de fusion	»	44°,2	400° (?)	425°
Point d'ébullition	—191°	290°	»	»

CHAPITRE XI

CARBONE. — ACIDE CARBONIQUE. — OXYDE DE CARBONE. — SULFURE DE CARBONE. — CYANOGÈNE ET ACIDE CYANHYDRIQUE

CARBONE C=12.

203. Le charbon de bois, la houille, ces matières que l'on appelle vulgairement des charbons, sont des corps de composition complexe. Mais il entre dans leur constitution un élément principal, le carbone.

Le carbone ne peut être caractérisé par ses propriétés physiques.

Nous avons vu que, lorsqu'on brûlait du charbon dans l'oxygène, on obtenait un gaz incolore, incapable d'entretenir la combustion, doué d'une réaction acide et troublant l'eau de chaux, et désigné sous le nom de *gaz carbonique.*

On appelle carbone tout corps qui, brûlant dans l'oxygène, donne uniquement comme produit de sa combustion du gaz carbonique et tel que 12 grammes de cette matière en se combinant avec 32 grammes d'oxygène donnent 44 grammes de gaz carbonique. On reconnaît qu'une substance contient du carbone, à la présence du gaz carbonique parmi les produits de sa combustion.

On connaît le carbone sous trois états :

1° Le carbone cristallisé;
2° Le carbone graphite;
3° Le carbone amorphe.

DIAMANT.

204. Le diamant[1] est du carbone cristallisé et presque pur. Chauffé, en vase clos, à l'abri de l'air, aux températures élevées,

1. Du grec *adamas*, indomptable.

il ne subit aucune altération. Mais lorsqu'on le chauffe à l'air il disparaît peu à peu et semble se volatiliser. Le diamant est en effet un corps combustible.

C'est Lavoisier qui a établi en 1772 que le diamant exigeait, pour brûler, la présence de l'oxygène et que le produit de sa combustion était du gaz carbonique. H. Davy démontra en 1816 que le diamant, en brûlant dans l'oxygène, ne donnait que du gaz carbonique et que par conséquent c'était là du carbone pur.

Les diamants de la plus belle eau laissent cependant en brûlant un léger résidu solide dont le poids ne s'élève pas à plus de $\frac{1}{500}$ à $\frac{1}{2000}$ du poids du diamant brûlé. La combustion du diamant, dans un courant d'oxygène, est d'ailleurs facile à réaliser, comme l'ont constaté Dumas et Stass qui, en 1841, ont brûlé, pour effectuer la synthèse du gaz carbonique, un grand nombre de diamants. Au contact de l'air, le diamant s'enflamme difficilement, car il conduit bien la chaleur, mais si l'on chauffe fortement un diamant implanté à l'extrémité d'un fil de platine et qu'on l'introduise aussitôt dans un flacon rempli d'oxygène, il brûle alors lentement, avec un vif éclat.

La densité du diamant varie de 3,4 à 3,6; c'est le plus dense de tous les carbones. C'est le plus dur de tous les corps connus : il raye toutes les autres substances et n'est rayé par aucune d'elles.

205. Gisements. Forme cristalline. — Le diamant se rencontre disséminé dans des terrains dits d'alluvions, dans les Indes (à Golconde, au Bengale), dans l'île de Bornéo; mais depuis longtemps déjà c'est le Brésil qui approvisionne presque exclusivement le commerce européen. Plus récemment, on a trouvé d'importants gisements au Cap de Bonne-Espérance, mais les diamants de cette provenance sont moins estimés que ceux du Brésil.

Le diamant est cristallisé dans le système cubique, en octaèdres réguliers, en dodécaèdres rhomboïdaux, ou en solides à 48 et à 64 faces. Mais on trouve rarement les diamants bruts transparents et d'une forme cristalline régulière, le plus souvent les cristaux sont opaques à leur surface, striés; les faces et les arêtes sont arrondies. Ce n'est que lorsqu'ils ont été soumis à la taille que l'on peut juger de la limpidité du diamant et apprécier ses beaux jeux de lumière.

206. Taille du diamant. — L'opération de la taille du diamant a pour but de déterminer artificiellement un grand nombre de facettes et d'arêtes vives au travers desquelles se réfracte la lumière.

La taille comporte trois opérations : le *clivage*, la *taille* proprement dite et le *polissage*.

Il existe des directions suivant lesquelles le diamant offre peu de résistance à la rupture; ce sont les plans de *clivages*, parallèles aux faces de l'octaèdre ou du dodécaèdre rhomboïdal. On profite de l'existence de ces directions de clivage pour dégrossir le diamant brut, enlever les parties rugueuses et ternes. L'opération se fait simplement à l'aide d'un couteau en acier trempé que l'ouvrier introduit dans des fentes préalablement tracées avec une pointe de diamant et sur lequel il frappe un coup sec.

L'ouvrier *tailleur* use deux diamants l'un contre l'autre et produit ainsi les facettes définitives que la pierre doit porter. Mais, au sortir de ses mains, les faces sont rugueuses et ternes; on les polit en frottant les facettes sur une meule horizontale en fer humectée d'huile d'olive et d'*égrisée* ou poussière de diamant et animée d'un mouvement rapide de rotation.

Fig. 120.

Il existe deux tailles principales : la taille en *brillant* et la taille en *rose*. La forme d'un brillant est celle de deux pyramides accolées par la base; la partie supérieure est la table, la partie inférieure s'appelle la culasse (fig. 120). Un brillant double taille porte 64 facettes; un brillant simple taille n'a que 16 facettes.

Pour les diamants de faible épaisseur on emploie la taille en rose (fig. 121). La face inférieure est plane, la face supérieure, convexe, porte des facettes triangulaires au nombre de 24 (*rose de Hollande*); si le nombre des facettes est inférieure à 12, c'est une *rose d'Anvers*.

Les plus beaux diamants sont incolores; mais la couleur peut être légèrement jaune ou rosée; exceptionnellement on en a trouvé dont la teinte était *bleue*.

Un diamant bien taillé, d'une belle eau et du poids de un carat[1], vaut environ 500 francs. D'après une règle très ancienne,

1. Le carat est une mesure de poids employée dans le commerce de la joaillerie et qui vaut 0gr,205.

le poids d'un diamant augmente proportionnellement au carré du poids. Ainsi un diamant de 2 carats vaut 4 fois le prix du diamant d'un carat, un diamant de 3 carats vaut 9 fois plus, etc. Cette règle n'est appliquée que très approximativement. Ces prix sont d'ailleurs sujets à des fluctuations, et lorsqu'il s'agit de pierres d'un poids et d'une qualité exceptionnels, le prix est purement conventionnel.

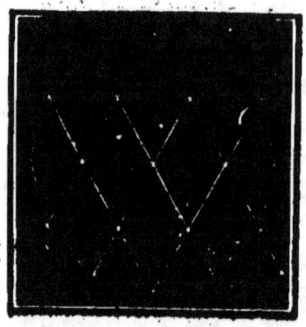

Fig. 121.

Un des plus beaux diamants connus, non le plus pesant, mais remarquable par sa limpidité et la pureté de sa taille, est le *régent* (fig. 120). Brut, il pesait 410 carats; après la taille, qui demanda deux ans de travail et coûta 125 000 francs, il ne pesait plus que 136 carats $\frac{44}{16}$. Acheté par le Régent, pendant la minorité de Louis XV, au prix de 3 375 000 francs, ce diamant vaut aujourd'hui plus de 7 millions.

Le diamant du Grand-Mogol, qui appartient à la Perse, pesait brut 787 carats $\frac{1}{2}$; taillé en rose, il pèse encore 280 carats.

Le Sancy, qui a longtemps appartenu à la France, ornait le casque de Charles le Téméraire à la bataille de Granson. Il ne pèse que 33 carats $\frac{1}{4}$, mais on l'estime à près de 1 million.

Nous citerons encore l'Étoile du Sud, trouvé dans les mines du Brésil en 1853, qui pesait brut 257 carats $\frac{1}{2}$; le Ko-hi-Noor (montagne de lumière), de la couronne d'Angleterre, qui, après une seconde taille qui a nécessairement diminué son poids, pèse encore 186 carats $\frac{1}{4}$.

Indépendamment des diamants transparents et bien nettement cristallisés, seuls utilisés par la joaillerie, on trouve encore des diamants cristallins appelés *bord*, qu'on réduit en poudre pour faire de l'égrisée; des diamants amorphes, gris d'acier, opaques et dont on fait aussi de l'égrisée : on appelle ces derniers *diamants carboniques* ou *carbones*.

On sait aujourd'hui reproduire le diamant, c'est-à-dire transformer le carbone amorphe en carbone cristallisé. M. Moissan fond du fer dans l'arc électrique; le métal se sature de carbone, et par le refroidissement la *fonte* l'abandonne en partie sous forme de graphite; mais si on s'oppose, au moment de la solidification, à l'augmentation de volume que la fonte prend normalement, ce qui revient à exercer une compression énergique, le carbone cristallise sous la forme du diamant.

207. Usages. — Indépendamment de son emploi comme pierre d'ornement, le diamant sert à entailler et graver les pierres fines. C'est avec des outils garnis de diamants noirs que l'on perce les roches dures (travaux du Mont-Cenis). Avec le diamant on coupe le verre; on se sert à cet effet d'un fragment de diamant, d'un éclat enchâssé dans un outil en cuivre; cet éclat doit porter trois arêtes courbes qui, pénétrant dans le verre, écartent les bords de la coupure.

GRAPHITE.

208. Le *graphite*[1] ou *plombagine* est noir de fer ou gris d'acier, opaque, d'un éclat métallique. Il se rencontre en masses compactes formées de petits cristaux lamellaires de forme hexagonale, plus rarement en cristaux distincts, en Sibérie, à Ceylan.

Sa densité est inférieure à celle du diamant; elle est de 2,09 à 2,23.

Le graphite est friable, onctueux au toucher; frotté sur le papier, il laisse une trace gris de plomb; de là le nom de plombagine ou de mine de plomb qu'on lui applique quelquefois et l'emploi qu'on en fait pour la fabrication des crayons.

Comme il est bon conducteur de l'électricité, on l'applique, réduit en poudre fine, à la surface des moules en gutta-percha ou en plâtre dont on se sert dans la galvanoplastie, et qu'il rend conducteurs. Mélangé à des matières grasses, il forme le cambouis dont on imprègne les axes de rotation dans leurs tourillons, les roues des engrenages, pour diminuer les frottements. On enduit de plombagine les objets en tôle et en fonte pour les préserver de la rouille.

Pétri avec de l'argile réfractaire, le graphite sert à faire des creusets résistant aux températures les plus élevées de nos fourneaux.

Le graphite peut être obtenu artificiellement : le fer fondu et maintenu à température élevée en présence du charbon, le dissout et l'abandonne par refroidissement sous la forme de paillettes hexagonales de graphite. Cette variété artificielle a exactement les mêmes propriétés que le graphite naturel.

CARBONE AMORPHE.

209. Les matières organiques d'origine végétale ou animale

---

1. Du grec *graphein*, écrire.

renferment quatre éléments essentiels : l'oxygène, l'hydrogène, l'azote et le carbone. Lorsqu'on chauffe ces matières en vase clos, il se produit entre ces divers éléments des réactions très diverses, dites *pyrogénées*, desquelles résulte la formation de matières volatiles qui se dégagent et il reste comme résidu du carbone. Ce carbone sera pur, si la matière ne renferme pas de substances minérales fixes.

210. Charbon de sucre. — Prenons comme exemple d'un charbon ainsi produit, le charbon de sucre. Lorsqu'on chauffe du sucre dans un creuset de terre ou de porcelaine, il fond, puis brunit (*caramel*) : si l'on continue de chauffer, il se dégage des gaz combustibles, la matière devient pâteuse, se boursoufle, et finalement il reste un charbon volumineux, d'un beau noir, très brillant, très fragile qui, calciné de nouveau dans un creuset fermé, est du carbone pur, à condition toutefois que le sucre pris comme point de départ ne renferme pas de matières salines.

211. Noir de fumée. — Les huiles, les graisses, certaines essences donnent, en brûlant à l'air libre, une flamme fuligineuse. Si l'on place au-dessus de ces flammes un corps froid, il s'y dépose un enduit pulvérulent noir de charbon très divisé; c'est le *noir de fumée*.

Les appareils qui servent à préparer le noir de fumée sont de formes très diverses; la fig. 122 représente une des plus simples. C'est une chambre en maçonnerie sur les parois de laquelle sont tendues des toiles; on brûle dans un foyer latéral des résines, et lorsque le noir de fumée s'y est déposé, on descend un cône métallique qui, raclant les parois, le détache et le fait tomber sur le sol où on le ramasse.

Le noir de fumée ainsi obtenu contient encore des matières grasses ou résineuses; une calcination dans un creuset fermé le purifie.

212. Noir animal. — Les os sont formés d'une matière minérale déposée au sein d'un tissu organique qui forme environ le tiers de la masse totale; la matière minérale est formée principalement de phosphate et de carbonate de calcium. — Lorsqu'on calcine ces os dans des creusets couverts, la matière organique est détruite et laisse un résidu de carbone qui se trouve intimement mélangé à la matière minérale. L'os, après calcination, a conservé sa forme primitive; mais il est devenu noir. On le réduit en grains et on obtient ainsi un carbone très impur employé dans l'industrie, sous le nom de noir animal, comme décolorant.

Si l'on agite en effet dans un flacon un excès de noir animal avec du vin, du tournesol, et si l'on jette le liquide sur un filtre, le

· liquide recueilli est incolore. Le noir animal est employé dans l'industrie à la décoloration des jus sucrés.

Lorsqu'il a servi quelque temps à cet usage, le noir animal ne

Fig. 122.

peut plus absorber les matières colorantes. On le *revivifie* en le calcinant en vase clos, ou en le chauffant dans un courant de vapeur d'eau sous pression.

COMBUSTIBLES NATURELS.

213. On trouve dans le sol et on utilise comme combustibles des substances de composition complexe que l'on désigne sous le nom général de *charbons de terre*; ce sont l'*anthracite*, la *houille*, les *lignites* et la *tourbe*.

Ces charbons fossiles proviennent de la décomposition des matières végétales enfouies à des périodes géologiques bien antérieures à la période actuelle. Cette origine végétale n'est pas douteuse. Il n'est pas rare de trouver dans les couches de houille des végétaux de grandes dimensions dont la structure anatomique peut encore être discernée : des feuilles, des troncs de fougères arborescentes dont quelques espèces vivent encore actuellement. La structure ligneuse est surtout facile à constater sur des charbons plus récents que la houille, les *lignites* [1]. Les *tourbes* sont d'origine actuelle; nous les voyons se former dans les terrains marécageux, par la putréfaction des végétaux.

1. De *lignum*, bois.

214. Anthracite[1]. — L'anthracite est un charbon compact, d'un noir brillant, que l'on trouve en France, aux environs d'Angers. Il contient de 90 à 93 p. 100 de carbone. L'anthracite brûle difficilement, néanmoins c'est un combustible très apprécié, parce que, dans les foyers munis d'un bon tirage, il brûle avec un grand dégagement de chaleur.

215. Houilles. — La houille est d'origine plus récente que l'anthracite. Moins compacte qu'elle, elle a le plus souvent un éclat gras et une structure feuilletée. Elle renferme des proportions de carbone très variables suivant le gisement (de 75 à 88 pour 100). Elle renferme encore de l'hydrogène, de l'oxygène, de l'azote et des matières minérales (sables, argiles, pyrites) qui restent à l'état de cendres après la combustion. Chauffée en vase clos, elle laisse dégager des produits volatils (gaz de l'éclairage, goudrons) et laisse comme résidu du *coke*.

Certaines houilles se boursouflent lorsqu'on les chauffe, et brûlent avec une flamme rougeâtre, fuligineuse. Ce sont les *houilles grasses* (Mons, Saint-Etienne) que l'on emploie aux travaux de la forge.

Les *houilles sèches*, plus compactes, brûlent avec une flamme courte.

216. Lignites. — Les lignites sont d'origine plus récente encore. Elles sont moins riches en carbone que la houille et constituent un mauvais combustible qui brûle avec une flamme fuligineuse, en répandant une odeur désagréable.

On emploie en bijouterie, sous le nom de *jais* ou *jayet*, une lignite noire, susceptible de prendre un beau poli et qui provient de la décomposition de grands arbres d'essence résineuse.

217. Tourbes. — Les tourbes sont formées par des herbes à moitié putréfiées, imprégnées de vase et de terre. On les exploite au bord des étangs, dans des prairies basses (vallée de la Somme).

COMBUSTIBLES ARTIFICIELS.

218. Charbon des cornues. — C'est un charbon compact, bon conducteur de la chaleur et de l'électricité, et qui se dépose dans les cornues en terre où l'on calcine la houille en vase clos pour préparer le gaz de l'éclairage (265). Sa densité est très voisine de celle du graphite naturel, mais il est beaucoup plus dur. On le désigne quelquefois dans le commerce sous le nom impropre de *graphite artificiel*. Taillé en parallélépipèdes, il sert de conducteur positif, dans la pile de Bunsen. On en fait des creusets dans lesquels on chauffera les substances qui doivent être soustraites à l'action de l'oxygène de l'air. Ces creusets ne seront pas placés directement dans le foyer, mais enveloppés d'un creuset de plombagine.

Le charbon des cornues, par cela même qu'il est bon conducteur, s'enflamme difficilement, mais lorsqu'il a été cassé en petits fragments, il constitue, dans un foyer doué d'un bon tirage, un excellent combustible. Il ne laisse que peu de cendres, et sous un petit volume, il offre une grande proportion de matières combustibles.

219. Coke. — La houille, chauffée en vase clos, laisse un résidu solide, le coke. C'est un charbon d'une couleur grisâtre, très léger. Lorsqu'il provient de la calcination de houilles grasses qui, en se décomposant, se ramollissent et subissent une sorte de fusion, le coke est volumineux, spongieux, très léger. Si les houilles calcinées sont des houilles maigres, il conserve la forme du charbon qui l'a produit, il est dur et compact.

Le coke est un combustible très employé soit dans l'économie domestique, soit dans l'industrie. Il s'allume difficilement et brûle sans flamme. Mais il

---

1. De *anthrax*, charbon.

laisse un résidu considérable formé de toutes les matières minérales de la houille. Il contient environ 88 pour 100 de carbone.

220. **Charbon de bois.** — Les matières organisées qui forment le bois se détruisent, sous l'action de la chaleur, en laissant un résidu solide principalement formé de carbone, mais contenant nécessairement toutes les matières minérales du bois.

Deux procédés sont employés pour fabriquer le charbon de bois, le *procédé des meules* et le *procédé des cylindres*.

1° *Procédé des meules.* — Sur une aire plane bien battue, on dresse des bûches de bois formant une sorte de cheminée verticale autour de laquelle on entasse régulièrement, par couches superposées, les branches que l'on veut carboniser (fig. 123). On forme ainsi une *meule* que l'on recouvre de menues

Fig. 123.

branches, de feuilles sèches et enfin de terre, en réservant des ouvertures à la base de la meule pour établir un tirage. Par la cheminée centrale on projette du combustible enflammé : une partie du bois prend feu et la chaleur dégagée par cette combustion carbonise une autre partie de la masse. On règle la combustion en pratiquant des ouvertures latérales ou *évents*, d'abord au sommet; puis, lorsque la fumée est devenue claire, ce qui indique que la combustion est terminée au voisinage de ces évents, on les bouche et on en ouvre d'autres à un niveau inférieur, et cela jusqu'à ce qu'on ait atteint le niveau du sol. A ce moment, on bouche toutes les ouvertures et on laisse refroidir. On sépare le charbon des fragments mal carbonisés (*fumerons*).

Le charbon bien préparé est noir, dur, compact, sonore; il conserve encore la forme des branches carbonisées. Les fumerons ont une couleur terne, brune et dégagent une fumée âcre lorsqu'ils brûlent.

Ce procédé s'applique en forêts : il donne un faible rendement (20 pour 100 à peine), et tous les produits volatils que dégage la distillation du bois sont perdus.

2° *Procédé des cylindres.* — On introduit le bois dans des cylindres en tôle chauffés par un foyer extérieur (fig. 124). Les cylindres sont reliés à des récipients refroidis dans lesquels viennent se condenser des produits liquides utilisés pour la préparation de l'acide pyroligneux, de l'esprit de bois, tandis que les produits gazeux sont dirigés dans le foyer qu'ils contribuent à alimenter. Le rendement est supérieur au précédent et les frais d'installation des appareils sont compensés par la vente des produits condensés.

221. Propriétés absorbantes du charbon de bois. — Le charbon de bois poreux jouit de la propriété d'absorber les gaz.

Si l'on introduit dans une éprouvette renfermant du gaz ammoniac ou do

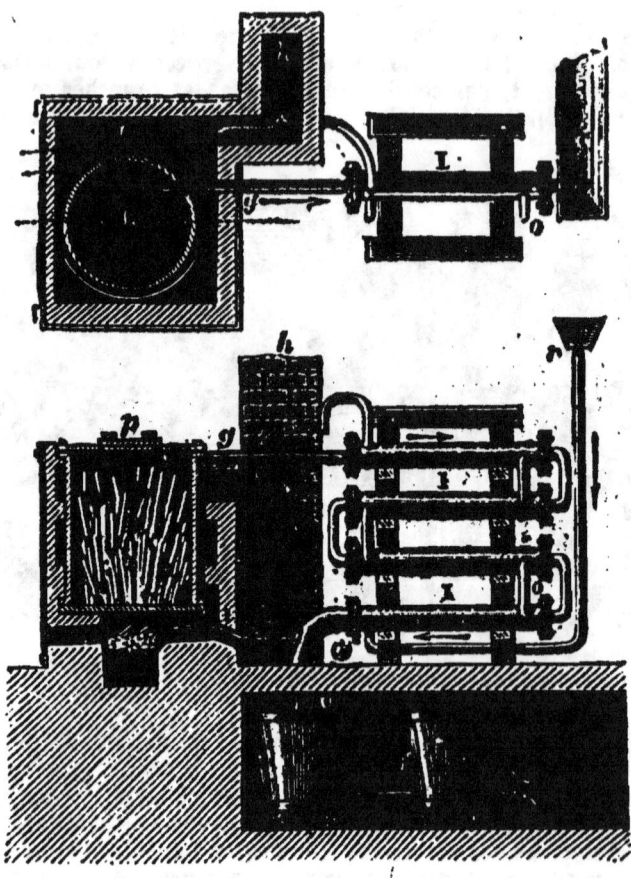

Fig. 121.

l'acide chlorhydrique, sur la cuve à mercure, un morceau de charbon de bois enflammé que l'on éteint en le plongeant dans le mercure, on voit presque immédiatement le niveau du mercure s'élever dans la cloche; le morceau de charbon plus léger flotte à la surface du liquide et se trouve constamment en contact avec le gaz, qu'il absorbe complètement.

Le charbon se comporte ici comme un liquide; il dissout le gaz, qu'il laisse dégager peu à peu lorsqu'on l'abandonne au contact de l'air, plus rapidement dans le vide ou sous l'action de la chaleur. Un fragment de charbon qui a dissous du gaz ammoniac répand l'odeur du gaz ammoniac; et si l'on approche de ce fragment un autre morceau qui a absorbé du gaz chlorhydrique, on voit immédiatement se former des fumées blanches de chlorhydrate d'ammoniaque.

Ce sont en général les gaz les plus solubles dans l'eau (gaz ammoniac, acide chlorhydrique) que le charbon absorbe en plus grande quantité ; ainsi 1 volume de charbon de bois absorbe :

90 volumes de gaz ammoniac,
85 — acide chlorhydrique,
53 — acide sulfhydrique,
7,5 — azote,
1,5 — hydrogène.

Cette propriété absorbante est utilisée pour désinfecter les liquides chargés de matières gazeuses odorantes. Lorsqu'on filtre de l'eau croupie et infecte à travers une couche de charbon de bois, le liquide a perdu toute odeur et peut être employé aux usages domestiques.

222. Propriétés du carbone amorphe. — Le charbon a été longtemps considéré comme un corps fixe. Cependant, quelles que soient les conditions dans lesquelles on se place, la température de l'arc électrique qui éclate entre deux cylindres de charbon ne peut s'élever au-dessus de 5500°. C'est un changement d'état qui limite évidemment l'élévation de la température et la température de vaporisation du carbone doit être 3500° (Violle).

La propriété caractéristique du carbone est celle qu'il a de se combiner à l'oxygène, de brûler, en formant du gaz carbonique, Le dégagement de chaleur qui accompagne la transformation de 12 grammes de carbone en 44 grammes de gaz carbonique est de 97^c,65, quantité de chaleur qui permettrait de porter de 0° à 100° la température de 976^{gr},5 d'eau[1].

La combustion du charbon dans un foyer, aux dépens de l'oxygène de l'air qui afflue par les orifices du fourneau, est une des sources de chaleur les plus fréquemment employées.

Nous verrons que si l'oxygène arrive au contact du charbon en quantité moindre que celle qui est exigée pour la formation du gaz carbonique (2 de carbone pour 32 d'oxygène), un autre gaz prend naissance, l'*oxyde de carbone*.

Le carbone agit également sur un grand nombre de composés oxygénés. Ainsi, si l'on fait passer de la vapeur d'eau sur de la braise portée au rouge dans un tube de porcelaine, on recueille sur la cuve à eau un mélange d'hydrogène, de gaz carbonique et d'oxyde de carbone. Le carbone a décomposé l'eau ; l'hydrogène s'est dégagé en même temps que le carbone a formé avec l'oxy-

---

1. Un poids égal de carbone graphite ou cristallisé donnerait en brûlant des dégagements de chaleur différents :

Carbone graphite 94^c,81
» diamant 94 ,31.

gène les deux composés oxygénés, l'anhydride carbonique et l'oxyde du carbone. On a les deux réactions :

$$C + H^2O = CO + H^2$$

$$C + 2H^2O = CO^2 + 2H^2.$$

Si la proportion de gaz carbonique est faible, le mélange, formé principalement de deux gaz combustibles, l'hydrogène et l'oxyde de carbone, brûle avec une flamme peu éclairante. On désigne ce mélange gazeux sous le nom de *gaz de l'eau*.

La formation de ce mélange combustible dans la réaction de l'eau sur les charbons incandescents nous explique qu'on ne puisse éteindre un foyer incandescent en y projetant une petite quantité d'eau. On ne ferait ainsi qu'activer la combustion.

Le charbon, chauffé avec un grand nombre de composés oxygénés, les *réduit*, c'est-à-dire s'empare de leur oxygène. C'est ainsi que nous avons pu préparer le phosphore, en chauffant un mélange d'acide phosphorique et de charbon. En métallurgie, on prépare un grand nombre de métaux en chauffant leurs composés oxygénés naturels avec du charbon.

ANHYDRIDE ou GAZ CARBONIQUE, CO^2.

Acide carbonique, CO^3H^2.

223. Préparation. — 1° Lorsque le carbone brûle dans un excès d'oxygène ou d'air, il se forme du gaz carbonique. Les gaz qui se dégagent d'un foyer incandescent renferment un mélange de ce gaz, d'oxyde de carbone et d'azote; dans certaines industries cependant, lorsque la présence des gaz étrangers ne gêne pas, on se sert avec avantage de ce procédé simple pour se procurer le gaz carbonique.

2° Pour préparer le gaz carbonique pur, on décompose un carbonate par un acide.

Le carbonate de calcium CO^3Ca est une des substances les plus répandues dans la nature; le marbre, la pierre calcaire des environs de Paris, la craie sont du carbonate de calcium. Lorsqu'on verse sur ce carbonate un acide tel que l'acide chlorhydrique ou l'acide sulfurique, une effervescence se produit et le gaz carbonique se dégage.

L'appareil dont on se sert pour effectuer cette préparation est des plus simples; il se compose d'un flacon tubulé (fig. 125) dans lequel on introduit du marbre blanc en fragments et de l'eau.

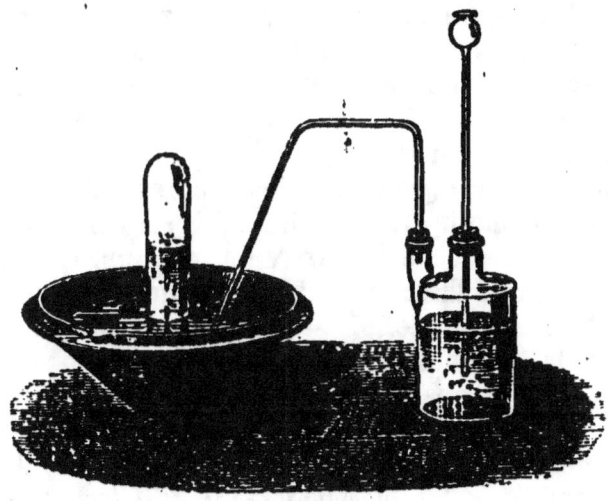

Fig. 125.

Par un tube à entonnoir, on verse peu à peu de l'acide chlorhydrique, et le gaz se dégage sur la cuve à eau.

L'acide chlorhydrique déplace le gaz carbonique et forme du

Fig. 126.

chlorure de calcium qui reste dissous dans le liquide du flacon :

$$CO^3Ca + 2HCl = CaCl^2 + H^2O + CO^2.$$

On a souvent besoin, dans les laboratoires, de préparer du gaz carbonique, aussi est-il avantageux de disposer un appareil continu analogue à celui dont on se sert pour la préparation de l'hydrogène. L'un des flacons (fig. 126) contient du marbre blanc, au-dessus d'une couche de verre; l'autre flacon est rempli d'acide chlorhydrique étendu de son volume d'eau.

Lorsque l'on ouvre le robinet adapté au premier flacon, le liquide acide, qui tend à prendre le même niveau dans les deux vases, arrive au contact du marbre qu'il attaque, et l'anhydride carbonique se dégage régulièrement, bulle à bulle, si le robinet est peu ouvert, et sous une pression qui dépendra de la différence de hauteur du liquide dans les deux vases. Pour arrêter les vapeurs d'acide chlorhydrique entraîné, il sera bon de faire passer le gaz dans un flacon laveur renfermant une petite quantité d'eau ou mieux une dissolution de carbonate de sodium.

Préparation industrielle. -- Le gaz carbonique impur qui provient de la combustion du charbon dans un foyer ou de calcination du carbonate de calcium (marbre, pierre calcaire, craie) dans les fours à chaux est dirigé dans une solution de carbonate neutre de soude, CO_3Na_2, qui l'absorbe. Il se forme dans ces conditions du bicarbonate CO_3NaH (sel de Vichy) qui, peu soluble, se précipite,

$$CO_2 + H_2O + CO_3Na_2 = 2CO_3NaH.$$

Le bicarbonate ainsi recueilli est ensuite calciné au rouge sombre ou porté à l'ébullition au sein de l'eau. Il laisse alors dégager du gaz carbonique pur et donne comme résidu du carbonate neutre qui est lui-même indécomposable et peut ainsi resservir indéfiniment.

Des pompes puissantes compriment le gaz ainsi obtenu dans des cylindres en fer forgé où il se liquéfie.

224. Propriétés physiques. — Le gaz carbonique est incolore, inodore, mais d'une saveur aigrelette.

Il est environ une fois et demie plus lourd que l'air et 22 fois plus lourd que l'hydrogène (poids moléculaire 44); sa densité est 1,529 et l'on obtient le poids d'un litre de gaz carbonique, à 0° et sous la pression de 760ᵐᵐ, en multipliant le poids du litre d'air normal 1ᵉʳ,293 par ce facteur 1,529, ce qui donne pour le poids du litre de ce gaz 1ᵉʳ,97.

Cette grande pesanteur spécifique du gaz carbonique peut être mise en évidence par l'expérience suivante. On fait arriver au fond d'un large vase cylindrique en verre un courant lent de gaz carbonique qui déplace l'air peu à peu et s'accumule au fond du vase. Si à l'orifice on produit des bulles de savon et si on les laisse tomber, elles rebondissent lorsqu'elles rencontrent la couche de gaz carbonique et flottent à la surface.

A 15° l'eau dissout son volume de gaz carbonique, sous la pression atmosphérique; si la pression exercée à la surface du liquide est de 2, 3, 4 atmosphères, le volume de gaz carbonique dissous mesuré sous la pression atmosphérique sera double, triple, quadruple, etc.

Bien qu'on n'ait pu isoler l'hydrate normal ou acide-carbonique

$$CO^3 + H^2O = CO^3H^2,$$

on admet qu'il est contenu dans la dissolution aqueuse. Celle-ci se comporte en effet vis-à-vis des bases comme un acide :

$$CO^3H^2 + 2NaOH = CO^3Na^2 + 2H^2O.$$

L'eau de Seltz artificielle est une dissolution d'acide carbonique dans l'eau, faite sous pression. Lorsque cette dissolution arrive au contact de l'air, elle laisse dégager du gaz carbonique et il ne reste bientôt plus dans le liquide qu'un volume de gaz carbonique un peu supérieur au volume du liquide. Si l'on agite le liquide ou si l'on y introduit un corps rugueux, de nouvelles bulles de gaz se dégagent jusqu'à ce qu'enfin il ne reste plus en dissolution qu'un volume de gaz égal au volume du liquide.

Le gaz carbonique peut être facilement liquéfié par simple compression, pourvu que la température soit inférieure à 31°,35 qui est sa température critique. Il suffit pour cela d'une pression de 36 atmosphères, à la température de 0°, ou d'une pression de 50 atmosphères environ, à 15°.

On observe facilement cette liquéfaction avec l'appareil Cailletet (6). Mais s'il s'agit de préparer de grandes quantités d'anhydride carbonique liquide, on emploie une pompe aspirante et foulante analogue à celle dont on se sert pour liquéfier le protoxyde d'azote (106). Le liquide est contenu dans des récipients en fer forgé facilement transportables, munis d'un robinet à vis (fig. 127).

On obtient une neige très divisée d'anhydride carbonique solide en dirigeant le jet gazeux mélangé de gouttelettes liquides dans un sac en laine dont le bord est serré sur le large ajutage de l'appareil. L'évaporation et la détente refroidissent l'anhydride qui se solidifie partiellement; le sac se remplit d'une neige d'anhydride carbonique. Cet acide solide produit en s'évaporant lentement à l'air libre un abaissement de température de 80° environ. En le mélangeant avec de l'éther de façon à former une pâte dont le contact sera plus intime avec le corps qu'il s'agit de refroidir que le produit solide, et en produisant une évaporation rapide, on obtient une température de — 110°. Cette température est inférieure à la température d'ébullition de l'anhydride carbonique sous la pression atmosphérique; aussi, en refroidissant à cette température un tube de verre fermé à une de ses extrémités, pourra-t-on le remplir d'anhydride liquide en l'adaptant au récipient métallique dans lequel il a été liquéfié; et, le liquide n'exerçant pas une pression supérieure à celle de l'atmosphère, on pourra sceller le tube en fondant le verre, et le conserver ainsi.

Fig. 127.

Lorsqu'on chauffe un de ces tubes en le tenant simplement dans la main, on remarque que l'anhydride carbonique liquide est beaucoup plus dilatable que le mercure ou l'alcool, plus dilatable même que les gaz. Si on élève la température au-dessus de 31°, tout ce liquide se réduit en vapeur, ou tout au moins il est impossible de saisir de différence entre le liquide et sa vapeur; 31° est la température critique du gaz carbonique (6).

225. Propriétés chimiques. — Le gaz carbonique n'entretient pas la combustion. Une bougie allumée que l'on introduit dans une éprouvette remplie de ce gaz s'éteint. L'expérience peut être faite différemment; plaçons une bougie au fond d'une éprouvette (fig. 129) et versons dans cette éprouvette du gaz carbonique en inclinant lentement, à l'orifice de la première, une éprouvette remplie de ce gaz : la bougie s'éteindra.

L'acide carbonique est un acide faible : quelques gouttes de tournesol versées dans une éprouvette de ce gaz prennent une couleur rouge violacé, une couleur rouge vineux bien différente de celle que communiquent les acides forts à cette même teinture.

En se combinant avec les bases, il forme des carbonates dont le plus important est le carbonate de calcium, si répandu à la surface du globe. Ce carbonate est insoluble dans l'eau; si, dans une éprouvette renfermant du gaz carbonique, on verse quelques gouttes d'une dissolution limpide de chaux dans l'eau (*eau de chaux*), elle se trouble et l'on voit apparaître un *précipité* blanc de carbonate de calcium. Cette réaction est très sensible, elle permet de reconnaître la présence de très petites quantités de gaz carbonique dans un mélange gazeux. Lorsque l'on veut enlever le gaz carbonique contenu dans une masse gazeuse, on fait passer ce gaz dans des tubes renfermant soit une dissolution de potasse, soit de la potasse solide, ou simplement on introduit dans l'éprouvette qui contient le gaz une dissolution de potasse, et on agite, en fermant l'éprouvette avec la main.

Fig. 129.

Le gaz carbonique, en passant sur du charbon porté au rouge, se change en oxyde de carbone, en perdant la moitié de son oxygène. Pour faire l'expérience, on adapte à l'extrémité d'un tube de porcelaine rempli de braise, un appareil producteur de gaz carbonique. On porte le charbon au rouge, en chauffant le tube dans un fourneau à réverbère, et en faisant passer le gaz lentement, on recueille sur la cuve à eau un gaz qui brûle avec une flamme bleue; c'est l'oxyde de carbone :

$$CO^2 + C = 2CO;$$

le volume du gaz a doublé.

Cette réaction est très importante; elle nous permet de préciser dans quelles circonstances les deux gaz se formeront dans la combustion du charbon. Lorsque, dans un foyer, une longue colonne de charbon est incandescente, l'air qui afflue par la grille sur laquelle repose le combustible brûle le charbon et forme du gaz carbonique; mais celui-ci, en passant sur du charbon rouge, se transforme partiellement du moins en oxyde de carbone qui est entraîné par le courant gazeux dans la cheminée d'appel. On voit fréquemment courir à la surface d'une masse assez considérable

de coke, brûlant dans un foyer, de petites flammes bleuâtres; elles
sont dues à la combustion de l'oxyde de carbone formé comme
nous venons de le dire.

Le gaz carbonique n'entretient pas la respiration. Dans une
atmosphère qui en renferme 30 pour 100 un chien succombe
rapidement. En raison de sa densité élevée, il s'accumule souvent
dans les caves, dans les salles où se produisent des *fermentations*;
on reconnaît qu'il est imprudent d'y séjourner lorsqu'une bougie
s'éteint. Il faut alors procéder à une ventilation active.

226. **Gaz carbonique dans l'atmosphère.** — Nous avons fait
remarquer, en étudiant l'air, que l'atmosphère contenait du gaz
carbonique, et ce fait a été constaté en exposant à l'air, dans un
vase large, de l'eau de chaux qui se trouble et se recouvre d'une
pellicule solide de carbonate de calcium. On peut déterminer le
poids de ce gaz contenu dans un volume déterminé d'air par la
méthode suivante, due à Boussingault (fig. 130). Un grand vase

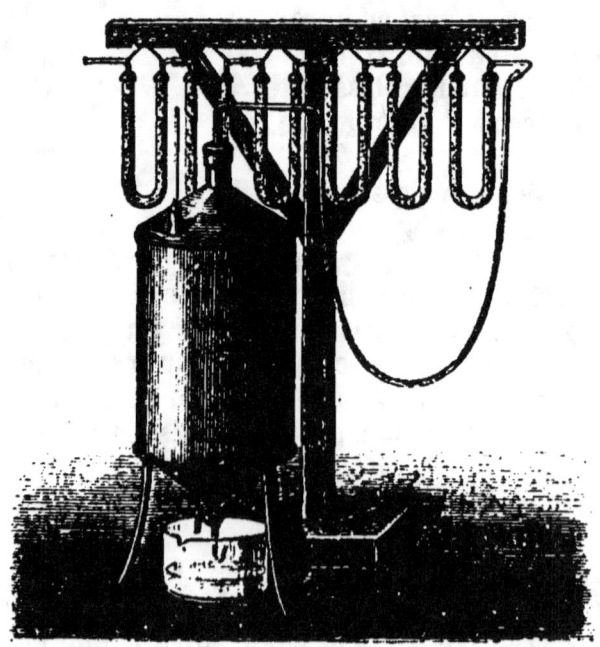

Fig. 130.

cylindrique en tôle est rempli d'eau; lorsqu'on fait écouler ce
liquide lentement par un ajutage inférieur, l'air rentre par un tube
fixé à la tubulure supérieure en traversant une série de tubes
en U renfermant, les premiers, de la ponce imbibée d'acide sulfu-

rique, pour retenir la vapeur d'eau, les autres, de la pierre ponce imbibée d'une dissolution de potasse et de la potasse solide. Si l'on a pesé les tubes à potasse avant l'expérience et si on les pèse lorsque l'aspirateur s'est vidé, l'augmentation de poids donnera le gaz carbonique contenu dans un volume d'air que l'on calcule lorsque l'on connaît le volume de l'eau écoulée. On peut étudier ainsi la distribution du gaz carbonique dans l'atmosphère en différents points du globe, à différentes hauteurs, en différentes saisons.

On a trouvé ce résultat remarquable que le volume d'anhydride carbonique contenu dans 10 000 volumes d'air s'écarte peu de 3 volumes.

227. Origine du gaz carbonique de l'atmosphère. — Toutes les combustions vives de matières carbonées qui s'effectuent à la surface du sol déversent de l'anhydride carbonique dans l'atmosphère. Mais une des principales sources de ce gaz est la respiration des animaux.

Lorsqu'on souffle à l'aide d'un tube de verre dans de l'eau de chaux, on voit cette eau se troubler rapidement par la formation du carbonate de calcium. L'air expiré des poumons renferme donc de l'anhydride carbonique, dont l'origine a été fixée par Lavoisier, qui a rapproché le phénomène de la respiration des phénomènes de combustion. L'air en pénétrant dans les poumons apporte de l'oxygène qui, traversant les membranes, se fixe sur les globules du sang. Ceux-ci transportent l'oxygène en tous les points des tissus, brûlent un grand nombre de matières organiques, et l'anhydride carbonique produit, fixé lui aussi sur les globules ou dissous dans le sérum, est ramené aux poumons où, à travers les parois des cellules pulmonaires, se fait un échange entre le gaz carbonique et l'oxygène. Ces combustions lentes qui s'effectuent dans les tissus sont la source de la *chaleur animale.*

« La respiration, dit Lavoisier en 1789, n'est qu'une combustion lente de carbone et d'hydrogène qui est semblable en tout point à celle qui s'opère dans une lampe ou dans une bougie allumée; et, sous ce point de vue, les animaux qui respirent sont de véritables corps combustibles qui brûlent et se consument. »

Un homme consomme ainsi en moyenne, par heure, de 20 à 25 litres d'oxygène, exhale de 15 à 20 litres de gaz carbonique.

Ajoutons que des fissures du sol se dégage, en bien des points du globe, du gaz carbonique; un grand nombre d'eaux minérales chargées d'acide carbonique au sein de la terre, sous une pression supérieure à celle de l'atmosphère, laissent dégager une partie de ce gaz lorsqu'elles arrivent à la surface.

Et cependant, malgré que tant de causes diverses tendent à

accumuler l'anhydride carbonique dans l'atmosphère, nous venons d'observer que la proportion de ce gaz était constante. Les plantes, en effet, produisent l'effet inverse : sous l'influence de la lumière solaire, les parties vertes des végétaux le décomposent, fixent le carbone dans leurs tissus, et l'oxygène se dégage. Elles *respirent*, il est vrai, comme les animaux, en dégageant du gaz carbonique, mais comme la décomposition qu'elles effectuent de celui qui existe dans l'atmosphère l'emporte de beaucoup sur la production du gaz carbonique, il en résulte que les plantes détruisent en partie celui qui se diffuse dans l'atmosphère. Mais c'est l'absorption par les eaux qui joue surtout le rôle de régulateur.

228. Acide carbonique dans les eaux. — L'eau contient des gaz en dissolution et en particulier du gaz carbonique. L'origine de ce gaz est multiple. L'eau des pluies en traversant l'atmosphère dissout le gaz carbonique ; elle s'infiltre dans le sol et jouit alors de la propriété de dissoudre du carbonate de calcium. Ce corps en effet, insoluble dans l'eau, est soluble dans l'eau chargée d'acide carbonique, et le fait peut se constater ainsi. Dans de l'eau de chaux on verse quelques gouttes d'eau de Seltz, et le précipité de carbonate de calcium formé tout d'abord disparaît lorsqu'on en ajoute un excès. Il se forme un bicarbonate de calcium soluble dans l'eau $(CO^3)^2H^2Ca$, mais très instable, qui tend à se détruire en anhydride carbonique et carbonate insoluble et qui ne peut subsister dans une eau que si, à la surface de celle-ci, le gaz carbonique exerce une pression déterminée. Lorsque la pression de l'anhydride carbonique, en un point du globe, tend à s'élever au-dessus de cette limite, ce gaz se dissout et forme, avec le carbonate de calcium en suspension dans l'eau, du bicarbonate. Lorsque, au contraire, la tension diminue, le bicarbonate se décompose, le gaz se dégage et du calcaire se dépose.

Le carbonate de calcium ainsi dissous par l'eau chargée d'acide carbonique peut produire dans certaines circonstances des phénomènes particuliers. Certaines eaux minérales très riches en acide carbonique et en carbonate de calcium perdent en grande partie le gaz carbonique lorsqu'elles arrivent à la surface du sol, et le carbonate se dépose en petits cristaux sur les objets immergés, plantes, branches d'arbre, etc. Ce sont les sources ou fontaines incrustantes : telle est la source de Saint-Allyre, près de Clermont-Ferrand (Puy-de-Dôme).

Si ces eaux riches en acide carbonique s'infiltrent dans le sol et atteignent une cavité ou grotte naturelle, elles perdent du gaz en arrivant à la paroi intérieure de celle-ci et forment un dépôt calcaire qui recouvre ainsi peu à peu les parois. Si l'eau suinte à la voûte supérieure, chaque gouttelette dépose un anneau de carbonate calcaire, et ces anneaux forment peu à peu une sorte de colonne verticale descendante ou *stalactite*; arrivée

Fig. 131.

au sol, la goutte qui se détache de la paroi supérieure laisse des dépôts qui, se superposant aussi, forment avec le temps une colonne verticale ou *stalagmite*. Quelques grottes sont célèbres par des formations calcaires d'une grande élégance et d'un bel éclat : la grotte des Demoiselles (Hérault) (fig. 131), les grottes de Han en Belgique, dans la province de Namur.

C'est à cette même cause qu'il faut attribuer, en grande partie du moins, les dépôts calcaires qui garnissent peu à peu l'intérieur des conduites d'eau, et les dépôts qui se forment sur les parois des chaudières à vapeur.

229. Eaux potables. — Les eaux de source ou de rivière, l'eau de la mer, renferment du carbonate de calcium, et cette substance est indispensable à l'alimentation. Elle contribue en effet au développement du système osseux des animaux; elle fournit aux mollusques les matières nécessaires à l'élaboration de leur squelette.

Cependant, si l'eau est trop riche en calcaire, elle devient difficile à digérer, impropre à la cuisson des légumes ou au savonnage. Mais ce n'est pas le carbonate de calcium qu'il faut redouter le plus, c'est le sulfate de calcium ou plâtre qui, existant dans certains terrains, se dissout dans l'eau en assez forte proportion. L'eau des puits des environs de Paris est riche en sulfate de calcium; on dit qu'elle est *séléniteuse*. Le calcium de ce sel forme avec le savon un composé insoluble qui encrasse le linge, les mains, ou contracte, avec certaines matières contenues dans les légumes qu'on tente d'y faire cuire, des combinaisons dures.

Une eau qui renferme du carbonate de calcium se trouble lorsqu'on la fait bouillir, par suite du départ du gaz carbonique. Si elle renferme du sulfate de calcium, elles se trouble lorsqu'on y verse quelques gouttes de chlorure de baryum (143), et d'après l'abondance du précipité on juge de la proportion de sulfate qu'elle renferme. Enfin on apprécie si l'eau est propre ou non aux usages domestiques en l'agitant avec une dissolution alcoolique de savon. S'il se produit une mousse légère, disparaissant rapidement, ou un léger trouble, l'eau est peu chargée de chaux; s'il se forme un abondant précipité, l'eau est trop calcaire et ne peut servir qu'au lavage des ruisseaux ou à l'arrosage de la voie publique.

Les eaux stagnantes sont souillées par la présence de matières organiques en voie de décomposition, et possèdent une odeur et un goût désagréables. Mais elles sont en outre malsaines. Les eaux des rivières qui traversent les grandes villes et reçoivent les eaux d'égout sont plus ou moins chargées de matières organiques en suspension; ces eaux peuvent servir au lavage des rues, mais il faut, autant que possible, les rejeter pour les besoins de l'alimentation.

Une bonne eau potable est fraîche, bien aérée; elle doit contenir des matières minérales, dont le poids ne peut dépasser 0^{gr},5 par litre, mais elle doit contenir peu de sulfate de calcium; au plus 0^{gr},1.

230. Composition. — Pour fixer la composition du gaz carbonique, on remplit un ballon d'oxygène, sur la cuve à mercure (fig. 132), en ayant soin que le mercure soit à un niveau plus élevé dans le col du ballon que dans la cuve. A l'aide d'un fil métallique, on fait pénétrer une petite coupelle renfermant un fragment de carbone pur, graphite ou diamant, et à l'aide d'une forte lentille on concentre les rayons solaires. Le carbone forme du gaz carbonique qui prend peu à peu la place de l'oxygène. La combustion terminée, on constate que le volume gazeux n'a pas changé. Un volume d'oxygène produit donc un volume de gaz carbonique égal au sien. On peut déduire de là la composition en poids.

Fig. 132.

Un volume de gaz carbonique pèse. . . . . 1,529 × 1,293
Un volume d'oxygène. . . . . 1,106 × 1,293

La différence représente le poids du carbone contenu dans un volume de gaz carbonique, soit 0,423 × 1,293. Les poids d'oxygène et de carbone sont donc entre eux comme 1,106 et 0,423. On trouve ainsi que 12 de carbone se combinent à 32 d'oxygène pour donner 44 d'acide carbonique. C'est ce qu'exprime la formule CO_2, et puisque O_2 représente 2 volumes, la formule CO_2 représente aussi 2 volumes.

Dumas et Stas ont fixé, par une méthode plus précise, la composition du gaz carbonique en brûlant un poids donné de carbone pur dans un courant d'oxygène et pesant l'anhydride carbonique formé[1].

Un grand flacon tubulé est rempli d'oxygène (fig. 133) que l'on déplace en faisant couler lentement de l'acide sulfurique par un tube à entonnoir : le gaz se dessèche dans les tubes BCD, remplis de ponce sulfurique. En E est un tube de porcelaine porté au rouge dans un fourneau à réverbère et renfermant une petite nacelle contenant un poids connu de diamant ou de graphite. Comme le gaz qui sort du tube de porcelaine peut contenir un peu d'oxyde de carbone, on le fait passer sur de l'oxyde de cuivre chauffé au rouge en FF; l'oxyde de carbone prend l'oxygène de l'oxyde de cuivre et se transforme en gaz carbonique. L'anhydride carbonique formé est retenu par de la potasse contenue dans les tubes G, H, I, J, K, dont on détermine l'augmentation de poids à la fin de l'expérience.

231. Applications. — L'acide carbonique dissous dans l'eau ou dans des liquides alcooliques sous pression leur communique une saveur aigrelette. Les *eaux de Seltz* artificielles, les limonades gazeuses, le vin de Champagne, le cidre, la bière, contiennent de l'acide carbonique dissous à la faveur d'un excès de pression. Au contact de l'air, le gaz carbonique se dégage, le liquide mousse.

La fabrication des eaux de Seltz artificielles est simple. On prépare le gaz carbonique dans un cylindre métallique en faisant réagir l'acide sulfurique étendu sur de la craie. Après avoir traversé des vases laveurs, le gaz est recueilli dans un gazomètre. Une pompe aspire à la fois le gaz et le liquide, qu'elle refoule dans un récipient sphérique ou *saturateur*, et de là dans des *siphons* en verre fort, capables de supporter une pression de 10 atmosphères environ (fig. 134).

Pour préparer de petites quantités d'eau de Seltz, on se sert fréquemment de l'appareil Briet (fig. 135). Un vase sphérique A est muni d'une garniture métallique à robinet. On y introduit un mélange de bicarbonate de sodium et d'acide tartrique solide, puis un tube vertical en étain ouvert à sa partie supérieure et terminé à sa base par un cylindre percé de trous. Ce tube

Fig. 135

porte un renflement cylindrique garni d'étoupe, qui ferme l'ouver-

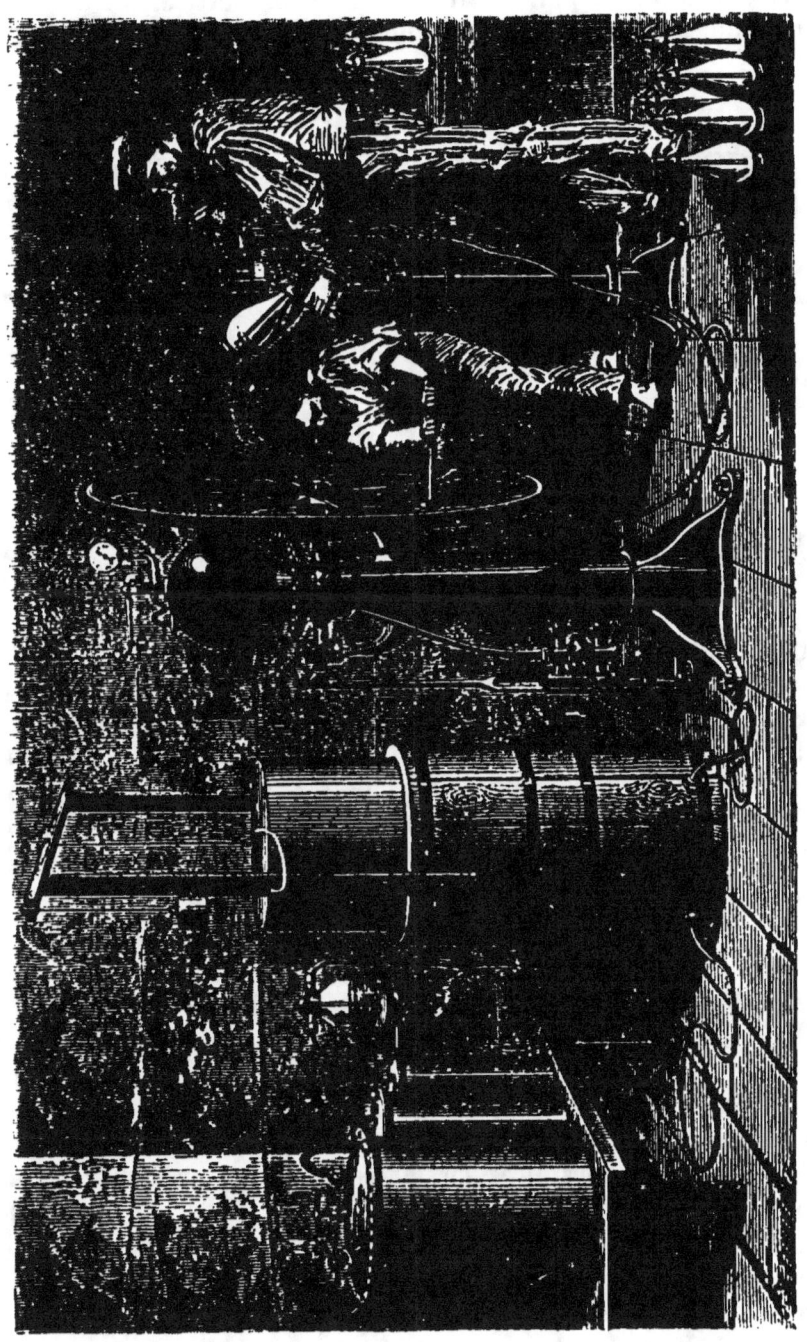

Fig. 134.

ture du vase inférieur. Après avoir rempli d'eau le vase G, on renverse le vase A et on visse sa garniture métallique sur celle du premier. Lorsqu'on retourne ensuite l'appareil, l'eau du vase supérieur s'écoule par l'extrémité du tube vertical, et le sel et l'acide qui à l'état sec ne pouvaient réagir l'un sur l'autre, déga-

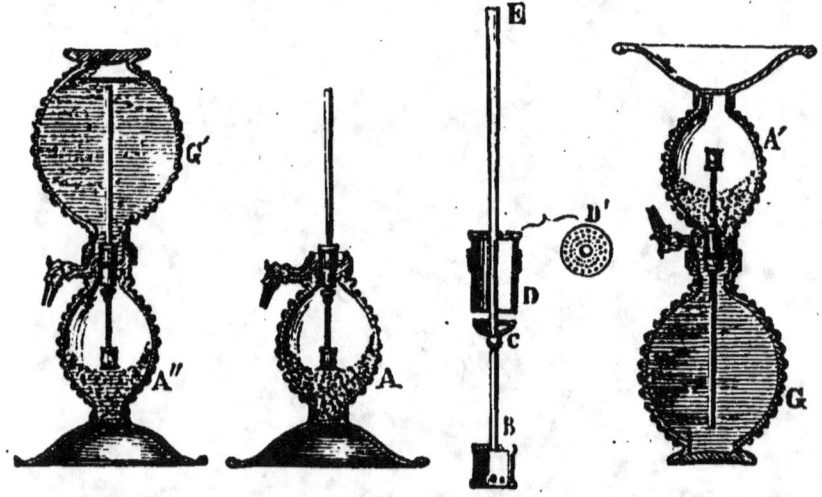

Fig. 135.

gent de l'acide carbonique dès qu'ils sont mouillés. Le gaz s'élève par de petits trous pratiqués à la surface du cylindre creux D, et se dissout dans l'eau. Lorsqu'on tourne un robinet à vis qui communique avec la base du vase supérieur G', le liquide s'écoule, chassé par la pression qu'exerce le gaz à sa surface. Pour préparer 1 litre d'eau gazeuse, on mélange généralement 18ᵉʳ d'acide tartrique et 21ᵉʳ de bicarbonate de sodium.

OXYDE DE CARBONE, CO

232. Préparation. — Nous avons vu que le gaz carbonique se transforme en oxyde de carbone lorsqu'on le fait passer sur une longue colonne de charbon portée au rouge (225). C'est dans des circonstances analogues à celle-ci que se forme l'oxyde de carbone dans la pratique industrielle.

Mais, dans les laboratoires, lorsqu'on veut préparer l'oxyde de carbone pur, on chauffe dans un ballon de verre de l'acide sulfurique et de l'acide oxalique. L'acide oxalique cristallisé $C^2H^2O^4 + 2H^2O$ renferme les éléments de l'eau, de l'anhydride carbonique et de l'oxyde de carbone; on a

$$C^2H^2O^4 + 2H^2O = CO^2 + CO + 3H^2O.$$

Lorsqu'on chauffe en effet cet acide en présence de l'acide sulfurique, ce dernier retient l'eau et il se dégage un mélange qui renferme volumes égaux de gaz carbonique et d'oxyde de carbone. On fait passer le gaz, au sortir du ballon, dans un flacon laveur renfermant une dissolution de potasse ou de soude destinée à

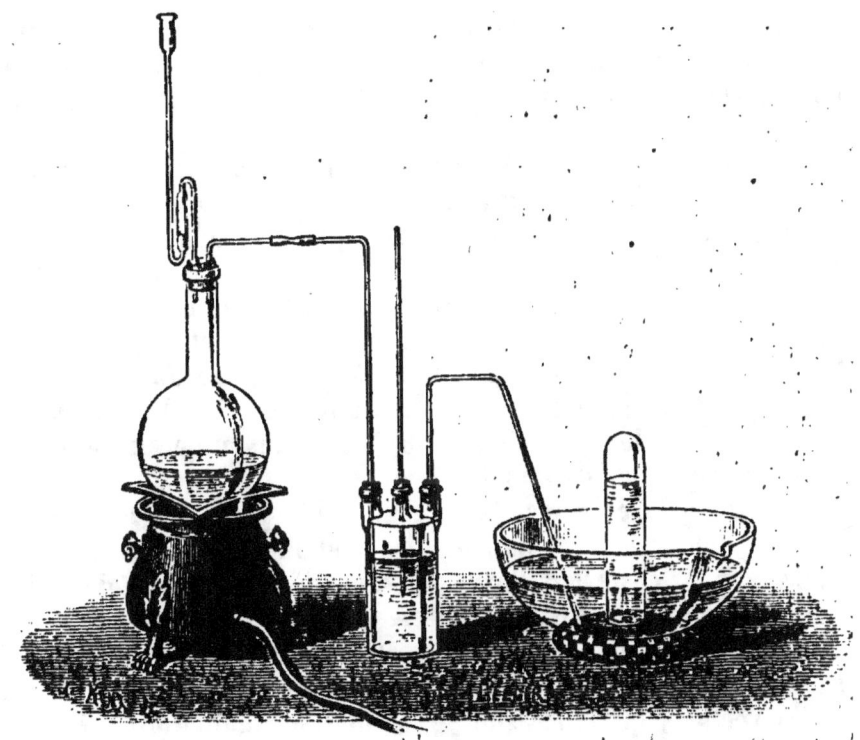

Fig. 136.

retenir le gaz carbonique et l'on recueille l'oxyde de carbone dans des éprouvettes sur la cuve à eau (fig. 136).

233. Propriétés physiques. — Gaz incolore, inodore et sans saveur. Sa densité est 0,967, c'est-à-dire 14 fois plus grande que celle de l'hydrogène (*Poids moléculaire* : 28).

1 litre d'eau n'en dissout que 0l,035 à 0°. Il n'a été liquéfié que dans ces dernières années; son point critique est voisin de — 140°. On a pu le réduire en un liquide incolore bouillant à — 193° sous la pression atmosphérique.

234. Propriétés chimiques. — L'oxyde de carbone n'exerce aucune action sur la teinture de tournesol, c'est un corps neutre. Lorsqu'il a été soigneusement débarrassé d'anhydride carbonique, il ne trouble pas l'eau de chaux.

L'oxyde de carbone est combustible, il peut être mélangé à l'air ou à l'oxygène, à la température ordinaire, sans subir de modification; mais, à l'approche d'un corps incandescent, il brûle en formant du gaz carbonique :

$$CO + O = CO^2;$$

2 volumes d'oxyde de carbone, en se combinant avec 1 volume d'oxygène, donnent 2 volumes de gaz carbonique. La flamme de l'oxyde de carbone est bleue et cette coloration est caractéristique de ce gaz.

L'oxyde de carbone tend non seulement à s'emparer de l'oxygène libre, mais il réagit sur un grand nombre de composés oxygénés pour leur enlever l'oxygène. C'est ce qu'il est facile de vérifier en chauffant de l'oxyde de fer dans un petit tube de verre traversé par un courant d'oxyde de carbone. On constate qu'il se dégage du gaz carbonique et l'oxyde est réduit à l'état métallique : comme l'hydrogène, l'oxyde de carbone est donc un gaz *réducteur*, et à ce titre on l'utilise dans les arts métallurgiques; c'est l'oxyde de carbone qui, dans les hauts fourneaux, réduit les minerais de fer, qui sont des oxydes de ce métal.

235. **Propriétés physiologiques.** — L'oxyde de carbone est un gaz très délétère. Il se fixe sur les globules du sang, qu'il rend impropres à absorber l'oxygène, destiné à produire dans tout l'organisme les combustions lentes.

L'oxyde de carbone étant dépourvu d'odeur, on ne s'aperçoit de sa présence dans une atmosphère viciée que par les maux de tête et les vertiges qu'il occasionne et qu'une ventilation active fait disparaître assez rapidement.

Dans les asphyxies par le charbon, c'est l'oxyde de carbone qui tue et non le gaz carbonique. L'expérience suivante, faite par F. Leblanc, l'établit nettement. Dans une atmosphère renfermant juste assez de gaz carbonique pour qu'une bougie s'éteigne, un chien n'est pas asphyxié. Or, ce même animal succombera dans une atmosphère renfermant le mélange de gaz carbonique et d'oxyde de carbone qui provient de la combustion du charbon, bien avant qu'une bougie s'y éteigne.

Nous devons donc éviter avec grand soin toute cause qui introduirait dans l'atmosphère d'une chambre même de très petites quantités d'oxyde de carbone.

Un foyer qui ne serait pas muni d'une cheminée pour le dégagement des gaz de la combustion, ou dont le tirage serait insuffisant, émettra nécessairement de l'oxyde de carbone. On ne doit jamais fermer complètement la clef d'un poêle sous prétexte de ralentir la combustion, car les gaz ne trouvant pas d'autre issue se répandraient dans la pièce. Les poêles à combustion lente, les *poêles mobiles* dont l'usage s'est répandu dans ces dernières années, constitueraient un danger sérieux si le tuyau n'était pas engagé dans une cheminée tirant très bien.

236. Composition. — Lorsqu'on brûle un mélange de deux volumes d'oxyde de carbone et de un volume d'oxygène dans l'eudiomètre, on obtient deux volumes de gaz carbonique. Comme deux volumes de gaz carbonique renferment deux volumes d'oxygène, on déduit de là immédiatement que deux volumes d'oxyde de carbone contiennent un volume d'oxygène, ou encore que les volumes et par conséquent les poids d'oxygène qui s'unissent à un même poids de carbone pour former le gaz carbonique et l'oxyde de carbone sont entre eux dans le rapport de 2 à 1 : c'est ce qu'expriment les formules CO^2 et CO.

CYANOGÈNE, $(C^2 Az^2)$ ou $Cy^2 = 52$.

237. Circonstances de formation. — Le cyanogène est une combinaison de carbone et d'azote.

On n'a jamais observé la combinaison directe de ces deux éléments; le carbone reste inaltéré lorsqu'on le chauffe dans une atmosphère de gaz azote. Mais si l'on calcine des matières organiques azotées avec de la potasse, le carbone et l'azote de la matière organique et le potassium de la base forment une combinaison soluble dans l'eau, le *cyanure de potassium* KCAz, type d'une classe nombreuse de corps renfermant du carbone, de l'azote et un métal, les *cyanures.* En mélangeant une dissolution de cyanure de potassium et une dissolution d'un sel de fer, on obtient un précipité d'un beau bleu, qui est connu depuis longtemps sous le nom de *bleu de Prusse.* C'est en étudiant cette matière, qui est une combinaison de carbone, d'azote et de fer, que Gay-Lussac découvrit le cyanogène, en 1814 (*kuanos*, bleu; *gennao*, j'engendre).

Le cyanogène se comporte dans un grand nombre de réactions comme un corps simple. Pour exprimer ce fait on représente le groupement CAz (*radical monovalent*) par le symbole Cy.

238. Préparation. — Il est un cyanure, le cyanure de mercure Hg(CAz)² ou HgCy², qu'il suffit de chauffer pour le décomposer en mercure et cyanogène. Introduisons en effet du cyanure de mercure bien sec dans une petite cornue en verre et chauffons légèrement, et nous recueillerons sur la cuve à mercure un gaz qui sera le cyanogène (fig. 137) et du mercure se déposera en fines gouttelettes sur les parois froides du col :

$$HgCy^2 = Hg + Cy^2.$$

On trouve au fond de la cornue un résidu solide brun, le *para-cyanogène* dont la composition centésimale est la même que celle du cyanogène.

Fig. 137.

239. Propriétés physiques. — Le cyanogène est un gaz incolore doué d'une odeur qui rappelle celle du kirsch. Sa densité est 1,8 (26 fois plus grande que celle de l'hydrogène).

Le poids moléculaire est donc $1,8 \times 28,9$, soit environ 52. Ce qui correspond à la formule C^2Az^2 et non à la formule plus simple CAz.

Refroidi à —20° sous la pression atmosphérique, le cyanogène se liquéfie et le liquide incolore ainsi obtenu produit par son évaporation à l'air libre un froid si considérable, qu'une partie du liquide se solidifie.

L'eau dissout 4 fois son volume environ de cyanogène à la température ordinaire; aussi ne peut-on recueillir le gaz sur la cuve à eau.

240. Action de la chaleur. Paracyanogène. — Chauffons du cyanogène dans un tube de verre scellé, vers 500°, nous verrons se déposer sur les parois une matière brune identique à celle qui se forme lorsqu'on chauffe du cyanure de mercure. Inversement, chauffons du paracyanogène dans un vase clos vide d'air, vers 500°, du gaz cyanogène se dégagera, et si nous enlevions le gaz à mesure qu'il se forme, nous obtiendrions la transformation complète du paracyanogène en cyanogène. Le *paracyanogène* est donc formé des mêmes éléments que le cyanogène unis dans les mêmes proportions; ces deux corps ne diffèrent que par leur état physique.

241. Propriétés chimiques. — Le cyanogène brûle au contact de l'air, à l'approche d'un corps incandescent, avec une belle flamme pourpre. Si l'on fait cette expérience en enflammant le gaz contenu dans une éprouvette, et si l'on y verse quelques gouttes d'eau de chaux, une fois la combustion terminée, on observe la formation d'un précipité de carbonate de calcium. L'anhydride carbonique est donc un des produits de sa combustion.

L'expérience montre qu'il faut, pour que la combustion du cyanogène soit complète, que le volume de l'oxygène soit double du volume du cyanogène. C'est ce qu'exprime la formule

$$C^2Az^2 + 4O = 2CO^2 + Az^2.$$

Si l'on remplit un flacon d'un mélange de cyanogène et d'oxygène fait dans ces proportions, une détonation violente se produit à l'approche d'un corps enflammé. Si dans ce mélange, introduit dans un eudiomètre à mercure, on fait éclater une étincelle électrique, la combustion vive s'effectuera, et après avoir absorbé l'anhydride carbonique par la potasse, on constate qu'il reste de l'azote.

Un mélange à volumes égaux d'hydrogène et de cyanogène, chauffé vers 500°, donne un composé hydrogéné, l'acide *cyanhydrique*. Si l'on chauffe doucement du cyanogène dans une cloche courbe en présence d'un métal alcalin, tel que le potassium ou le sodium, le gaz est absorbé par ce métal avec dégagement de chaleur, avec formation d'un cyanure de potassium ou de sodium.

Ces faits ont amené Gay-Lussac à rapprocher le cyanogène du chlore, du brome et de l'iode. Bien que ce soit un corps composé, il se comporte vis-à-vis de l'hydrogène et des métaux comme ces corps simples. Les composés hydrogénés du cyanogène, du chlore, du brome et de l'iode sont formés par l'union de volumes égaux d'hydrogène et de ces corps; les cyanures se rapprochent des chlorures par un grand nombre de leurs réactions chimiques.

212. Composition. — La combustion d'un mélange de cyanogène et d'oxygène faite dans l'eudiomètre montre que 2 vol. de cyanogène contiennent 2 vol. d'azote, et qu'il s'est formé 4 vol. de gaz carbonique. La formule C^2Az^2 se déduit immédiatement de l'équation de la combustion (241). Cette formule C^2Az^2 correspond à un poids moléculaire égal à 52.

ACIDE CYANHYDRIQUE, CAzH ou CyH.

243. Préparation. — Bien que le cyanogène et l'hydrogène puissent se combiner directement, ce n'est pas ainsi que l'on prépare l'acide cyanhydrique.

On introduit dans un petit ballon du cyanure de mercure et de l'acide chlorhydrique, et l'on chauffe légèrement (fig. 138).

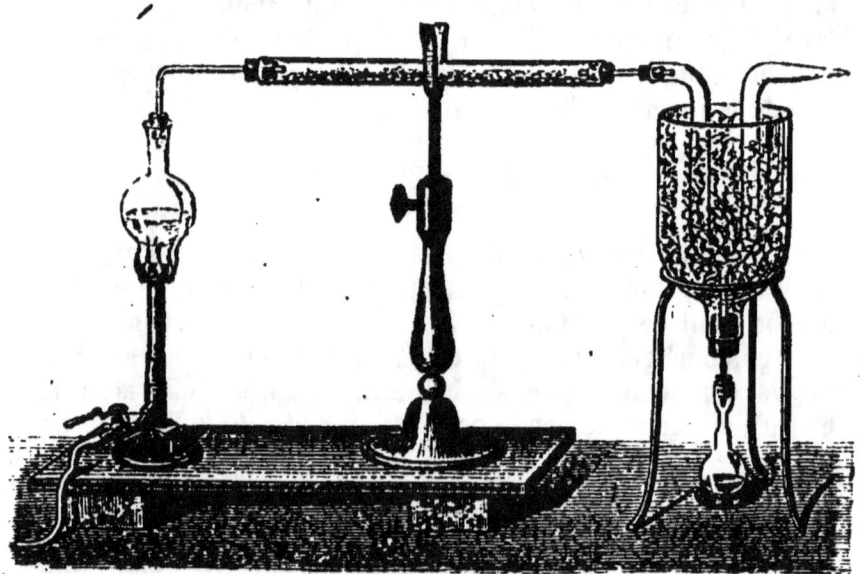

Fig. 138.

Les vapeurs traversent un long tube disposé horizontalement, renfermant dans sa première moitié du marbre pour absorber l'acide chlorhydrique entraîné et, dans la seconde moitié, une matière avide d'eau, du chlorure de calcium. Elles sont condensées dans un tube enveloppé d'un mélange de glace et de sel marin.

On a la réaction

$$Hg Cy^2 + 2HCl = Hg Cl^2 + 2HCy.$$

Le chlorure de mercure reste dissous dans l'excès d'acide chlorhydrique employé.

244. Propriétés. — C'est un liquide incolore, doué d'une odeur d'amandes amères. Il bout à $+ 26°,5$ et se congèle à $—15°$. La densité de vapeur est 0,93.

Au contact d'un corps incandescent, l'acide cyanhydrique prend feu et brûle avec une flamme blanche légèrement teintée de pourpre sur les bords; il se forme de l'anhydride carbonique, de l'eau, et l'azote est mis en liberté :

$$2CAzH + 5O = 2CO^2 + H^2O + Az^2.$$

C'est un acide très faible qui rougit à peine la teinture de tournesol. Il ne décompose pas les carbonates.

L'acide cyanhydrique, que l'on désigne encore quelquefois sous le nom d'*acide prussique*, est un poison qui agit avec une extrême rapidité, et dont les effets sont foudroyants. Quelques gouttes de ce liquide que l'on dépose sur l'œil d'un lapin suffisent pour amener, en quelques instants, la mort de l'animal au milieu de terribles convulsions.

SULFURE DE CARBONE, CS^2.

245. Préparation. — Le carbone chauffé au rouge dans la vapeur de soufre s'y combine et donne un composé, le sulfure de carbone.

Pour effectuer cette réaction, on remplit de braise de boulanger un tube de porcelaine que l'on dispose dans un fourneau à réverbère en l'inclinant (fig. 139). L'extrémité la plus élevée du tube

Fig. 139.

porte un bouchon; l'autre extrémité est engagée dans une allonge dont le col recourbé pénètre dans un flacon à large goulot renfermant de l'eau, et refroidi extérieurement. On porte le tube au rouge, puis, enlevant rapidement le bouchon, on introduit un fragment de soufre; le soufre fond, se réduit en vapeurs, et ces dernières passant sur le charbon rouge forment du sulfure de carbone qui vient se condenser sur les parois de l'allonge et coule dans le flacon. Le liquide plus lourd que l'eau se rassemble au fond du vase; le bouchon qui ferme le flacon porte un tube droit par lequel se dégagent divers produits volatils, qui prennent naissance aux dépens d'une petite quantité d'hydrogène que le charbon de bois retient encore.

Mais le sulfure de carbone, dont les applications sont assez nombreuses, est livré au commerce par l'industrie; le carbone est alors chauffé dans de grandes cornues cylindriques en fonte.

246. Propriétés physiques. — Le sulfure de carbone est un liquide incolore, très mobile, d'une odeur très désagréable. Il est plus lourd que l'eau; sa densité est de 1,293. Il bout à 45°. Sa densité de vapeur est 2,645.

Le sulfure de carbone est très volatil, et son évaporation rapide sous le récipient de la machine pneumatique produit un abaissement de température qui peut atteindre —60°. On ne solidifie ce liquide que très difficilement.

Le sulfure de carbone est fréquemment employé comme dissolvant du soufre, du phosphore, de l'iode, du caoutchouc, des matières grasses.

247. Propriétés chimiques. — Le sulfure de carbone est combustible. Il brûle avec une flamme bleue en donnant du gaz carbonique et du gaz sulfureux :

$$CS^2 + 6O = CO^2 + 2SO^2.$$

Un mélange de vapeur de sulfure de carbone et d'oxygène, fait dans le rapport indiqué ci-dessus, détone avec violence au contact d'une flamme, et comme le sulfure de carbone est très volatil, il faut éviter de manier un flacon incomplètement rempli de ce liquide auprès d'un foyer incandescent.

En se combinant avec les sulfures alcalins, le sulfure de carbone forme de véritables sels, dans lesquels il joue le rôle d'acide; aussi lui donne-t-on quelquefois le nom d'anhydride *sulfocarbonique*. Le sulfocarbonate de potassium CS^3K^2 a pris dans ces derniers temps une grande importance par l'application qui en a été faite à la destruction du phylloxera.

248. Usages. — Le sulfure de carbone sert dans l'industrie à dissoudre les matières grasses ou *suint* qui imprègnent la laine des moutons, à l'épuisement des graines oléagineuses et au lavage des chiffons gras.

CHAPITRE XIV

COMPOSES HYDROGÉNÉS DU CARBONE.

Le carbone et l'hydrogène forment de nombreux composés, désignés sous le nom de *carbures d'hydrogène* ou *hydrocarbures*. Nous n'étudierons ici que quatre d'entre eux : *l'acétylène*, le *méthane* ou *gaz des marais*, *l'éthylène* et la *benzine*.

ACÉTYLÈNE, C^4H^2.

249. Circonstances de formation. — 1° L'acétylène est le seul carbure d'hydrogène que l'on puisse obtenir par l'union directe de l'hydrogène avec le carbone.

M. Berthelot a obtenu en effet ce gaz en faisant éclater l'arc électrique fourni par une pile de 50 éléments Bunsen entre deux baguettes en charbon de cornue, au centre d'un ballon en verre traversé par un courant d'hydrogène pur (fig. 140). Au sortir du ballon, les gaz traversent un flacon renfermant une dissolution de chlorure cuivreux Cu^2Cl^2 dans l'ammoniaque. L'acétylène forme, dans ces conditions, un précipité rouge brun d'*acétylure de cuivre*, $C^2H.Cu^2Cl$.

2° On obtient également de l'acétylène lorsqu'on décompose par la chaleur une matière organique volatile, ou lorsqu'on fait passer dans un tube de porcelaine chauffé au rouge un des deux autres carbures d'hydrogène que nous allons étudier. Le gaz d'éclairage provenant de la décomposition de la houille par la chaleur renferme de petites quantités d'acétylène, que l'on met en évidence en versant, dans un flacon de 3 à 4 litres rempli de gaz, quelques gouttes de la dissolution de sous-chlorure de cuivre dans l'ammoniaque.

3° Il se forme de l'acétylène toutes les fois qu'un carbure d'hydrogène ou un composé carburé quelconque brûle en présence

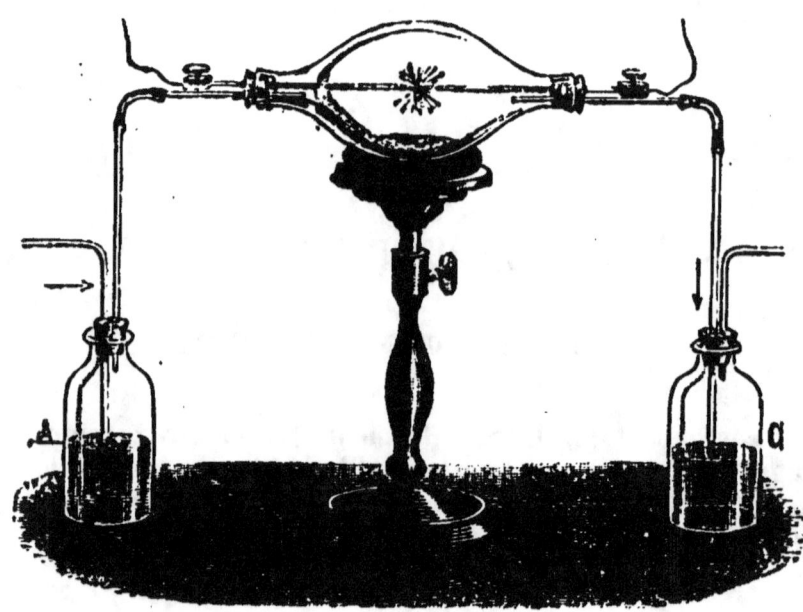

Fig. 140.

d'un volume d'oxygène insuffisant pour transformer tout le carbone en gaz carbonique. Ainsi lorsque dans une grande éprouvette très étroite (fig. 141), on introduit quelques centimètres

Fig. 141.

cubes d'éther et quelques gouttes de sous-chlorure de cuivre ammoniacal, et qu'on enflamme l'éther à l'orifice, en tenant l'éprouvette couchée presque horizontalement et la faisant tourner entre les doigts autour de son axe, on voit se former sur les parois un dépôt rougeâtre d'acétylure de cuivre. Ce mode de formation rentre d'ailleurs dans le précédent, car c'est la chaleur dégagée par la combustion d'une partie de la matière qui en décompose une autre partie, et l'acétylène apparaît.

On démontrerait de la même façon que la combustion incomplète de l'éthylène, du formène ou du gaz de la houille donne de l'acétylène.

4° Un carbure d'un métal alcalino-terreux, tel que le carbure de calcium C^2Ca obtenu en chauffant un mélange de chaux et de charbon dans l'arc électrique, se décompose au contact de l'eau en dégageant de l'acétylène :

$$C^2Ca + 2H^2O = Ca(OH)^2 + C^2H^2.$$

La réaction est très vive et demande à être faite avec précaution.

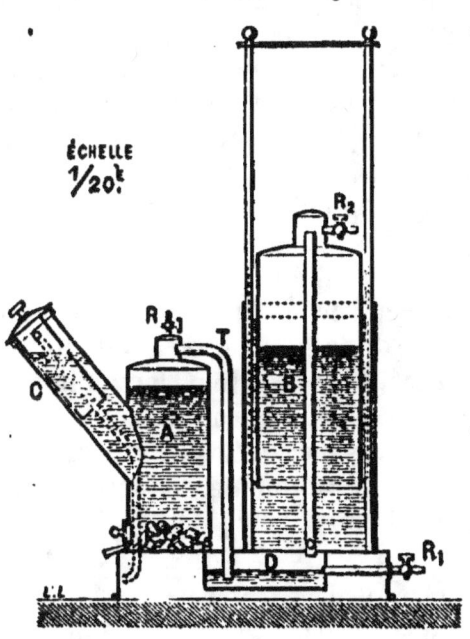

On l'effectue sans danger en introduisant des fragments de carbure de calcium dans l'eau contenue dans un récipient métallique (fig. 142). L'appareil figuré ici (appareil Lequeux) est un des appareils les plus simples susceptibles d'être utilisés pour la production de l'acétylène destiné à l'éclairage. Le carbure introduit en C dans un grand excès d'eau tombe en A; le gaz se dégage par le tube T, se lave en D et se rend à la partie supérieure du gazomètre B. L'acétylène se dégage lorsqu'on ouvre le robinet R_2; les eaux de lavage peuvent s'écouler par R_1.

ÉCHELLE $\frac{1}{20}$

Fig 142.

En faisant barboter ce gaz dans une solution de chlorure cuivreux, on obtient très facilement de grandes quantités d'acétylure cuivreux.

250. Préparation. — Pour préparer l'acétylène pur, on introduit dans un petit ballon de l'acétylure de cuivre et de l'acide chlorhydrique concentré; on chauffe légèrement et l'on recueille le gaz sur la cuve à mercure :

$$C^2H.Cu^2Cl + HCl = C^2H^2 + Cu^2Cl^2.$$

Le chlorure cuivreux reste dissous dans l'excès d'acide chlorhydrique employé.

251. Propriétés physiques. — L'acétylène est un gaz incolore, doué d'une odeur désagréable. Sa densité est 0,92, égale à 13 fois celle de l'hydrogène. Il est peu soluble dans l'eau. Il peut être aussi facilement liquéfié que le gaz carbonique (*température critique* — 37°,05, *pression* critique 68^{atm},0); à 15° la tension de vapeur de l'acétylène liquide est 57^{atm},0; il est solide au-dessous de — 81°.

252. Propriétés chimiques. — L'acétylène est combustible. Avec 2 vol. d'acétylène et 5 vol. d'oxygène (ou 25 vol. d'air), on obtient une combustion complète :

$$C^2H^2 + 5O = 2CO^2 + H^2O.$$

Un mélange fait dans ces proportions détone violemment au contact d'un corps incandescent. Si la proportion d'oxygène est moindre, la combustion est incomplète; il y a dépôt de noir de fumée qui, porté à une température élevée, donne à la flamme un très grand éclat; mais, si le noir de fumée est en quantité trop considérable, la flamme est jaune et fuligineuse. On obtient une flamme blanche, très éclairante, en enflammant un jet d'acétylène s'échappant dans l'atmosphère par un orifice très fin sous une pression de 10 à 12 cent. d'eau. Si l'on enflammait l'acétylène à sa sortie d'un bec à fente ou à trous utilisé pour l'éclairage au gaz de la houille, on aurait une flamme jaune fuligineuse.

L'acétylène, surtout lorsqu'il a été comprimé dans un récipient, et mieux encore lorsqu'il a été liquéfié, subit une décomposition brusque, explosive lorsqu'on fait éclater à son contact une capsule de fulminate de mercure; il se détruit en effet avec dégagement de chaleur (51) :

$$C^2H^2 = C^2 + H^2 \qquad + 60^c,4.$$

Il s'unit directement avec l'hydrogène au rouge sombre pour donner l'éthylène C^2H^4 et même l'éthane C^2H^6.

Il se polymérise sous l'action de la chaleur; c'est ainsi qu'en chauffant l'acétylène au rouge sombre, dans une cloche courbe, on obtient des matières solides et liquides d'où on peut séparer par distillation de la benzine,

$$3C^2H^2 = C^6H^6.$$

Les étincelles électriques éclatant dans un mélange d'acétylène et d'azote donnent de l'acide cyanhydrique

$$C^2H^2 + 2Az = 2HCAz.$$

A la lumière diffuse, l'acétylène peut fixer soit 2, soit 4 atomes de chlore,

$$C^2H^2Cl^2, \qquad C^2H^2Cl^4.$$

La réaction peut être explosive; elle le devient nécessairement à la lumière solaire; le carbure est alors détruit,

$$C^2H^2 + Cl^2 = C^2 + 2HCl.$$

Mais on n'observe jamais de réaction directe de substitution.

MÉTHANE, CH⁴.

Syn. : *Protocarbure d'hydrogène, formène, gaz des marais.*

253. Circonstances de formation. — Lorsqu'on agite la vase des marais, on voit se dégager de nombreuses bulles gazeuses qu'il est possible de recueillir de la façon suivante : dans le goulot d'un flacon rempli d'eau et renversé, on enfonce la douille d'un large entonnoir (fig. 143). Les bulles de gaz en s'élevant s'engagent dans l'ouverture de l'entonnoir et sont recueillies dans le flacon. Ce gaz est mélangé d'hydrogène, d'azote, d'oxygène et de gaz carbonique.

Fig. 143.

Le gaz des marais a pris naissance dans la décomposition lente au contact de l'eau, dans la putréfaction des matières végétales, dont les éléments constitutifs essentiels sont le carbone, l'hydrogène et l'oxygène.

Dans certaines contrées, en Perse, en Italie, en France dans le Dauphiné, ce gaz se dégage des fissures du sol ; mais c'est principalement dans les mines de houille que l'on a à redouter le dégagement subit de ce gaz. Emprisonné et comprimé dans les fissures de la houille, à de grandes profondeurs, il se dégage subitement sous le coup de pic du mineur, lorsque l'on fait éclater une mine destinée à l'abatage de gros blocs de minerais, ou quelquefois même sans cause apparente. Mélangé à l'air des galeries, il prend feu au contact d'une flamme et de terribles explosions se produisent, brûlant les ouvriers, bouleversant les parois des galeries de la mine : c'est le *grisou*.

254. Préparation. — Le vinaigre doit son acidité à un acide organique, l'*acide acétique*, $C^2H^4O^2$.

Lorsqu'on dirige des vapeurs d'acide acétique dans un tube de porcelaine chauffé au rouge vif, on recueille un mélange de gaz carbonique et de méthane :

$$C^2H^4O^2 = CH^4 + CO^2.$$

Cette décomposition est plus facile à réaliser en présence des alcalis, qui retiennent l'anhydride carbonique.

On introduit dans une petite cornue de verre (fig. 141) un mélange de 1 partie d'acétate de sodium et de 4 parties de chaux

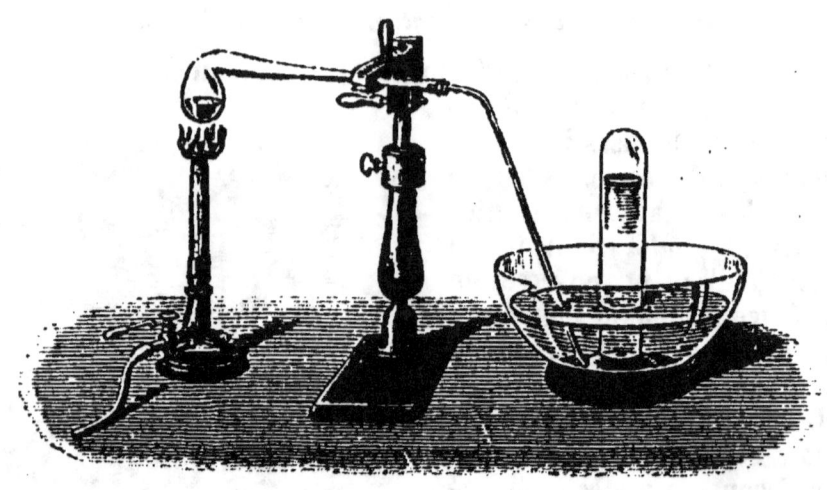

Fig. 141.

sodée[1]; un tube de dégagement permet de recueillir le gaz sur la cuve à eau. Il reste dans la cornue du carbonate de sodium indécomposable par la chaleur. On a la réaction suivante :

$$C^2H^3NaO^3 + NaOH = CO^3Na^2 + CH^4.$$

255. Propriétés physiques. — Le méthane est un gaz incolore, inodore, insipide. Sa densité est 0,559, c'est-à-dire égale à 8 fois celle de l'hydrogène (*Poids moléculaire* : 16). Un litre de ce gaz, dans les conditions normales de température et de pression, pèse $1^{gr},293 \times 0,559 = 0^{gr},752$;

256. Propriétés chimiques. — A une température élevée, le méthane se décompose en hydrogène et acétylène,

$$2CH^4 = C^2H^2 + 3H^2.$$

Il brûle au contact de l'air avec une flamme peu éclairante, en donnant de l'eau et du gaz carbonique :

$$CH^4 + 4O = CO^2 + 2H^2O.$$

1. La chaux sodée est un mélange intime de chaux et de soude que l'on obtient en calcinant de la chaux avec la moitié de son poids de soude caustique; c'est une matière poreuse, qui jouit des propriétés alcalines de la soude, et présente l'avantage d'être infusible. — Si l'on employait de la soude, celle-ci fondrait et attaquerait le verre, dont elle déterminerait la fusion.

Il suffit, en effet, de verser dans l'éprouvette quelques gouttes d'eau de chaux, la combustion terminée, pour constater qu'elle se trouble par suite de la formation du carbonate de calcium insoluble dans l'eau.

Un mélange de 1 volume de ce gaz et de 2 volumes d'oxygène détone au contact d'une flamme avec une grande violence; mais lorsque la quantité d'oxygène est moindre que celle indiquée ci-dessus, lorsqu'on brûle, par exemple, le protocarbure d'hydrogène dans une éprouvette étroite, l'hydrogène brûle tout d'abord et il se dépose du carbone.

Un mélange de 1 volume de méthane et de 2 volumes de chlore brûle avec une flamme fuligineuse, en donnant de l'acide chlorhydrique :

$$CH^4 + 4Cl = C + 4HCl.$$

Le chlore peut exercer en outre sur cet hydrocarbure une action très différente de la précédente. Exposé à la lumière solaire diffusée par un mur blanc, un mélange des deux gaz fournit une série régulière de composés qui ne diffèrent du carbure primitif que par la substitution du chlore à un égal volume d'hydrogène, Cl, Cl^2, Cl^3, Cl^4 remplaçant H, H^2, H^3, H^4; ce sont des *produits de substitution*. Ainsi, si le carbure est en excès par rapport au chlore, on a

$$CH^4 + Cl^2 = CH^3Cl + HCl.$$

Le composé CH^3Cl est le *formène monochloré*. L'action du chlore continuant, on aurait successivement :

$$CH^3Cl + Cl^2 = CH^2Cl^2 + HCl,$$
$$CH^2Cl^2 + Cl^2 = CHCl^3 + HCl,$$
$$CHCl^3 + Cl^2 = CCl^4 + HCl.$$

Le corps $CHCl^3$ est un liquide connu sous le nom de *chloroforme*; CCl^4 est le *tétrachlorure de carbone*, liquide également.

Le chlore ne s'introduit pas dans la molécule du méthane sans qu'en même temps il parte de l'hydrogène. Il se fait des produits de substitution mais jamais des produits d'addition.

On dit des carbures qui, comme le méthane, ne donnent jamais de produits d'addition que ce sont des carbures *saturés*. Les pétroles d'Amérique sont constitués presque exclusivement par des mélanges de carbures saturés.

ÉTHYLÈNE, C^3H^4.

Syn. : *Bicarbure d'hydrogène, hydrogène bicarboné, gas oléfiant.*

257. Préparation. — L'alcool, C^3H^6O, se décompose, lorsqu'on le chauffe avec de l'acide sulfurique concentré, à une température d'environ 160°, en éthylène C^3H^4 qui se dégage et en eau qui est retenue par l'acide sulfurique :

$$C^4H^6O = C^3H^4 + H^2O.$$

On introduit dans un ballon de verre (fig. 145) un mélange de

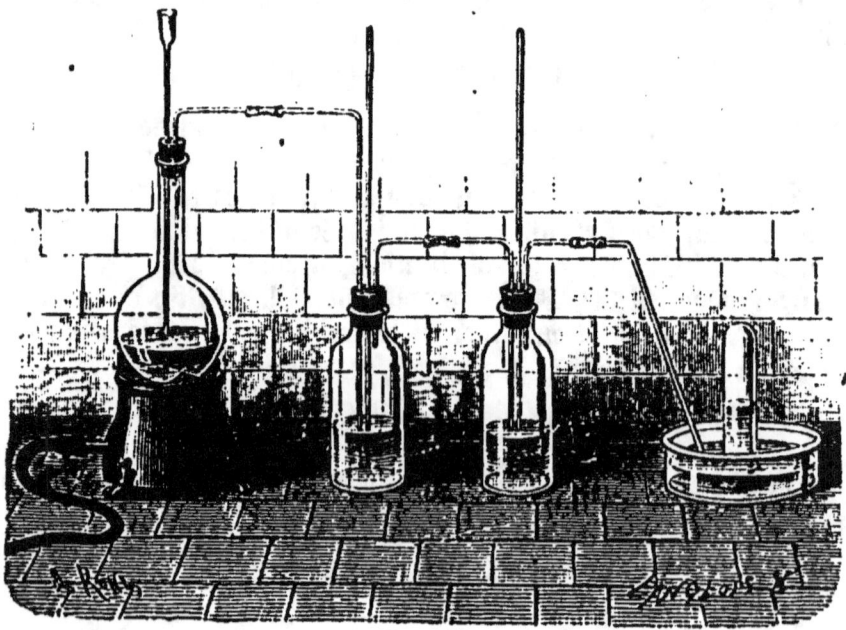

Fig. 145.

1 partie d'alcool et de 6 parties d'acide sulfurique, fait en versant lentement et en agitant constamment l'acide sulfurique dans l'alcool, de façon à éviter une élévation trop brusque de température. On ajoute ensuite du sable dans le ballon, ce qui permet d'obtenir un dégagement de gaz plus régulier[1].

1. Le gaz qui se dégage peut contenir une petite quantité d'*éther* $C^4H^{10}O^2$ qui prend naissance lorsque la température est inférieure à 160°, et si la température s'élève au-dessus de cette température, du gaz carbonique et du gaz sulfureux résultant de l'action exercée par l'acide sulfurique sur le carbone et l'hydrogène de l'alcool. Aussi, avant de recueillir le gaz sur la cuve à eau, est-il bon de lui faire traverser deux flacons laveurs, le premier renfermant de la potasse destinée à retenir les gaz carbonique et sulfureux, et le second de l'acide sulfurique qui dissout l'éther entraîné.

258. Propriétés physiques. — L'éthylène est un gaz incolore, doué d'une légère odeur empyreumatique. Sa densité est 0,97; elle est 14 fois plus grande que celle de l'hydrogène. Il est peu soluble dans l'eau, qui n'en dissout que 1/6 de son volume à la température ordinaire.

En le comprimant à 10° sous la pression de 60 atmosphères, on le réduit en un liquide incolore qui bout à — 105° sous la pression de l'atmosphère. En l'évaporant rapidement dans le vide, on peut abaisser la température à — 156°.

259. Propriétés chimiques. — Lorsqu'on fait passer de l'éthylène dans un tube de porcelaine chauffé au rouge, il se décompose partiellement en acétylène et hydrogène :

$$C^2H^4 = C^2H^2 + H^2.$$

L'éthylène est combustible : il brûle au contact de l'air, avec une flamme blanche très éclairante, en donnant de l'eau et du gaz carbonique :

$$C^2H^4 + 6O = 2CO^2 + 2H^2O.$$

Un mélange de 1 volume d'éthylène et de 3 volumes d'oxygène que l'on introduit dans un petit flacon, fait explosion au contact d'une flamme. Il est bon, pour éviter d'être blessé par les éclats du verre si le flacon venait à être brisé, d'envelopper la main de linges mouillés.

Mais si le volume d'oxygène est moindre, la combustion est incomplète : il se forme de l'eau et de l'oxyde de carbone ou même un dépôt de charbon. C'est ce qui arrive lorsqu'on enflamme l'éthylène dans une éprouvette étroite.

L'action du chlore sur l'éthylène est intéressante, car elle permet de distinguer ce gaz du formène.

Dans une éprouvette que l'on renverse sur une assiette remplie d'eau, on introduit volumes égaux d'éthylène et de chlore (fig. 146). A la lumière diffuse, les deux gaz réagissent immédiatement pour donner un liquide huileux qui ruisselle sur les parois de l'éprouvette et tombe

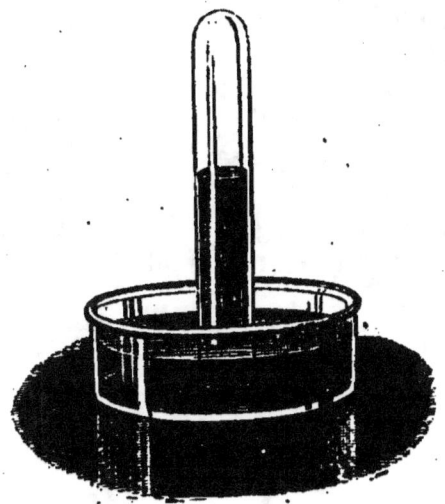

Fig. 146.

au fond du vase, et le niveau du liquide monte peu à peu. Le corps qui prend naissance ici est une combinaison des deux gaz, le *chlorure d'éthylène* $C^2H^4Cl^2$ ou *huile des Hollandais*. C'est cette réaction qui a valu à l'éthylène le nom de *gaz oléfiant*.

En présence d'un excès de chlore, on forme des produits de substitution du chlorure d'éthylène :

$$C^2H^4.Cl^2 + Cl^2 = HCl + C^2H^3Cl.Cl^2,$$
$$C^2H^3Cl.Cl^2 + Cl^2 = HCl + C^2H^2Cl^2.Cl^2,$$
$$C^2H^2Cl^2.Cl^2 + Cl^2 = HCl + C^2HCl^3.Cl^2;$$

enfin, en épuisant l'action du chlore, on obtiendrait un chlorure de carbone solide C^2Cl^6 :

$$C^2HCl^3.Cl^2 + Cl^2 = HCl + C^2Cl^6.$$

On n'observe jamais, dans cette action exercée par le chlore sur l'éthylène, la formation de produits directs de substitution de l'éthylène. On ne peut préparer ces dérivés qu'en décomposant par un alcali les produits que nous venons d'obtenir :

$$C^2H^4Cl^2 + KOH = KCl + H^2O + C^2H^3Cl;$$

C^2H^3Cl est l'*éthylène monochloré*. On obtiendrait de même

L'éthylène bichloré.	$C^2H^2Cl^2$
L'éthylène trichloré.	C^2HCl^3
L'éthylène tétrachloré ou protochlorure de carbone.	C^2Cl^4.

Mais si l'on introduit dans une grande éprouvette 1 volume d'éthylène et 2 volumes de chlore, et si on approche une bougie de l'orifice, la réaction est tout autre. Une flamme rouge descend lentement jusqu'au fond de l'éprouvette, et un nuage de noir de fumée s'élève. Un papier de tournesol bleu humide, que l'on expose aux vapeurs qui se dégagent de l'éprouvette lorsque la combustion est terminée, rougit, accusant la formation de l'acide chlorhydrique. Le gaz a été décomposé par le chlore qui s'est uni à l'hydrogène, tandis que le carbone a été mis en liberté :

$$C^2H^4 + 4Cl = 2C + 4HCl.$$

BENZINE, $C^6 H^6$.

260. Circonstances de formation. — La benzine est un carbure d'hydrogène liquide qui a été découvert par Faraday, en 1825,
parmi les produits de la distillation des huiles. Chauffées à une
température élevée, à l'abri de l'oxygène de l'air, la plupart des
matières organiques se détruisent et laissent dégager des gaz et
des vapeurs, parmi lesquels des carbures d'hydrogène. La benzine
se trouve toujours parmi les produits liquides que l'on condense
dans ces réactions. C'est ainsi que la houille chauffée en vase clos
fournit le gaz d'éclairage (265), en même temps que des produits
liquides ou solides qui constituent le goudron de houille. Si
l'on soumet ces goudrons à une nouvelle distillation, en recueillant les produits qui se condensent au-dessous de 150°, on obtient
les *huiles légères*. C'est de ces huiles légères que l'on extrait la
benzine commerciale, en les soumettant à des distillations réglées
de telle sorte qu'on recueille uniquement ce qui se passe à la
température de 86°.

M. Berthelot a fait la synthèse de la benzine en chauffant
l'acétylène dans une cloche courbe, sur le mercure (fig. 147).

Fig. 147.

Sous l'action de la chaleur, le volume du gaz diminue et l'on voit
se déposer à la surface du mercure des produits solides et liquides

analogues aux goudrons de houille. Parmi les produits ainsi condensés se trouve la benzine. Six volumes d'acétylène donnant
2 volumes de vapeurs de la benzine, on peut écrire

$$3(C^2H^2) = C^6H^6;$$

c'est ce fait que l'on exprime en disant que la benzine est l'*acétylène tricondensé*.

261. Propriétés physiques. — La benzine est un liquide incolore, doué d'une odeur caractéristique. Elle bout à 86° et se solidifie lorsqu'on la refroidit vers 0°. Insoluble dans l'eau, mais
soluble dans l'alcool et l'éther, elle dissout le soufre, le phosphore,
l'iode et les corps gras.

262. Propriétés chimiques. — La benzine brûle au contact de
l'air avec une flamme éclairante, fuligineuse. Il se forme, dans
cette combustion, de l'eau et du gaz carbonique; si la combustion
était complète, on aurait

$$C^6H^6 + 15O = 6CO^2 + 3H^2O;$$

mais, en réalité, une certaine quantité de carbone échappe à la
combustion et se dépose sous forme de noir de fumée.

Parmi les réactions chimiques de la benzine nous étudierons
seulement l'action exercée par l'acide azotique.

Si, dans un vase refroidi, on introduit un mélange de 2 parties
d'acide azotique et de 1 partie d'acide sulfurique, et si l'on y
verse peu à peu 2 parties de benzine en évitant toute élévation
de température, on transforme celle-ci en un composé qui en
diffère par la substitution de 2 volumes de peroxyde d'azote AzO²
à 1 volume d'hydrogène, et l'on obtient la *nitrobenzine* C⁶H⁵.AzO² :

$$C^6H^6 + AzO^3H = C^6H^5.AzO^2 + H^2O.$$

Si l'on verse en effet le liquide acide dans un grand excès d'eau,
on voit se déposer des gouttelettes huileuses de nitrobenzine,
insoluble dans l'eau.

Cette nitrobenzine possède l'odeur d'amandes amères et sert,
sous le nom d'*essence de mirbane*, à parfumer les savons communs. Mais elle a de plus importantes applications.

Distillée avec un mélange de fer et d'acide acétique (mélange
qui fournit de l'hydrogène), elle se transforme en un composé
basique azoté, l'*aniline* C⁶H⁷Az ou C⁶H⁵.AzH²,

$$C^6H^5.AzO^2 + 6H^2 = C^6H^5.AzH^2 + 2H^2O.$$

De cette aniline dérivent les matières colorantes artificielles
connues sous le nom de *couleurs d'aniline*.

CHAPITRE XV

GAZ DE LA HOUILLE. — FLAMME.

GAZ DE LA HOUILLE.

263. Les matières végétales, le bois notamment, sont, comme nous l'avons dit déjà (209), formées presque exclusivement de quatre corps simples, le carbone, l'hydrogène, l'oxygène et l'azote. La houille, qui résulte d'une transformation de ces matières végétales, renferme les mêmes éléments, mais elle est plus riche en carbone. Chauffées en vase clos, c'est-à-dire calcinées à l'abri de l'oxygène de l'air, ces matières laissent dégager des gaz combustibles (hydrogène, carbures d'hydrogène, oxyde de carbone), qui sont utilisés pour le chauffage et l'éclairage.

264. Historique. — C'est un ingénieur français, Philippe Lebon, qui eut le premier l'idée, en 1785, d'utiliser pour l'éclairage un gaz qu'il obtenait en chauffant du bois ou de la houille. Ces expériences furent reprises en Angleterre en 1792. Quelques usines furent seules éclairées tout d'abord par le gaz de la houille, puis en 1812 une société se forma à Londres, ayant pour but l'éclairage des rues. En 1816 et 1817, quelques édifices furent éclairés à Paris par ce nouveau système : le Palais-Royal, le passage des Panoramas, le Luxembourg, l'Odéon. A partir de ce moment, la consommation du gaz de l'éclairage a pris une extension croissante.

265. Matières premières. — La distillation de la houille fournit :

1° Des *gaz combustibles*, utilisés pour l'éclairage et le chauffage;

2° Des *produits liquides* ou *solides*, désignés sous le nom de *goudrons*, formés principalement de carbures d'hydrogène, que l'on recueille soigneusement pour diverses applications industrielles;

3° Des *eaux ammoniacales*, d'où l'on retire la majeure partie des sels ammoniacaux livrés au commerce ;

4° Un résidu solide, le *coke*, employé au chauffage.

Toutes les variétés de houille ne sont pas propres à la fabrication du gaz de l'éclairage. Les houilles *grasses* qui brûlent avec une flamme fuligineuse, en se boursouflant (houilles de Mons, d'Anzin), fournissent trop de goudrons et les houilles *maigres* donnent peu de gaz et un coke mal aggloméré. On satisfait aux conditions multiples d'un pouvoir éclairant suffisant, d'un bon coke de chauffage et d'un rendement moyen en goudron, en mélangeant convenablement diverses variétés de houille.

Un gaz dont le pouvoir éclairant est plus grand que celui que l'on obtient en calcinant la houille, est préparé en distillant un schiste bitumineux que l'on exploite en Écosse, et désigné sous le nom de *boghead*. Le gaz ainsi fabriqué se transporte dans des récipients où on le comprime ; c'est le *gaz portatif*.

266. Distillation de la houille. — La distillation de la houille s'effectue dans des *cornues* ou demi-cylindres en terre réfractaire fermés à une extrémité et munis à l'autre d'une garniture en fonte (fig. 148), qui peut être fermée par une plaque maintenue

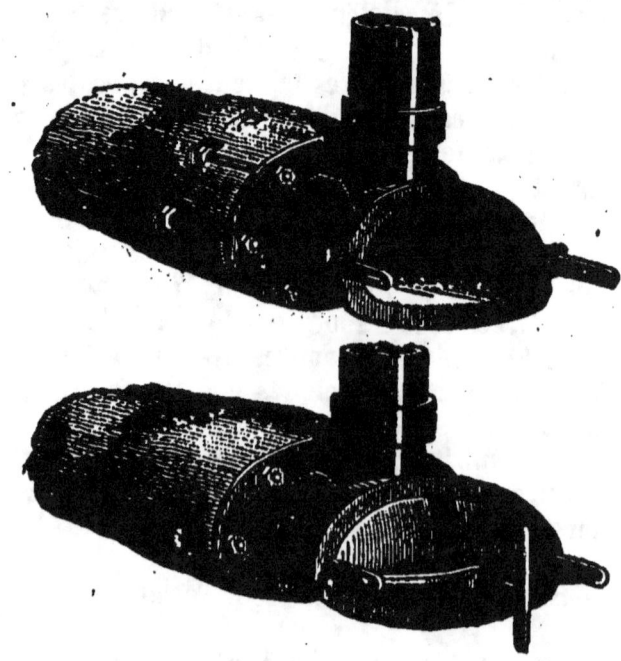

Fig. 148.

par une vis de pression. C'est par cette ouverture antérieure que l'on charge la houille et qu'on extrait le coke, lorsque la distillation est terminée. Sept cornues sont en général chauffées dans un même foyer (fig. 149).

Le gaz se dégage par un tuyau H H fixé à la garniture métallique

Fig. 149.

antérieure de chaque cornue. Tous ces tubes communiquent avec une large conduite horizontale H, nommée le *barillet* et à moitié remplie d'eau. Dans cette eau se déposent quelques matières goudronneuses. Mais au sortir de cet appareil le gaz ne peut encore être utilisé : il doit subir une *épuration physique* et une *épuration chimique*.

267. **Épuration physique.** — L'épuration physique a pour but de le débarrasser de produits peu volatils qui, en se condensant dans les tuyaux, les obstrueraient, et qui, brûlant d'autre part difficilement, rendraient la flamme fuligineuse. Ces produits sont formés principalement de carbures d'hydrogène liquides ou solides et forment par leur mélange des dépôts semi-fluides, noirs, connus sous le nom de *goudrons*. Au sortir du barillet, le gaz est amené, par de larges tuyaux *collecteurs* J, dans de grandes colonnes en fonte r r r, refroidies extérieurement par un courant d'eau

(*jeux d'orgues*, fig. 150), et dans de grands cylindres remplis de

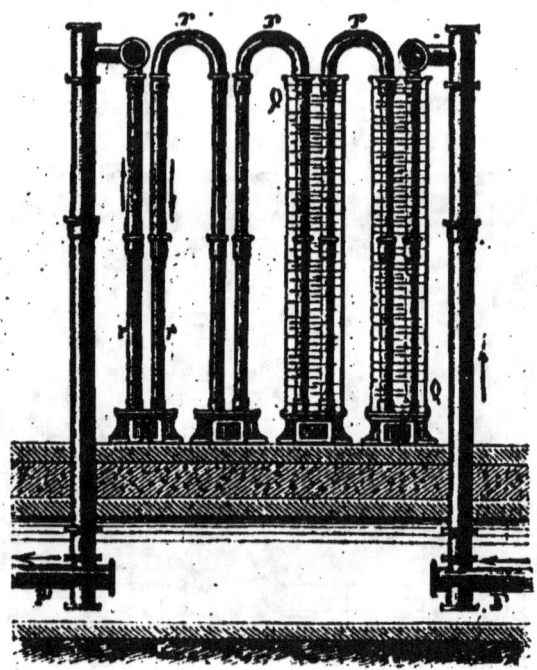

Fig. 150.

coke; le gaz, en frottant contre les aspérités de cette matière, y

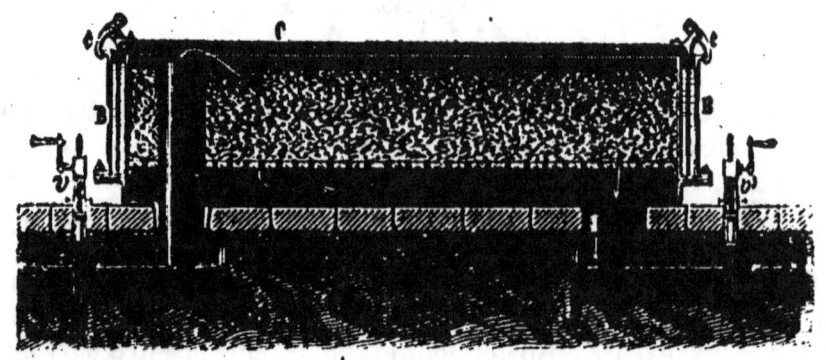

Fig. 151.

laisse les fines gouttelettes liquides ou les poussières solides qu'il tient en suspension.

208. Épuration chimique. — Au sortir des appareils précédents, le gaz renferme encore des composés ammoniacaux et des composés sulfurés dont l'origine est facile à expliquer.

La houille est le plus souvent pénétrée de petits cristaux jaunes de *pyrite de fer* (FeS^2). Sous l'action de la chaleur, la pyrite réagit par son soufre soit sur le carbone, soit sur l'hydrogène de la matière organique, pour donner du sulfure de carbone et de l'hydrogène sulfuré.

Renfermant en outre de l'azote, la houille donne, par sa calcination, comme toutes les matières organiques, de l'ammoniaque,

Fig. 152.

que l'on retrouve dans le gaz à l'état de sulfhydrate et de carbonate.

Il est indispensable d'éliminer tous ces produits secondaires qui, soit qu'ils se dégagent dans l'atmosphère à l'état de liberté, soit qu'ils fournissent par leur combustion des produits délétères tels que l'acide sulfureux, répandraient une odeur désagréable et vicieraient l'atmosphère. Les sels ammoniacaux ont en outre une valeur commerciale.

L'épuration chimique a donc pour but d'éliminer l'ammoniaque et les composés sulfurés.

Le gaz circule à cet effet dans des caisses d'épuration (fig. 151) fermées par un couvercle mobile C plongeant dans une rainure remplie d'eau (*fermeture hydraulique*) et renfermant des matières pulvérulentes disposées sur des claies. Les premières caisses renferment de la *sciure de bois humide* qui retient la majeure partie des sels ammoniacaux ; les caisses suivantes contiennent un mélange de sulfate de calcium et de sesquioxyde de fer hydraté obtenu en mélangeant des dissolutions de sulfate de fer avec de la chaux, et rendu perméable au gaz par une addition de sciure de bois ; ce mélange fixe l'hydrogène sulfuré en donnant du sulfure de fer, du soufre et de l'eau. Dans les caisses suivantes, on absorbe le gaz carbonique avec de la chaux éteinte, et le sulfure de carbone avec de la chaux partiellement sulfurée.

269. Gazomètre. — Le gaz se rend alors dans des gazomètres, grandes cloches en tôle plongeant dans l'eau d'un bassin en maçonnerie (fig. 152). Le gaz pénètre dans ces cloches par des tuyaux articulés ABC et s'échappe, lorsque l'on ferme les valves d'arrivée et que l'on ouvre les valves de sortie, par des tuyaux A′B′C′ disposés comme les premiers.

270. Composition du gaz. — 100 kilogrammes de houille type donnent environ 30 mètres cubes de gaz, 1,78 hectolitre de coke, 5 kilogrammes de goudron et $6^k,8$ d'eaux ammoniacales.

Le gaz livré à la consommation contient, sur 100 parties en volumes, 50 d'hydrogène, 35 de méthane, 8,3 d'oxyde de carbone, 1,7 de gaz carbonique, 0,96 de benzine, 4 de carbures d'hydrogène gazeux, tels que l'éthylène et l'acétylène. Sa densité est 0,390.

On sait que l'hydrogène et le méthane, qui dominent dans le gaz de l'éclairage, brûlent avec une flamme peu éclairante ; le pouvoir éclairant du gaz est à peu près uniquement dû à la présence de la benzine et des carbures analogues.

FLAMME.

271. Phénomènes calorifiques et lumineux qui accompagnent les combustions. — Lorsqu'on chauffe un corps solide dans un gaz tel que l'azote, qui n'est pas capable d'entrer en combinaison, on observe que le corps commence à devenir lumineux vers 400° : sa couleur est *rouge sombre* ; puis, la température s'élevant, la lumière devient de plus en plus vive ; vers 1000°, la couleur est le *rouge vif* ; à des températures plus élevées encore, on atteint le *rouge blanc*.

Si nous chauffons un fragment de charbon, du coke par exemple, au contact de l'air, nous observerons que lorsque nous aurons atteint le rouge sombre, il commencera à se dégager du gaz carbonique ; le charbon brûlera et la chaleur dégagée par sa combinaison avec l'oxygène de l'air suffira pour entretenir l'incandescence de la matière. Nous observerons de même que tout corps susceptible de se combiner avec l'oxygène de l'air ne commence à brûler que lorsqu'il a été porté à une température déterminée. Lorsque la combustion continue d'elle-même, il faut que la chaleur dégagée par la réaction chimique soit suffisante pour maintenir le corps au-dessus de cette température.

Lorsque la combustion s'effectue dans l'air, la chaleur dégagée est employée à élever non seulement la température des corps et des produits de la réaction, mais encore la température de l'azote qui entre pour les $\frac{4}{5}$ dans la composition de l'air. Aussi, lorsque la combustion s'effectue dans l'oxygène pur, la combustion est-elle plus vive et le phénomène lumineux plus intense. C'est ce que nous avons observé déjà en brûlant du carbone, du fer, du soufre ou du phosphore dans l'oxygène (66).

272. Flamme. — Le carbone et le fer brûlent sans *flamme*; il n'en est pas de même du phosphore et du soufre, qui se volatilisent partiellement, tandis que le carbone et le fer ne peuvent prendre l'état gazeux.

Nous définirons donc la flamme, *un gaz ou une vapeur rendus incandescents par un phénomène de combustion.*

Lorsque d'un jet d'hydrogène s'échappant par un tube effilé (60) on approche un corps incandescent, l'hydrogène brûle, c'est-à-dire se combine avec dégagement de chaleur avec l'oxygène de l'air, et la chaleur dégagée par la combustion suffit pour porter à l'incandescence le gaz qui s'échappe.

On dit généralement que l'hydrogène est le corps *combustible* et l'oxygène le corps *comburant* (qui entretient la combustion). Mais en variant la disposition de l'expérience on peut observer la combustion de l'oxygène dans l'hydrogène. Un tube de verre de 0 m. 01 de diamètre environ et recourbé (fig. 163) est effilé à ses

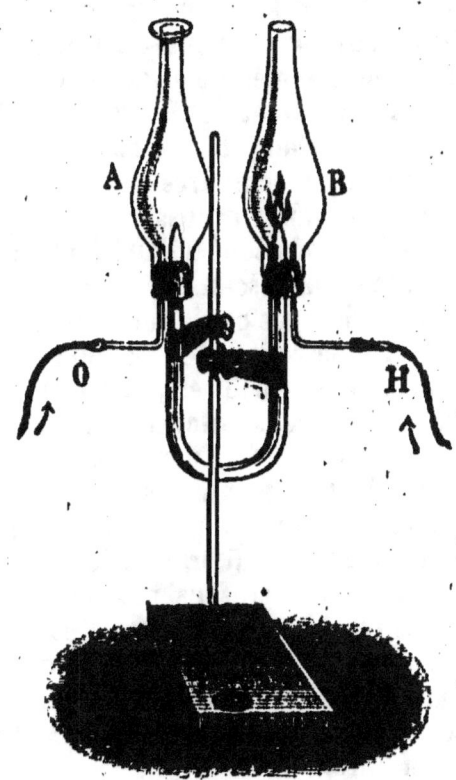

Fig. 163.

deux extrémités. Chacune d'elles s'engage dans un large bouchon en même temps que deux tubes, l'un permettant de faire arriver de l'hydrogène, l'autre de l'oxygène; deux allonges A et B peuvent se fixer sur ces bouchons. Si l'on fait arriver de l'hydrogène en H, on chasse l'air de l'allonge B, puis on recouvre celle-ci d'une petite plaque de verre et le gaz, se dégageant par le tube recourbé, peut être enflammé en A. A ce moment, on fait arriver de l'oxygène et on transporte l'obturateur de B en A, comme le représente la figure ; la flamme se raccourcit, se transporte lentement de A en B, et l'oxygène vient brûler en B dans une atmosphère d'hydrogène.

Dans l'un et l'autre cas, le dégagement de chaleur résulte de la combinaison de l'hydrogène et de l'oxygène, et c'est le gaz qui s'échappe par l'extrémité effilée du tube qui est porté à l'incandescence et qui forme une flamme.

Lorsqu'on dit que l'oxygène est *comburant*, on exprime donc simplement ce fait que c'est le plus souvent dans une atmosphère de ce gaz ou d'air que l'on observe les phénomènes de *combustion*. Mais nous venons de voir que, dans une atmosphère d'hydrogène, l'oxygène pouvait jouer le rôle de corps *combustible*.

273. De l'éclat des flammes. — La flamme de l'hydrogène est pâle, peu éclairante. On observe en effet que les gaz portés à une température même très élevée ne deviennent pas le siège de phénomènes lumineux aussi brillants que les solides.

Mais introduisons à l'intérieur de cette flamme un fil de platine, ou mieux un réseau de fils fins de ce métal, l'énorme quantité de chaleur dégagée par la combustion de l'hydrogène portera ce métal à l'incandescence et la flamme deviendra lumineuse. On obtiendrait le même effet en introduisant dans la flamme un fragment de chaux vive, substance non fusible.

Une flamme doit donc son éclat à la présence d'une matière solide incandescente. Si la flamme du gaz de la houille, d'une lampe ou d'une bougie est éclairante, cela tient à ce que les matières gazeuses qui brûlent tiennent en suspension un corps solide, du carbone. Écrasons en effet la flamme d'une bougie avec un corps froid, une soucoupe de porcelaine, il s'y déposera immédiatement une tache de noir de fumée. Au contact du corps froid, le carbone qui était porté à l'incandescence au centre de la flamme, a été brusquement refroidi et soustrait ainsi à une combustion ultérieure.

On peut rendre éclairante la flamme de l'hydrogène en faisant passer le gaz dans une éprouvette (fig. 154) renfermant un carbure d'hydrogène liquide, la benzine C^6H^6. L'hydrogène entraîne des vapeurs de benzine et brûle avec une flamme aussi éclairante que celle du gaz. Si l'on écrase cette flamme avec une soucoupe de porcelaine, le noir de fumée s'y dépose.

Il existe cette différence entre la flamme d'un corps simple, tel que l'hydrogène, et celle d'un gaz composé, comme un carbure d'hydrogène, que dans le premier cas la flamme est *homogène*, dans le second cas elle ne l'est plus, et présente au contraire plusieurs zones qu'il est facile d'observer en examinant attentivement la flamme du gaz de l'éclairage s'échappant par un petit orifice cylindrique (fig. 155).

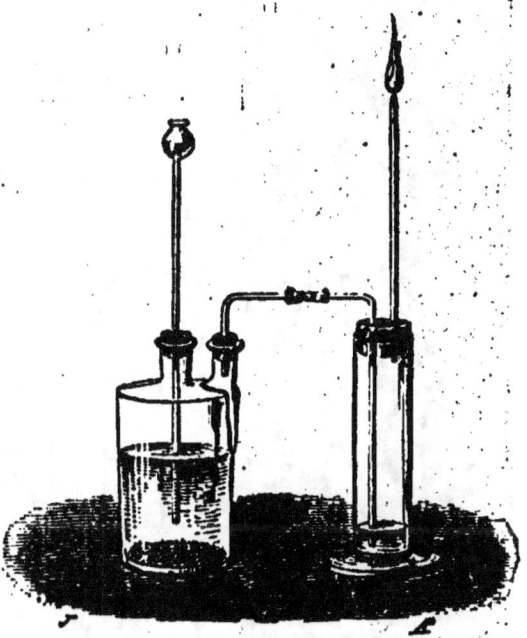

Fig. 154.

Nous observerons une couche externe peu éclairante, bleue à sa base, une zone interne de forme conique également peu éclairante, mais qui se trouve enveloppée d'une couche lumineuse, qui s'élargit à mesure que l'on s'éloigne de l'orifice de l'écoulement du gaz et n'est enveloppée, à sa partie supérieure, que d'une mince couche faiblement lumineuse.

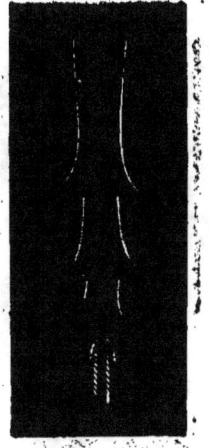

C'est dans la couche externe que la température est la plus élevée; là l'oxygène afflue et la combustion des divers carbures d'hydrogène est complète : il se forme de la vapeur d'eau et de l'acide carbonique. Au centre de la flamme s'échappent les carbures d'hydrogène, qui, à quelque distance de l'orifice, brûlent incomplètement; l'hydrogène brûle le premier, et le carbone se dépose en poussière très ténue, et se trouve porté à l'incandescence par la chaleur dégagée par la combustion de l'hydrogène. C'est ce carbone incandescent qui donne à la flamme son éclat, mais, entraîné par le

Fig. 155.

courant ascendant de gaz et d'air, ce carbone brûle en arrivant dans la couche externe : la flamme n'est plus éclairante, mais la température atteint sa plus grande valeur. La couche bleuâtre que l'on observe à la base de la flamme doit sa couleur à de l'oxyde de carbone qui brûle.

La flamme d'une bougie nous offre également trois zones distinctes (fig. 156). En C, enveloppant la mèche, est un cône obscur, en B une enveloppe externe chaude, en A le cône intermédiaire lumineux. Ici la matière gazeuse combustible est formée des produits divers de la décomposition par la chaleur de la matière grasse qui imprègne la mèche et qui, volatilisée et décomposée par la chaleur, donne des carbures d'hydrogène se rapprochant de ceux que l'on obtient en distillant de la houille.

Une expérience très simple, due à Faraday, met ce fait nettement en évidence. Si l'on introduit dans la flamme d'une bougie un tube de verre fin, de façon que son extrémité soit voisine de la mèche, on observe qu'il se dégage par l'autre extrémité des gaz inflammables (fig. 157). Mais si l'orifice du tube est placé dans la zone éclairante, il s'échappe par le tube une fumée noirâtre riche en carbone très divisé.

Lorsqu'on souffle une bougie, une fumée noirâtre et odorante s'échappe de la mèche. Si l'on approche aussitôt une seconde bougie allumée, ces gaz s'enflamment et l'inflammation se communique à la mèche.

274. Propriétés des toiles métalliques. — Nous nous sommes efforcés d'établir qu'une flamme devait son éclat à l'incandescence de matières solides qui y sont plongées. Cependant il faut remarquer que si l'on plonge dans une flamme un corps solide, ce dernier s'échauffe aux dépens de la flamme et, s'il est bon conducteur, il pourra se faire qu'il abaisse la température

Fig. 156.

des gaz au-dessous de leur température de combustion et que la flamme s'éteigne. C'est ce résultat que l'on obtient avec un réseau de toiles métalliques.

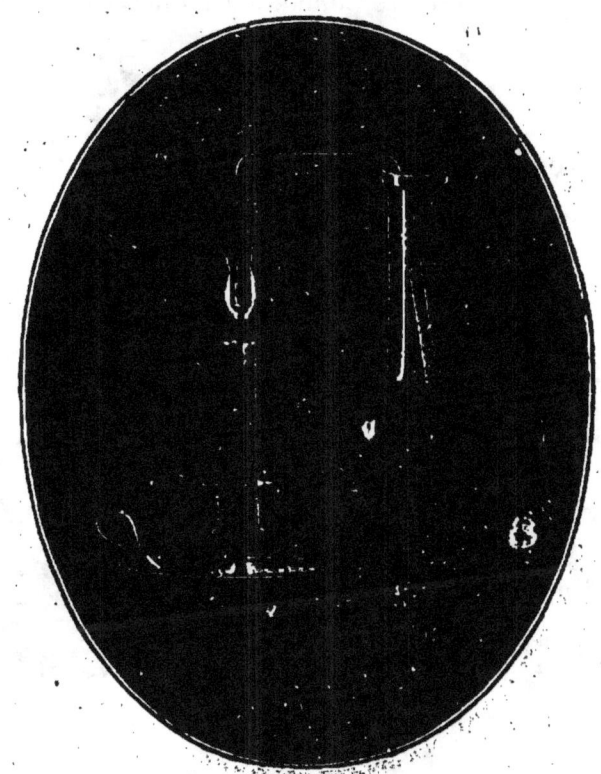

Fig. 157.

Plaçons une toile métallique au-dessus d'une flamme de gaz et

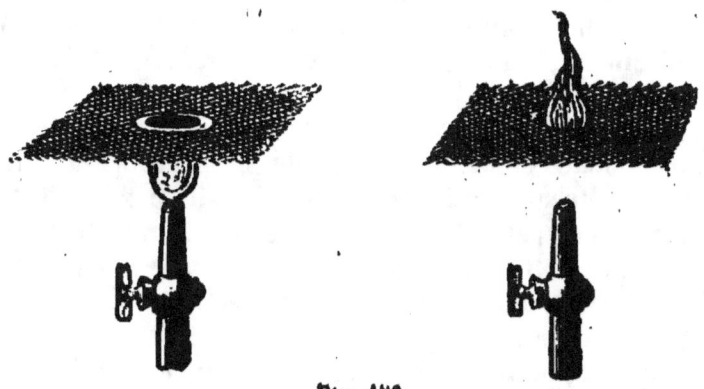

Fig. 158.

abaissons-la lentement (fig. 158); nous pourrons écraser la flamme, ne laissant en combustion que les parties de la masse gazeuse qui sont au-dessous de la toile.

Mais les gaz combustibles traversent néanmoins le réseau métallique, et nous pourrons les enflammer au-dessus, ou, éteignant le

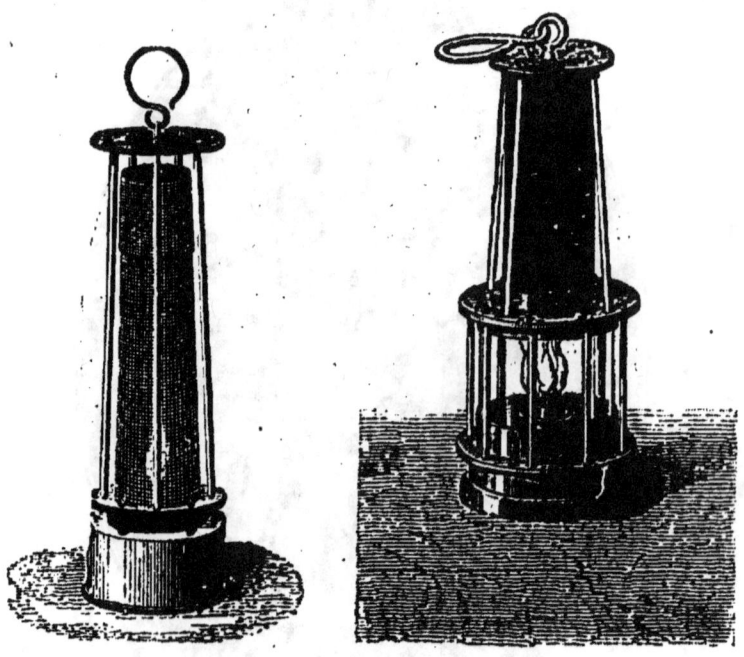

Fig. 159.

bec de gaz et le rouvrant immédiatement, nous pourrons enflammer le gaz au-dessus de la toile.

Lorsqu'une toile métallique coupe ainsi une flamme, le métal est porté à l'incandescence aux points de rencontre avec la zone où se produit une combustion; la partie centrale reste sombre, montrant ainsi nettement que le cône central n'est le siège d'aucune combustion.

275. Lampe de sûreté. — La flamme d'une lampe à huile ordinaire, plongée dans un mélange de protocarbure d'hydrogène et d'air, en déterminerait l'explosion. Ce fait se produit souvent dans les houillères, et la *lampe de sûreté* a été imaginée par Davy pour empêcher l'inflammation de se propager de la flamme de la lampe à la masse entière du mélange combustible remplissant une galerie de mine.

Elle se composait primitivement d'une lampe à huile ordinaire enveloppée de toutes parts d'une toile métallique (fig. 159). Si le mélange gazeux pénètre dans l'intérieur de la toile, il peut faire explosion, mais cette explosion, ne portant que sur une faible masse gazeuse, est sans danger; la lampe s'éteint et le mineur est averti qu'il doit se retirer.

Cette lampe donnait peu de lumière; dans le modèle plus récemment modifié, la flamme est enveloppée d'un verre cylindrique épais, surmonté d'une toile métallique.

276. De la flamme étudiée comme source de chaleur. — Lorsqu'on enflamme le gaz de l'éclairage à l'extrémité d'un petit ajutage cylindrique, on obtient une flamme éclairante et dont l'éclat est dû à la présence du carbone très divisé qui, dans la

Fig. 160.

région moyenne de la flamme, est porté à l'incandescence. On obtiendra une flamme plus chaude en mélangeant le gaz avec un volume d'air suffisant pour qu'en tous les points la combustion soit complète, mais la flamme n'aura plus d'éclat.

Le brûleur *Bunsen*, dont on se sert comme source de chaleur dans les laboratoires, réalise ces conditions. Il se compose (fig. 160) d'un petit ajutage conique par lequel le gaz arrive à la base d'un tuyau cylindrique d'un plus grand diamètre qui porte deux ouvertures inférieures que l'on peut ouvrir ou fermer en tournant une virole.

Lorsque, en disposant convenablement la virole, on ferme les ouvertures inférieures, le gaz brûle avec une flamme blanche et éclairante; mais si on tourne la virole de façon à déboucher peu à peu les ouvertures, la flamme perd de son éclat, en même temps que sa température s'élève. Le gaz en s'échappant, sous pression, par le petit ajutage conique, produit un appel d'air qui, se mélangeant au gaz, donne un mélange qui brûle complètement.

Pour obtenir une flamme dont la température soit plus élevée encore, on emploiera le chalumeau à gaz et oxygène dont Deville et Debray se sont servis pour fondre des métaux réfractaires, tels que le platine (fig. 161). Ce petit appareil se compose de deux tubes concentriques; dans l'espace annulaire on fait arriver du gaz d'éclairage et, par le tube central, de l'oxygène. En réglant

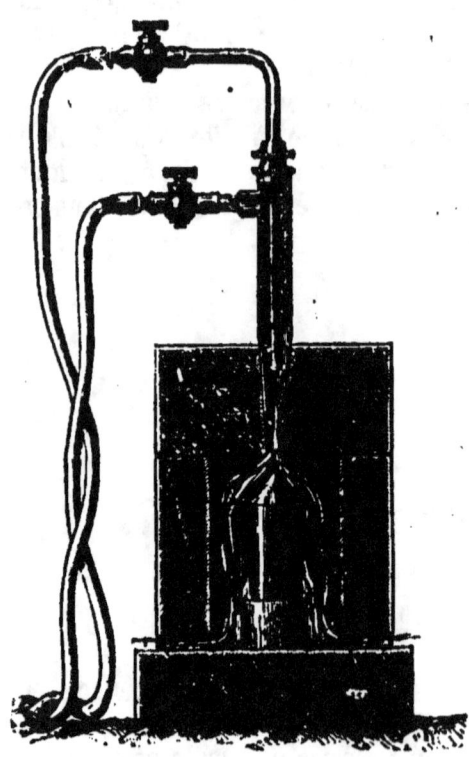

Fig. 161.

convenablement l'arrivée des gaz, on obtient à l'extrémité une flamme peu éclairante, mais dont la température est d'autant plus élevée, que tout le gaz qui afflue à l'orifice forme de l'eau et du gaz carbonique, et que la chaleur dégagée par la combustion de l'hydrogène et du carbone est employée à élever uniquement la température des produits de la combustion. Pour fondre du platine on placera le métal dans une cavité creusée dans un fragment de chaux, substance infusible, ou on l'enfermera dans un creuset en chaux, comme le montre la figure.

Si l'on faisait arriver dans le chalumeau de l'air au lieu d'oxygène, on obtiendrait une température moins élevée, car l'azote, qui entre pour les $\frac{4}{5}$ dans la composition de l'air, serait échauffé en pure perte. Le chalumeau à air dont on se sert pour travailler le verre ou pour porter au rouge vif de petits creusets de platine est construit comme le chalumeau que nous venons de décrire (fig. 162). Dans l'espace annulaire on fait arriver le gaz par le tube G; en D on injecte de l'air soit au moyen d'une sorte de soufflet mû par une pédale, soit par une trompe à eau. Cette trompe à eau se compose d'un tuyau cylindrique de fort diamètre, dans lequel on fait arriver par un ajutage conique un courant d'eau. L'air entraîné par le courant d'eau vient s'accumuler, sous une pression indiquée par un manomètre M, à la partie supérieure du cylindre et sort par le tube *a*. L'eau s'échappe du cylindre par le tube E ou par un siphon H.

On obtient les températures les plus hautes en brûlant dans le chalumeau de l'hydrogène au lieu de gaz d'éclairage. La température que développe la combustion de 2 volumes d'hydrogène mélangés à 1 volume d'oxygène est évaluée à 2500°.

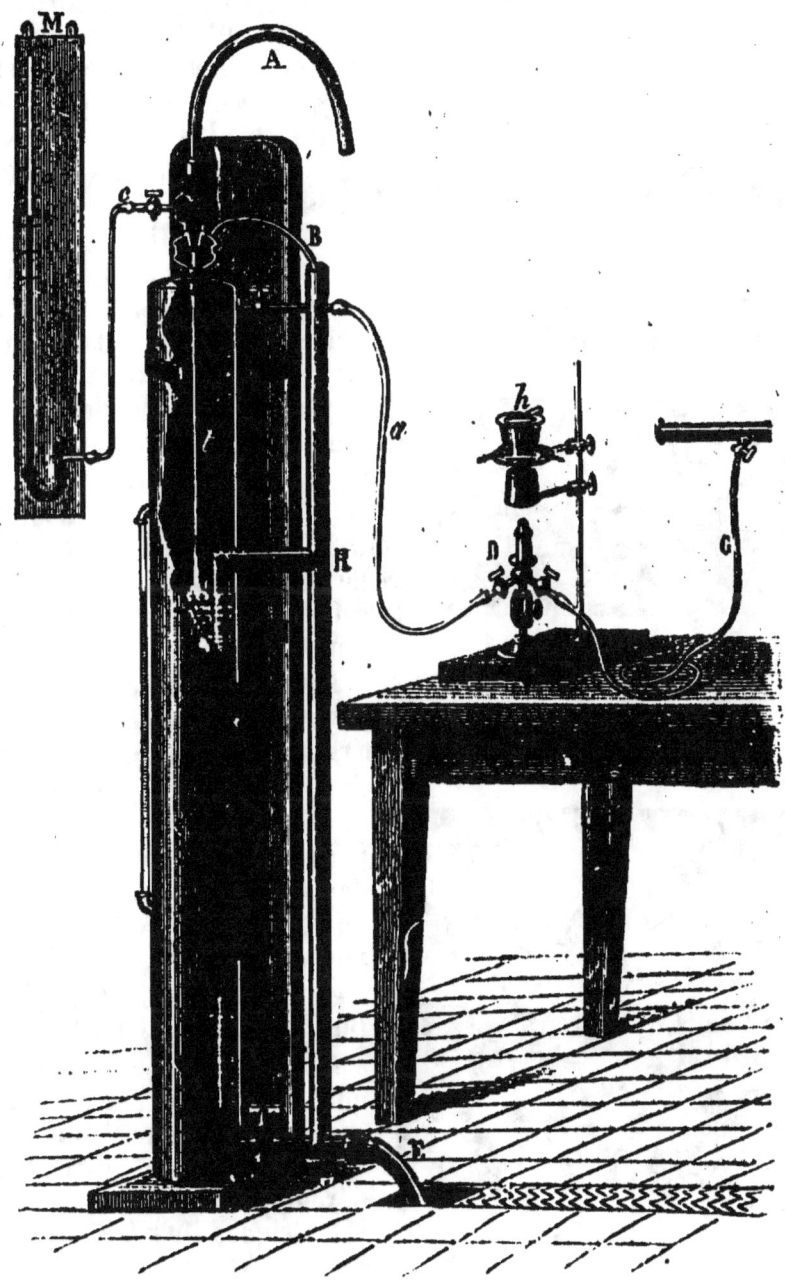

Fig. 162.

On peut élever la température de la flamme d'une bougie en

insufflant de l'air à l'aide du chalumeau à bouche (fig. 163). On souffle avec la bouche par l'extrémité la plus large, en même temps qu'on introduit dans la flamme l'extrémité effilée qui est garnie d'un ajutage en platine.

Fig. 163.

La flamme se recourbe (fig. 164), la combustion devient complète dans la zone interne de la flamme, qui prend une teinte bleue. Si, à la pointe de cette flamme intérieure, on présente une petite quantité de matière portée à l'extrémité d'un fil de platine, on en obtiendra la fusion. On pourra fondre ainsi le verre, l'or et l'argent.

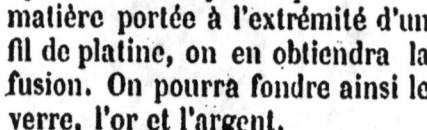

Fig 164.

277. De la flamme comme source de lumière. — Le gaz brûle avec une flamme blanche lorsqu'il s'échappe dans l'air par un orifice étroit. Si l'orifice est plus large, la flamme prend une teinte rougeâtre et peut devenir fuligineuse, la présence du carbone divisé abaissant alors la température au point qu'une partie de ce carbone échappe à la combustion. Dans les becs utilisés pour l'éclairage, on cherche à développer la zone éclairante tout en maintenant une combustion complète. On y parvient en employant le bec papillon (fig. 165), dans lequel le gaz s'échappe par une fente pratiquée dans une petite sphère creuse. La flamme s'étale et la zone obscure prend peu de développement. Dans les becs cylindriques (*lampe Bengel*), le gaz s'échappe par de petits trous disposés en couronne; une cheminée de verre détermine un double tirage, tant à la partie extérieure qu'à la partie intérieure de la flamme (fig. 166).

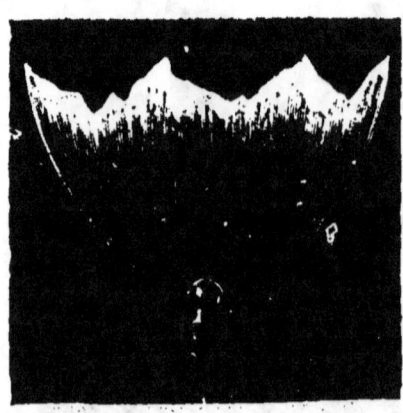

Fig. 165.

L'huile brûle, à l'extrémité d'une mèche, avec une flamme fuligineuse et rouge. Mais la flamme devient blanche et éclairante lorsqu'on l'enveloppe d'une cheminée de verre, et surtout lorsqu'on se sert d'une mèche cylindrique. La flamme, cylindrique elle-même, a peu d'épaisseur et la combustion est complète grâce à un double courant d'air, l'un intérieur, l'autre extérieur. La flamme d'une lampe Carcel présente la plus grande analogie avec celle de la lampe à gaz figurée ci-dessus.

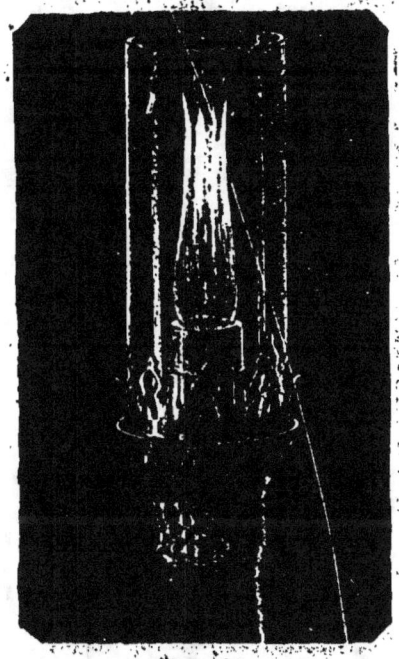

On obtient enfin des flammes plus éclatantes encore, en projetant sur un morceau de chaux vive la flamme d'un chalumeau à gaz et à oxygène. La chaux est portée à l'incandescence et c'est elle qui devient la source d'une lumière blanche très vive; c'est la lampe *Drummond*, dont on se sert dans les cours pour effectuer des projections.

Afin d'être à même de lutter contre l'éclairage électrique,

Fig. 166.

l'éclairage au gaz de la houille a dû subir dans ces dernières années des perfectionnements destinés à obtenir une combustion plus complète et une utilisation plus parfaite du pouvoir éclairant[1].

Trois types principaux d'appareils à éclairage serviront d'exemples.

1° La température de combustion est augmentée et la combustion rendue plus complète en chauffant l'air d'alimentation par sa circulation, en sens inverse des produits de la combustion, dans un appareil appelé *récupérateur de chaleur*.

Le *bec parisien*, destiné à l'éclairage des rues des grandes villes, comprend une série de becs à fente en stéatite *c*, *c'* disposés en couronne sur un *chandelier* A (fig. 167); un bec central *a*, dit *bec de minuit*, peut être conservé seul allumé lorsque la consommation du gaz peut être diminuée sans inconvénient; un petit bec oblique dit *veilleuse*, allumé tout d'abord, permet d'allumer instantanément

1. A. Lévy. *Bulletin de la Soc. d'Encouragement*, VI, p. 241.

toutè la couronne. La manœuvre d'un robinet à 3 voies R suffit pour ouvrir soit la conduite de la veilleuse, soit la conduite du bec de minuit, soit celle de la couronne. Les becs d'éclairage sont placés dans une coupe en verre fermée à sa partie supérieure par le *récupérateur* C. Les gaz chauds s'élèvent dans un conduit conique en métal; une masse métallique B en ralentit les mouvements; ils s'échappent par des ouvertures disposées en couronne à la par-

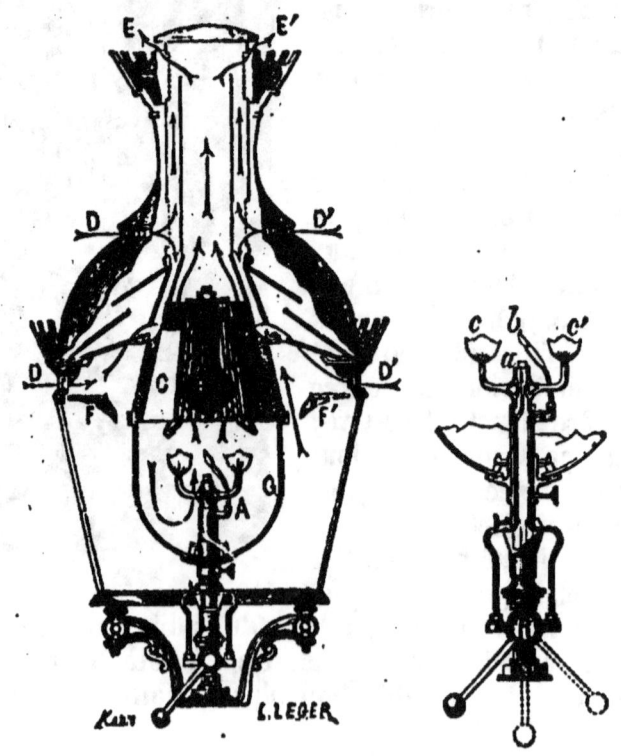

Fig. 167.

tie supérieure de la lanterne E, E'. L'air pénètre dans la lanterne par des galeries ajourées D D' et s'échauffe en circulant dans l'épaisseur du récupérateur avant d'atteindre les becs.

Ces becs consomment, suivant leur taille, de 200 à 1000 litres à l'heure.

2° Le gaz, mélangé d'air, porte à l'incandescence une matière solide donnant une intensité lumineuse supérieure à celle du carbone incandescent en suspension dans la flamme.

Le bec *Auer von Welsbach* n'est autre qu'un brûleur Bunsen dans lequel on admet 2 lit. 8 d'air pour 1 litre de gaz (fig. 168); la flamme très chaude, mais peu éclairante, porte à l'incandescence un cône en fils de coton imbibée d'azotates métalliques qui, par calcination, laissent un résidu d'oxydes infusibles (*zircone*, *thorine*, etc.) agissant comme la chaux dans la lampe Drummond.

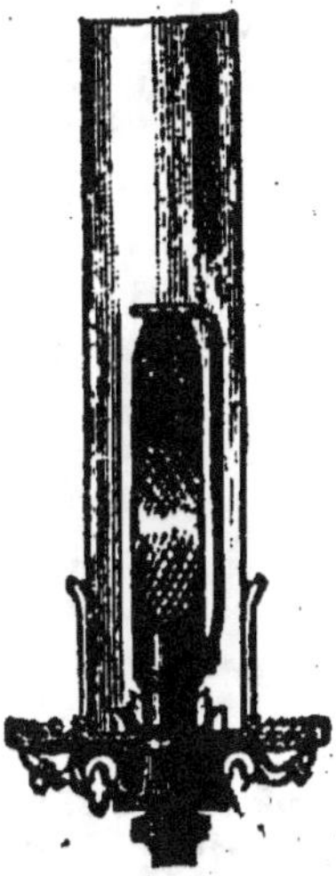

La lumière est blanche, d'une très grande intensité, fixe, et l'économie qui résulte de l'emploi de ce dispositif est considérable, compensant largement le prix d'achat de l'appareil. Malheureusement le cône est fragile, et l'appareil exige des précautions particulières au moment de l'allumage; il faut éviter une inflammation brusque du mélange tonnant, qui ferait voler en éclats le mince tissu; tout déplacement du bec est nuisible.

5° Le pouvoir éclairant est augmenté par le mélange au gaz de l'éclairage d'hydrocarbures plus riches en carbone.

Comme type des becs dits à *carburation*, le plus employé est l'*albo-carbon* (fig. 169). Il comprend un bec à fente placé devant un réservoir métallique contenant de la naphtaline; le gaz traverse ce réservoir, se charge de vapeurs de naphtaline avant d'arriver au bec; la flamme échauffe une petite plaque métallique placée au-dessus et celle-ci échauffe par conductibilité le réservoir à hydrocarbure; celui-ci, qui fond à 80°, émet des vapeurs qui, mélangées au gaz, brûlent avec une flamme blanche, largement étalée, très fixe.

Fig 168.

UNITÉS PRATIQUES D'INTENSITÉ. — Pratiquement, l'intensité d'un appareil d'éclairage est comparée, à l'aide d'un photomètre, à un appareil type dont l'intensité lumineuse est prise comme unité.

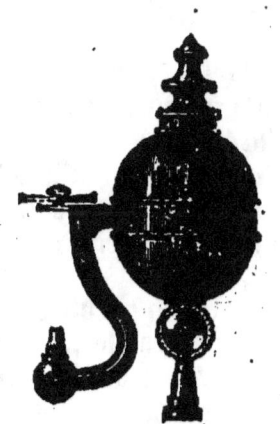

Fig. 169.

Les unités pratiques sont :

La *Carcel* : intensité d'une lampe Carcel brûlant par heure 42 grammes d'huile de colza épurée (diamètre de la mèche : 5 centimètres);

La *Bougie décimale* qui vaut un dixième de Carcel.

CHAPITRE XVI

SILICE.

La silice est une des matières les plus répandues dans l'écorce terrestre; c'est un composé oxygéné d'un métalloïde, le *silicium*, qui a été isolé par Berzelius en 1808.

SILICIUM, $Si = 28$.

278. On connaît le silicium sous deux états physiques correspondants à ceux du carbone : le *silicium amorphe* et le *silicium cristallisé*.

La réduction de la silice est difficile à réaliser, mais on obtient plus facilement le silicium en réduisant par un métal un fluorure double de silicium et de potassium (*fluosilicate de potassium*), $SiF^4, 2KF$.

Lorsqu'on réduit ce sel à la température du rouge par le sodium, ou mieux par le magnésium, on obtient le silicium amorphe. Le métal forme du fluorure de sodium ou de magnésium et le silicium est mis en liberté.

L'aluminium réagit sur le fluosilicate à une température plus élevée, dissout en partie le silicium, et, après refroidissement, on le trouve pénétré de belles lamelles de silicium cristallisé d'apparence hexagonale.

Mais on effectue généralement la réduction par un mélange de sodium et de zinc, au rouge vif; le zinc dissout le silicium, et lorsqu'on attaque, la réaction terminée, le métal par l'acide chlorhydrique, les cristaux de silicium sont mis à nu.

Le silicium amorphe est une poudre brune, qui brûle au contact de l'air à une température peu élevée, en formant de la *silice*.

Les lamelles hexagonales de silicium cristallisé, d'une couleur gris de plomb, ressemblent beaucoup au carbone graphite sans qu'elles lui soient cependant assimilables.

Le silicium cristallisé proprement dit forme de petits octaèdres réguliers, noirs, non transparents, fusibles au rouge vif, mais dont la dureté n'est pas comparable à celle du diamant.

La variété cristallisée ne s'oxyde que très difficilement lorsqu'on la chauffe au rouge dans l'air ou dans l'oxygène.

SILICE, SiO_2.

270. État naturel. — La silice cristallisée et anhydre se rencontre sous deux formes incompatibles, le *quartz* et la *tridymite* : c'est donc une substance dimorphe.

Le *quartz* ou cristal de roche (fig. 170) se présente sous la forme

Fig. 170.

de prismes hexagonaux réguliers terminés par des pyramides à six faces (fig. 171). Les cristaux sont incolores et d'une limpidité parfaite, ou quelquefois d'un blanc laiteux. Les cristaux qui ont une teinte violacée portent le nom d'*améthystes* ; d'autres variétés sont colorées en brun ou en noir, et constituent le quartz enfumé. La *cornaline*, l'*agate*, le *jaspe* sont des variétés de quartz diversement colorées.

La densité du quartz est de 2,6 environ. Le quartz est difficilement fusible ; on ne peut le fondre qu'au chalumeau à oxygène et hydrogène.

Les cristaux de quartz accompagnent fréquemment les minerais métalliques dans leurs filons ou forment des groupements cristallins appelés *géodes*, à l'intérieur de gros cailloux de silex.

La *tridymite* est beaucoup plus rare que le quartz; elle se rencontre dans quelques roches volcaniques. Sa densité est de 2,2 à 2,3, sensiblement la même que celle du quartz fondu.

Les *grès*, les *pierres meulières*, les *silex*, les *sables quartzeux* sont de la silice plus ou moins mélangée d'alumine ou d'oxyde de fer. L'*opale*, employée en joaillerie, est de la silice hydratée.

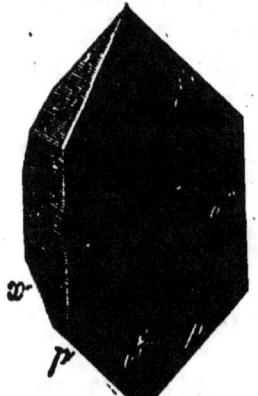

Fig. 171.

280. Silice artificielle. — La silice possède les propriétés des anhydrides; elle se combine avec des bases alcalines, lorsqu'on la chauffe avec ces dernières pour former des silicates facilement fusibles. Quelques-uns de ces silicates sont des matières d'une grande importance : les *verres* sont des silicates doubles de calcium et de sodium ou de potassium; le *cristal* est un silicate double de sodium et de plomb.

Fondue avec les carbonates alcalins, elle en chasse l'acide carbonique et forme un silicate. Fondons par exemple dans un creuset de terre, au rouge vif, 6 parties de sable blanc et 5 parties de carbonate de sodium, puis coulons le produit obtenu sur une dalle : nous obtiendrons ainsi, après refroidissement de la matière, un verre transparent, soluble dans l'eau. La dissolution est désignée sous le nom de *liqueur des cailloux*; c'est un silicate de sodium.

Versons de l'acide chlorhydrique concentré dans cette liqueur, nous obtiendrons immédiatement un précipité blanc, gélatineux, de silice hydratée; ce précipité est tellement volumineux, que l'on peut retourner le verre sans qu'il s'écoule de liquide. L'acide, en réagissant sur le silicate, a déplacé l'acide silicique hydraté et s'est combiné avec la base, pour donner du chlorure de sodium et de l'eau (536).

On lave le précipité pour enlever les sels solubles, on le dessèche et, après calcination, on obtient une matière pulvérulente, blanche, qui est de la silice pure.

281. Propriétés physiques. — La silice anhydre est insoluble dans l'eau; la silice hydratée peut s'y dissoudre en petite quantité à la faveur des acides libres.

Versons une dissolution étendue de silicate de sodium dans de l'eau acidulée par de l'acide chlorhydrique; nous n'obtiendrons pas de précipité de silice, mais la silice, mise en liberté par l'acide chlorhydrique, restera dissoute. Nous nous expliquerons ainsi la présence de la silice dans les eaux courantes, où elle est maintenue dissoute à la faveur de l'acide carbonique, et son absorption par les plantes. Nous trouverons, en effet, de la silice dans les tiges des végétaux et dans les squelettes osseux des animaux. Certaines eaux renferment même de très fortes proportions de silice. Les eaux bouillantes que les geysers de l'Islande lancent périodiquement, retombent dans des bassins circulaires, où la silice hydratée se dépose et forme des amas volumineux.

La silice ne fond que lorsqu'elle est chauffée au chalumeau à oxygène, ou dans un violent feu de forge.

282. Propriétés chimiques. — Aucun métalloïde n'attaque la silice; chauffée avec du charbon, elle n'est pas réduite. Mais si l'on fait passer un courant de chlore sur un mélange de silice et de charbon chauffé au rouge vif, le carbone s'empare de l'oxygène pour former de l'oxyde de carbone et le chlore se combine avec le silicium pour donner un chlorure de silicium $SiCl^4$.

Les acides sulfurique, azotique et chlorhydrique n'attaquent pas la silice. Seul l'acide fluorhydrique la dissout. Si l'on verse sur de la silice pure placée dans une capsule de platine un peu d'acide fluorhydrique, une effervescence se produit, il se dégage un gaz, le *fluorure de silicium* SiF^4; si l'on chauffe légèrement, il ne reste aucun résidu, car toutes les substances qui ont pris naissance sont volatiles :

$$SiO^2 + 4HF = SiF^4 + 2H^2O.$$

Cette action exercée par l'acide fluorhydrique sur la silice ou toutes les substances qui en contiennent, comme le verre, est utilisée pour la gravure sur verre (146).

283. Applications. — Quelques variétés de silice naturelle, diversement colorées, sont employées en bijouterie. Les grès servent à faire les pavés, les meules. Le sable entre dans la composition des mortiers employés dans les constructions; il entre dans la composition des poteries, des verres, du cristal.

RÉSUMÉ DE L'ÉTUDE DES MÉTALLOÏDES DE LA 4ᵉ FAMILLE.

284. Le carbone et le silicium sont les deux seuls éléments *tétravalents* que l'on ait coutume de classer parmi les métalloïdes. Ces deux éléments sont fixes ou tout au moins leur volatilité est très faible aux températures les plus élevées de nos foyers; la densité de vapeur et par conséquent le poids moléculaire nous sont inconnus. Le carbone est infusible; le silicium fond dans un violent feu de forge.

Le carbone forme avec l'hydrogène de nombreux composés hydrogénés; mais si on analyse celui de ces hydrocarbures qui, sous le même volume, renferme le plus petit poids de carbone, on trouve que le rapport du volume de l'hydrogène au volume du composé est de 2 à 1; c'est aussi ce rapport que l'on observe en analysant le seul composé hydrogéné du silicium. Le carbone $C = 12$ et le silicium $Si = 28$ sont définis comme éléments tétravalents par les formules

$$CH^4 \qquad SiH^4$$

que l'on attribue à ces hydrures.

Le carbone se distingue de tous les éléments qui ont été étudiés jusqu'ici par la multiplicité des combinaisons qu'il forme avec l'hydrogène, l'oxygène et l'azote; l'ensemble de ces combinaisons constitue la *Chimie organique*.

MÉTAUX

CHAPITRE XVII

GÉNÉRALITÉS SUR LES MÉTAUX. — ALLIAGES.

285. Métaux. — Le fer, le cuivre, l'or, l'argent sont des *métaux*. Ces corps possèdent, lorsqu'ils sont polis, un éclat particulier connu sous le nom d'éclat métallique, éclat que ne possèdent ni le soufre, ni le phosphore; ils sont bons conducteurs de la chaleur et de l'électricité. Ces propriétés physiques peuvent servir à distinguer les métaux des métalloïdes; mais elles seraient insuffisantes à caractériser quelques corps simples que l'on connaît mal à l'état de liberté. Les réactions chimiques de quelques-uns de leurs composés oxygénés pourront au contraire servir à les définir; parmi les composés oxygénés d'un métal, il en existe au moins un qui ait des propriétés basiques, c'est-à-dire qui, en se combinant avec les acides, puisse former des sels.

Ajoutons cependant que si quelques métaux bien caractérisés se distinguent nettement, tant par leurs propriétés physiques que par leurs propriétés chimiques, des métalloïdes tels que l'oxygène, le soufre, le phosphore, il est d'autres corps simples que l'on pourrait qualifier indifféremment de métalloïdes ou de métaux. Ainsi l'arsenic, que l'on étudie à côté du phosphore, possède l'éclat métallique; l'antimoine, que l'on place souvent parmi les métaux, a des composés oxygénés acides que leurs propriétés chimiques rapprochent des composés oxygénés de l'arsenic.

Cette distinction entre métalloïdes et métaux, tout en permettant de fractionner l'étude des corps simples et de rapprocher les uns

des autres les corps qui présentent la plus grande somme d'analogie chimique, et d'en faciliter l'étude, n'est donc pas nécessaire.

286. Propriétés physiques des métaux. — Chaque métal est
caractérisé par un ensemble de propriétés physiques et chimiques,
qui doivent être examinées en détail lorsqu'il s'agit de préciser les
applications auxquelles ce métal est propre.

Le tableau ci-contre résume les propriétés physiques des métaux
usuels.

Ainsi, on voit à l'inspection du tableau que le plomb est le plus
lourd des métaux communs: l'aluminium, au contraire, est le
plus léger.

Un seul métal est liquide à la température ordinaire : c'est le
mercure, et l'on connaît tous les services qu'il rend aux physiciens
et aux chimistes. L'étain est assez fusible pour qu'on puisse le
liquéfier sur une feuille de papier sans que celle-ci soit carbonisée.
Si l'on veut, au contraire, un métal réfractaire, on prendra le
platine, infusible dans les foyers ordinaires et que l'on ne peut
fondre qu'au chalumeau à oxygène et gaz de l'éclairage (276).

L'argent est, de tous les métaux, celui qui conduit le mieux la
chaleur; mais son prix élevé lui fait préférer dans les applications
usuelles le cuivre, dont la conductibilité diffère peu, et l'on se
servira de ce métal pour faire des vases distillatoires, des cas-
seroles.

L'ordre de conductibilité électrique est le même que celui de la
conductibilité calorifique. Les fils de cuivre sont employés comme
conducteurs de l'électricité dans les appareils électriques.

Malléabilité. — On dit qu'un métal est *malléable* lorsqu'il peut
être réduit en lame sous le choc du marteau ou sous la pression
du *laminoir*. Le batteur d'or réduit, par le choc répété du marteau,
ce métal en feuilles si minces, que 250000 de ces feuilles superposées ont une épaisseur de un centimètre. Le cuivre se façonne
au marteau et l'ouvrier peut donner à une feuille de cuivre la
forme d'une casserole, d'un chaudron. Le fer se trouve dans le
commerce en feuilles (*tôle*), que l'on obtient en aplatissant une
barre de fer au laminoir. Un laminoir se compose (fig. 172) de
deux cylindres en acier tournant en sens contraire : après avoir
aminci l'extrémité de la barre de fer, on l'engage entre les cylindres dont deux génératrices parallèles sont à une distance moindre
que l'épaisseur de la barre. Au sortir du laminoir la barre s'est
aplatie; rapprochant les cylindres l'un de l'autre, on réduit de
nouveau l'épaisseur de la lame, et, en répétant cette opération,
on l'amène à l'épaisseur voulue.

Ductilité. — Les métaux sont souvent employés sous forme de fils

DENSITÉ.	TEMPÉRATURE DE FUSION.	CONDUCTIBILITÉ ÉLECTRIQUE.	CONDUCTIBILITÉ CALORIFIQUE.	MALLÉABILITÉ.	DUCTILITÉ.	TÉNACITÉ.
Platine 21,5	Mercure. .—39°	Argent . 100,0	Argent .. 100,0	Or	Or	Fer 72,3
Or... 19,4	Étain ... 228	Cuivre.. 91,44	Cuivre. . 73,6	Argent	Argent	Cuivre.. 34,4
Plomb....... 11,35	Plomb... 335	Or..... 65,46	Or...... 53,2	Aluminium	Platine	Platine . 31,2
Argent 10,40	Zinc 410	Zinc.... 24,16	Zinc.... 19,3	Cuivre	Aluminium	Argent . 21,1
Cuivre... ... 8,78	Aluminium 625	Étain... 13,66	Étain.... 14,5	Étain	Fer	Or. 16,5
Fer......... 7,78	Argent .. 954	Fer.... 12,25	Fer 11,9	Platine	Cuivre	Zinc.... 12,4
Étain.. 3,29	Cuivre .. 1100	Plomb.. 8,25	Plomb... 8,5	Plomb	Zinc	Étain.... 3,9
Zinc........ 6,86	Or 1045	Platine . 8,04	Platine.. 8,4	Zinc	Étain	Plomb... 2,4
Aluminium .. 2,56	Fer 1500			Fer	Plomb	
Mercure (liq.). 13,59	Platine .. 1775					

que l'on obtient en engageant l'extrémité d'une barre de ce métal

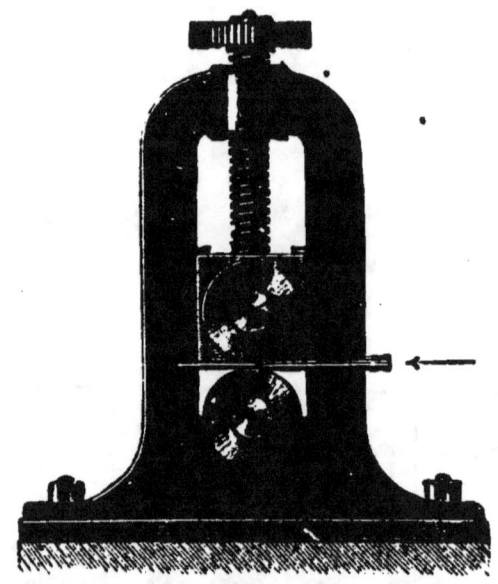

Fig. 172.

dans le trou d'une plaque d'acier nommée *filière* (fig. 173). En exer-

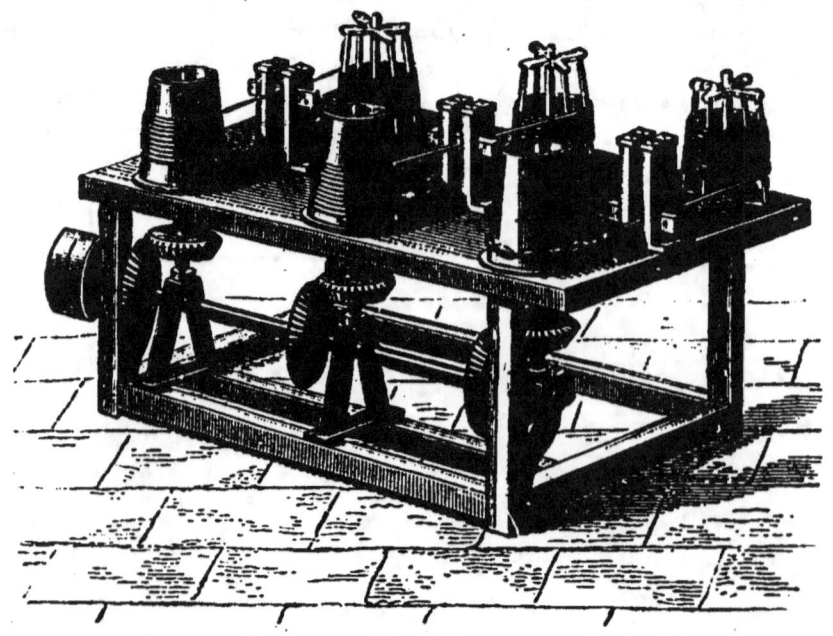

Fig. 173.

çant une traction à l'extrémité amincie, on force la tige métallique à passer à travers ce trou; la tige s'allonge et s'amincit. On la fait ainsi passer successivement dans des trous dont les diamètres sont de plus en plus petits.

Un métal qui a passé au laminoir ou à la filière devient généralement dur et cassant; sa *malléabilité*, sa *ductilité* diminuent: on dit qu'il s'est *écroui*. On lui rend ses propriétés premières en le chauffant au rouge; cette opération s'appelle le *recuit*.

Ténacité. — La ductilité d'un métal dépend non seulement de sa malléabilité, mais aussi de sa *ténacité*, c'est-à-dire de sa résistance à la rupture. Pour comparer les métaux au point de vue de leur ténacité, on les réduit en fils de 2 millimètres de diamètre et, les suspendant à un point fixe par une de leurs extrémités, on cherche quel poids il faut suspendre à l'autre pour en déterminer la rupture. De tous les métaux usuels, c'est le fer qui est le plus tenace. Le plomb, métal très malléable, ne peut être réduit en fils fins, car sa ténacité est très faible.

PROPRIÉTÉS CHIMIQUES.

287. Action de l'oxygène et de l'air secs sur les métaux. — L'oxygène, en se combinant avec les métaux, forme des *oxydes*.

Le potassium est le seul métal qui se combine avec l'oxygène à la température ordinaire. A l'exception de l'argent, de l'or et du platine, tous les autres métaux s'oxydent lorsqu'on les chauffe dans l'oxygène à une température plus ou moins élevée, avec dégagement de chaleur et quelquefois de lumière: ce sont des phénomènes de *combustion*. Les métaux qui brûlent dans l'oxygène brûlent aussi dans l'air, mais avec une intensité moindre.

Des copeaux de cuivre, chauffés dans un courant d'oxygène ou d'air, perdent leur éclat et se recouvrent d'une couche noire d'oxyde. Mais l'oxydation du métal n'est que superficielle, l'oxyde formé préservant le reste du métal de l'oxydation. Un fil de fer brûle dans l'oxygène avec un vif éclat (66). Ici l'oxydation est complète, car l'oxyde fond, se rassemble en globule à l'extrémité inférieure de la spirale, s'en détache, et la surface du fer est constamment mise à nu. Si l'on chauffe du zinc dans un creuset, le métal fond, puis, à une température plus élevée, se volatilise et les vapeurs brûlent au contact de l'air avec une flamme très éclatante, en même temps que des flocons blancs d'oxyde de zinc se répandent dans l'atmosphère.

Si le métal est très divisé, sa combustion pourra s'effectuer à une température moins élevée que s'il est en masse compacte; ainsi du fer, provenant de la réduction d'un de ses oxydes par l'hydrogène, brûle dès qu'on le met au contact de l'air : c'est le *fer pyrophorique* (fig. 174). Du cuivre en poudre fine, obtenu éga-

Fig. 174.

lement en réduisant l'oxyde de cuivre par l'hydrogène, brûle dans l'oxygène lorsqu'on le chauffe légèrement.

288. Action de l'eau sur les métaux. — Quelques métaux décomposent l'eau dès qu'ils sont mis au contact de ce *liquide*, même à basse température. Ainsi, si l'on projette sur l'eau un fragment de potassium, l'eau est immédiatement décomposée; le métal se substitue à l'hydrogène et forme la potasse KOH :

$$K + H^2O \text{ liq.} = KOH \text{ diss.} + H \qquad + 47^c,8;$$

le dégagement de chaleur est tel, que le métal est fondu et même en partie volatilisé et que l'hydrogène dégagé de l'eau s'enflamme et brûle aux dépens de l'oxygène de l'air avec une flamme violacée (76).

Le sodium décompose également l'eau à froid, mais avec un dégagement de chaleur moindre :

$$Na + H^2O \text{ liq.} = NaOH \text{ diss.} + H \qquad + 43^c,1.$$

Le magnésium décompose la *vapeur* d'eau à la température de l'ébullition; le fer ne décompose plus l'eau qu'au rouge sombre (57).

Certains métaux, comme le fer et le zinc qui ne décomposent pas l'eau à froid, la décomposent en présence des acides. (*Préparation de l'hydrogène*, 57.)

D'autres, comme l'étain, décomposent l'eau en présence des bases énergiques. Lorsqu'on fait bouillir de l'étain avec une dissolution concentrée de potasse ou de soude, de l'hydrogène se dégage et l'oxygène de l'eau se porte sur le métal pour former un composé oxygéné jouant vis-à-vis des alcalis le rôle d'acide.

L'argent, le mercure, l'or et le platine ne décomposent l'eau à aucune température.

289. Action de l'oxygène et de l'air humides. — L'oxygène et l'air humides réagissent beaucoup plus facilement que les gaz secs sur les métaux. Ainsi le fer, qui reste inaltéré dans l'air ou l'oxygène secs, à la température ordinaire, se ternit lorsqu'on l'abandonne à l'air humide. Il se recouvre dans ces conditions d'une couche de sesquioxyde de fer hydraté (rouille), et cet oxyde envahissant peu à peu la masse tout entière, le fer perd sa rigidité et devient cassant.

Cette oxydabilité facile d'un métal dans l'air humide est en relation avec la présence de vapeurs acides dans l'atmosphère, et particulièrement avec la présence du gaz carbonique. Ainsi le zinc et le plomb, dans l'air humide, se recouvrent peu à peu d'une couche blanche de carbonate hydraté. Mais dans ce cas cette couche de carbonate forme vernis à la surface du métal et le protège contre une altération plus profonde.

S'il s'agit du fer, on peut admettre que le fer et son oxyde forment un couple électrique dont le métal est le pôle positif. On le préserve d'oxydation en le recouvrant d'une couche de zinc (*fer galvanisé*) qui joue, par rapport au fer, le rôle de pôle positif et s'oxyde de préférence.

C'est aussi pour préserver le fer de l'oxydation qu'on le recouvre d'une couche mince d'étain (*fer-blanc*) ou qu'on le revêt, par voie électrique, d'une couche de nickel (*nickelage*). Le nickel est un métal moins altérable que le fer; il est d'ailleurs susceptible d'un beau poli.

290. Classification pratique des métaux. — Les métaux ont été partagés par Thenard en un certain nombre de groupes ou sections d'après la manière dont ils se comportent vis-à-vis de l'oxygène et de l'eau, et suivant que leurs oxydes sont décomposables ou non par la chaleur seule. C'est là une *classification*

MÉTAUX.

PREMIÈRE CLASSE.					DEUXIÈME CLASSE.	TROISIÈME CLASSE.	
1ʳᵉ SECTION.	2ᵉ SECTION.	3ᵉ SECTION.	4ᵉ SECTION.	5ᵉ SECTION.	6ᵉ SECTION.	7ᵉ SECTION.	8ᵉ SECTION.
Décomposent l'eau à la température ordinaire.	*Décomposent l'eau à 100°.*	*Décomposent l'eau au rouge sombre et les acides étendus à la température ordinaire*	*Décomposent l'eau au rouge vif; décomposent les solutions alcalines étendues à la température ordinaire.*	*Ne décomposent l'eau à aucune température.*	*Décomposent à froid les acides étendus et les dissolutions alcalines.*	*S'oxydent à une température peu élevée.*	*Ne s'oxydent à aucune température.*
Potassium. Sodium. Calcium. Strontium. Baryum.	Magnésium. Manganèse.	Zinc. Fer. Nickel. Cobalt. Chrome.	Étain. Antimoine.	Cuivre. Plomb. Bismuth.	Aluminium.	Mercure. Palladium.	Argent. Or. Platine.

artificielle, car elle ne dépend que d'un seul caractère, l'action que le métal exerce sur l'oxygène, et toutes les autres réactions chimiques sont laissées dans l'ombre; mais cette classification a une grande importance *pratique*, car de la façon dont un métal se comporte avec l'oxygène ou l'eau, dépendent évidemment ses applications usuelles.

Les métaux sont groupés tout d'abord en trois classes :

1re classe : MÉTAUX COMMUNS, *susceptibles d'être oxydés directement à une température plus ou moins élevée; oxydes irréductibles par la chaleur seule.*

2e classe : MÉTAUX INTERMÉDIAIRES, *difficilement oxydables à l'air, aux températures même les plus élevées; oxydes irréductibles par la chaleur seule, par l'hydrogène et par le charbon.*

3e classe : MÉTAUX PRÉCIEUX; *oxydes réductibles par la chaleur.*

Chacune de ces classes est divisée en sections.

ALLIAGES.

291. Alliages usuels. — Un petit nombre de métaux sont employés à l'état isolé; ce sont : le fer, le cuivre, le zinc, le plomb, l'étain, le platine, le mercure et l'aluminium.

Deux ou plusieurs métaux fondus ensemble forment un tout d'apparence homogène et qu'on appelle un *alliage*. Ces alliages ont pratiquement une grande importance, car ils possèdent en général des propriétés physiques et même chimiques différentes de celles des métaux composants; en modifiant les proportions de ces derniers, on peut obtenir des substances métalliques douées de propriétés que ne possède aucun des métaux usuels, et que l'on peut varier à l'infini.

292. Propriétés physiques de quelques alliages. — Un alliage peut fondre à une température inférieure à la température de fusion du plus fusible des métaux qui entrent dans sa composition. Ainsi, en fondant dans un creuset 8 parties de bismuth, 5 parties de plomb et 3 d'étain, on obtient un alliage (*alliage de Darcet*) qui fond à 85°; le plus fusible de ces métaux, l'étain, fond à 228°. Il suffit en effet de suspendre un barreau de cet alliage dans le col d'un ballon où l'on fait bouillir de l'eau, pour voir le métal fondre (fig. 175).

Le cuivre est un métal très malléable, mais qui présente peu de dureté. Si on allie $\frac{2}{3}$ de cuivre et $\frac{1}{3}$ de zinc, on obtient un alliage d'un beau jaune, le *laiton* (*cuivre jaune*), plus dur que le cuivre, et très propre au moulage. En ajoutant un peu de plomb à l'alliage précédent, on lui donne de la dureté, et le nouvel alliage peut être travaillé à la lime.

Les *bronzes* sont des alliages de cuivre et d'étain plus fusibles que le cuivre, mais plus durs que ce métal. Le bronze des cloches (78 de cuivre, 22 d'étain) possède une sonorité qui n'appartient ni au cuivre, ni à l'étain. Mais cet alliage est très cassant, et c'est en augmentant la proportion de cuivre (90 de cuivre et 10 d'étain) que l'on préparait le bronze des canons.

L'or et l'argent sont des métaux mous; si on les employait seuls à la fabrication des monnaies, des bijoux, les empreintes s'altéreraient bientôt par le frottement. On obtient des alliages suffisamment durs et cependant aussi inaltérables que les métaux eux-mêmes en les alliant à une petite quantité de cuivre.

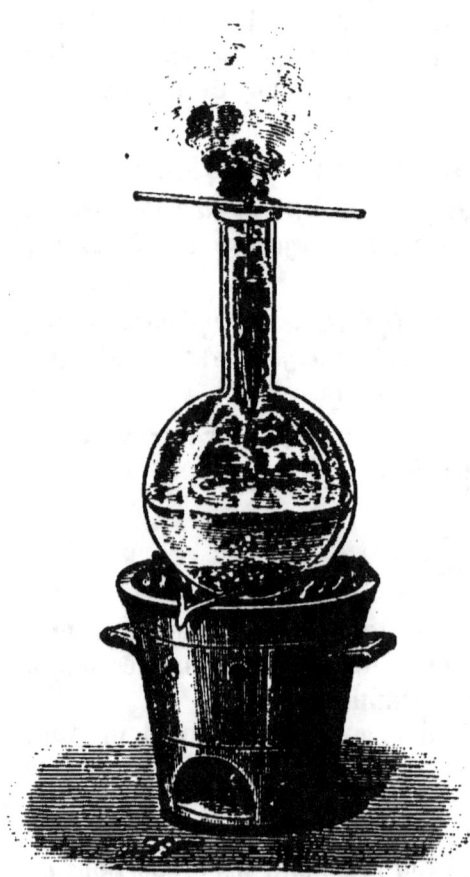

Fig. 175.

ALLIAGES DES MÉTAUX PRÉCIEUX.

Alliages d'or.			Alliages d'argent.		
Monnaies	Or	900	Monnaies (pièces	Argent . . .	900
	Cuivre. . . .	100	de 5ᶠ).	Cuivre . . .	100
Bijouterie. . . .	Or	750	Monnaies (pièces	Argent . . .	835
	Cuivre. . . .	250	de 2ᶠ, 1ᶠ et 0ᶠ,50)	Cuivre . . .	165
Vaisselle et mé-	Or	916	Vaisselle et ar-	Argent . . .	950
dailles.	Cuivre. . . .	84	genterie. . . .	Cuivre . . .	50
			Bijouterie. . . .	Argent . . .	950
				Cuivre . . .	50

ALLIAGES A BASE DE CUIVRE.

Bronze des monnaies et des médailles. .	Cuivre. .	95	Bronze d'alumi-nium.	Cuivre. . . .	90
	Étain. . .	4		Aluminium. .	10
	Zinc. . .	1	Laiton.	Cuivre. . . .	67
Bronze des canons. .	Cuivre. .	90		Zinc.	3
	Étain. . .	10	Maillechort . . .	Cuivre. . . .	50
Bronze sonore. . . .	Cuivre. .	80		Zinc... . . .	25
	Étain. . .	20		Nickel. . . .	25

ALLIAGES A BASE DE PLOMB OU D'ÉTAIN.

Caractères d'impri-merie.	Plomb. . .	80	Métal anglais.	Étain	100
	Antimoine .	20		Antimoine. . .	8
Mesures d'étain. .	Plomb. . .	10		Bismuth. . . .	1
	Étain . . .	90		Cuivre.	4

On appelle *amalgames* les alliages que forme le mercure avec un autre métal. Il est peu de métaux qui ne puissent s'unir directement au mercure; le fer est dans ce cas, et c'est avec ce métal que l'on façonne les garnitures métalliques des appareils de physique qui peuvent avoir le contact du mercure. Le cuivre, l'or blanchissent immédiatement au contact du mercure. C'est en dissolvant l'or dans du mercure, étendant l'alliage liquide à la surface d'objets en laiton bien décapés, et volatilisant le mercure par la chaleur, que l'on dorait autrefois avant la découverte de la dorure galvanique.

293. **Les métaux peuvent former des composés définis.** — Les métaux peuvent être fondus en proportion quelconque, et il ne semble pas, au premier abord, que ces corps simples soient susceptibles de former des composés définis. Cependant, lorsqu'on laisse refroidir lentement un alliage, il arrive fréquemment qu'on voit se former des cristaux au sein d'une masse liquide, cristaux dont la composition est *définie* et diffère de celle du liquide [1].

La combinaison de deux métaux est d'ailleurs accompagnée d'un phénomène thermique qui peut acquérir dans certains cas une grande intensité. Ainsi, le sodium que l'on met au contact du mercure s'y combine avec dégagement de chaleur, et la réaction est tellement vive que l'on ne doit introduire le sodium que par petits fragments et successivement.

1. Cette séparation d'un alliage fondu que l'on refroidit lentement, en composés cristallisés de compositions différentes, porte le nom de *liquation*. On doit tenir compte de ce fait dans la pratique et éviter qu'il ne se produise, car la masse ainsi refroidie manque évidemment d'homogénéité et devient cassante,

CHAPITRE XVIII

OXYDES, SULFURES, CHLORURES, SELS.

OXYDES MÉTALLIQUES.

294. Classification des oxydes. — Un même métal peut en général se combiner avec l'oxygène en plusieurs proportions. Ainsi, on connait les composés oxygénés suivants du fer et du manganèse (Fe = 56, Mn = 55) :

FeO	MnO
Fe^3O^4	Mn^3O^4
Fe^2O^3	Mn^2O^3
»	MnO^2
FeO^3	MnO^3
»	Mn^2O^7

1° Les protoxydes de fer et de manganèse, susceptibles de réagir sur les acides pour former des sels, sont des *oxydes basiques*. Les protoxydes[1] de potassium KO, de sodium NaO, de magnésium MgO, de calcium ou chaux CaO, de zinc ZnO, de cuivre CuO, sont également des oxydes basiques.

2° Si la proportion d'oxygène augmente, les oxydes deviennent susceptibles de se combiner avec les bases pour former des sels : ce sont des *oxydes acides* ou *anhydrides*. Ex. : Anhydride manganique MnO^3, anhydride permanganique Mn^2O^7, anhydride ferrique FeO^3, anhydride stannique SnO^3, anhydride chromique CrO^3, etc.

Intermédiairement nous trouvons :

3° Des *oxydes indifférents* (en général des sesquioxydes), tels

---

1. La potasse est l'hydrate de potassium KOH; la soude est l'hydrate de sodium $NaOH$.

que l'alumine Al^3O^3, qui peuvent jouer vis-à-vis des bases le rôle d'acide, ou vis-à-vis des acides le rôle de bases pour former des sels ;

4° Des *oxydes salins*, qui peuvent être envisagés comme résultant de la combinaison d'un oxyde basique et d'un oxyde acide. Ex. : $Fe^3O^4 = FeO, Fe^2O^3$; $Mn^3O^4 = MnO, Mn^2O^3$.

On désigne quelquefois le composé Fe^3O^4 sous le nom d'*oxyde magnétique* de fer, parce qu'il présente la composition de la pierre d'aimant naturelle ; il est attirable à l'aimant.

5° Des *oxydes singuliers* qui, dans les conditions les plus générales, ne se combinent ni avec les bases, ni avec les acides. Au contact des acides ils peuvent perdre une partie de leur oxygène en se transformant en protoxyde qui reste uni à l'acide. Ainsi le bioxyde de manganèse MnO^2, chauffé avec l'acide sulfurique, forme du sulfate de manganèse, en même temps que de l'oxygène se dégage :

$$MnO^3 + SO^4H^2 = SO^4Mn + O + H^2O.$$

295. Procédés généraux de préparation. — 1° *Oxydation du métal.* — On prépare ainsi l'oxyde de cuivre. La composition de l'oxyde que l'on obtient en chauffant un métal au contact de l'air dépend, lorsque le métal est susceptible de former avec l'oxygène plusieurs composés, des conditions dans lesquelles on opère. Lorsqu'on chauffe du fer dans l'oxygène ou dans un courant de vapeur d'eau, on obtient l'oxyde Fe^3O^4, le seul qui soit stable à température élevée ; en effet, le sesquioxyde Fe^2O^3, chauffé au rouge vif, perd une partie de son oxygène, et le protoxyde FeO, chauffé au contact de l'air, brûle en donnant l'oxyde Fe^3O^4.

Pour le manganèse, le composé le plus stable à température élevée est l'oxyde rouge Mn^3O^4. Nous rappellerons que le bioxyde de manganèse naturel chauffé perd de l'oxygène et se transforme en oxyde rouge (*Préparation de l'oxygène*, 63).

Le mercure chauffé au contact de l'air se change en protoxyde HgO (précipité *per se*) ; mais, à une température plus élevée, cet oxyde se décompose en mercure et oxygène (63).

On ne saurait préparer par ce procédé les oxydes d'argent, d'or et de platine, car l'oxygène est sans action sur ces métaux à quelque température que ce soit.

2° *Calcination d'un sel.* — La décomposition, par la chaleur, d'un azotate (337) ou d'un carbonate (345), fournit un certain nombre d'oxydes.

3° *Précipitation d'un sel métallique par une base alcaline.* —

Nous donnerons quelques exemples de ces réactions en étudiant les sels (336).

296. Action de l'hydrogène. — L'hydrogène *réduit* un grand nombre d'oxydes sous l'action de la chaleur. Ainsi le sesquioxyde de fer, l'oxyde de cuivre, chauffés dans un courant d'hydrogène sec, sont ramenés à l'état métallique (fig. 176).

On peut dire que l'hydrogène réduit les métaux qui, en se com-

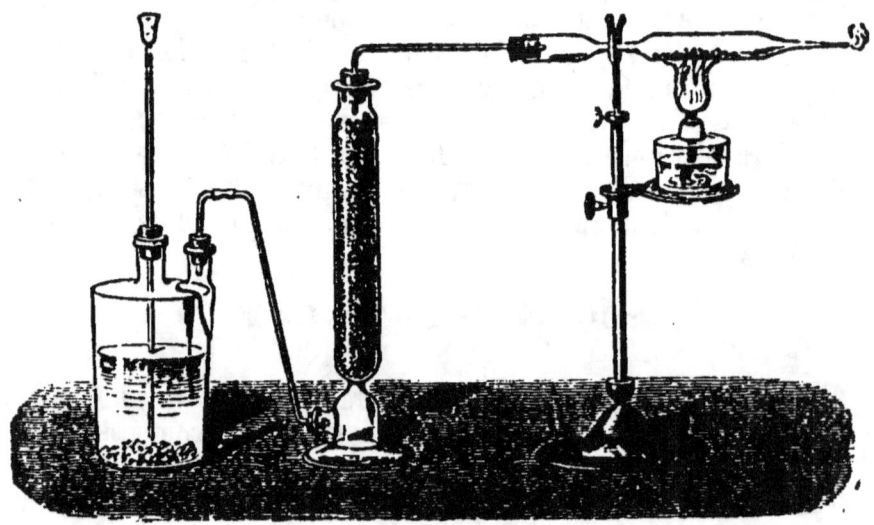

Fig. 176.

binant avec l'oxygène, dégagent moins de chaleur que lui. Ainsi l'hydrogène est sans action sur l'oxyde de calcium ou chaux CaO, mais il réduit l'oxyde de cuivre CuO; on a, d'autre part, comme chaleur de formation de ces oxydes :

Eau	$H^2 + O = H^2O\,\text{gaz}$	$58^c,2$
Chaux	$Ca + O = CaO$	$132^c,0$
Oxyde de cuivre	$Cu + O = CuO$	$40^c,4$

297. Action du charbon. — Le charbon réduit tous les oxydes métalliques que l'hydrogène décompose, mais il décompose en outre, à une température élevée, un certain nombre d'oxydes sur lesquels ce gaz est sans action. Ainsi le charbon, intimement mélangé aux oxydes de cuivre, de fer, de plomb, donne le métal, mais il décompose en outre les oxydes de sodium et de potassium.

Cette réduction exercée par le carbone sur un oxyde métallique est utilisée industriellement pour préparer un certain nombre de métaux. On prépare le fer en chauffant des oxydes de fer naturels avec du charbon, l'étain en réduisant le bioxyde d'étain par le charbon.

298. État naturel. — Un grand nombre d'oxydes se trouvent dans la nature et constituent des *minerais* exploités par l'industrie pour l'extraction des métaux usuels.

Ainsi les principaux minerais de fer sont :

L'oxyde magnétique ou oxyde salin Fe^4O^4 ;
Le sesquioxyde anhydre (*fer oligiste*) ;
Le sesquioxyde hydraté (*limonite*) Fe^2O^3, H^4O.

L'étain se retire du bioxyde (*cassitérite*) SnO^2, etc.

CHAUX, CaO.

299. Préparation. Propriétés. — On prépare la chaux ou protoxyde de calcium en décomposant par la chaleur le carbonate de calcium. Si l'on veut avoir de la chaux pure, on chauffe au rouge vif, dans un creuset de platine, du carbonate de calcium pur, jusqu'à ce que le poids de la matière demeure invariable.

La chaux pure est blanche, amorphe ; elle est infusible. Au contact d'une petite quantité d'eau elle s'échauffe, se gonfle, se divise en fragments de plus en plus petits et se transforme finalement en une poussière d'hydrate $Ca(OH)^2$ qui porte le nom de *chaux éteinte*. Pendant cette hydratation de la chaux la température s'élève considérablement et une partie de l'eau se dégage à l'état de vapeur ; l'élévation de température peut être suffisante pour enflammer la poudre.

Délayée dans l'eau, la chaux éteinte constitue le *lait de chaux* ; si l'on filtre cette bouillie, on obtient un liquide incolore (l'*eau de chaux*), qui, au contact du gaz carbonique contenu dans l'atmosphère, se trouble par suite de la formation d'un précipité blanc de carbonate de calcium. A la température de $15^\circ,5$, un litre d'eau ne dissout que $1^g,3$ de chaux ; cette dissolution se trouble lorsqu'on la porte à l'ébullition, car un litre d'eau ne dissout plus à 100° que $0^g,8$ de chaux.

La chaux que l'on trouve dans le commerce est toujours souillée d'une petite quantité d'argile, d'oxyde de fer et d'oxyde de manganèse.

On prépare cette chaux en calcinant le calcaire (pierre à chaux) dans des fours verticaux en briques ou en moellons revêtus intérieurement de briques réfractaires ; leur hauteur est de trois à quatre mètres (fig. 177). Tantôt, après avoir allumé de la houille au fond du four, on introduit par la partie supérieure des charges alternatives de charbon et de calcaire, et lorsque la masse est portée au rouge jusqu'en haut, on en fait écouler une partie par l'orifice inférieur et l'on complète la charge par la partie supérieure (*four à cuisson continue*) ; tantôt, et l'on évite ainsi le mélange de la chaux et du combustible, on chauffe le calcaire à l'aide d'un foyer latéral A (*four à foyer latéral*) : c'est un four de ce genre que représente la figure.

300. Applications. — La chaux que l'on obtient en calcinant des débris de marbre blanc, des pierres calcaires très denses et très pures, ou de la craie, ne contient que très peu d'impuretés. Elle se comporte comme la chaux pure et constitue la *chaux grasse*. Elle est employée dans l'industrie à la fabrication des *soude* et *potasse caustiques*, des *chlorures décolorants* et à la préparation industrielle d'un grand nombre de produits organiques. Le lait de chaux sert à badigeonner les murs.

Lorsqu'on mélange 1 partie de chaux grasse et 3 ou 4 parties de sable, on obtient un *mortier* qui sert à cimenter les moellons dans les constructions aériennes. L'air et l'humidité ayant libre accès dans la masse poreuse, il se forme du carbonate de calcium qui en détermine la solidification. En mélangeant

Fig. 177.

ce mortier avec 2 fois son volume de gros cailloux, on obtient le *béton*, qui, après solidification, forme une assise solide sur laquelle peut s'appuyer une fondation.

Si la chaux contient au moins 20 pour 100 de magnésie, d'argile ou d'oxyde de fer, elle ne *foisonne* plus au contact de l'eau; la chaux est dite *maigre*. Elle sert d'ailleurs aux mêmes usages que la chaux grasse, mais il est évident que la présence de matières étrangères en rend l'emploi moins avantageux.

Les *chaux hydrauliques* servent à préparer des mortiers qui, après solidification, peuvent être immergés et servent aux constructions sous-marines. Elles proviennent de la calcination de calcaires argileux et magnésiens, ou de la calcination d'un mélange de calcaire et d'argile et renferment de 20 à 45 pour 100 d'argile. Une chaux hydraulique ne foisonne pas au contact de l'eau; mélangée à du sable et à des cailloux, elle forme les *mortiers* et *bétons hydrauliques.*

Les *ciments* sont des chaux hydrauliques renfermant pour 100 de chaux de 65 à 75 pour 100 d'argile et qui, réduites en poudre fine, forment avec l'eau une pâte qui se solidifie instantanément même sous l'eau. On obtient ces ciments, dits *ciments romains*, en calcinant des calcaires argileux très durs, à grains fins, que l'on trouve en Angleterre sur le bord de la mer, où, roulés par les eaux, ils ont pris la forme de galets, ou en France à Pouilly (Côte-d'Or), à Vassy (Yonne). Ces ciments naturels reprennent en se solidifiant une dureté comparable à celle de la pierre qui leur a donné naissance. Ils servent à faire des bétons qui font prise sous l'eau.

Les *pouzzolanes* sont des argiles poreuses d'origine volcanique que l'on trouve aux environs de *Pouzzoles* et qui, légèrement calcinées et mélangées à des chaux grasses, forment d'excellents mortiers hydrauliques, particulièrement propres aux constructions sous-marines. On obtient des pouzzolanes artificielles avec des argiles plastiques renfermant environ 2 pour 100 de chaux.

L'industrie des *chaux* et *ciments hydrauliques* s'est surtout développée à la suite des travaux de l'ingénieur français Vicat, qui a montré que la solidification était obtenue par l'hydratation des silicates et aluminates de calcium formés pendant la calcination du calcaire qui est toujours mélangé d'argile (silicate d'aluminium hydraté).

SOUDE ET POTASSE.

301. Soude (*hydrate de sodium*), Na OH. — On prépare la soude en faisant bouillir une dissolution très étendue de carbonate de sodium (100 p. de carbonate pour 800 p. d'eau) avec de la chaux vive ; il se forme du carbonate de calcium insoluble. En évaporant rapidement la dissolution dans une capsule d'argent, on obtient la soude fondue, qui est coulée en plaques et que l'on doit conserver à l'abri de l'humidité.

Exposée à l'air, la soude caustique se liquéfie en absorbant tout d'abord l'humidité ; mais elle se dessèche ensuite parce que, en fixant du gaz carbonique, elle se transforme en une masse pulvérulente de carbonate.

La soude du commerce renferme plus d'eau que ne l'indique la formule Na OH. On peut la fondre de nouveau dans un vase de fer ou d'argent pour achever la déshydratation. Elle se dissout dans l'eau avec élévation de température.

La dissolution de soude caustique est employée dans les laboratoires pour précipiter les oxydes métalliques. Elle sert à la fabrication des savons.

Peu de temps après la découverte de la pile, en 1807, H. Davy[1] isolait le sodium en plaçant une plaque de soude sur une lame de platine reliée au pôle positif d'une pile puissante (fig. 178) ; dans une cavité pratiquée à la surface de la plaque et renfermant un globule de mercure, plongeait le pôle négatif. Le métal mis en liberté s'alliait au mercure et l'on séparait le mercure et le métal alcalin par distillation dans le vide.

Fig. 178.

On prépare aujourd'hui le sodium en décomposant, sous l'action de la chaleur, la soude par le charbon (Procédé Kastner) :

$$3\,NaOH + C = CO^3Na^2 + 3H + Na.$$

302. Potasse (*hydrate de potassium*), KOH. — On prépare la potasse[2] exactement comme la soude, c'est-à-dire en la déplaçant par la chaux d'une dissolution étendue et bouillante de son carbonate. Cette potasse est pure si les matériaux qui ont servi à sa préparation étaient purs eux-mêmes.

1. Humphry Davy, né à Penzance (Cornouailles) en 1778 ; professeur à la *Royal Institution* ; mort à Genève en 1829.

2. Le nom de potasse, d'où l'on a tiré le nom du métal, vient de deux mots anglais (*pot*, pot, et *ashes*, cendres) ; la potasse commerciale ou carbonate de potassium était obtenue en évaporant dans des pots ou chaudières les liquides provenant du lessivage des cendres de bois (347).

La potasse fondue est coulée en plaques, d'un blanc légèrement jaunâtre.

La potasse se dissout dans l'eau avec dégagement de chaleur; elle s'unit alors avec une nouvelle quantité d'eau pour former l'hydrate $KOH + 2H^2O$. La potasse commerciale est toujours plus hydratée que ne l'indique la formule KOH; on ne l'obtient avec cette composition qu'en la maintenant quelque temps en fusion tranquille dans une capsule d'argent.

Exposé à l'air, un morceau de potasse attire l'humidité de l'atmosphère; il fixe en même temps le gaz carbonique et donne un carbonate déliquescent, qui bientôt, fixant encore du gaz carbonique, se transforme en bicarbonate peu soluble qui cristallise.

C'est en décomposant la potasse par la pile que H. Davy a isolé le potassium en 1807. On prépare aujourd'hui ce métal comme le sodium, en décomposant son carbonate par le charbon.

PRINCIPES DE LA MÉTALLURGIE DU FER.

303. Minerais de fer. — Les composés naturels du fer exploités comme minerais sont : le sesquioxyde Fe^2O^3, l'oxyde salin Fe^3O^4 et le carbonate ferreux CO^3Fe ou *fer spathique*, isomorphe du carbonate de calcium rhomboédrique.

304. Principes de la métallurgie. — Les oxydes de fer sont réduits à l'état métallique quand on les chauffe dans un courant d'hydrogène ou d'oxyde de carbone. Dans l'industrie, cette réduction est effectuée en chauffant le minerai avec du charbon, lequel agit par l'oxyde de carbone qui résulte de son oxydation incomplète.

Mais les minerais sont toujours impurs, mélangés de matières terreuses (*gangue*), dans lesquelles le fer resterait emprisonné, à moins qu'on ne déterminât la fusion de celles-ci; or l'argile, le quartz qui accompagnent les minéraux ne fondent qu'à une température élevée.

Méthode catalane. — Dans la méthode primitive de traitement du fer, qui n'est plus employée que dans les contrées où le minerai est riche et le combustible rare (Pyrénées, Corse, Catalogne), et que l'on désigne sous le nom de *méthode catalane*, on chauffe directement le minerai avec du charbon; l'oxyde est partiellement réduit, tandis qu'une partie de cet oxyde se combine avec l'alumine et la silice pour donner un verre très fusible. On élève peu la température, le fer ne fond pas et, par conséquent, ne se combine pas avec le carbone, mais reste à l'état de masse spongieuse que l'on agglomère, lorsqu'il est rouge encore, par le battage au marteau. On perd ainsi une certaine quantité de fer qui passe dans les *laitiers*.

La forge catalane (fig. 179) se compose d'un *creuset* quadrangulaire en maçonnerie, dont le fond est formé d'une pierre de granit. On place au fond du creuset du charbon incandescent, puis on entasse du charbon de bois contre la partie droite dont la paroi est traversée par une *tuyère*, et le minerai, en fragments de la grosseur d'une noix, contre la paroi opposée. Lorsqu'on lance du vent par la tuyère, le minerai se réduit par l'oxyde de carbone formé aux dépens du combustible et l'on ajoute, à mesure que la masse s'affaisse, du charbon et du minerai, toujours dans le même ordre. Lorsque le fer réduit est en quantité suffisante, l'ouvrier, à l'aide d'un ringard, rassemble les diverses parties du fer spongieux en une masse (*massé*), qui est immédiatement portée sous le marteau, et, après avoir exprimé la scorie, on obtient des masses parallélépipédiques, qui sont immédiatement étirées en barres.

A cette méthode on substitue généralement aujourd'hui la méthode du *haut fourneau*, qui permet d'extraire presque la totalité du fer du minerai. On ajoute au minerai de la chaux, qui forme, avec la silice et l'alumine, un silicate double peu fusible et qui nécessite, par conséquent, une élévation de température considérable. Mais alors le fer, chauffé au contact du charbon, passe à l'état de *fonte*, qui fond en même temps que le laitier.

Fig. 179.

Une seconde opération (*puddlage*) sera donc nécessaire pour transformer la fonte en fer.

FONTES.

305. Haut fourneau. — Un haut fourneau (fig. 180) est formé de deux troncs de cône réunis par la base : le cône supérieur est la *cuve* et son ouverture supérieure le *gueulard* ; le cône inférieur porte le nom d'*étalages*, qui se continuent par une partie cylindrique (*ouvrage*). Au-dessous se trouve le *creuset*, dont la section est rectangulaire. Une des parois du creuset est formée par une pierre prismatique (*dame*) qui forme la *paroi antérieure*. Les parois postérieure et latérale de l'ouvrage sont percées d'ouvertures dans lesquelles on engage les *tuyères*, reliées à des machines soufflantes qui lancent de l'air chauffé à 800° par son passage à travers des *récupérateurs* [1]. Ces récupérateurs, qui sont au nombre de deux au minimum, sont formés par des conduits sinueux en briques réfractaires dans lesquels circulent alternativement les gaz chauds et combustibles qui s'échappent du gueulard et l'air aspiré par les machines.

Supposons que le fourneau soit en marche depuis quelque temps : on a versé par le gueulard des couches alternatives de combustible et de minéral mélangé de calcaire (*castine*); la température est à son maximum dans l'ouvrage un peu au-dessus des tuyères, elle est peu élevée dans la partie supérieure de l'ouvrage. Au voisinage des tuyères et jusqu'à la base de la cuve, le charbon brûle vivement; il est transformé en anhydride carbonique qui, mélangé d'azote et porté à une température élevée, s'élève et, au contact du charbon incandescent qu'il rencontre à la base de la cuve, se transforme en oxyde de carbone; celui-ci réduit le minéral et passe de nouveau à l'état d'anhydride carbonique. Le gaz

1. Une importante économie de combustible est ainsi réalisée par l'emploi de l'air chaud ; la marche de l'opération est en outre plus régulière.

qui se dégage par le gueulard sera donc formé d'anhydride carbonique, d'oxyde de carbone et d'azote.

Suivons maintenant la marche descendante des matières solides. Elles se dessèchent dans la partie supérieure de la cuve, l'oxyde de fer hydraté perd son eau; la réduction de l'oxyde se produit et la castine perd son gaz carbonique dans la partie inférieure de la cuve et dans les étalages; le fer réduit est resté jusqu'ici disséminé dans la gangue, rien n'est encore fondu. Au bas des étalages, la chaux se combine avec la silice et l'argile, le fer se carbure et se charge de

Fig. 180.

silicium provenant d'une réduction partielle de la silice par le charbon; enfin, dans l'ouvrage, la fusion de la fonte et du laitier se produit et les deux liquides arrivant dans le creuset s'y superposent par ordre de densité, le laitier plus léger restant à la partie supérieure.

Dès que le laitier atteint la partie supérieure de la dame, il s'écoule sur un plan incliné, où il se solidifie. Lorsque le creuset est rempli de fonte, on procède à la coulée. Par une ouverture ménagée dans la dame, à la base du creuset, et qu'on appelle *trou de coulée*, fermée pendant l'opération par un tampon d'argile, on fait écouler la fonte dans des canaux pratiqués dans du sable, sur le sol de l'usine, où elle se solidifie. La fonte est alors sous la forme de grosses barres à la section demi-circulaire *gueuses* ou *gueusets*, suivant leurs dimensions.

306. **Propriétés des fontes.** — Les fontes renferment de 2 à 5 pour 100 de carbone, du silicium et, en plus petite quantité, du phosphore, du soufre, enfin presque toujours du manganèse, dont la proportion dépend des minerais employés.

Si la température est très élevée dans le haut fourneau, la fonte obtenue est *grise*; une partie du carbone est combinée au fer, une autre partie s'est séparée pendant le refroidissement sous la forme de lamelles de graphite qui restent disséminées dans la masse.

Si la température est moins élevée dans le haut fourneau, la fonte se solidifie brusquement et la totalité du carbone reste combinée au fer; on a alors la fonte *blanche*.

Les propriétés de ces deux sortes de fonte sont bien distinctes.

La *fonte blanche* fond vers 1100° sans jamais prendre une grande fluidité; elle est, par conséquent, impropre au moulage. Elle est dure et cassante et, par suite, ne peut être travaillée ni à la lime, ni au marteau. On la réserve pour la préparation du fer (161).

La *fonte grise* est, comme son nom l'indique, de couleur grise; elle fond à 1200° et devient très fluide; elle se laisse limer et tourner avec facilité. La fonte grise est employée au moulage, directement au sortir du haut fourneau lorsqu'il s'agit de grosses pièces (cylindres de machines à vapeur) ou des objets grossiers (conduite d'eau, colonnes, etc.); c'est un *moulage de première fusion*.

Mais pour les objets de petites dimensions le moulage s'effectue dans les usines spéciales, après une nouvelle fusion dans de petits fourneaux verticaux (*cubilots*) : *moulage de seconde fusion*.

Les moules sont généralement en sable; cependant, si l'on veut obtenir avec de la fonte grise des objets dont la surface offre la dureté de la fonte blanche (cylindres des laminoirs), on se sert de moules en fer, bons conducteurs de la chaleur. Les parties qui sont en contact avec les parois se solidifient brusquement à l'état de fonte blanche, dont elles prennent la dureté, tandis que les parties internes, se solidifiant plus lentement, restent à l'état de fonte grise.

FER.

307. **Puddlage.** — On transforme la fonte en fer en lui enlevant le carbone et le silicium; cette opération porte le nom de *puddlage*. Sans entrer dans le détail de cette opération, nous dirons quelques mots de la méthode de puddlage le plus généralement employée.

Sur la sole d'un four à réverbère (*four à puddler*, fig. 51) porté au rouge blanc par la flamme de la houille qui brûle sur la grille A, on place le métal avec des scories riches en oxyde de fer ou des battitudes de fer. Le métal entre en fusion et le carbone est brûlé par l'oxygène des oxydes; de l'oxyde de carbone se dégage en bouillonnant de toute la masse et brûle avec une flamme bleue. L'ouvrier remue la masse avec un ringard par la porte B, et lorsqu'il juge que l'affinage est suffisant, il fait écouler les scories par la partie déclive du four, soude les parties du fer effrité en les comprimant, et les fait sortir du four sous la forme d'une boule qui est immédiatement portée sous le marteau-pilon.

Le *marteau-pilon à vapeur* (fig. 182), qu'un ouvrier manœuvre avec une extrême facilité, est destiné à battre dans tous les sens cette boule, formée d'un fer spongieux, à en exprimer les scories et à souder les fragments de fer encore rouge pour en faire une masse compacte. Cette opération ne dure qu'un temps très court et le fer, encore rouge, est porté directement au laminoir et transformé en barres.

Le fer puddlé n'est pas homogène, car il n'a pas été fondu et les diverses parties en ont été seulement agglomérées par le battage. Après l'avoir réduit en barres, on superpose un certain nombre de celles-ci et, après les avoir portées au rouge, on les lamine; en recommençant cette opération, on obtient des barreaux suffisamment homogènes.

Le plus souvent les fontes, telles qu'on les obtient au sortir des hauts four-

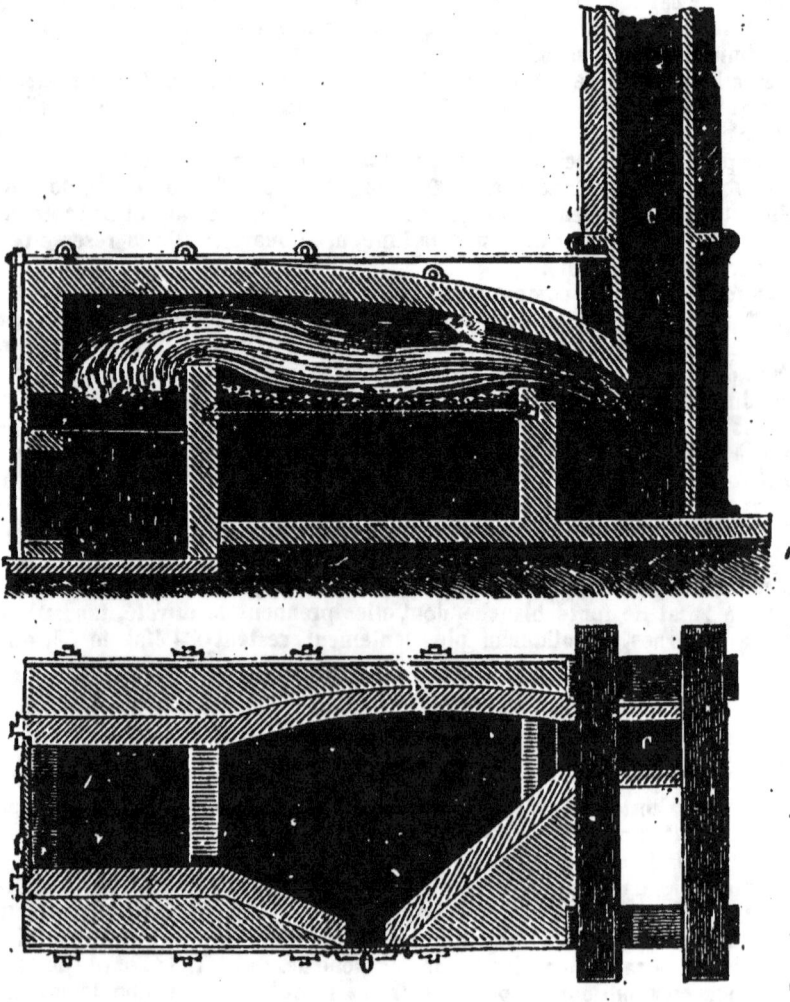

Fig. 181.

neaux chauffés au coke, renferment du soufre, du phosphore et des proportions assez élevées de silicium. Avant de les puddler, on les affine. L'affinage ou mazéage consiste en une fusion au contact du charbon et sous le vent d'une tuyère, dans un foyer analogue à la forge catalane. La fonte ainsi affinée a perdu du carbone et la presque totalité du silicium.

308. Fer pur. — Le fer puddlé n'est pas du fer chimiquement pur; le plus pur est le fil d'archal ou de clavecin. Pour obtenir du fer pur, on oxyde superficiellement des fils de clavecin et on les introduit dans un creuset de porcelaine

avec une petite quantité de verre pulvérisé. On introduit ce creuset dans un
second creuset en terre réfractaire dont le couvercle est luté avec de l'argile,

Fig. 182.

et l'on chauffe à la plus haute température d'un fourneau à vent. L'oxygène de
l'oxyde brûle les matières étrangères et l'excès d'oxyde se dissout dans la
matière vitreuse qui forme scorie à la surface du culot métallique.

On obtient également du fer pur en réduisant le sesquioxyde de fer pur par
l'hydrogène (62).

309. Propriétés. — Le fer pur a une couleur blanche qui se rapproche de celle de l'argent; il est plus malléable que le fer ordinaire; sa densité est 7,84.

Le fer du commerce est toujours souillé de petites quantités de matières étrangères, et surtout de carbone et de silicium, qui modifient beaucoup ses propriétés physiques (fontes 306, aciers 311). Ainsi le fer pur fond vers 1500°; les fontes et les aciers fondent à une température plus basse. Avant de fondre, le fer passe par l'état pâteux : à cet état il peut être martelé et deux barres de fer chauffées au rouge blanc peuvent être soudées l'une à l'autre sans l'interposition d'un corps étranger. Le fer pur qui a été étiré et martelé dans tous les sens a une structure grenue; étiré en barres, il a une structure fibreuse qui disparaît peu à peu, surtout lorsque ces barres sont soumises à des vibrations répétées.

Le poids spécifique du fer forgé varie de 7,7 à 7,9 : c'est le plus tenace de tous les métaux usuels (286).

Le fer est attirable à l'aimant et s'aimante temporairement lorsqu'il est au contact ou au voisinage d'un aimant. Lorsqu'il est carburé, il s'aimante plus difficilement, mais reste aimanté lorsqu'on le soustrait à l'influence de l'aimant. Ses propriétés magnétiques diminuent et disparaissent bientôt lorsqu'on élève la température.

Le fer peut se conserver indéfiniment dans l'air ou l'oxygène secs sans subir d'altération. Cependant le fer très divisé, préparé à basse température par réduction de l'oxyde par l'hydrogène, est *pyrophorique* (287). Chauffé au rouge, il s'oxyde et se couvre d'une pellicule qui se détache en écailles d'oxyde magnétique Fe^3O^4 (*battitures*) lorsqu'on le forge. Il brûle dans l'oxygène avec grand éclat, en donnant ce même oxyde magnétique. Chauffé dans la vapeur d'eau, au rouge sombre, il la décompose en hydrogène qui se dégage, et oxygène qui forme de l'oxyde magnétique.

Dans l'air humide, il se recouvre d'une couche pulvérulente de sesquioxyde hydraté (*rouille*). On le préserve d'oxydation en le recouvrant d'étain (*fer-blanc*), ou de zinc par voie galvanique (*fer galvanisé*), ou bien encore en le recouvrant de plusieurs couches de peinture.

Chauffé avec du soufre, il forme un sulfure très fusible (177); il se combine avec le chlore pour donner le sesquichlorure de fer anhydre (326).

L'acide chlorhydrique, l'acide sulfurique étendu dissolvent le fer avec dégagement d'hydrogène; l'acide azotique l'attaque et du protoxyde et du bioxyde d'azote se dégagent. Il devient *passif* sous l'action de l'acide azotique monohydraté, qui non seulement ne le dissout pas, mais encore le rend inattaquable par l'acide étendu (101).

310. Applications. — C'est avec le fer que l'on prépare la tôle par des martelages et laminages au rouge, et les fils de fer à l'aide des filières représentées par la figure 173. Mais ce ne sont que les fers bien purs qui peuvent être étirés en fils très fins (*fils de clavecin* ou *d'archal*).

ACIERS.

Les aciers sont des fers ne renfermant pas plus de 0,7 à 1,5 pour 100 de carbone; la présence de cette petite quantité de carbone suffit pour communiquer au fer des propriétés spéciales.

On prépare l'acier par carburation du fer (*cémentation*) ou par décarburation partielle de la fonte (*aciers naturels*).

311. Cémentation. — On prépare l'acier de cémentation en chauffant des barres de fer minces au contact du poussier de charbon. L'opération se fait dans des caisses rectangulaires en briques réfractaires disposées dans un four commun et remplies de poussier de charbon de bois mélangé de $\frac{1}{10}$ de son poids de cendres et d'un peu de sel marin. On maintient ces caisses pendant sept à huit jours à la température de fusion du cuivre. Les barres sont recouvertes de soufflures qui font donner à l'acier de cémentation le nom d'*acier poule*.

La transformation du fer en acier n'est que superficielle : aussi n'emploie-t-on l'acier qu'après l'avoir *corroyé* ou *fondu*. Pour pratiquer le corroyage, on juxtapose plusieurs barres et, après les avoir portées au rouge, on les lamine ; ces barres sont trempées, puis brisées, juxtaposées comme ci-dessus et laminées de nouveau.

La fusion s'effectue dans des creusets en plombagine.

312. Aciers naturels, aciers puddlés. — En fondant des fontes très pures sous une couche de scories qui servent à brûler une partie du carbone, ou en puddlant incomplètement des fontes manganésifères, on obtient les *aciers naturels* ou *aciers de forge* et les *aciers puddlés*.

313. Fers aciéreux. — On prépare depuis quelques années, par décarburation, de grandes quantités d'un fer aciéreux d'une parfaite homogénéité, dont la composition est celle d'un acier et qui peut acquérir par la trempe une certaine dureté.

Dans le procédé *Bessemer*, on introduit de la fonte en fusion dans une sorte de cornue en terre réfractaire garnie extérieurement de forte tôle et mobile autour d'un axe horizontal (fig. 183). On injecte ensuite dans cette masse un cou-

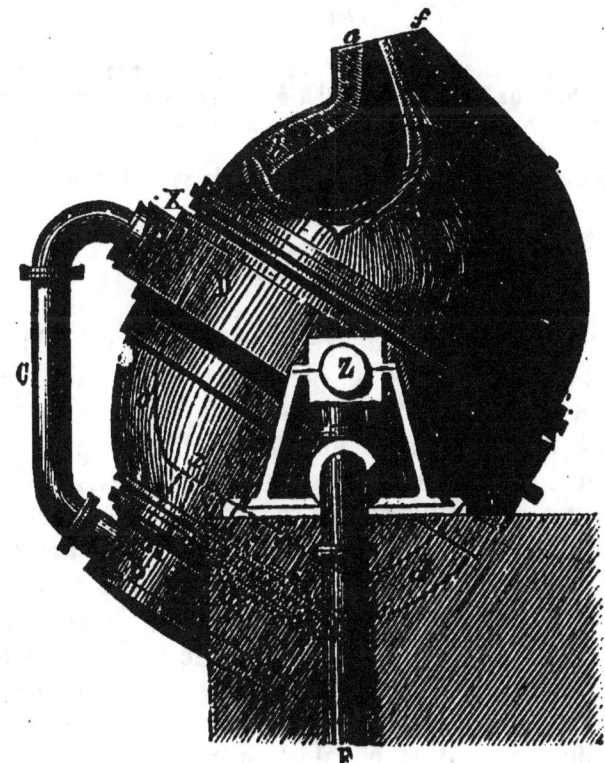

Fig. 183.

rant d'air qui brûle le carbone et le silicium et donne du fer pur : cette première partie de l'opération n'est donc qu'une sorte de puddlage. On ajoute une certaine quantité de fonte manganésifère qui apporte le carbone nécessaire à la transformation en acier, et l'on coule immédiatement.

Ce procédé, qui permet d'obtenir d'une seule coulée 10000 kilogrammes d'acier, n'était déjà plus suffisant pour préparer les énormes pièces métalliques que l'industrie emploie actuellement. Dans le procédé *Martin*, on chauffe sur la sole d'immenses fours à réverbère de la fonte et des déchets de fer, de façon à obtenir un bain dont la teneur en carbone peut être calculée d'avance.

314. Propriétés des aciers. — L'acier refroidi lentement est aussi mou que le fer et se laisse aussi facilement travailler. Mais si on le chauffe au rouge et si on l'immerge brusquement dans un liquide froid, — c'est l'opération de la *trempe*, — il devient dur et cassant; chauffé au rouge et refroidi lentement, il redevient aussi mou que primitivement.

Pour donner aux outils en acier trempé les qualités spéciales aux usages auxquels on les destine, on les recuit partiellement. Par le recuit, la surface du métal se recouvre d'une mince pellicule d'oxyde, dont la couleur indique à l'ouvrier le terme de l'opération :

Recuit à 220° l'acier est *jaune paille* (lancettes, rasoirs).
— 255 — *brun* (ciseaux, bêches).
— 265 — *pourpre* (haches, cisailles).
— 288 — *bleu clair* (épées, ressorts de montre).
— 295 — *bleu indigo* (poignards).
— 315 — *bleu noir* (scies à main).

L'*acier de cémentation* est réservé aux objets de quincaillerie ; avec les *aciers puddlés*, on fabrique la grosse coutellerie, les sabres, épées, ressorts de voitures ; en *acier fondu*, on fait les laminoirs, la coutellerie fine, les ressorts de montre, la bijouterie d'acier.

Les plaques de blindage, les pièces d'artillerie se font en fer aciéreux.

SULFURES.

315. Propriétés physiques. — Les sulfures cristallisés naturels possèdent l'éclat métallique (galène ou sulfure de plomb, pyrite ou bisulfure de fer, cinabre ou sulfure de mercure); il n'en est pas de même des sulfures amorphes obtenus par précipitation, dont l'aspect est le même que celui des oxydes.

La couleur des sulfures est caractéristique de quelques-uns d'entre eux, et nous servira à distinguer facilement les métaux qui leur donnent naissance. Il faut remarquer cependant que cette couleur dépend de l'état physique de la matière; ainsi le sulfure de mercure précipité est noir, le sulfure cristallisé naturel est d'un rouge violacé, et l'on désigne sous le nom de *vermillon* un beau précipité rouge de sulfure de mercure.

Les sulfures alcalins et alcalino-terreux sont seuls solubles dans l'eau.

Les sulfures métalliques sont beaucoup plus facilement fusibles que les oxydes correspondants ou le métal.

316. Action de la chaleur. — Les sulfures d'or et de platine comme les oxydes correspondants, sont décomposés par la chaleur seule à une température peu élevée lorsqu'on les chauffe dans un courant de gaz inerte, l'azote par exemple. Les sulfures des autres métaux ne sont pas altérés dans ces conditions; seuls quelques bisulfures perdent une partie du soufre : ainsi le bisulfure de fer FeS^2, chauffé en vase clos, se transforme en un sulfure Fe^3S^4 :

$$3FeS^2 = Fe^3S^4 + S^2.$$

317. Action de l'oxygène. — L'action exercée par l'oxygène sur les sulfures est intéressante à étudier au point de vue métallurgique.

Chauffés au contact de l'oxygène, les sulfures alcalins et alcalino-terreux se transforment en sulfates :

$$BaS + 4O = SO^4Ba.$$

On a utilisé cette réaction pour analyser les gaz oxygénés par la cloche courbe (108, 113).

L'action exercée par l'oxygène sur les sulfures des métaux usuels dépend de la température à laquelle s'effectue la réaction. Au rouge vif, ou mieux à une température supérieure à celle où le sulfate est décomposé, il se dégage du gaz sulfureux, et il reste l'oxyde stable à cette température. Ainsi on a

$$ZnS + 3O = ZnO + SO^2,$$
$$2FeS^2 + 11O = Fe^2O^3 + 4SO^2.$$

Cette opération, qui consiste à transformer un sulfure en oxyde en le chauffant dans un courant d'oxygène ou d'air, s'appelle *grillage*.

Si, à la température de l'expérience, le sulfate n'est pas décomposé, c'est ce dernier qui prend naissance :

$$PbS + 4O = SO^4Pb;$$

mais, en général, on obtient par le grillage du sulfure métallique un mélange d'oxyde et de sulfate.

Les sulfures des métaux précieux, chauffés dans l'oxygène, sont ramenés à l'état métallique, et le soufre se dégage à l'état de gaz sulfureux; nous savons en effet que les oxydes de ces métaux sont décomposés par la chaleur seule :

$$HgS + 2O = Hg + SO^2;$$

c'est sur cette réaction que repose la *métallurgie du mercure*.

L'oxygène peut réagir à la température ordinaire sur les sulfures, en présence de l'eau. Les sulfures alcalins dissous absorbent l'oxygène et se transforment en sulfates; la pyrite de fer, si abondante dans certaines argiles, s'oxyde lentement et forme du sulfate de fer. Lorsque l'oxydation se produit au contact de l'air qui renferme du gaz carbonique, la réaction peut être plus complexe. Ainsi, le sulfure de calcium est transformé tout d'abord en bisulfure :

$$2\,CaS + O + CO^3 = CaS^3 + CO^3Ca,$$

puis, en présence d'un excès d'oxygène, le bisulfure est transformé en hyposulfite :

$$CaS^3 + 3\,O = S^3O^3Ca.$$

318. Classification des sulfures. — En se combinant avec un même métal, le soufre peut former différents sulfures. Ainsi on connaît 5 composés sulfurés du potassium :

$$K^3S, \quad K^8S^3, \quad K^8S^3, \quad K^8S^4, \quad K^8S^3.$$

On connaît plusieurs sulfures de fer :

$$FeS, \quad Fe^3S^4, \quad Fe^2S^3, \quad FeS^4.$$

Les sulfures ont en général des compositions comparables à celles des oxydes. Nous avons dit déjà que les oxydes de potassium et de sodium anhydres formaient avec l'eau des hydrates KOH (potasse) et NaOH (soude); les monosulfures K^3S et Na^3S de ces métaux forment avec l'hydrogène sulfuré des combinaisons analogues (*sulfhydrates de sulfures*) : KSH et NaSH.

En se combinant entre eux, les sulfures peuvent donner naissance à des combinaisons analogues aux sels oxygénés et que l'on appelle des *sulfosels*. Ainsi, les monosulfures alcalins, solubles dans l'eau, jouent le rôle de bases vis-à-vis des quelques sulfures métalliques insolubles avec lesquels ils forment des combinaisons solubles et cristallisables. Exemple : $2KS, Au^3S^3$.

Les sulfures alcalins sont dits des sulfures *basiques*; les sulfures d'or, de platine, d'antimoine, d'étain, des sulfures *acides*.

319. Procédés généraux de préparation. — 1° *Par combinaison directe du soufre avec le métal.* — A l'exclusion des sulfures des métaux précieux qui sont décomposables par la chaleur seule, presque tous les sulfures métalliques pourraient être ainsi préparés. Il suffit en général de chauffer un métal dans la vapeur de soufre pour obtenir l'union des deux éléments avec dégagement de chaleur. Ainsi, dans un ballon renfermant du soufre réduit en vapeurs, projetons de la tournure de cuivre : l'union a lieu avec incandescence et l'on obtient ainsi le sous-sulfure Cu^3S. On peut encore chauffer le métal avec du soufre dans un creuset; nous citerons la préparation du protosulfure de fer (177).

L'hydrogène sulfuré, décomposable en ses éléments dès 500°, agit comme le soufre lorsqu'on le fait passer sur un métal chauffé au rouge.

2° *Calcination d'un mélange de sulfate et de charbon.* — Un mélange de sulfate alcalin ou alcalino-terreux et de charbon, chauffé dans un creuset ou une cornue en grès, donne le sulfure. C'est ainsi qu'en calcinant un mélange de sulfate de baryte naturel et de charbon on obtient le sulfure de baryum :

$$SO^4Ba + 4C = BaS + 4CO.$$

On ne pourrait préparer ainsi les sulfures des métaux dont les sulfates sont facilement décomposés par la chaleur, car le charbon réduirait à l'état métallique l'oxyde résidu de la décomposition du sulfate.

3° *Action de l'hydrogène sulfuré sur un oxyde.* — On prépare les sulfures alcalins en faisant passer un courant d'hydrogène sulfuré dans une dissolution de potasse ou de soude. Mais si l'on fait agir le gaz à refus sur la dissolution, on obtient le sulfhydrate de sulfure :

$$KOH + H^2S = KSH + H^2O,$$

et pour préparer le sulfure neutre on mélange à la dissolution ainsi obtenue une quantité de la dissolution alcaline égale à celle que l'on a saturée tout d'abord par l'hydrogène sulfuré. On préparerait également par voie sèche le monosulfure de calcium en faisant passer un courant de gaz hydrogène sulfuré sur de la chaux chauffée au rouge.

4° *Action de l'hydrogène sulfuré ou d'un sulfure alcalin sur une dissolution métallique.* — Les sulfures des métaux autres que les métaux alcalins et alcalino-terreux étant insolubles dans l'eau, on prépare un grand nombre de ces sulfures, soit en faisant passer un courant d'hydrogène sulfuré dans une dissolution d'un de leurs sels, soit en mélangeant celle-ci avec la dissolution d'un sulfure alcalin. Ainsi, l'hydrogène donne avec les sels de plomb un précipité *noir* de sulfure :

$$(AzO^3)^2Pb + H^2S = PbS + 2AzO^3H;$$

le sulfhydrate d'ammoniaque précipite en *blanc* les sels de zinc :

$$ZnCl^2 + (AzH^4)^2S = ZnS + 2AzH^4Cl;$$

en *rose* les sels de manganèse :

$$MnCl^2 + (AzH^4)^2S = MnS + 2AzH^4Cl.$$

CHLORURES.

320. Propriétés physiques. — Presque tous les chlorures sont solides à la température ordinaire ; quelques-uns cependant sont liquides : tel est le tétrachlorure d'étain $SnCl^4$. Les chlorures solides sont fusibles, en général, à une température peu élevée et très volatils.

La chaleur décompose les chlorures d'or et de platine, qu'elle ramène à l'état métallique, et le chlore se dégage. Cependant, si l'on chauffe avec précaution le chlorure platinique $PtCl^4$, on obtient le chlorure platineux $PtCl^2$; on peut transformer de même le chlorure cuivrique $CuCl^2$ en chlorure cuivreux Cu^2Cl^2.

321. Action de l'eau. — Les chlorures sont solubles dans l'eau, à l'exception du chlorure d'argent $AgCl$, du chlorure mercureux ou *calomel* Hg^2Cl^2, du chlorure cuivreux Cu^2Cl^2 et du sesquichlorure de chrome Cr^2Cl^6 ; le chlorure de plomb $PbCl^2$ est très peu soluble dans l'eau froide, plus soluble dans l'eau bouillante.

L'eau exerce en outre une action décomposante sur quelques chlorures métalliques.

Les chlorures de magnésium, d'aluminium et les chlorures de

fer paraissent se dissoudre dans l'eau froide sans éprouver de décomposition; mais si on évapore le liquide, de l'acide chlorhydrique se dégage et le résidu salin est mélangé d'oxyde.

Enfin, presque tous les chlorures métalliques sont décomposés partiellement lorsqu'on les chauffe au rouge vif dans un courant de vapeur d'eau.

322. Action de l'électricité. — Le courant électrique décompose les chlorures métalliques fondus; le métal se rend au pôle négatif et le chlore se dégage au pôle positif.

Bunsen, soit seul, soit en collaboration avec Matthiessen, a préparé ainsi le

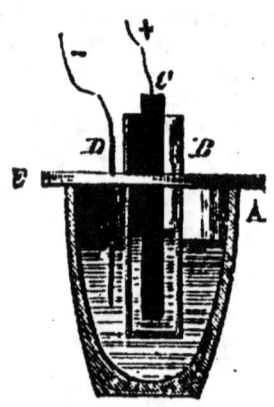

Fig. 184.

magnésium, le baryum, le strontium et le calcium en décomposant les chlorures de ces métaux dans l'appareil représenté par la figure 184. Le chlorure est fondu dans un creuset de porcelaine A, et les deux électrodes C et D sont en charbon de cornue; on enveloppe l'électrode positive, sur laquelle se dégage le chlore, d'un cylindre en terre poreuse B, afin de préserver le métal, qui se réunit au pôle négatif, de l'action du gaz.

323. Action de l'hydrogène. — L'action exercée par l'hydrogène sur les chlorures est inverse de la réaction exercée par l'acide chlorhydrique sur les métaux.

D'une façon générale, on peut dire que l'acide chlorhydrique attaque tous les métaux, sauf l'or et le platine; la chaleur de formation d'un chlorure solide est supérieure à la chaleur de formation de l'acide chlorhydrique gazeux (Tableau I, p. 340).

L'hydrogène ne devrait donc réduire aucun chlorure. Cependant le chlorure d'argent, le perchlorure de fer, chauffés dans un courant de ce gaz, donnent le métal :

$$AgCl + H = Ag + HCl.$$

On se sert de l'appareil employé pour réduire les oxydes (296). La réaction formulée ci-dessus serait accompagnée d'une absorption de chaleur de

$$22^c,0 - 29^c,2 = -7^c,2.$$

Il y a nécessairement intervention d'une énergie étrangère.

324. Action des métaux. — Un chlorure est réduit, en général, par un métal appartenant à une section antérieure à la sienne. Les réducteurs métalliques les plus employés sont le potassium et le sodium; ils sont employés industriellement à la préparation du magnésium et de l'aluminium :

$$MgCl^2 + 2Na = 2NaCl + Mg,$$
$$Al^2Cl^6 + 6Na = 6NaCl + 2Al.$$

325. Classification. — Les chlorures peuvent se combiner entre eux pour former des composés analogues aux sels oxygénés et qu'on a désignés sous le nom de *chlorosels*. Dans ces combinaisons, les chlorures alcalins jouent le rôle de *chlorures basiques*; les sesquichlorures, bichlorures ou trichlorures métalliques sont des *chlorures acides*. Ainsi, on connaît un chloroplatinate de potassium $2KCl,PtCl^4$, un chlorure double d'aluminium et de sodium $2NaCl,Al^2Cl^6$, un chlorure double d'or et de potassium $KCl,AuCl^3$.

Le chlorure de magnésium est un *chlorure indifférent*, qui peut se combiner soit avec les chlorures alcalins, soit avec les chlorures d'or et de platine.

326. Procédés généraux de préparation. — 1° *Action du chlore sur le métal.* — On prépare ainsi un certain nombre de chlorures anhydres : tétrachlorure d'étain $SnCl^4$, sesquichlorure de fer Fe^2Cl^6.

2° *Action de l'acide chlorhydrique sur le métal.* — L'acide chlorhydrique gazeux ou dissous attaque un certain nombre de métaux avec dégagement d'hydrogène. Ainsi, le gaz chlorhydrique réagissant sur du fer légèrement chauffé donne le chlorure ferreux $FeCl^2$. L'étain, le zinc, le fer se dissolvent dans l'acide chlorhydrique du commerce et se transforment en chlorures qui restent dissous.

Il est à remarquer que, tandis que le chlore donne le chlorure le plus chloruré, l'action de l'acide chlorhydrique fournit le chlorure inférieur.

3° *Action de l'eau régale sur le métal.* — L'or et le platine, insolubles dans l'acide chlorhydrique, se dissolvent dans l'eau régale (mélange des acides chlorhydrique et azotique) et le liquide renferme le trichlorure d'or $AuCl^3$ et le tétrachlorure de platine $PtCl^4$ unis à un excès d'acide chlorhydrique.

4° *Action du chlore sur un oxyde ou sur un mélange d'oxyde et de charbon.* — En général, le chlore sec réagit, à une température plus ou moins élevée, sur un oxyde métallique qu'il transforme en chlorure; ainsi la chaux chauffée au rouge dans un courant de chlore donne du chlorure de calcium et de l'oxygène :

$$CaO + Cl^2 = CaCl^2 + O.$$

Mais le chlore est sans action sur l'alumine, sur le sesquioxyde de chrome. On obtient les chlorures anhydres d'aluminium ou de chrome en faisant passer un courant de chlore sur un mélange intime des oxydes et du charbon, chauffé au rouge :

$$Al^2O^3 + 3C + 3Cl^2 = Al^2Cl^6 + 3CO.$$

5° *Action de l'acide chlorhydrique sur l'oxyde, le sulfure ou le carbonate.* — L'emploi de l'acide chlorhydrique dissous est fréquent. Ainsi, on prépare le chlorure de calcium en dissolvant le carbonate de calcium dans l'acide chlorhydrique :

$$CO^3Ca + 2HCl = CaCl^2 + H^2O + CO^2.$$

Le sulfure de baryum dissous dans l'acide chlorhydrique donne le chlorure :

$$BaS + 2HCl = BaCl^2 + H^2S.$$

6° *Par double décomposition.* — Un sel métallique chauffé avec un chlorure anhydre peu volatil, comme un chlorure alcalin, donne par double décomposition un chlorure volatil. Ainsi, en chauffant du sulfate mercurique avec du sel marin, on obtient du sulfate de sodium et du chlorure mercurique qui se sublime (336) :

$$SO^4Hg + 2NaCl = HgCl^2 + SO^4Na^2.$$

On prépare le chlorure d'argent, le chlorure mercureux insolubles et le chlorure de plomb peu soluble, en mélangeant des dissolutions de sel marin et d'un sel d'argent, de sous-oxyde de mercure ou de plomb :

$$AzO^3Ag + NaCl = AzO^3Na + AgCl.$$

CHLORURE DE SODIUM, NaCl.

327. État naturel. — **Extraction.** — L'eau de la mer et celle d'un grand nombre de sources renferment du chlorure de sodium; à l'état de *sel gemme*, on rencontre cette substance en masses considérables dans les terrains triasiques.

1° *Extraction du sel de l'eau de la mer.* — L'extraction du sel par l'évaporation de l'eau de la mer à l'air libre s'effectue sur

Fig. 185.

les bords de l'Océan ou de la Manche, dans la Charente et en Bretagne, et sur les côtes de la Méditerranée.

Sur les côtes de l'Océan, l'eau de la mer est amenée par le flux dans de vastes bassins (*vasières*), où elle se clarifie; on la fait écouler dans de petits bassins, où elle se concentre jusqu'à 25° Baumé, puis dans d'autres bassins plus petits et peu profonds (*tables salantes*), où le sel se dépose. On enlève celui-ci tous les deux jours et on le met en tas, afin qu'il s'égoutte (fig. 185).

Sur les côtes de la Méditerranée, où les marées sont peu sensibles, on est obligé d'élever l'eau à l'aide de pompes pour l'amener dans les bassins de clarification.

Le sel que l'on obtient ainsi est le *sel gris*; il est souillé de petites quantités de sulfate et de chlorure de magnésium, de sulfate de calcium et d'argile.

2° *Sel gemme et sources salées.* — Les principaux gisements de sel gemme sont ceux de Wieliczka en Transylvanie, de Stassfurt

Fig. 186.

près de Magdebourg (Prusse), de Cordona en Espagne, et ceux de Vic et de Dieuze en Alsace-Lorraine.

Lorsque le sel est pur et en couches compactes, on l'exploite soit à ciel ouvert, soit par puits et galeries, et on le découpe en blocs colorés en rouge par de l'oxyde de fer ou en brun par des matières argileuses. Si le sel est disséminé au milieu de couches d'argile, on creuse des puits et des galeries qui parcourent le gisement et on fait arriver de l'eau prise à des sources voisines dans ces cavités. A l'aide de pompes et de tuyaux qui plongent au fond des puits, on extrait l'eau à mesure qu'elle se sature.

Au voisinage des gîtes salifères, l'eau des sources contient du sel marin. Ces eaux, qui ont dissous du sel en traversant les couches de sel gemme, se sont, dans leur trajet, mêlées peu à peu à des eaux douces qui les diluent et en rendent l'exploitation directe peu profitable. Dans quelques localités on distribue ces eaux salées au sommet de murs élevés de 12 à 15 mètres, formés par la superposition de fagots d'épines et désignés sous le nom de *bâtiments de graduation* (fig. 186). Ces eaux se concentrent dans leur chute et, en renouvelant cette opération plusieurs fois, on les amène à un état de concentration tel, qu'on peut économiquement les concentrer par la chaleur. Mais on préfère actuellement pratiquer des trous de sonde qui permettent aux liquides des niveaux inférieurs d'arriver directement à la surface du sol.

Les eaux salées provenant des sources ou de la dissolution dans l'eau des blocs de sel gemme sont évaporées dans de grandes chaudières plates. Pendant les premières heures de l'ébullition, il se forme un dépôt (*schlot*) consistant principalement en un sulfate double de sodium et de calcium, que l'on enlève. Puis du *sel fin* se précipite ; on l'extrait du liquide à l'aide de dragues, on le laisse sécher et égoutter. Si on laissait l'évaporation se faire lentement (vers 80°), le sel qui se déposerait serait en gros cristaux (*gros sel blanc*).

328. Propriétés. — Le chlorure de sodium cristallise par éva-

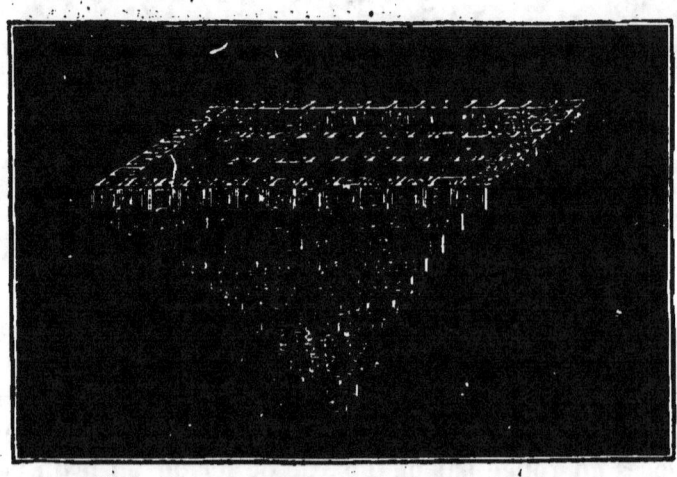

Fig. 187

poration lente de ses dissolutions en cristaux cubiques transparents, qui se groupent en *trémies* (fig. 187); ces cristaux sont anhydres.

La solubilité du sel marin varie peu avec la température; ainsi, 100 grammes d'eau dissolvent 36 grammes à 16° et 40ᵍ,4 à la température d'ébullition de la dissolution (110°).

Il décrépite lorsqu'on le projette sur des charbons incandescents et fond au rouge sans décomposition.

Le sel impur qui a entraîné du chlorure de magnésium est déliquescent.

<h2 style="text-align:center">SELS.</h2>

329. Sel neutre. — D'après la façon dont nous avons défini un sel, si l'acide est oxygéné, le sel sera un composé ternaire. On peut l'obtenir par l'action d'une base sur l'acide. Si l'acide et la base sont solubles, l'acide rougissant la teinture bleue de tournesol, la base ramenant au bleu la teinture de tournesol rougie par un acide, c'est-à-dire *neutralisant* l'action exercée par l'acide sur le tournesol, le produit de la réaction est dit *sel neutre* aux réactifs colorés.

A cette définition tout artificielle on en a substitué une autre, indépendante du réactif coloré. Un type de sels neutres est défini (46) par sa formule générale, c'est-à-dire par sa composition; si M représente un métal monovalent, on a :

Azotates neutres	AzO^3M
Sulfates »	SO^4M^2
Phosphates »	PO^4M^3,

M, M^2, M^3 remplaçant H, H^2, H^3 dans les acides :

$$AzO^3H \qquad SO^4H^2 \qquad PO^4H^3.$$

Ces réactions se formuleront, en supposant que le métal monovalent M est le potassium K :

$$AzO^3H + KOH = AzO^3K + H^2O,$$
$$SO^4H^2 + 2KOH = SO^4K^2 + 2H^2O,$$
$$PO^4H^3 + 3KOH = PO^4K^3 + 3H^2O.$$

Les sels qui dérivent d'un acide et d'une base oxygénés seront seuls étudiés ici. Nous ferons remarquer cependant que les chlorures et les sulfures peuvent être définis pratiquement comme les résultats des réactions ou neutralisations exercées par les acides chlorhydrique et sulfhydrique sur les bases. Le mécanisme de leur formation ainsi envisagé est le même que pour les oxacides :

$$AzO^3H + KOH = AzO^3K + H^2O,$$
$$ClH + KOH = ClK + H^2O.$$

L'acide azotique ne forme avec un métal qu'un seul sel; il est dit *monobasique*. Sa formule moléculaire ne contient qu'un seul atome d'hydrogène, dit *hydrogène basique*.

L'acide sulfurique, l'acide phosphorique dont les formules moléculaires contiennent respectivement 2 et 3 atomes d'hydrogène basique sont des acides *bibasique* et *tribasique*. La substitution d'un métal monovalent à l'hydrogène n'est pas nécessairement complète; si elle n'est que partielle, le sel est dit *sel acide* :

Sulfates neutres SO^4M^2	Phosphates neutres	PO^4M^3
— acides SO^4HM	— acides	$\begin{cases} PO^4HM^2 \\ PO^4H^2M. \end{cases}$

Ces dénominations de *sels neutres* et de *sels acides* n'ont aucun rapport nécessaire avec l'action que ces sels exercent sur une matière colorante *choisie arbitrairement*, telle que la teinture de tournesol.

L'azotate et le sulfate neutre de potassium sont neutres au tournesol; mais le phosphate neutre a une réaction alcaline très énergique; le phosphate PO^4HK^2 est encore alcalin.

Les sulfates de cuivre, de fer, de zinc, neutres par définition, rougissent la teinture bleue de tournesol.

ACTION DE L'EAU SUR LES SELS.

Les acides, les bases s'emploient le plus souvent en dissolution aqueuse; c'est au sein de l'eau qu'ils réagissent. L'action exercée par l'eau sur les sels prend dès lors une importance exceptionnelle. L'eau n'est pas en effet seulement un dissolvant, c'est aussi un agent chimique qui intervient directement dans les réactions.

L'action exercée par l'eau sur les sels sera donc examinée aux points de vue suivants :

1° *Elle s'unit aux sels pour former des hydrates;*

2° *Elle les dissout;*

3° *Elle exerce sur la plupart d'entre eux une action décomposante qui limite les réactions des acides et des bases.*

330. Hydrates salins. — Eau de cristallisation. — Eau de constitution. — A une dissolution de potasse mélangeons une dissolution d'acide azotique; si les proportions des matières sont convenablement choisies, nous pourrons obtenir une dissolution saline qui sera sans action sur la teinture de tournesol. Nous dirons à ce moment que l'acide et la base se sont *neutralisés*; nous aurons préparé un sel. L'évaporation du liquide laissera déposer ce sel, l'azotate de potassium, en longs prismes cannelés, incolores.

Ces cristaux ont exactement comme composition AzO^3K; ils ne perdent pas leur transparence et leur poids reste invariable quand on les abandonne sous une cloche vide d'air au-dessus de l'acide sulfurique ou quand on les chauffe à 110°. On dit que ce sel est *anhydre* [1].

1. Les cristaux des sels anhydres sont humectés d'eau au moment où on les sort de leur dissolution. On les dessèche par exposition à l'air libre ou par expres-

Il est d'autres sels qui, à l'état cristallisé, sont *hydratés* et perdent cette eau quand on les dessèche dans le vide sec ou lorsqu'on les chauffe à des températures généralement peu supérieures à 100°, mais qui, dans quelques cas, peuvent atteindre 300°. Cette eau, qui peut être ainsi éliminée sans que les propriétés chimiques du sel soient profondément modifiées et que le sel reprend d'ailleurs dès qu'on le met au contact de l'eau, est de l'*eau de cristallisation*.

Un même sel anhydre peut d'ailleurs se combiner avec des proportions d'eau différentes suivant la température à laquelle la cristallisation se produit, et la forme cristalline du sel dépend de son état d'hydratation.

Le sulfate de magnésium SO^4Mg, par exemple, est uni à $12H^2O$ quand la cristallisation a lieu vers 0°, à $7H^2O$ vers 15°, et à $6H^2O$ quand il cristallise au-dessus de 30°.

Le sulfate de sodium cristallise habituellement avec $10H^2O$; les cristaux sont anhydres quand ils se déposent au-dessus de 33°.

Quelques sels très riches en eau de cristallisation fondent quand on les chauffe, avant de se déshydrater: ils éprouvent là *fusion aqueuse* (Ex.: alun, 313). Puis la matière se dessèche et, si le sel fond lorsqu'il est devenu anhydre, on dit qu'il subit la *fusion ignée*.

Il peut se faire qu'en perdant de l'eau sous l'action de la chaleur, un sel éprouve dans ses propriétés chimiques une altération profonde. Ainsi on connaît trois sels formés par l'acide orthophosphorique et le sodium; en mettant à part l'eau qui entre dans leur composition, on écrirait leurs formules:

$$PO^4Na^3 + 12H^2O,$$
$$P^2O^7Na^4 + 25H^2O,$$
$$PO^3Na + 4H^2O.$$

Si on calcine le premier, il perd 12 molécules d'eau, qu'il reprend quand on le remet au contact de l'eau sans que le sel ait subi d'altération.

Le second sel perd 24 molécules d'eau à une température peu élevée, et reprend ce même nombre de molécules d'eau quand on le dissout de nouveau. Mais la dernière molécule n'est éliminée qu'au rouge, et quand on redissout le résidu de la calcination, on obtient, en évaporant le liquide, un sel renfermant 10 molécules d'eau de cristallisation:

$$P^2O^7Na^4 + 10H^2O,$$

bien différent du sel primitif; c'est le pyrophosphate de sodium neutre. Il donne, en effet, avec le nitrate d'argent un précipité *blanc* dont la composition est représentée par la formule $P^2O^7Ag^4$, tandis que le sel primitif, et les deux autres phosphates cités tout d'abord, se comportent de même et donnent avec le nitrate d'argent un précipité *jaune* PO^4Ag^3. On exprime ces faits en disant que l'orthophosphate $P^2O^7Na^4 + 25H^2O$ contient 24 molécules d'eau de cristallisation et que la 25° molécule entre dans la constitution du sel, ce que l'on exprime en écrivant:

$$P^2O^8H^2Na^4 + 24H^2O,$$

ou plus simplement:

$$PO^4HNa^2 + 12H^2O.$$

Ici, en effet, 1 atome d'hydrogène joue le rôle d'un métal, puisqu'il peut être remplacé par 1 atome de sodium ou d'argent.

L'expérience montre de même que le phosphate monosodique a 2 molécules

sion à l'aide du papier à filtre. Malgré ces précautions, de l'eau reste interposée entre les lamelles cristallines et l'on n'obtiendra un poids invariable, en maintenant le sel dans le vide sec ou à l'étuve, que lorsque cette eau, dite *d'interposition*, aura été préalablement chassée.

d'eau de cristallisation et que 1 molécule d'eau entre dans sa constitution;
on écrit :

$$PO^4H^2Na + 2H^2O.$$

331. **Sels efflorescents, sels déliquescents.** — Les sels hydratés perdent leur
eau dans le vide sec ou lorsqu'on les chauffe à 100° ; ils deviennent opaques et
se transforment en une matière pulvérulente qui est le sel anhydre ou un
hydrate inférieur à celui qui a été mis en expérience. Quelques sels très hydratés (carbonate de sodium, sulfate de sodium) se déshydratent partiellement à
la température ordinaire, lorsqu'on les expose à l'air libre. On dit que ces sels
sont *efflorescents.*

D'autres au contraire, comme le carbonate de potassium, le chlorure de calcium,
attirent l'humidité atmosphérique et se dissolvent dans l'eau ainsi fixée, en augmentant de poids. On dit que ces sels sont *déliquescents.*

332. **Solubilité.** — L'eau est le dissolvant le plus généralement employé, et
c'est la solubilité des sels dans l'eau que nous étudierons plus spécialement.

1° On définit *la solubilité d'un sel, à une température donnée,* par *le poids de
ce sel qui se dissout dans un poids d'eau invariable, que l'on représente par* 100.

Pour déterminer la solubilité d'un sel à une température donnée, le procédé
le plus simple consiste à maintenir le liquide au contact d'un grand excès de
sel dans un vase placé dans une étuve ou dans un bain-marie maintenus à la
température constante à laquelle on se propose d'opérer. Si la quantité de sel
employé est suffisante pour que les fragments dépassent le niveau du liquide, le
liquide décanté au bout de quelques heures renferme le poids maximum du sel
qu'il peut dissoudre à cette température; il est *saturé.* On évapore à sec un
poids connu de ce liquide dans une capsule tarée, et si le sel se dépose anhydre, l'excès de poids de la capsule est le poids de celui-ci; on calcule par différence le poids de l'eau évaporée. Il est dès lors facile, en représentant par 100
le poids du liquide, de calculer le poids du sel qu'il maintenait en dissolution.

En répétant cette expérience à diverses températures aussi régulièrement
espacées que possible, on dresse un tableau des solubilités ou l'on construit la
courbe de solubilité.

A cet effet, traçons deux droites rectangulaires (fig. 188) ; sur l'une portons des
longueurs égales que nous numéroterons, 0°, 10°, 20°..... et sur l'autre traçons
des points équidistants 0, 10, 20, 30..... Supposons qu'il s'agisse de représenter
la solubilité de l'azotate de potassium : l'expérience a donné :

Température.	Poids de sel dissous dans 100 parties d'eau.
0°	13,3
18°	29,0
24°,9	33,4
45°,5	76,5
50°,7	97,0
79°,3	167,3
97°,7	236,4
115°,9	535,0

Par les points 0, 18°,..... on mène des parallèles à l'axe vertical et sur chacune
d'elles on porte des longueurs égales à 13,3, 29,0.... unités de longueur ou, ce
qui revient au même, par les points marqués 13,3, 29,0,.... pris sur l'axe vertical, on mène des parallèles à l'axe horizontal. On détermine ainsi un certain
nombre de points de la courbe et on les réunit par un trait continu. Si l'on
veut ensuite connaître la solubilité de l'azotate de potassium à 30°, par exemple, il
suffit, par le point correspondant de l'axe horizontal, de mener une verticale,

et la longueur de cette droite comprise entre le point 50°, et son intersection avec la courbe donne la solubilité du sel dans 100 parties d'eau.

En général, la solubilité d'un sel croit avec la température. On voit cepen-

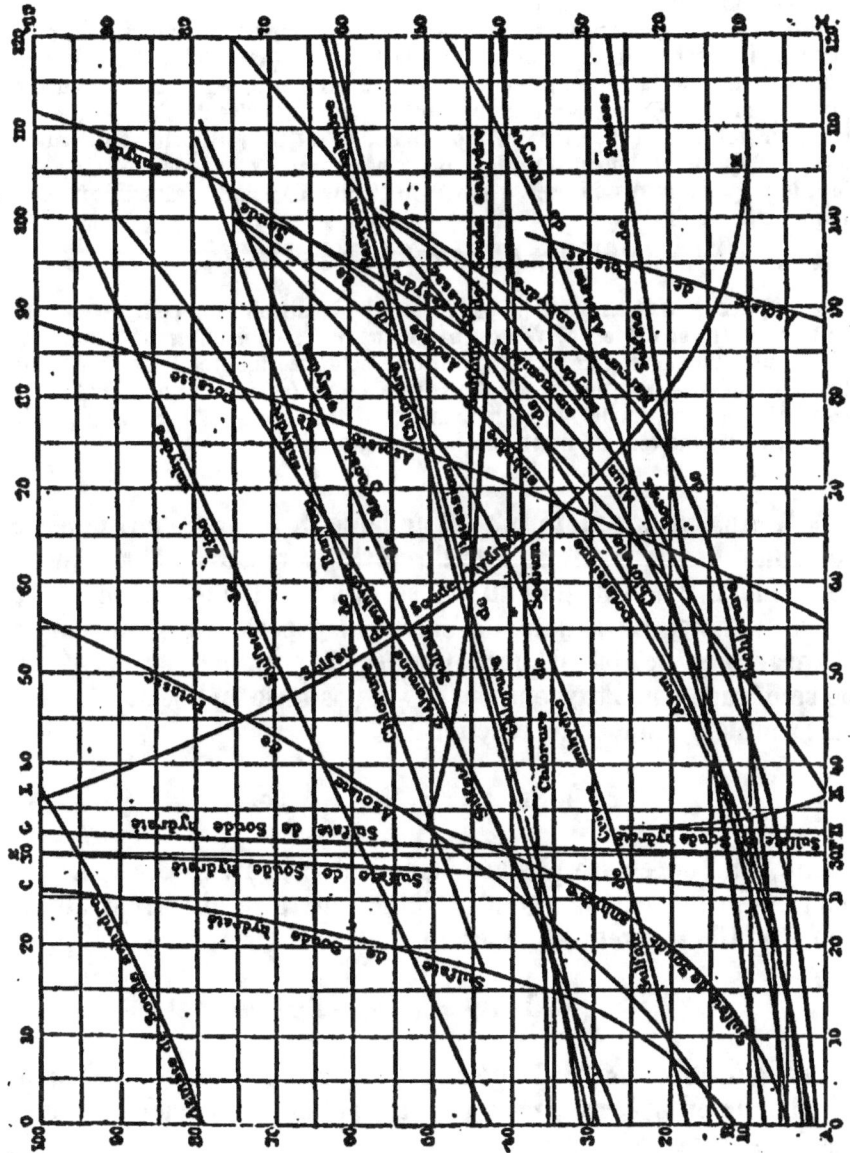

Fig. 188.

dant, à l'inspection de la figure, que les solubilités du chlorure de sodium et du chlorure de potassium n'augmentent que faiblement ; les solubilités de l'azotate de potassium et de l'azotate de sodium croissent au contraire très rapidement.

Lorsqu'un sel forme plusieurs hydrates, on peut caractériser sa solubilité par le poids du sel déshydraté qui se dissout dans 100 parties d'eau, ou par les poids, faciles à calculer, des divers hydrates qu'on peut supposer exister dans la dissolution.

333. Action décomposante exercée par l'eau sur les sels. — Quelques sels, mis au contact de l'eau, subissent une décomposition partielle bien manifeste lorsqu'un corps insoluble se sépare.

Ainsi l'azotate de bismuth $(AzO^3)^3Bi$ est décomposé avec formation d'un précipité blanc, cristallin de sous-azotate de bismuth $(AzO^3)OBi$; l'eau devient acide par suite de la mise en liberté d'acide azotique. Si on ajoute à l'eau des quantités croissantes d'azotate de bismuth, la quantité d'acide libre augmente dans la dissolution et il arrive un moment où le sel primitif peut se dissoudre sans décomposition. Une dissolution qui contiendrait 82 grammes d'acide azotique libre par litre dissoudrait, à $+15°$, le nitrate de bismuth sans décomposition :

$$(AzO^3)^3Bi + H^2O = (AzO^3)OBi + 2AzO^3H.$$

Mais la décomposition partielle par le fait de la dissolution, pour être moins facile à mettre en évidence, n'en est pas moins réelle pour un grand nombre de sels formés d'un acide fort (acide sulfurique, acide azotique) et d'une base faible (hydrates métalliques), ou formés d'un acide faible (acide carbonique) et d'une base forte (potasse, soude). Les phénomènes thermiques qui accompagnent la dissolution permettent de mettre le fait en évidence.

334. Action des métaux. — Une lame de fer que l'on immerge dans une dissolution de sulfate de cuivre se recouvre d'une couche de ce métal, pendant que du fer se dissout et que du sulfate de fer se mélange au sulfate de cuivre. L'expérience montre que 56 grammes de fer déplacent ainsi 63 grammes de cuivre ; il ne se dégage pas d'oxygène et il n'y a pas mise en liberté d'acide ; on formulera donc cette réaction :

$$Fe + SO^4Cu = Cu + SO^4Fe.$$

Une lame de cuivre plongée dans un sel d'argent se recouvre d'une mince couche d'argent et 63 de cuivre se dissolvent tandis que 2×108 d'argent se déposent :

$$Cu + SO^4Ag^2 = 2Ag + SO^4Cu.$$

On peut dire que l'hydrogène est déplacé par le fer ou par le zinc lorsqu'on prépare ce gaz par la réaction de l'acide sulfurique étendu sur ces métaux :

$$Fe + SO^4H^2 = 2H + SO^4Fe.$$

Dans cette réaction, 2 grammes d'hydrogène se dégagent pour 56 grammes de fer dissous.

Les poids 1, 56, 63 et 108 sont les poids atomiques de l'hydrogène, du fer, du cuivre et de l'argent, et l'on voit que l'on peut appeler *équivalents*, non ces poids atomiques, mais les poids

$$2 \times 1 \quad \text{d'hydrogène,}$$
$$56 \quad \text{de fer}$$
$$63 \quad \text{de cuivre,}$$
$$2 \times 108 \quad \text{d'argent,}$$

capables de se substituer vis-à-vis du même groupement SO^4.

On peut dire d'une façon générale qu'un métal déplace les métaux des sections qui le suivent dans la classification de Thenard ou plus généralement lorsque la substitution est accompagnée d'un dégagement de chaleur. On a en effet :

$$Fe + SO^4 Cu \quad \text{diss.} = Cu \ + SO^4 Fe \ \text{diss.} \quad + 38^c,2,$$
$$Cu + SO^4 Ag^2 \quad \text{diss.} = 2Ag + SO^4 Cu \ \text{diss.} \quad + 34^c,8,$$
$$Fe + SO^4 H^2 \quad \text{diss.} = 2H \ + SO^4 Fe \ \text{diss.} \quad + 25^c,0.$$

Il est évident d'ailleurs que le sodium et le potassium ne pourraient être employés à précipiter un métal de ses dissolutions salines, puisqu'ils décomposent l'eau.

Comme exemple de déplacement d'un métal par un autre nous citerons encore la précipitation du plomb par le zinc. Si l'on plonge

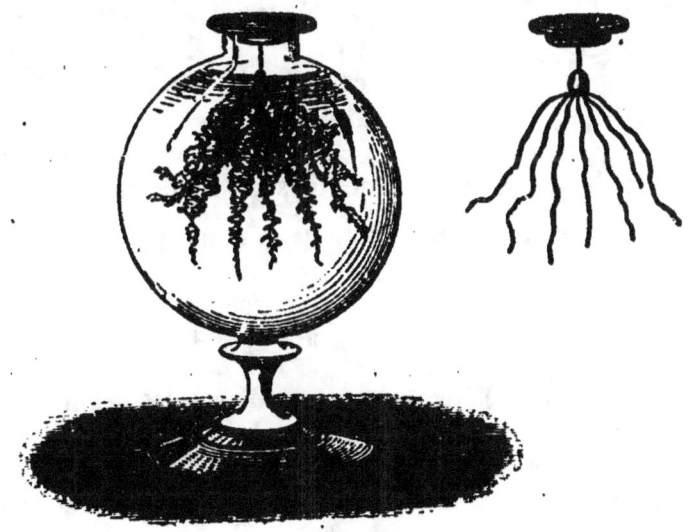

Fig. 189.

une lame de zinc supportant plusieurs fils de cuivre dans une dissolution d'acétate de plomb, les fils se recouvrent d'un dépôt de plomb cristallisé qui figure l'*arbre de Saturne*[1] (fig. 189).

1 Les sept métaux connus des Anciens étaient assimilés aux sept planètes : l'or c'était le *Soleil*, l'argent la *Lune* ou *Diane*, le fer *Mars*, le plomb *Saturne*,

Le mercure déplace l'argent d'une dissolution d'azotate de ce métal; mais ici le phénomène est plus complexe : les arborescences de petits cristaux dont l'aspect est celui de l'argent et qui apparaissent à la surface du mercure (*arbre de Diane*) sont formées par un amalgame d'argent.

Dans les composés binaires, tels que les chlorures, la substitution d'un métal à un autre peut se faire comme dans les oxysels : ainsi l'or est précipité de son chlorure $AuCl^3$ par le fer ou par le zinc :

$$2AuCl^3 \text{ diss.} + 3Zn = 2Au + 3ZnCl^3 \text{ diss.} \qquad + 283^c,8.$$

335. Action de l'électricité sur les sels. — Nous rappellerons que si l'on plonge dans les deux branches d'un tube en U (fig. 190) renfermant une dissolution de sulfate de cuivre deux lames de platine fixées aux deux pôles d'une pile, l'électrode négative se recouvre bientôt de cuivre, tandis que des bulles d'oxygène se dégagent sur l'électrode positive et le liquide qui baigne celle-ci devient riche en acide sulfurique.

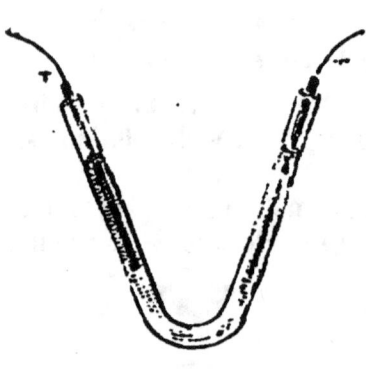

Fig. 190.

En un mot, sous l'influence du courant la décomposition du sel dissous s'est effectuée ainsi :

$$SO^4Cu + H^2O = SO^4H^2 + O + Cu;$$

$$\begin{array}{ll} Cu & \text{au pôle} -, \\ SO^4H^2 + O & \text{au pôle} +. \end{array}$$

Mais si l'on soumet à l'électrolyse une dissolution d'un sel alcalin, du sulfate de sodium par exemple, le phénomène est différent. La liqueur étant colorée, par l'addition de quelques gouttes de teinture de mauve ou de violette, le liquide qui baigne l'électrode négative se colore en vert, celui qui baigne l'électrode positive en rouge, accusant ainsi que l'acide s'est porté au pôle positif, la base au pôle négatif. En même temps, de l'oxygène se dégage sur ce dernier, et de l'hydrogène au pôle négatif. On peut faire rentrer ce cas dans le précédent, en admettant que tout s'est

l'étain *Hermès* ou *Mercure*, le cuivre *Vénus*; l'électrum (alliage d'or et d'argent, puis le laiton) rappelait *Jupiter*.

passé comme si le sel avait été décomposé en acide et oxygène qui se sont portés sur l'électrode positive et en métal qui tend à se porter sur la lame négative; mais le métal alcalin décompose l'eau, forme l'hydrate NaOH qui se dissout et l'hydrogène se dégage :

$$SO^4Na^2 + H^2O = SO^4H^2 + O + 2Na,$$
$$2Na^2 + 2H^2O = 2NaOH + H^2.$$

La réaction finale sera donc :

$$SO^4Na^2 + 3H^2O = SO^4H^2 + O + 2NaOH + H^2;$$

$$2NaOH + H^2 \qquad \text{au pôle} -,$$
$$SO^4H^2 + O \qquad \text{au pôle} +.$$

Si l'on se sert d'ailleurs de mercure comme électrode négative, on observe que ce métal dissout du sodium avec lequel il contracte une combinaison formée avec dégagement de chaleur; il n'y a plus cette fois dégagement d'hydrogène :

$$SO^4Na^2 + H^2O + nHg = SO^4H^2 + O + Hg^nNa^2.$$

Nous représentons par Hg^nNa^2 l'amalgame de sodium, sans préjuger sa composition.

536. **Lois de Berthollet.** — Les réactions qui se produisent entre un sel et une base, un acide ou un autre sel sont le plus souvent fort complexes. Berthollet a formulé des lois résumant ces réactions, et applicables aux cas où un composé insoluble ou volatil peut prendre naissance. Bien que ces lois n'aient pas la généralité que Berthollet leur attribuait, nous les résumerons en un énoncé, qui est le suivant :

Un sel est décomposé par un acide, une base ou un sel lorsque de l'échange des acides et des bases peut résulter un composé moins soluble ou plus volatil que les corps réagissants dans les circonstances de l'expérience.

Réactions effectuées par voie humide. — Un sel *dissous* est décomposé par un acide, une base ou un sel, s'il peut résulter de la réaction un composé moins soluble que les corps réagissants.

1° Quelques gouttes d'acide sulfurique versées dans une dissolution d'un sel de baryum déterminent la formation d'un précipité blanc de sulfate de baryum insoluble dans l'eau et dans tous les acides étendus :

$$(AzO^3)^2Ba + SO^4H^2 = SO^4Ba + 2AzO^3H.$$

Dans une dissolution de silicate de sodium versons de l'acide chlorhydrique ; de la silice gélatineuse, insoluble dans l'eau, se sépare (280) :

$$SiO^3K^2 + 2HCl = 2KCl + SiO^2 + H^2O.$$

2° Si l'on verse une dissolution de potasse dans un sel ferreux, l'hydrate ferreux insoluble se précipite (*précipité vert*) :

$$SO^4Fe + 2KOH = Fe(OH)^2 + SO^4K^2.$$

Dans une dissolution de chlorure ferrique Fe^2Cl^6, la potasse donne un précipité *brun* d'hydrate ferrique :

$$Fe^2Cl^6 + 6KOH = Fe^2(OH)^6 + 6KCl.$$

Une dissolution de sulfate de cuivre, additionnée de potasse, laisse déposer l'hydrate de cuivre (précipité *bleu*) :

$$SO^4Cu + 2KOH = Cu(OH)^2 + SO^4K^2.$$

D'une manière générale, tous les oxydes des métaux proprement dits étant insolubles dans l'eau, l'addition d'une base alcaline, potasse, soude ou ammoniaque, à la dissolution de leurs sels déterminera la précipitation de l'oxyde ou plus exactement de l'hydrate.

3° Deux sels solubles, l'azotate d'argent et le chlorure de sodium, réagissent l'un sur l'autre, avec formation d'un précipité blanc caillebotté de chlorure d'argent insoluble dans l'eau :

$$AzO^3Ag + NaCl = AgCl + AzO^3Na ;$$

l'azotate de sodium reste dissous dans la liqueur. On se servira de cette réaction pour reconnaître la présence d'un chlorure dans une dissolution, dans l'eau de la mer par exemple.

De même, par le mélange des dissolutions d'azotate ou de chlorure de baryum et d'un sulfate alcalin, on aura un précipité blanc de sulfate de baryum :

$$(AzO^3)^2Ba + SO^4K^2 = 2AzO^3K + SO^4Ba ;$$
$$BaCl^2 + SO^4K^2 = 2KCl + SO^4Ba.$$

Réactions effectuées par voie sèche. — Un sel *solide* est décomposé par un acide, une base ou un autre sel s'il peut résulter, de l'échange des acides et des bases, un composé plus volatil que les corps réagissants.

1° Si l'on verse de l'acide chlorhydrique sur du carbonate de calcium, du gaz carbonique se dégage et du chlorure de calcium reste dissous dans le liquide :

$$CO^3Ca + 2HCl = CaCl^2 + CO^2 + H^2O.$$

C'est cette réaction que nous avons employée pour préparer le gaz carbonique (225) :

L'acide chlorhydrique décompose un sulfure, le sulfure de fer, par exemple, avec dégagement d'hydrogène sulfuré (*Préparation de l'hydrogène sulfuré*, 177) :

$$FeS + 2HCl = FeCl^2 + H^2S.$$

L'acide sulfurique chauffé avec de l'azotate de potassium déplace l'acide azotique (*Préparation de l'acide azotique*, 99); l'acide sulfurique bout en effet à 338°, l'acide azotique monohydraté à 86° :

$$AzO^3K + SO^4H^2 = SO^4KH + AzO^3H.$$

2° Si l'on chauffe de la chaux avec du chlorhydrate d'ammoniaque, du gaz ammoniac se dégage (*Préparation de l'ammoniaque*, 117) :

$$2AzH^4Cl + CaO = CaCl^2 + 2AzH^3 + H^2O.$$

REMARQUE. — On reconnaît, en étudiant de plus près ces réactions et en comparant entre elles les quantités de chaleur dégagées dans les diverses réactions possibles entre les éléments en présence, qu'elles obéissent toutes à la loi du *dégagement de chaleur maximum* (51). Plus généralement, M. Berthelot a montré que certaines réactions qui ne rentrent pas dans les cas examinés par Berthollet, satisfont à cette même loi, et qu'il est possible de prévoir les réactions dans tous les cas, lors même qu'il n'existe aucun changement d'état des corps réagissants, pourvu que l'on puisse décider quelle est, de toutes les réactions possibles, celle qui dégage le plus de chaleur.

PRINCIPAUX GENRES DE SELS.

AZOTATES

337. Propriétés générales. — Presque tous les azotates sont solubles dans l'eau. Au contact de l'acide sulfurique, l'acide azotique est déplacé, surtout par l'action de la chaleur (99), et si l'on effectue cette réaction en présence du cuivre, du bioxyde d'azote se dégage (100) qui, au contact de l'air, donne des vapeurs rouges de peroxyde d'azote.

La chaleur décompose tous les azotates métalliques. A une température suffisamment élevée, l'oxyde reste et un mélange d'oxygène et de peroxyde d'azote se dégage (114).

De tous les azotates, les plus importants sont l'azotate de potassium AzO^3K (*nitre* ou *salpêtre*) et l'azotate de sodium AzO^3Na.

D'énormes amas d'azotate de sodium sont exploités au Chili et au Pérou; on transforme ce sel en azotate de potassium en le dissolvant avec du chlorure de potassium dans l'eau bouillante et concentrant par évaporation. Du sel marin, relativement moins soluble à chaud que le nitre, se dépose pendant l'évaporation. Lorsque la dissolution est convenablement concentrée, elle laisse déposer, par le refroidissement, du nitre en gros cristaux.

POUDRE.

338. Composition. — La poudre noire ou poudre de chasse est un mélange intime d'azotate de potassium, de soufre et de charbon.

Dans un pareil mélange, l'azotate de potassium fournit l'oxygène nécessaire à la combustion du carbone, le soufre reste combiné au métal pour former du sulfure de potassium et l'az ote de nitre, en même temps que le gaz carbonique formé, se dégagent à l'état gazeux. Ce résultat est obtenu lorsqu'on mélange ces trois substances dans les proportions données par la formule

$$2 AzO^3K + S + 3C = K^2S + Az^2 + 3CO^2.$$

La composition de l'ancienne poudre de guerre et de la poudre de chasse fabriquées en France ne s'éloigne guère de celle de cette poudre théorique :

	Poudre de guerre.	Poudre de chasse.	Poudre théorique.
Salpêtre	75,0	78,0	74.8
Soufre	12,5	10,0	11,9
Charbon	12,5	12,0	13.3
	100,0	100,0	100,0

On fabrique également une poudre destinée aux travaux des mines[1] dont la composition s'éloigne un peu de la précédente : salpêtre 62, soufre 20, charbon 18.

339. Fabrication. — Le charbon destiné à la fabrication de la poudre est un charbon léger, obtenu en carbonisant du bois de bourdaine dans des cylindres chauffés avec de la vapeur d'eau surchauffée à 300° ; le soufre est du soufre en canon pulvérisé et le salpêtre est du salpêtre raffiné soigneusement.

Le soufre et le charbon, pulvérisés ensemble tout d'abord, sont mêlés au nitre, et le tout, humecté d'une petite quantité d'eau, est soumis à l'action de pilons

[1]. La poudre de mines est remplacée aujourd'hui par des agents explosifs plus puissants (*dynamite, coton-poudre comprimé*) A la poudre de guerre à base de salpêtre (*poudre noire*), on a substitué des poudres fabriquées d'une manière toute différente, brûlant plus rapidement, sans laisser de résidu solide sensible et sans fumée.

dans des mortiers en bois (fig. 191). Le mélange humide est soumis à l'action de la presse et réduit en *galettes*, que l'on fait sécher. On divise ensuite ces galettes sur un crible (*guillaume*) par les chocs répétés et le frottement d'un disque en bois, lorsqu'on imprime à tout l'appareil un rapide mouvement de rotation. Des cribles de grosseur convenable séparent les grains trop petits ou trop gros qui rentrent dans la fabrication, et l'on n'utilise que les grains qui ont une grosseur déterminée. On laisse sécher ceux-ci et on les emmagasine dans un endroit sec.

340. Propriétés. — La poudre s'enflamme vers 300°. Si l'inflammation a lieu à l'air libre, la combustion se propage dans la masse, la poudre *fuse*, sans qu'il puisse en résulter d'explosion, puisque les gaz se dégagent à l'air libre. Mais si

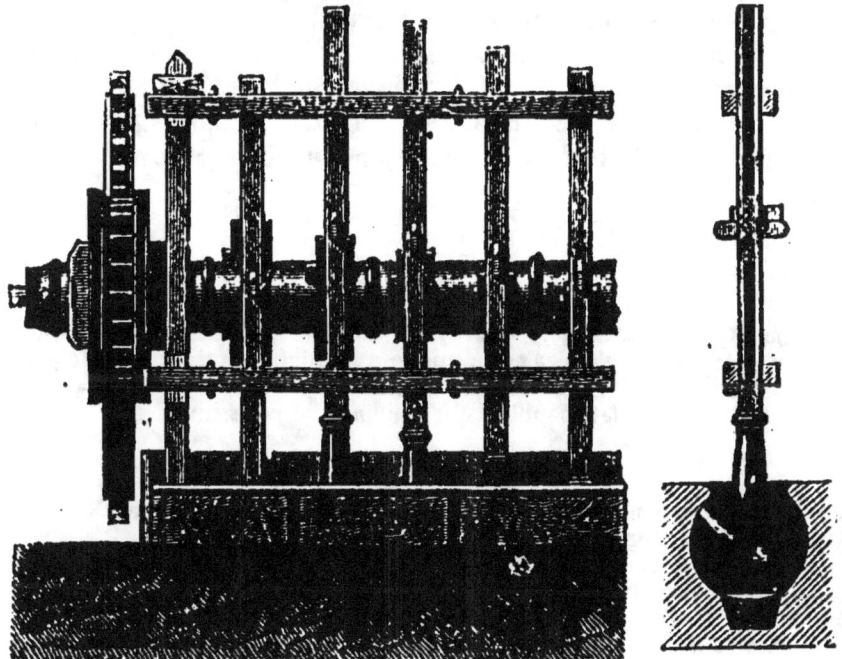

Fig. 191.

l'inflammation est déterminée dans une cavité close par une étincelle électrique ou l'explosion d'une amorce fulminante, les gaz dégagés, pressant sur les parois, pourront en déterminer l'explosion ; si cette cavité est limitée d'un côté par un *projectile* faisant office de cloison mobile, celui-ci sera violemment expulsé.

Le volume, mesuré à 0° et sous la pression de 760 millimètres, des gaz dégagés par l'inflammation de 100 grammes de poudre est d'environ 25 litres ; mais si l'on estime à 1200° la température du gaz, on calcule un volume 4 fois plus grand.

SULFATES.

341. Propriétés générales. — Les sulfates sont solubles dans l'eau, à l'exception des sulfates de baryum et de plomb ; le sulfate de calcium est très peu soluble. Aussi reconnaît-on les sulfates dissous à ce caractère que leurs dissolutions donnent au contact d'une dissolution d'un sel de baryum un précipité blanc de sulfate de baryum, insoluble dans les acides (536).

312. Sulfate de calcium. — Parmi les sulfates usuels nous citerons le sulfate de calcium; on le trouve dans la nature en cristaux quelquefois volumineux, transparents, connus sous le nom de *gypse* ou pierre à plâtre : c'est du sulfate hydraté $SO^4Ca + 2H^2O$. Pour préparer le plâtre, on chauffe la pierre à plâtre dans des fours construits en entassant de gros fragments supportant les plus petits (fig. 192); en élevant peu à peu la température par la combustion de fagots placés sous ces voûtes, on expulse l'eau. Le gypse cuit (*plâtre*), pulvérisé, reprend de l'eau lorsqu'on le met en contact avec ce liquide et fait *prise*, à moins pourtant que la cuisson n'ait été faite à une température trop élevée.

ALUNS.

313. Aluns proprement dits. — Lorsqu'on mélange deux dissolutions bouillantes renfermant molécules égales de sulfate d'aluminium et de sulfate de potassium, on voit se former, par refroidissement, des cristaux octaédriques, peu solubles à froid, d'un sulfate double d'aluminium et de potassium,

$$SO^4K^2 + (SO^4)^3Al^2 + 24H^2O,$$

connu depuis longtemps sous le nom d'*alun* et dont les applications industrielles sont très nombreuses.

L'alun dit *alun de Rome* est préparé industriellement à l'aide d'un minéral, l'*alunite*, que l'on trouve abondamment à la Tolfa, dans la campagne de Rome. L'alunite ne diffère de l'alun que parce qu'elle renferme plus d'alumine; elle est insoluble dans l'eau : mais si on la calcine légèrement et si on la traite par l'eau bouillante, celle-ci dissout de l'alun et il reste un précipité d'alumine insoluble.

On prépare en France de grandes quantités d'alun en grillant des schistes pyriteux ou en les laissant s'oxyder lentement à l'air humide. Il se forme du sulfate de fer et du sulfate d'aluminium; en reprenant par l'eau, on dissout les sulfates de fer et d'aluminium et, par une évaporation convenable, on fait cristalliser le sulfate de fer, moins soluble que le sulfate d'aluminium. Si l'on ajoute dans l'eau mère du sulfate de potassium, l'alun, peu soluble, se précipite.

L'alun cristallise en octaèdres réguliers (fig. 193) ou en cubes transparents qui peuvent acquérir de très grandes dimensions; ces cristaux s'affleurissent superficiellement à l'air libre. Il est beaucoup moins soluble à froid qu'à chaud; ainsi 100 parties d'eau dissolvent 5,3 parties de sel à 0° et 357 parties à 110°.

Il fond vers 100° dans son eau de cristallisation et perd ses 24 équivalents d'eau. Si l'on fait cette expérience dans un creuset, on remarque que le sel se boursoufle considérablement et se solidifie en une masse poreuse, très fragile, d'*alun calciné*. Cet alun calciné se dissout lentement dans l'eau en s'hydratant. Au rouge, le sulfate d'aluminium est décomposé et il reste de l'alumine mélangée de sulfate de potassium.

En versant une dissolution concentrée de sulfate d'ammonium dans une dissolution chaude de sulfate d'aluminium, on obtient, par refroidissement, des cristaux identiques aux précédents et qui constituent l'*alun d'ammonium*,

$$SO^4(AzH^4)^2 + (SO^4)^3Al^2 + 24H^2O.$$

On connaît aussi un sulfate double de sodium et d'aluminium (*alun de sodium*, $SO^4Na^2 + (SO^4)^3Al^2 + 24H^2O$), mais ce sel se distingue des précédents par

Fig. 192.

sa grande solubilité. Aussi ne peut-on l'obtenir sous la forme d'un précipité cristallin, lorsque l'on mélange des dissolutions de sulfates d'aluminium et du sulfate alcalin.

311. Aluns. — Les sulfates de potassium et d'ammonium se combinent également aux sulfates des sesquioxydes de chrome et de fer, pour former des sels doubles cristallisant en octaèdres réguliers et contenant le même nombre de molécules d'eau de cristallisation On désigne ces sels sous le nom d'*aluns* :

Aluns de potasse.	Aluns d'ammonium.
$SO^4K^2 + (SO^4)^3Al^2 + 24H^2O.$	$SO^4(AzH^4)^2 + (SO^4)^3Al^2 + 24H^2O.$
$SO^4K^2 + (SO^4)^3Cr^2 + 24H^2O.$	$SO^4(AzH^4)^2 + (SO^4)^3Cr^2 + 24H^2O.$
$SO^4K^2 + (SO^4)^3Fe^2 + 24H^2O$	$SO^4(AzH^4)^2 + (SO^4)^3Fe^2 + 24H^2O.$

Tous ces sels sont *isomorphes*; cristallisant sous la même forme, ils peuvent se remplacer en toute proportion dans un même cristal. On peut en effet faire grossir un cristal d'alun de chrome en l'immergeant dans une dissolution saturée d'alun ordinaire; l'octaèdre d'alun de chrome, qui est violet foncé, se recouvre d'une couche incolore d'alun ordinaire.

CARBONATES.

345. Propriétés générales. — Les carbonates se distinguent

Fig. 193.

immédiatement en ce qu'ils font effervescence avec les acides; un gaz se dégage qui trouble l'eau de chaux : c'est le gaz carbonique (104). Les carbonates alcalins sont seuls solubles dans l'eau.

346. Carbonate de calcium, CO^3Ca. — Le carbonate le plus abondant dans la nature est le carbonate de calcium (*marbre, craie, pierre calcaire*); cristallisé en rhomboèdres, c'est le *spath*; en prismes orthorhombiques, c'est l'*aragonite*; associé au phosphate de calcium, il entre dans la composition du squelette osseux des animaux. Insoluble dans l'eau, il se dissout dans l'eau chargée d'acide carbonique (228). Fortement chauffée dans des fours verticaux (209), la pierre calcaire laisse dégager du gaz carbonique et il reste la chaux qui sert à faire le mortier. Sauf les carbonates alcalins, tous les carbonates sont en effet décomposables par la chaleur; l'oxyde reste et l'anhydride carbonique se dégage.

347. Carbonates alcalins. — Les carbonates neutres de potassium et de sodium ont de nombreuses applications industrielles (*potasses* et *soudes commerciales*). Autrefois on préparait exclusivement ces carbonates, le premier en *lessivant* les cendres des végétaux *terrestres*, le second les cendres des végétaux *marins*[1]. Aujourd'hui on transforme les chlorures de potassium et de sodium en sulfates, puis en carbonates.

1° *Soude artificielle : Procédé Leblanc.* Le procédé Leblanc[2] consiste à transformer le sel marin en sulfate de sodium, puis à chauffer sur la sole d'un four à réverbère un mélange de ce sulfate, de craie et de charbon.

La théorie de la réaction est la suivante : Dans une première phase, le charbon réduit le sulfate :

$$SO^4Na^2 + 2C = Na^2S + 2CO^2 ;$$

dans une seconde, il se forme de la chaux :

$$CO^3Ca + C = CaO + 2CO ;$$

enfin, la chaux, le sulfure de sodium et le gaz carbonique réagissent pour donner du carbonate de sodium et du sulfure de calcium :

$$Na^2S + CaO + CO^2 = CaS + CO^3Na^2.$$

La figure 191 représente une coupe longitudinale d'un four à soude. Le four

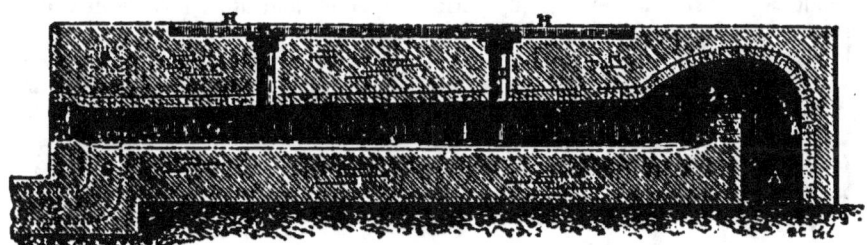

Fig. 191.

étant chauffé au rouge blanc par la combustion de la houille sur la grille A, on projette sur la sole, par les ouvertures EE, le mélange préalablement placé au-

1. L'incinération des varechs, sur les côtes de Normandie et de Bretagne, fournit une matière saline renfermant à peine 2 pour 100 de carbonate de sodium, du chlorure de sodium, du chlorure et du sulfate de potassium. Ces cendres, que l'on appelle improprement *soudes de varechs*, sont traitées pour l'extraction des sels de sodium et surtout de l'iode et du brome.

2. Nicolas Leblanc est né, en 1752, à Ivoy-le-Pré (Cher). Aidé par le duc d'Orléans, Philippe-Égalité, dont il était le chirurgien ordinaire, il fonda à Saint-Denis, près Paris, la première fabrique de soude artificielle, en 1791. Mais bientôt les biens du duc d'Orléans furent mis sous séquestre, la fabrication fut interrompue, et Leblanc, sur l'invitation du comité de Salut Public, dut renoncer à son brevet. Leblanc mourut pauvre en 1806.

dessus du four. Par les ouvertures latérales, un ouvrier étend la matière en couche régulière, puis ferme les portes, et, lorsque la masse est fondue à sa surface, la mélange à l'aide de râteaux en fer. La réaction est signalée par la combustion de l'oxyde de carbone qui brûle avec une flamme jaune, et l'opération est terminée lorsque, la matière ayant perdu de sa fluidité, les gaz cessent de se dégager.

A l'aide de larges racloirs en fer, on fait tomber la matière dans des cadres en tôle, où elle se solidifie.

Le produit brut est lessivé méthodiquement pour séparer le carbonate de sodium soluble du sulfure de calcium insoluble, puis les lessives sont évaporées jusqu'à ce que le carbonate se dépose; celui-ci, bien que souillé par diverses impuretés, peut être employé directement dans certaines industries.

En dissolvant ce sel brut dans l'eau et faisant cristalliser, on obtient les *cristaux de soude*.

Les eaux mères qui ont laissé déposer le sel brut sont utilisées pour la préparation de la soude caustique.

Le résidu du lessivage (*charrées*), qui renferme tout le soufre contenu dans le sulfate de sodium, est traité pour l'extraction du soufre.

2° *Soude artificielle : soude à l'ammoniaque.* Depuis quelques années, le carbonate de sodium est préparé industriellement par une méthode qui, brevetée en 1838, a été appliquée industriellement par MM. Schlœsing et Rolland et rendue pratique par M. Solvay.

Si l'on fait passer un courant de gaz carbonique dans une dissolution de sel marin additionnée d'ammoniaque, du bicarbonate de sodium, peu soluble dans l'eau, se dépose et du chlorure d'ammonium reste dans la liqueur :

$$Na\ Cl + Az\ H^3 + CO^2 + H^2\ O = Az\ H^4\ Cl + CO^3\ H\ Na.$$

Le bicarbonate de sodium perd par une calcination la moitié de son gaz carbonique, qui sert à une autre opération, et on obtient ainsi directement du carbonate neutre desséché.

Une autre partie du gaz carbonique est fournie par la calcination du carbonate de calcium, et la chaux qui résulte de cette opération, en réagissant sur le chlorhydrate d'ammoniaque formé pendant la réaction, sert à régénérer le gaz ammoniac.

L'installation de cette industrie exige des appareils très perfectionnés et la fabrication de la soude à l'ammoniaque ne devient avantageuse que si l'usine est à proximité d'une source salée.

MATIÈRES ORGANIQUES

CHAPITRE XIX

GÉNÉRALITÉS SUR LES MATIÈRES ORGANIQUES. — ANALYSE ET SYNTHÈSE.

348. Composition des matières organiques. — Si 65 éléments au moins, diversement groupés, forment les diverses substances minérales, quatre corps simples seulement, le carbone, l'hydrogène, l'oxygène et l'azote, composent presque exclusivement toutes les substances que l'on peut extraire des organes des végétaux et des animaux. Quelques-unes cependant renferment de petites quantités de soufre.

Lorsqu'on brûle en effet une plante ou un organe d'un animal dans un courant d'air ou d'oxygène, de la vapeur d'eau, de l'acide carbonique, de l'azote se dégagent; il ne reste qu'un faible résidu solide, constituant les cendres et renfermant de la silice, de l'alumine, des oxydes ou des carbonates alcalins, substances préexistant dans les parois des cellules ou des vaisseaux, ou provenant de la décomposition par la chaleur de certains sels dissous dans les liquides qui baignent ces organes.

349. Principes de l'analyse élémentaire. — Pour caractériser les corps simples qui entrent dans la composition d'une substance organique et en déterminer la proportion, on fait une *analyse élémentaire* dont nous n'indiquerons que le principe.

Toute substance organique renferme du carbone. Nous trouverons toujours du gaz carbonique parmi les produits de sa combustion. On le constate très simplement, en chauffant dans un tube de verre de l'oxyde de cuivre mélangé intimement avec du sucre en poudre, de l'amidon, de la fécule ou de la sciure de bois (fig. 195). L'oxyde de cuivre cède de l'oxygène à la matière organique; tout ce qu'elle contient de carbone est transformé en anhydride carbonique qui, en traversant un barboteur à eau de chaux, y déterminera un précipité blanc de carbonate insoluble.

Si, dans cette combustion de la matière organique, desséchée

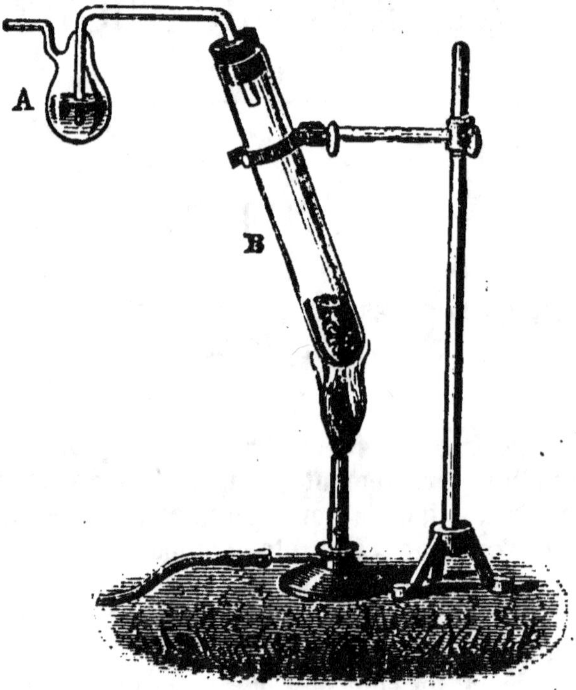

Fig. 195.

avec le plus grand soin afin d'éviter la présence de l'eau hygrométrique, des gouttelettes d'eau se déposent sur les parois froides du tube, eau que l'on peut recueillir dans un tube desséchant à ponce sulfurique (fig. 196), c'est que la matière est hydrogénée.

Enfin, une substance azotée, chauffée dans un tube de verre avec de la potasse, de la soude, se détruit; de l'ammoniaque se dégage, qu'il est facile de reconnaître à son odeur et à la réaction alcaline qu'elle exerce sur un papier rouge de tournesol humide.

Il est plus difficile de reconnaître si une matière contient de l'oxygène. Si, opérant la combustion d'un poids connu d'une substance organique, recueillant et pesant le gaz carbonique et l'eau formés, l'azote qu'elle laisse dégager, il existe une différence entre

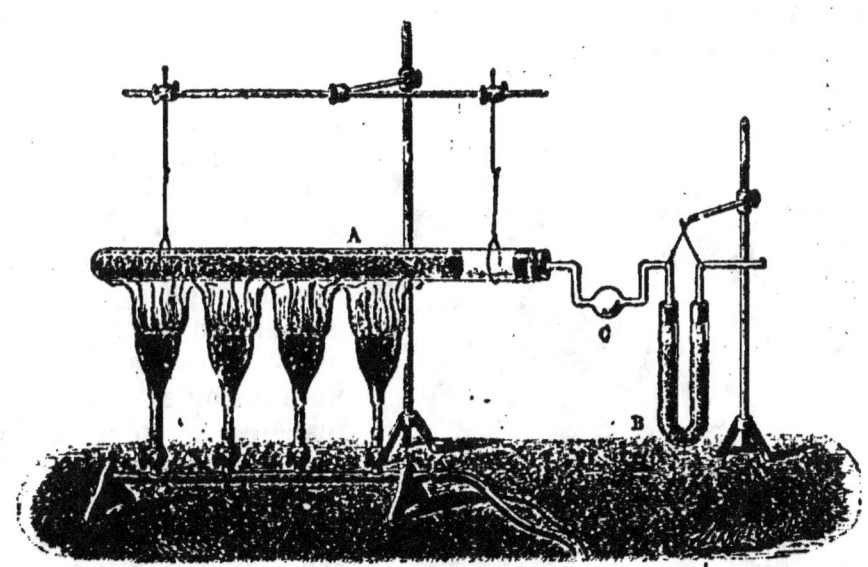

Fig. 196.

le poids de la substance et les poids de carbone, d'hydrogène et d'azote, cette différence représente l'oxygène.

350. Analyse immédiate. — Si l'on soumettait brutalement à l'analyse un organe d'un végétal ou d'un animal, on déterminerait les proportions de carbone, d'hydrogène, d'oxygène et d'azote qui entrent dans sa composition, mais divers fragments du même végétal ou du même organe de ce végétal présenteraient des compositions très différentes, et l'on pourrait en tirer cette conclusion que les êtres organisés ne sont pas formés par le groupement de composés *définis* analogues à ceux que l'on étudie en chimie minérale.

Il n'en est rien cependant; groupés deux à deux, trois à trois ou tous les quatre, les éléments fondamentaux forment de nombreux composés caractérisés par la fixité de leur composition, quelques-uns susceptibles de cristalliser, de fondre ou de se volatiliser sans altération. Les plantes et les animaux sont formés par des agglomérations complexes de ces *principes immédiats* qui constituent des *espèces chimiques* tout aussi nettement caractérisées que les espèces minérales.

La séparation des principes immédiats présente parfois de grandes difficultés; il s'agit, en effet, de l'effectuer sans altérer les matières organiques. On fait usage, suivant les cas, d'actions mécaniques, de dissolvants (eau, alcool, éther, etc.), ou bien encore on soumet les substances, avec ménagement, à l'action de la chaleur, de façon à fondre ou à volatiliser quelques-uns des éléments constitutifs.

Prenons quelques exemples :

1° Soumettons à l'examen microscopique une mince coupe

d'une pomme de terre. Dans des cellules dont les parois sont formées d'une matière désignée sous le nom de *cellulose*, nagent, au sein d'un liquide renfermant des matières salines dissoutes et diverses matières organiques, de petits grains ovoïdes de *fécule* (fig. 197). Si l'on râpe une pomme de terre sous un filet d'eau, au-dessus d'un tamis, les débris des cellules sont retenus par les mailles du tissu, et l'eau entraîne dans un récipient placé au-dessous la

Fig. 197.

fécule, qui se dépose peu à peu, et, séparée du liquide, séchée et analysée, présente une composition constante :

$$C^6H^{10}O^5 + 2H^2O.$$

La farine de blé malaxée sous un filet d'eau se divise en un produit pulvérulent que l'eau entraîne et qui constitue l'*amidon*, dont la composition est la même que celle de la fécule. Il reste dans la main de l'opérateur une matière élastique, azotée, de composition complexe, le *gluten*.

L'amidon, la fécule, ne sont pas cristallisés. Ils ne peuvent être chauffés au-dessus de 200° sans se décomposer; ils ne sont ni fusibles, ni volatils.

2° De la canne à sucre, broyée entre des cylindres, on extrait un jus sucré qui, soumis à l'évaporation, laisse déposer des cristaux de *sucre* $C^{12}H^{22}O^{12}$. Le jus de la betterave contient également du sucre, et c'est de la canne ou de la betterave que l'on retire industriellement cette substance. Le suc des fruits doux (raisin, prunes, figues), le miel, renferment une autre matière sucrée cristallisable, le *glucose* ou *sucre des fruits* $C^6H^{12}O^6$, qui diffère de la précédente par l'ensemble de ses propriétés chimiques.

3° Un liquide visqueux, la térébenthine, qui s'échappe d'incisions pratiquées dans l'écorce de divers arbres du genre *Pinus*, soumis à la distillation, laisse dégager un liquide incolore, doué d'une odeur spéciale qui bout à 156° : c'est l'*essence de térébenthine* $C^{10}H^{16}$.

4° En exprimant le jus d'un citron, on obtient un liquide acide qui, saturé par de la craie finement pulvérisée, laisse déposer le sel de chaux, insoluble dans l'eau, d'un acide, l'*acide citrique* $C^6H^8O^7$.

En soumettant à la distillation avec de l'eau l'écorce du citron, on recueille un liquide volatil, l'*essence de citron*, dont la composition est la même que celle de l'essence de térébenthine, mais dont les propriétés physiques sont très différentes.

5° Si l'on fait macérer l'écorce du quinquina avec de l'acide chlorhydrique étendu, on obtient, en ajoutant de la chaux, un précipité d'où l'on peut séparer, en traitant par l'alcool une matière cristallisée, la *quinine*, composé azoté *basique* $C^{20}H^{24}Az^2O^2$, qui est susceptible de se combiner avec les acides pour donner des sels.

351. Fonctions chimiques. — Par des traitements appropriés, nous pouvons donc extraire des végétaux des *composés définis*, caractérisés par l'ensemble de leurs propriétés physiques ou chimiques.

Ces composés renferment tous du carbone, ce qui a fait dire que la *chimie organique* est l'étude des combinaisons du carbone. Mais ils renferment, en outre, soit un des éléments fondamentaux, hydrogène, oxygène, azote, formant ainsi des composés binaires, soit trois éléments, soit même les quatre à la fois.

Au point de vue de leur *fonction chimique*, c'est-à-dire du rôle qu'ils jouent dans les réactions, il y a lieu de distinguer non seulement des composés acides, des composés basiques, mais aussi des corps neutres en nombre considérable, dont les fonctions sont distinctes des composés minéraux.

Les principales fonctions sont :

1° Les *carbures d'hydrogène* : composés binaires neutres, tels que

L'acétylène	C^2H^2
L'éthylène	C^2H^4
Le méthane	$C\ H^4$
La benzine	C^6H^6, etc.,

2° Les *alcools*, composés ternaires non azotés ; ils réagissent sur les acides pour former des éthers, avec élimination d'eau. Ainsi l'alcool ordinaire C^3H^6O donne avec l'acide azotique, l'acide chlor-hydrique, les réactions :

$$C^3H^6O + AzO^3H = C^3H^5 . AzO^5 + H^2O,$$

$$C^3H^6O + HCl = C^3H^5Cl + H^2O.$$

3° Les *acides*, tels que

L'acide acétique	$C^2H^4O^2$,
L'acide oxalique	$C^2H^2O^4$,
L'acide citrique	$C^6H^8O^7$.

4° Les *éthers*, comparables aux sels minéraux, résultant de la réactions des acides sur les alcools.

5° Les *bases*, qui renferment toutes de l'azote.

Une fois isolés, ces composés organiques sont soumis à l'action de la chaleur ou des réactifs chimiques, comme s'il s'agissait d'étudier des composés minéraux.

Deux méthodes d'investigation sont employées : la *méthode analytique* et la *méthode synthétique*.

352. Méthode analytique. — Par une suite de transformations convenablement réglées, nous pourrons, en prenant comme point de départ un principe immédiat très abondant dans les végétaux, l'amidon par exemple, obtenir des composés plus simples.

Délayons de la fécule dans de l'eau (fig. 198), ajoutons quelques gouttes d'acide sulfurique et faisons arriver dans le liquide de la vapeur d'eau qui, en se condensant, élève peu à peu la température. L'amidon semble tout d'abord se dissoudre et forme un empois que l'iode libre colore en bleu (140). Puis, peu à peu, la dissolution devient complète ; l'iode ne communique plus au liquide qu'une coloration violacée ; la liqueur renferme à ce moment de la *dextrine*, matière qui présente la même composition centésimale que l'amidon, mais s'en distingue en ce qu'elle est soluble dans l'eau. Par une action prolongée de la vapeur d'eau, la dextrine se transforme en *glucose*, que l'on peut faire cristalliser en évaporant le liquide et qui est identique à celle que l'on peut retirer des sucs de certains végétaux.

Cette transformation de l'amidon en glucose s'effectue dans les végétaux ; l'amidon, la fécule, constituent des réserves alimentaires accumulées dans les graines (blé), dans la tige (pomme de terre) et qui, au moment de la germination, par l'intervention d'une matière appelée *diastase*, se transforment en glucose soluble que la plante peut s'assimiler.

Les dissolutions de glucose abandonnées à elles-mêmes, au contact de l'air, deviennent au bout de quelques jours le siège d'une réaction tumultueuse; du gaz carbonique se dégage et de l'*alcool* reste mélangé au liquide, qui précédemment tenait le sucre en

Fig. 198.

dissolution. En distillant le liquide alcoolique (vin, cidre), on recueille l'alcool, plus volatil que l'eau.

Cette transformation des glucoses en alcool est une *fermentation*. M. Pasteur a démontré qu'elle accompagnait le développement d'un végétal microscopique, d'un *ferment* (fig. 199), et nous pouvons la reproduire en introduisant dans un flacon une dissolution de glucose et une petite quantité de levure de bière qui est une agglomération de ces végétaux; par un tube de dégagement on recueille du gaz carbonique sur la cuve à eau (fig. 200).

Les jus sucrés du raisin ou de la pomme, riches en glucose, subissent la fermentation au contact de végétaux inférieurs identiques ou analogues à ceux qui composent la levure de bière. Les spores de ces *ferments* sont apportées par l'air ou restent attachées aux parois des cuves où l'on produit la fermentation; elles se développent lorsque les conditions de température (20° à 25°) et de milieu sont remplies. C'est ainsi que l'on prépare les boissons alcooliques, telles que le vin et le cidre.

La *bière* doit également ses propriétés toniques à l'alcool qu'elle renferme et qui provient de la fermentation des glucoses résultant

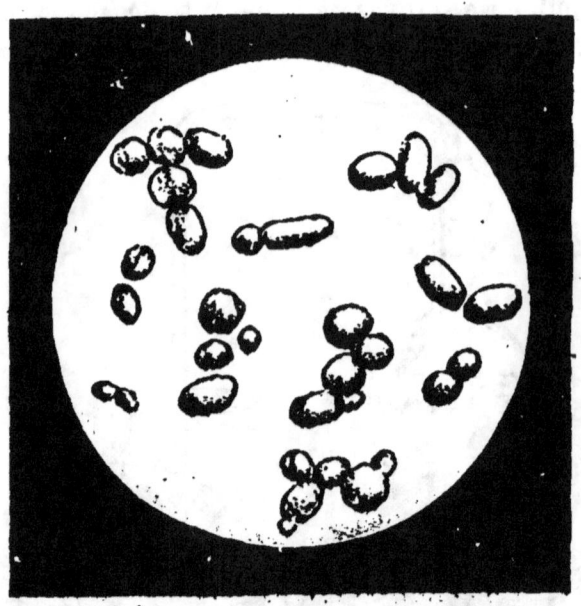

Fig. 199.

de la transformation de l'amidon de l'orge germée en présence de

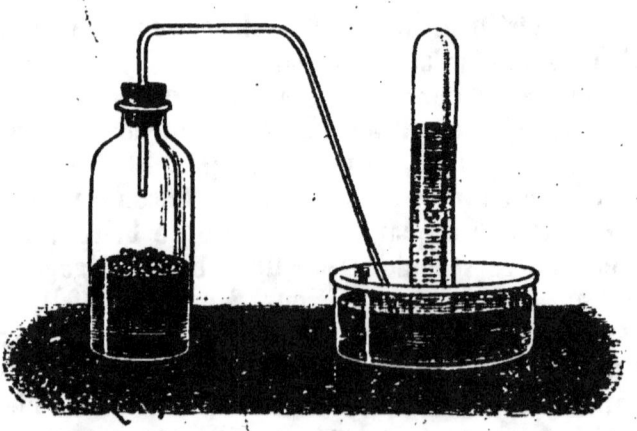

Fig. 200.

la diastase. Le liquide alcoolique est aromatisé par une décoction de houblon.

L'alcool versé goutte à goutte sur du noir de platine (fig. 201) absorbe peu à peu l'oxygène de l'air et se transforme en un acide, l'acide acétique :

$$C^3H^6O + O^2 = C^3H^4O^3 + H^2O.$$

Les liquides alcooliques, le vin par exemple, abandonnés au contact de l'air, deviennent acides; ils renferment alors de l'acide acétique (*acétum*). Cette transformation s'effectue, comme l'a démontré M. Pasteur, en même temps que se développe, à la surface du liquide, un mycoderme (*mycoderma aceti*) qui sert d'intermédiaire entre l'oxygène de l'air et l'alcool et joue le même rôle que la mousse de platine dans l'expérience précédente (fig. 202).

C'est ainsi que l'on fabrique le vinaigre, soit, comme dans le *procédé dit d'Orléans*, en abandonnant le vin dans des vases plats ou dans des futailles ayant servi à une acidifi-

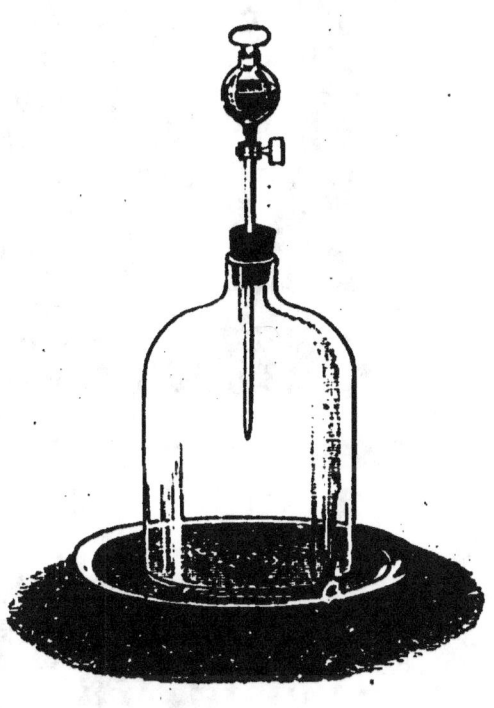

Fig. 201.

cation précédente, c'est-à-dire dont les parois retiennent du mycoderme, soit, comme dans le procédé allemand, en faisant couler (fig. 203) des liquides alcooliques provenant de la saccharification des fécules sur des copeaux de hêtre qui, imprégnés du mycoderme, déterminent une transformation pour ainsi dire indéfinie du liquide alcoolique.

L'alcool et l'acide acétique peuvent être, à leur tour, transformés en des composés plus simples, des carbures d'hydrogène. Nous avons vu en effet qu'en chauffant l'alcool avec l'acide sulfurique, de l'éthylène C^2H^4 se dégageait (257), et nous avons préparé le formène CH^4 en chauffant l'acétate de sodium avec de la chaux sodée (254).

Enfin, si l'on dirige l'alcool en vapeurs, l'éthylène ou le formène dans un tube chauffé au rouge, on constate la formation de l'*acétylène* C^2H^2 (249).

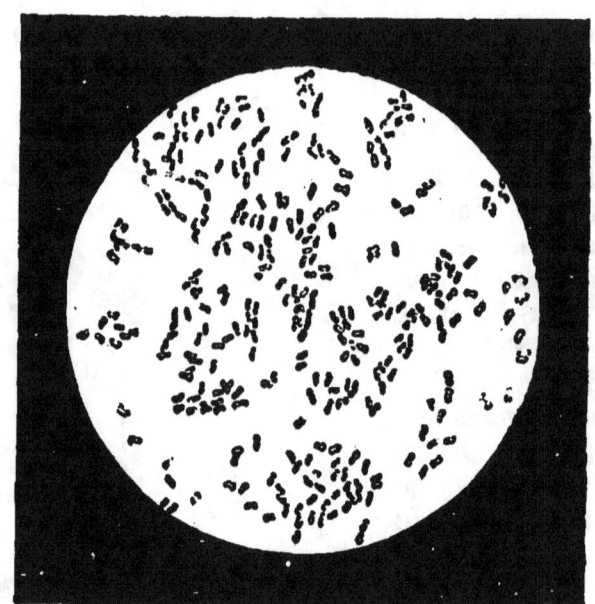

Fig. 202.

Fig. 205.

353. Méthode synthétique. — Inversement on peut, en unissant le carbone, l'hydrogène, l'oxygène et l'azote, former des composés binaires, puis ternaires, et remonter ainsi, de proche en proche, jusqu'aux composés les plus complexes qui ont été retirés des végétaux ou des animaux.

Nous avons vu que, dans l'arc électrique, M. Berthelot avait combiné le carbone et l'hydrogène et obtenu ainsi l'*acétylène* C^4H^2 (249).

Si l'on chauffe l'acétylène, dans une cloche courbe, avec un volume égal d'hydrogène, on forme l'*éthylène* :

$$C^4H^2 + H^2 = C^4H^4.$$

Nous pouvons passer de l'éthylène à un composé oxygéné important, l'alcool, et ce liquide est identique à celui que la fermentation développe dans les liquides sucrés d'origine végétale. Agitons en effet dans un flacon de l'éthylène avec de l'acide sulfurique concentré et du mercure qui agit mécaniquement pour faciliter les contacts du liquide et du gaz. Par une agitation violente et prolongée, l'absorption du gaz est complète. Le liquide acide contient alors, en même temps qu'un excès d'acide sulfurique libre, un acide nouveau, l'acide *éthysulfurique*, qui résulte de la combinaison de l'éthylène et de l'acide sulfurique :

$$C^4H^4 + SO^4H^2 = SO^4H(C^4H^5).$$

Si l'on distille ce liquide avec de l'eau dans une petite cornue reliée à un ballon refroidi, on recueille de l'alcool :

$$SO^4H(C^4H^5) + H^2O = C^4H^6O + SO^4H^2$$

Cet alcool pourra être transformé en *acide acétique* $C^4H^4O^3$ par oxydation (352).

Nous pourrons aller plus loin encore : introduire de l'azote et préparer des composés basiques analogues ou identiques à ceux que l'on trouve dans les végétaux.

C'est ainsi qu'en chauffant l'alcool avec une dissolution concentrée d'acide iodhydrique, on obtient un composé nouveau, l'*éther iodhydrique*, avec élimination d'eau :

$$C^4H^6O + HI = C^4H^5I + H^2O$$

L'éther iodhydrique chauffé, dans un vase scellé, avec une dissolution alcoolique de gaz ammoniac donne l'iodhydrate d'un composé analogue à l'ammoniaque, l'*éthylamine* $AzH^3(C^3H^5)$:

$$C^3H^5I + AzH^3 = AzH^3(C^3H^5), HI.$$

On sépare l'éthylamine en chauffant le sel avec de la chaux, exactement comme on a préparé le gaz ammoniac en chauffant le chlorhydrate d'ammoniaque avec de la chaux.

354. Analyse et synthèse. — Le chimiste qui étudie les transformations des matières organiques agit donc exactement comme s'il étudiait des substances minérales. Après avoir reconnu que l'eau était formée d'hydrogène et d'oxygène, c'est-à-dire après avoir fait une *analyse élémentaire*, on vérifie, par la *synthèse*, qu'elle est uniquement composée de ces deux gaz, unis toujours dans les mêmes proportions : l'eau constitue bien une espèce chimique.

Le géologue trouve dans le sein de la terre une roche, le *granite*, dont il décrit les gisements et les relations avec les roches sédimentaires ou volcaniques; le minéralogiste distingue dans le granite trois matières différemment cristallisées, et qui, par leur agglomération en proportions variables, constituent des roches granitiques différentes d'aspect; il fait une *analyse immédiate.* Le chimiste étudie chacune de ces substances prises isolément; il en fait l'*analyse élémentaire* et reconnaît que l'une, le *quartz*, est un composé oxygéné du silicium; une autre, le *feldspath*, un silicate double d'aluminium et de potassium ou de sodium; la troisième, le *mica*, est également un silicate. Après avoir fait l'analyse élémentaire de ces trois substances, le chimiste cherche à les reproduire avec leurs formes cristallines caractéristiques, et il vérifie ainsi les résultats de l'analyse. Les moyens qu'il emploie pour atteindre ce but peuvent être très différents de ceux que la nature a employés, mais, une fois cette synthèse faite, le chimiste ne cherche pas à réunir entre eux les trois éléments constitutifs du granite pour refaire une roche identique à celle que l'on trouve dans le sol.

Il en est de même dans l'étude des matières organiques. L'analyse a précédé nécessairement la synthèse. Au dix-huitième siècle on croyait que les matières organiques n'obéissaient pas aux mêmes lois que les matières minérales; en 1844, un illustre chimiste français, Gerhardt, a pu dire encore : « ... Le chimiste fait tout l'opposé de la nature vivante : il brûle, détruit, opère par analyse; la force vitale seule opère par synthèse : elle reconstruit l'édifice abattu par les forces chimiques. » Les travaux de chimistes illustres, tels que Chevreul, Liebig, Wöhler, Wurtz, ont créé l'étude systématique des corps organiques; mais jusque vers 1860 les synthèses étaient rares. M. Berthelot, dans un magnifique ensemble de travaux, a montré comment on pouvait remonter des éléments aux composés les plus complexes. A l'aide des éléments, on a pu refaire des principes immédiats, par une suite de transformations analogues, sinon identiques, à celles qui s'effectuent dans l'être vivant. Mais ce que le savant ne peut reproduire, c'est l'agrégat des principes élémentaires qui constituent les tissus organiques.

TABLEAU I

Chaleurs de formation des principales combinaisons de l'hydrogène et des métaux avec les métalloïdes de la première famille, pris à l'état gazeux.

	FLUOR		CHLORE.		BROME.		IODE.	
	1	2	1	2	1	2	1	2
	c.	c.	c.	c.	c.	c.	c.	c.
Hydrogène : HR . .	+38,6	+50,4	+22,0	+39,3	+13,5	+33,5	— 0,8	+18,4
Potassium : KR . .	112,2	108,1	105,0	100,8	100,4	95,0	+83,4	80,1
Sodium : NaR . . .	110,8	110,6	97,3	96,2	90,7	90,4	74,2	75,5
Ammonium: AzH^4R	87,7	85,6	76,0	72,7	71,2	66,9	56,0	52,5
Argent : AgR . . .	50,9	25,7	29,2	»	»	27,7	19,7	»
Calcium : CaR^2 . .	219,8	»	170,2	187,6	151,6	176,0	118,6	146,2
Magnésium : MgR^2.	212,8	»	151,0	187,0	»	»	»	»
Zinc : ZnR^2. . . .	»	»	97,2	112,8	86,2	101,2	60,0	71,4
Fer : FeR^2. . . .	»	»	82,0	100,0	»	»	»	»
— Fe^2R^6. . . .	»	»	192,0	255,7	»	»	»	»
Aluminium : Al^2R^6	»	»	321,8	475,6	265,2	439,0	172,6	350,6
Plomb : PbR^2. . .	92,4	»	85,2	78,4	77,0	67,0	52,8	»
Cuivre : Cu^2R^2 . .	»	»	71,2	»	60,0	»	43,8	»
— Cu^2R^2. .	»	»	51,6	62,6	42,8	51,0	»	»
Mercure : Hg^2R	»	»	81,8	»	78,4	»	58,4	»
— HgR^2. .	»	»	62,8	59,8	59,8	56,4	44,8	»

Nota. — R représente le métalloïde : F, Cl, Br, I. Si Br est liquide, retrancher + 4,0; si I est solide, retrancher + 5,1.

Dans la colonne 1, la chaleur de formation est celle du composé gazeux ou solide, suivant son état actuel; dans la colonne 2, le corps est dissous.

Tableau II

Chaleurs de formation des principales combinaisons de l'hydrogène et des métaux avec l'oxygène et avec le soufre.

	OXYGÈNE.		SOUFRE.			OXYGÈNE.	SOUFRE.
	1	2	1	2			
	c.	c.	c.	c.		c.	c.
Hydrogène : H^2R.	+58,2 (gaz)	+69,0 (liq.)	+ 4,6 (gaz)	+ 9,2	Zinc : ZnR . . .	86,4	43,1
— H^2R^2.	»	47,4	»	»	Manganèse : MnR.	94,8	45,2
Potassium : K^2R.	97,2	161,6	102,2	112,4	Fer : FeR	69,0	23,8
— $K(RH)$.	101,3	116,8	»	»	Plomb : PbR. . .	51,0	17,8
Sodium : $(NaRH)$.	100,2	155,2	88,4	103,2	Cuivre : Cu^2R . .	42,0	20,2
— $Na(RH)$.	102,3	112,1	»	»	— CuR. . .	40,4	10,2
Argent : Ag^2R . .	7,0	»	3,0	»	Mercure : Hg^2R. .	42,2	»
Calcium : CaR .	132,0	150,1	92,0	98,0	— HgR . .	31,0	19,8
— $Ca(RH)^2$	216,0	219,1	»	»			
Magnésium : MgR.	145,8	»	79,6	»			
— $Mg(RH)^2$.	218,8	»	»	»			

Nota. — R représente O ou S.

Le soufre est supposé solide; pour avoir la chaleur de formation à partir du soufre gazeux, ajouter +2,6 chaleur de condensation de 1 atome de soufre.

Dans la colonne 1, les corps sont pris dans leur état actuel, *gazeux* ou *solide*, sauf pour l'eau, qui est liquide.

Dans la colonne 2, les nombres se rapportent à l'état liquide ou dissous.

Les oxydes ou sulfures, à partir du zinc, sont *précipités*.

Les combinaisons renfermant de l'hydrogène sont calculées à partir du métal, de l'hydrogène et de l'oxygène ou du soufre.

TABLEAU III

Chaleurs de formation des principales combinaisons des métalloïdes avec l'hydrogène, le chlore, l'oxygène et le soufre.

	HYDROGÈNE 1	HYDROGÈNE 2	CHLORE 1	CHLORE 2		OXYGÈNE 1	OXYGÈNE 2	SOUFRE 1	SOUFRE 2
	c.	c.	c.	c.		c.	c.	c.	c.
Soufre : SR^2 . . .	— 4,6	+ 9,2	»	»	SO^2	+ 69,2	+ 76,8	—	—
—	—	—	—	—	SO^3	+103,6	+141,0	—	—
Azote ; AzR^3 . . .	+12,2	+21,0	»	»	Az^2O	— 20,6	»	»	»
—	—	—	—	—	AzO—AzS	— 21,6	»	— 31,9	»
—	—	—	—	—	Az^2O^3	— 22,2	— 8,4	»	»
—	—	—	—	—	AzO^3	— 2,6	»	»	»
—	—	—	—	—	Az^2O^5	— 1,2	+ 28,6	»	»
Phosphore : PR^3.	+11,6	»	+ 68,9	»	»	»	»	»	»
— PR^5.	—	—	+107,8	»	P^2O^5	+363,8	+405,4	»	»
Arsenic : AsR^3 . .	—36,7	»	+ 69,4	»	As^2O^3	+154,6	+147,0	»	»
—	—	—	—	—	As^2O^5	+219,4	+225,4	»	»
Antimoine : SbR.	—84,5	»	+ 91,4	»	Sb^2O^3—Sb^2S^3	+248,6	»	= 34,0	»
Carbone (dia.): CR^4	+18,8	»	»	»	CO	+ 26,0	»	—	—
— C^2R^4.	—14,8	»	»	»	CO^2—CS^2	+ 94,3	+ 99,0	— 22,6	»
Silicium : SiR^4. (amorphe.)	+32,9	»	+157,6	»	SiO^2—SiS^2	+219,2	»	+ 40,0	»
Bore : BR^3. . . .	—	»	+108,5	»	B^2O^3	+312,6	+319,8	»	»

Nota. — R représente H ou Cl.

Les éléments H, Cl, O sont gazeux, S solide.

Dans la colonne 1, le composé est gazeux, solide ou liquide, suivant son état physique à la température ambiante.

Dans la colonne 2, le composé est dissous.

Tableau IV

Chaleurs de neutralisation des acides dissous par les bases dissoutes.

BASES.	CHLORURES HCl. 1 mol.=2 litr.	AZOTATES AzO³H. 1 mol.=2 litr.	SULFATES SO⁴H². 1 mol.=4 litr.	SULFURES H²S. 1 m.=16 litr.	CARBONATES CO³H². 1 mol.=30 litr.
	c.	c	c.	c.	c.
NaOH (1ᵐᵒˡ=2ˡⁱᵗ) . .	13,7	13,7	2×15,85	2×3,85	2×10,2
KOH	13,7	13,8	2×15,7	2×3,85	2×10,1
AzH⁴OH	12,4	12,5	2×14,5	2×3,1	2×5,3
Ca(OH)² (1ᵐᵒˡ=50ˡⁱᵗ).	2×14,0	2×13,9	2×15,6	2×3,9	2×9,8*
Ba(OH)² (1ᵐᵒˡ=18ˡⁱᵗ)	2×13,85	2×13,9	2×18,4*	»	2×11,1*
Mg(OH)² (solide) . .	2×13,8	2×13,8	2×15,6	»	2×10,5*
Fe(OH)².	2×10,7	»	2×12,5	2×7,3*	2×5,0*
Zn(OH)².	2×9,8	2×9,8	2×11,7	2×9,6*	2×5,5*
Pb(OH)².	2×7,7	2×7,7	2×10,7*	2×13,3	2×6,7*
Cu(OH)².	2×7,5	2×7,5	2×9,2	2×15,8*	2×2,4*
Hg(OH)².	2×9,45	»	»	2×21,35*	»
AgOH	20,1*	5,2	2×7,2	2×27,9*	2×6,9*

Nota. — Les nombres marqués * se rapportent au corps précipité.

Tableau V

Chaleurs de formation des principaux sels solides depuis leurs éléments pris dans leur état actuel.

AZOTATES.	c.	SULFATES.	c.	CARBONATES.	c.
$Az + O^3 + K$. . .	+118,7	$S + O^4 + K^2$. . .	342,2	$C(^2) + O^3 + K^2$. .	278,0
$Az + O^3 + Na$.	110,6	$S + O^4 + Na^2$. .	326,4	$C + O^3 + Na^2$. .	270,4
$Az + O^3 + Ag$. .	28,7	$S + O^4 + Ag^2$. .	165,8	$C + O^3 + Ag^2$. .	120,6
$Az^2 + O^3 + H^4$ (¹)	87,9	$S + O^4 + H^8 + Az^2$(¹)	282,2	»	»
$Az^2 + O^6 + Ca$. .	202,4	$S + O^4 + Ca$. . .	320,0	$C + O^3 + Ca$. . .	269,6
$Az^2 + O^6 + Pb$. .	105,6	$S + O^4 + Pb$. . .	214,0	$C + O^3 + Pb$. . .	166,6

(¹) Sels ammoniacaux : $Az O^3 (Az H^4)$ et $S O^4 (Az H^4)^2$.
(²) C diamant.

TABLE DES MATIÈRES

GÉNÉRALITÉS.

CHAPITRE IV.

Poids moléculaires. — Poids atomiques. — Valence des éléments. — Classification.

CHAPITRE V.

Phénomènes calorifiques qui accompagnent les réactions chimiques. — Thermochimie. — Dissociation.

MÉTALLOÏDES.

CHAPITRE VI.

Hydrogène.

CHAPITRE VII.

Oxygène. — Eau.

CHAPITRE VIII.

Azote. — Air atmosphérique.

CHAPITRE IX.

Composés oxygénés de l'azote. — Ammoniaque.

CHAPITRE X.

Chlore. — Acide chlorhydrique. — Eau régale. — Brome. Iode. — Acide fluorhydrique.

CHAPITRE XI.

**Soufre. — Acide sulfureux. — Acide sulfurique.
Acide sulfhydrique.**

CHAPITRE XII.

Phosphore. — Acide phosphorique. — Hydrogène phosphoré.

CHAPITRE XIII.

**Carbone. — Acide carbonique. — Oxyde de carbone. — Sulfure
de carbone. — Cyanogène et acide cyanhydrique.**

CHAPITRE XVIII.

Oxydes. — Sulfures. — Chlorures. — Sels.

MATIÈRES ORGANIQUES

CHAPITRE XIX.

Généralités sur les matières organiques. Analyse et synthèse.

TABLEAUX.

PARIS. — IMPRIMERIE GÉNÉRALE LAHURE
9, rue de Fleurus, 9

www.ingramcontent.com/pod-product-compliance
Lightning Source LLC
Chambersburg PA
CBHW071437050526
44396CB00005BB/800